YEYA SHIYONG JISHU 500WEN

液压实用技术 500问

黄志坚 编著

中国电力出版社
CHINA ELECTRIC POWER PRESS

内 容 提 要

本书采用问答形式，全面、系统、深入浅出地介绍了液压元件与液压回路组成、工作原理、技术特点及选型、安装、调试、故障诊断与排除、检查、维护、修理方法。本书也对一些液压技术应用疑难问题作了比较详尽的解释。

全书共分8章。第1章介绍基础知识，第2～6章介绍液压元件（包括液压泵、液压阀、液压缸、液压马达、辅件）结构原理及使用与维修，第7章介绍液压回路（包括压力回路、方向回路、速度回路、多执行元件回路）结构原理及使用与维修，第8章介绍液压伺服与比例控制技术及其应用。

本书内容先进实用、主题明确、概念清晰、文字简洁、图表丰富，可帮助读者（尤其是液压设备使用维修初级人员）更容易、更顺利地掌握液压系统工作原理和使用与维修方法。

本书可供液压设备制造、使用、维修人员使用，亦可供相关专业的人员阅读。

图书在版编目（CIP）数据

液压实用技术500问/黄志坚编著. —北京：中国电力出版社，2013.2 (2018.2重印)

ISBN 978 - 7 - 5123 - 4076 - 3

Ⅰ.①液… Ⅱ.①黄… Ⅲ.①液压技术-问题解答

Ⅳ.①TH137 - 44

中国版本图书馆CIP数据核字（2013）第029545号

中国电力出版社出版、发行

（北京市东城区北京站西街19号　100005　http://www.cepp.sgcc.com.cn）

航远印刷有限公司印刷

各地新华书店经售

*

2013年7月第一版　2018年2月北京第三次印刷

700毫米×1000毫米　16开本　24.75印张　471千字

印数3501—4500册　　定价 **59.00**元

前 言

液压传动与控制技术在国民经济与国防各部门的应用日益广泛，液压设备在装备体系中占十分重要的位置。

液压系统是结构复杂且精密度高的机、电、液综合系统，液压技术涉及机械、电气、流体力学、控制工程等学科。技术在进步，学科知识在不断更新，广大一线液压设备使用维修人员深入系统地掌握液压专业知识难度大。

液压故障诊断与维修的难度大。液压系统维修质量的好坏是关系到系统能否可靠工作的关键。必须科学、合理地完成每个环节，才能使液压系统正常运行，充分发挥其效能。

本书采用问答形式，全面、系统、深入浅出地介绍了液压元件与液压回路组成、工作原理、技术特点及选型、安装、调试、故障诊断与排除、检查、维护、修理方法。本书也对一些液压技术应用疑难问题作了比较详尽的解释。

全书共分8章。第1章介绍基础知识，第2～6章介绍液压元件（包括液压泵、液压阀、液压缸、液压马达、辅件）结构原理及使用与维修，第7章介绍液压回路（包括压力回路、方向回路、速度回路、多执行元件回路）结构原理及使用与维修，第8章介绍液压伺服与比例控制技术及其应用。

本书内容先进实用、主题明确、概念清晰、文字简洁、图表丰富，可帮助读者（尤其是液压设备使用维修初级人员）更容易、更顺利地掌握液压系统工作原理和使用与维修方法。

限于编写时间，书中难免有不妥之处，恳请广大读者批评指正。

目 录

3

13

15

第 *1* 章

液 压 技 术 基 础

🔧 1.1 液压系统的结构和原理

1 液压系统是怎样进行动力传递的?

液压传动是利用液体的压力能来传递动力的一种传动形式,液压传动用于实现机械能—液压能—机械能的转换。

第一个转换是通过液压泵实现的。液压泵旋转的内部空腔在与油管连通时逐渐增大,形成吸油腔,将油液吸入;在其与压油口连通时逐渐缩小,形成压油腔,将油排入系统。

第二个转换是通过执行元件(液压缸或液压马达)来实现的,压力油依帕斯卡原理推动执行元件的运动部分,驱动负载运动。

各类控制阀则用于限制、调节,分配与引导液压源的压力、量流与流动方向。

图 1-1 所示为典型液压系统。液压泵 3 由电动机驱动旋转,从油箱 1 经过滤器 2 吸油。当换向阀 5 阀芯处于图示位置时,压力油经阀 4、阀 5 和管道 9 进入液压缸的左腔,推动活塞向右运动。液压缸右腔的油液经管道 6、阀 5 和管道 10 流回油箱。改变换向阀 5 阀芯工作位置,使之处于左端位置时,液压缸活塞反向运动。

2 液压系统由哪几部分组成?

液压系统由动力元件(液压泵)、执行元件(液压缸或液压马达)、控制元件(各种阀)、辅助元件和工作介质等五部分组成。

(1)动力元件(液压泵)。它的作用是利用原动机的机械能转换成液体的压力能,是液压传动中的动力部分。

(2)执行元件(液压缸、液压马达)。它的作用是将液体的液压能转换成工作机构的机械能。其中,液压缸做直线运动,液压马达做旋转运动。

(3)控制元件。控制元件包括压力阀、流量阀和方向阀等。它们的作用是根据需要无级调节液动机的速度,并对液压系统中工作液体的压力、流量和流向进行调节控制。

(4)辅助元件。除上述三部分元件以外的其他元件即为辅助元件,包括压力表、过滤器、蓄能装置、冷却器、管件[主要包括各种管接头(扩口式、焊接

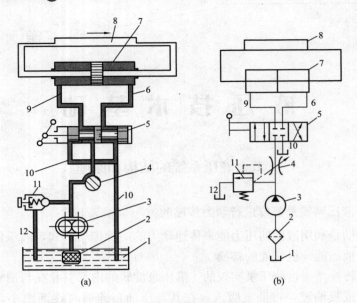

图 1-1　典型液压系统

（a）示意图；（b）油路图

1—油箱；2—过滤器；3—液压泵；4、5—阀；6、9、10—管道；

7—液压缸；8—负载；11—溢流阀；12—回油管

式、卡套式，SAE 法兰）、高压球阀、快换接头、软管总成、测压接头、管夹等〕及油箱等。辅助元件的主要作用是配合各主要元件，满足液压传统正常工作的需要。

（5）工作介质。工作介质是指各类液压传动中的液压油或乳化液，它经过液压泵和液动机实现能量转换。

3　液压系统的优点和缺点各是什么？

（1）液压系统的优点。

1）液压传动的各种元件，可以根据需要方便、灵活地来布置。

2）重量轻、体积小、运动惯性小、反应速度快。

3）操纵控制方便，可实现大范围的无级调速（调速范围达 2000∶1）。

4）可自动实现过载保护。

5）一般采用矿物油作为工作介质，相对运动面可自行润滑，使用寿命长。

6）很容易实现直线运动。

7）很容易实现机器的自动化。当采用电液联合控制后，不仅可实现更高程度的自动控制过程，而且可以实现遥控。

（2）液压系统的缺点。

1）由于流体流动的阻力和泄漏较大，所以效率较低。如果处理不当，泄漏物不仅污染场地，而且可能引起火灾和爆炸事故。

2）由于工作性能易受到温度变化的影响，因此不宜在很高或很低的温度条件下工作。

3）液压元件的制造精度要求较高，因而价格较贵。

4）由于液体介质的泄漏及可压缩性影响，不能得到严格的传动比。

5）液压传动出故障时不易找出原因，使用和维修要求有较高的技术水平。

4　液压技术主要涉及哪些学科？

液压技术主要涉及机械、电气、流体力学、控制工程等学科。

液压技术是机械技术的一个分支，液压系统设计制造及使用与维修涉及机械原理、机械加工工艺与装备、机械工程材料、公差与配合、机械测试、摩擦与磨损、机械振动、润滑与密封等学科。

液压装置的控制信号常来自于电气控制系统，液压系统的运动及动力状况通过传感器反馈到电气系统。两者之间存在密切的双向信息交流的关系。

液压系统与元件的工作原理基于流体力学，液压系统与元件的结构性能及运动与动力状况要用流体力学理论进行描述、分析及评判。液压故障诊断也涉及流体力学。

作为一种控制系统，液压系统的动态性能（即快速性、稳定性、动态精度等）要用控制理论建模、分析、优化改进。液压故障诊断也涉及控制理论。

液压工程技术人员只有打牢专业技术理论基础，才能深入系统地分析问题，才能顺利地解决问题。

1.2 流体力学基础及其在液压技术中的应用

流体力学是液压技术专业重要基础理论之一，液压工程技术人员必须掌握相关知识，并将其运用到分析与解决实际问题过程中。

5　什么是液体的静压力，它有何特点？

静止液体在单位面积上所受的法向力称为静压力，即

$$p = \lim \Delta F / \Delta A \quad (\Delta A \rightarrow 0)$$

若在液体承压面积 A 上所受的作用力 F 为均匀分布，则静压力可表示为

$$p = F/A$$

液体静压力在物理学上称为压强，工程实际应用中习惯称为压力。

液体静压力的特性如下：

（1）液体静压力垂直于承压面，方向为该面内法线方向。

（2）液体内任一点所受的静压力在各个方向上都相等。

6 什么是静压力基本方程式?

静压力基本方程式为

$$p = p_0 + \rho g h$$

由静压力基本方程式可知:

(1) 重力作用下静止液体压力由两部分组成:液面压力 p_0 和自重形成的压力 $\rho g h$。

(2) 液体内的压力与液体深度 h 及液体密度 ρ 成正比。

(3) 离液面深度相同处各点的压力相等,压力相等的所有点组成等压面,重力作用下静止液体的等压面为水平面。

静止液体中任一质点的总能量 $p/\rho g + z$ 保持不变,即能量守恒。

7 什么是绝对压力、相对压力(表压力)、真空度? 什么是压力的单位?

绝对压力:以绝对真空为基准进行度量得出的压力值。

相对压力或表压力:以大气压为基准进行度量得出的压力值。

真空度:绝对压力不足于大气压力的那部分压力值。

它们之间的相互关系如图 1-2 所示(图中 p_a 为大气压力)。

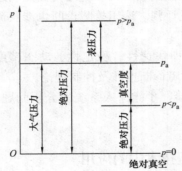

图 1-2 绝对压力、相对压力
(表压力)、真空度之间的关系

液压泵作为容积式泵,通过工作腔容积扩大产生真空度将油吸入,对吸油管的密封有要求。液压缸在制动时,由于惯性,油路切断后仍在运动,也会产生真空度。

压力的单位为帕 Pa (N/m^2),常用的压力单位还有兆帕(1MPa=10^6Pa)等。

8 什么是帕斯卡原理?

在密闭容器内,施加于静止液体的压力可以等值地传递到液体各点,这就是帕斯卡原理,也称为静压传递原理。

图 1-3 所示是应用帕斯卡原理的实例。作用在大活塞上的负载 F_1 形成液体压力 $p = F_1/A_1$,为防止大活塞下降,在小活塞上应施加的力 $F_2 = pA_2 = F_1A_2/A_1$,由此可得液压传动可使力放大,可使力缩小,也可以改变力的方向。液体内的压力是由负载决定的。

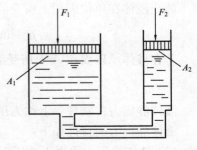

图 1-3 帕斯卡原理应用实例

9　怎样计算静压力对固体壁面的作用力？

当液体和固体壁面接触时，固体壁面将受到液体静压力 p 的作用。

当固体壁面为平面时，液体压力 p 在该平面的总作用力 $F = pA$，A 为平面面积，方向垂直于该平面。

当固体壁面为曲面时，液体压力 p 在曲面某方向上的总作用力 $F = pA_x$，A_x 为曲面在该方向的投影面积。

10　什么是通流截面、流量和平均流速？

通流截面：垂直于流动方向的截面，也称为过流截面。

流量：单位时间内流过某一通流截面的液体体积，流量以 q 表示，单位为 m^3/s 或 L/min。

平均流速：实际流体流动时，速度的分布规律很复杂。假设通流截面上各点的流速均匀分布，则平均流速 v 等于流量 q 除以通流截面 A，即 $v = q/A$。

11　什么是流量连续性方程？

流量连续性方程是质量守恒定律在流体力学中的表达方式。

如图 1-4 所示，液体在管内作恒定流动，任取 1、2 两个通流截面，根据质量守恒定律，在单位时间内流过两个截面的液体流量 q 相等，即 $\rho_1 v_1 A_1 = \rho_2 v_2 A_2$，不考虑液体的压缩性（即 $\rho_1 = \rho_2$）则 $q = vA = $ 常量。

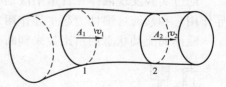

图 1-4　流量连续性示意图

流量连续性方程说明了恒定流动中流过各截面的不可压缩流体的流量是不变的，因而流速与通流截面的面积成反比。

12　什么是伯努利方程？

伯努利方程是能量守恒定律在流体力学中的表达方式。

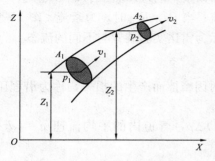

图 1-5　伯努利方程示意图

如图 1-5 所示，液体在管内作恒定流动，任取两个截面 1、2，理想流体的伯努利方程为

$$p_1/\rho g + Z_1 + v_1^2/2g = p_2/\rho g + Z_2 + v_2^2/2g$$

伯努利方程表明：在管内作稳定流动的理想流体具有压力能 $p/\rho g$、势能 Z 和动能 $v^2/2g$ 三种形式的能量，它们之间可以互相转换，但其总和不变，即能量守恒。

实际流体的伯努利方程为

$$p_1/\rho g + Z_1 + \alpha_1 v_1^2/2g = p_2/\rho g + Z_2 + \alpha_2 v_2^2/2g + h_w$$

实际流体存在黏性，流动时存在能量损失，h_w 为单位质量液体在两截面之间流动的能量损失。用平均流速替代实际流速，α 为动能修正系数。

在液压泵系统，人们通过降低高度降低势能、增大管径来降低动能，由此提高压力能，就是伯努利方程的具体应用。

13　什么是管道流动的压力损失？

管道流动压力损失由沿程压力损失和局部压力损失两部分组成。

由于流动液体具有黏性，以及流动时突然转弯或通过阀口会产生撞击和旋涡，因此液体流动时必然会产生阻力。为了克服阻力，流动液体会损耗一部分能量，这种能量损失可用液体的压力损失来表示。压力损失即是伯努利方程中的 h_w 项。

液流在管道中流动时的压力损失和液流运动状态有关。

在液压系统中，压力损失导致液压缸驱动力下降，压力能转变为温度能导致油温升高。

14　什么是层流、紊流与雷诺数？

通过实验发现液体在管道中流动时存在两种流动状态，即层流（黏性力起主导作用）和紊流（惯性力起主导作用）。

液体的流动状态用雷诺数来判断。雷诺数为

$$Re = vd/\nu$$

式中：v 为管内的平均流速；d 为管道内径；ν 为液体的运动黏度。

雷诺数为无量纲数。如果液流的雷诺数相同，则流动状态亦相同。

一般以液体由紊流转变为层流的雷诺数作为判断液体流态的依据，称为临界雷诺数，记为 Re_{cr}。当 $Re<Re_{cr}$ 时，为层流；当 $Re>Re_{cr}$ 时，为紊流。图 1-6 所示为雷诺实验装置与不同的流态。

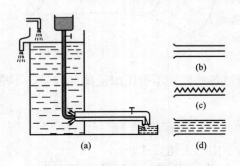

图 1-6　雷诺实验装置与不同的流态

（a）实验装置；（b）层流；（c）临界状态；（d）紊流

15　怎样计算管道沿程压力损失？

沿程压力损失：液体在等直径管中流动时因摩擦而产生的损失，称为沿程压力损失。

层流时通过管道的流量 $q=(\pi d^4/128\mu L)\Delta p$，管道内的平均流速 $v=(d^2/32\mu L)\Delta p$，沿程压力损失为

$$\Delta p_\lambda = (64/Re)(L/d)\rho v^2/2 = \lambda(L/d)\rho v^2/2 \tag{1-1}$$

式中：λ 为沿程阻力系数，实际计算时对金属管取 $\lambda=75/Re$；Δp 为压差；μ 为液体黏度；L 为管道长度。

紊流时的沿程压力损失为

$$\Delta p_\lambda = \lambda(L/d)\rho v^2/2 \qquad (1-2)$$

式（1-2）与式（1-1）相同，但参数 λ 除了与雷诺数有关外，还与管道的粗糙度有关，即 $\lambda = f(Re, \Delta/d)$，其中 Δ 为管壁的绝对粗糙度，$\Delta/d$ 为相对粗糙度。

16 **怎样计算管道局部压力损失和液压系统总压力损失？**

局部压力损失：液体流经管道的弯头、接头、阀口等处时，液体流速的大小和方向发生变化，会产生漩涡并发生紊动现象，由此造成的压力损失称为局部压力损失 Δp_ξ。

$$\Delta p_\xi = \xi\rho v^2/2$$

式中：ξ 为局部阻力系数，具体数值可查有关手册。

总压力损失：沿程压力损失＋局部压力损失。

整个液压系统的总压力损失 $\sum \Delta p$ 应为所有沿程压力损失 $\sum \Delta p_\lambda$ 和所有局部压力损失之和 $\sum \Delta p_\xi$，即

$$\sum \Delta p = \sum \Delta p_\lambda + \sum \Delta p_\xi$$

17 **怎样计算薄壁小孔流量？**

薄壁小孔：当孔的长径比 $L/d \leqslant 0.5$ 时称为薄壁小孔，一般孔口边缘都做成刃口形式。

薄壁小孔的作用：在液压元件特别是液压控制阀中，对液流压力、流量及方向的控制通常是通过特定的孔口来实现的，它们对液流形成阻力，使其产生压力降，其作用类似电阻，称其为液阻。

当液流经过管道由小孔流出时，由于液体惯性作用，使通过小孔后的液流形成一个收缩断面，然后再扩散，这一收缩和扩散过程产生很大的能量损失，其中的压力损失 Δp 包括突然收缩和突然扩大两项损失。

薄壁小孔因沿程阻力损失小，q 对油温变化不敏感，因此多被用作控制阀调节流量的节流器。

流经薄壁小孔流量为

$$q = C_d A_0 (2\Delta p/\rho)^{1/2}$$

式中：A_0 为小孔截面积；C_d 为流量系数；Δp 为压差；ρ 为液体密度。

流量系数 C_d 的大小一般由实验确定。在液流完全收缩的情况下，当 $Re > 10^5$ 时，可以认为是不变的常数，计算时按 $C_d = 0.60 \sim 0.61$ 选取。

在液压系统，节流小孔常用于分压、产生阻尼。

18 **怎样计算滑阀阀口与锥阀阀口流量？**

滑阀阀口与锥阀阀口可视为薄壁小孔。

计算滑阀阀口流量视为薄壁小孔流量，如图 1-7 所示。

流经阀口的流量为

$$q = C_d \pi D x_v (2\Delta p/\rho)^{1/2}$$

式中：C_d 为流量系数；D 为滑阀阀芯台肩直径；x_v 为阀口开度（$x_v = 2\sim4\text{mm}$）。

计算锥阀阀口流量视为薄壁小孔流量，如图1-8所示。

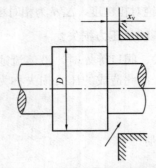

图1-7 圆柱滑阀阀口的流动

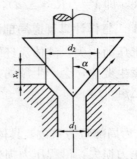

图1-8 圆锥滑阀阀口的流动

流经阀口的流量为

$$q = C_d \pi d_m x_v \sin\alpha (2\Delta p/\rho)^{1/2}$$

式中：C_d 为流量系数，根据雷诺数查图可得；d_m 为阀座孔直径；$d_m = (d_1 + d_2)/2$；x_v 为阀芯抬起高度；α 为阀芯半锥角。

19　怎样计算短孔和细长孔流量？

短孔：当长径比 $0.5 < L/d \leqslant 4$ 时，称为短孔。

流经短孔的流量为

$$q = C_d A_0 (2\Delta p/\rho)^{1/2}$$

流量系数 C_d 应按曲线查得，雷诺数较大时，C_d 基本稳定在 0.8 左右。短管常用作固定节流器。

细长孔：当长径比 $L/d > 4$ 时，称为细长孔。

流经细长孔的流量为

$$q = (\pi d^4/128\mu L)\Delta p$$

液流经过细长孔的流量 q 和孔前后压差 Δp 成正比，和液体黏度 μ 及长度 L 成反比，流量受液体温度影响较大。

20　怎样计算平板缝隙流量？

平板缝隙流动：当两平行平板缝隙间充满液体时，压差作用会使液体产生流动（压差流动）；两平板相对运动也会使液体产生流动（剪切流动）。两平行板之间的液流如图1-9所示。

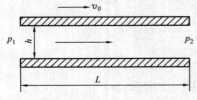

图1-9 两平行板之间的液流

平板缝隙的流量为

$$q = bh^3\Delta p/12\mu L \pm v_0 bh/2$$

式中：b 为平板宽度；h 为缝隙值；Δp 为压

差；μ 为液体黏度；L 为平板长度；$bh^3\Delta p/12\mu L$ 为压差流动的流量；v_0 为两平板相对运动速度；$v_0bh/2$ 为剪切流动的流量，v_0 与压差同向时取"＋"，反向时取"－"。

在压差 Δp 作用下，流量 q 与缝隙值 h 的三次方成正比，这说明液压元件内缝隙的大小对泄漏量的影响非常大。

21 **怎样计算环形缝隙流量？**

环形缝隙：相对运动的圆柱体与孔之间的间隙为圆柱环形间隙，如图 1-10 所示。

通过其间的流量包括压差流动流量和剪切流动流量。假设圆柱体直径为 d，缝隙值为 h，缝隙长度为 L，则通过同心圆柱环形缝隙的流量为

$$q = (\pi dh^3/12\mu L)\Delta p \pm \pi dh v_0/2$$

式中：Δp 为压差；μ 为液体黏度；v_0 为两平板相对运动速度；$(\pi dh^3/12\mu L)\Delta p$ 为压差流动的流量；$\pi dh v_0/2$ 为剪切流动的流量，v_0 与压差同向时取"＋"，反向时取"－"。

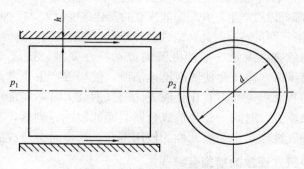

图 1-10　同心圆柱环形缝隙的液流

液压滑阀、柱塞与柱塞孔等属于环形缝隙，其泄漏量可通过同心圆柱环形缝隙的流量公式进行计算与评估。

22 **什么是液压冲击，它有哪些危害？**

液压冲击：因某种原因引起液体压力在一瞬间会突然升高，产生很高的压力峰值，这种现象称为液压冲击。液压冲击的类型包括管道阀门突然关闭（见图 1-11）时的液压冲击和运动部件制动时产生的液压冲击。

液压冲击的危害：当系统产生液压冲击时，瞬时的压力峰值有时要比正常工作压力大很多倍。这往往会引起机械振动，产生噪声，使管接头松动；有时还会引起某些液压元件的误动作，降低系统的工作性能。严重时会造成油管、密封装置及液压元件的损

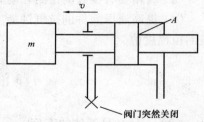

图 1-11　阀门突然关闭
引起液压冲击

坏，产生空穴、气蚀现象。

23 减少液压冲击措施有哪些？

减少液压冲击有以下措施：

（1）延长换向阀换向时间。实践证明，运动部件制动换向时间若能大于0.2s，冲击就大为减轻。

（2）在液压元件结构上采取一些措施，如在液压缸中设置节流缓冲装置，以减小流速的突然变化。

（3）在易产生液压冲击的地方，设置溢流阀或蓄能器。

（4）尽量缩短管路长度，减少管路弯曲，采用橡胶软管。

24 什么是气穴现象，它有哪些危害？

气穴现象：在液压系统中，如果某处的压力低于空气分离压，原先溶解在液体中的空气就会分离出来，导致液体中出现大量气泡的现象，称为气穴现象。

气穴多发生在阀口和液压泵的进口处。由于阀口的通道狭窄，液流的速度增大，压力则大幅度下降，以致产生气穴。当液压泵的安装高度过大，吸油管直径太小，吸油阻力太大，或液压泵的转速过高，造成进口处真空度过大时，亦会产生气穴。

气穴现象的危害：大量气泡使液流的流动特性变差，造成流量和压力不稳定；气泡进入高压区，高压会使气泡迅速崩溃，使局部产生非常高的温度和冲击压力，引起振动和噪声；当附着在金属表面的气泡破灭时，局部产生的高温和高压会使金属表面疲劳，时间一长会造成金属表面的侵蚀、剥落，甚至出现海绵状的小洞穴，这种气蚀作用会缩短元件的使用寿命，严重时会造成故障。

25 减少气穴现象的措施有哪些？

减少气穴现象有以下的措施：

（1）减小孔口或缝隙前后的压力降。一般希望孔口或缝隙前后的压力比值 $p_1/p_2 < 3.5$。

（2）降低液压泵的吸油高度，适当加大吸油管直径，限制吸油管的流速，尽量减小吸油管路中的压力损失（如及时清洗过滤器或更换滤芯等）。对于自吸能力差的液压泵要安装辅助泵供油。

（3）管路要有良好的密封，防止空气进入。

（4）提高液压元件的抗气蚀能力，采用抗腐蚀能力强的金属材料，减小零件表面粗糙度值。

1.3 液压油基础知识

26 什么是液体的密度？

液体单位体积内所具有的质量称为密度，即 $\rho = m/V$，密度的单位是 kg/m^3。

液压油的密度 ρ 随压力的增加而增大，随温度的升高而减小。一般情况下，由压力和温度引起的这种变化都较小，可将其近似地视为常数。

27 什么是液体的黏性？

液体的黏性：液体在外力作用下流动（或有流动趋势）时，分子间的内聚力要阻止分子相对运动而产生一种内摩擦力，这种现象称为液体的黏性。流体黏性的大小用黏度来衡量。常用的黏度有动力黏度、运动黏度和相对黏度。

液体只有在流动（或有流动趋势）时才会呈现出黏性，静止液体是不呈现黏性的。

（1）动力黏度。

如图 1-12 所示，动力黏度（简称黏度）μ 的物理意义是：液体在单位速度梯度 $\mathrm{d}v/\mathrm{d}y$ 下流动时，液层间单位面积上产生的内摩擦力 τ，即

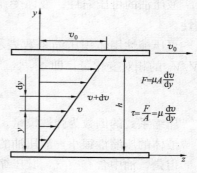

图 1-12　液体黏性示意图

$$\mu = \tau \Big/ \frac{\mathrm{d}v}{\mathrm{d}y}$$

动力黏度单位为 $\mathrm{Pa \cdot s}$（帕·秒）或 $\mathrm{N \cdot s/m^2}$。

（2）运动黏度。

运动黏度没有明确的物理意义。由于在理论分析和计算中常遇到动力黏度 μ 与液体密度 ρ 的比值，为方便而用 ν 表示，其单位（$\mathrm{mm^2/s}$）中有长度和时间的量纲，故称为运动黏度，即

$$\nu = \frac{\mu}{\rho}$$

（3）相对黏度（条件黏度）。

相对黏度是以液体的黏度与蒸馏水的黏度比较的相对值表示的黏度。因测量条件不同，各国采用的相对黏度也各不相同。我国、前苏联、德国等采用恩氏黏度，美国采用赛氏黏度，英国采用雷氏黏度。

28 油黏度对液压系统性能有何影响？

黏度过高时，液压泵吸油阻力增加，容易产生空穴和气蚀作用，使液压泵工作困难，甚至受到损坏，液压泵的能量损失增大，机械总效率降低；管路中压力损失增大，也会降低总效率；阀和液压缸的敏感性降低，工作不够灵活。

黏度过低时，液压泵的内泄漏增多，容积效率降低，管路接头处的泄漏增多，控制阀的内泄漏增多，控制性能下降；润滑油膜变薄，油品对机器滑动部件的润滑性能降低，造成磨损增加，甚至发生烧结。

由于液压油在工作过程中，温度变化较大，不同地区、不同季节也会使油

温发生较大变化。要使液压油有合适的黏度，还必须要求液压油有较好的黏温特性，就是其黏度随温度变化不太大，这样才能较好地满足液压系统的要求。

29 什么是液压油的可压缩性？

液压油的可压缩性：液体受压力作用而使体积缩小的性质称为液体的可压缩性。

可压缩性用体积压缩系数表示，并定义为单位压力变化 Δp 下的液体体积 $\Delta V/V_0$ 的相对变化量，即

$$\kappa = -\frac{1}{\Delta p}\frac{\Delta V}{V_0}$$

压缩系数的倒数为弹性模量。

液体的压缩性很小，液压油的压缩系数为 $(5.1 \sim 7.1)\ 10^{-10}\,\mathrm{m}^2/\mathrm{N}$。

但是，油中含有空气，其压缩性显著增加。例如，油中混入 1% 的空气，则其体积弹性模量降为纯油的 5% 左右；油中混入 5% 的空气，则其体积弹性模量降为纯油的 1% 左右。

30 液压油有哪些重要性质？

液压油除了上述性质外，还有以下一些重要性质。

(1) 热稳定性。

热稳定性是指油品的耐高温能力。在隔绝氧气和水蒸气条件下，油品受到热的作用后发生性质变化的程度越小，则热稳定性越好。热稳定性的好坏很大程度上取决于基础油的组成和馏程。分解温度较低的添加剂往往对油品热稳定性有不利影响。

(2) 氧化稳定性。

氧化稳定性是指高温下油品抵抗空气中氧的氧化的性能。

液压油和其他油品一样，在使用过程中都不可避免地发生氧化。特别是空气、温度、水分、杂质、金属催化剂等有利于或加速氧化的因素存在，要求液压油有较好抗氧化性尤为重要。

液压油被氧化后产生的酸性物质会增加对金属的腐蚀性，产生的黏稠油泥沉淀物会堵塞过滤器和其他孔隙，妨碍控制机构的工作，降低效率，增加磨损。氧化严重，液压油的许多性能都大为下降，以致必须更换。因此，液压油的抗氧化性越好，使用寿命就越长。

油氧化受多种因素的影响，主要因素有以下四个：①温度。温度是油品氧化的最大影响因素。②与氧（或空气）的接触面积和氧的浓度。③时间。时间越长，氧化深度越深。④金属的催化。机械润滑部位的铁、铜和铅等活泼金属的催化作用很强，并且以铜的催化作用最大。此外，水的存在也能促进这些金属的催

化作用，润滑油的化学组成也是一个关键因素。

（3）水解稳定性。

水解稳定性是指油品在受热条件下在水和金属（主要是铜）的作用下的稳定性。液压油中的添加剂是保证油品使用性能的关键成分，如果液压油的抗水解性差，油中的添加剂容易被水解，则液压油的主要性能不可能是好的。

（4）剪切稳定性。

剪切稳定性是指油品抵抗剪切作用而使黏度保持稳定的性能。液压油经过液压泵、阀等元件，尤其是通过各种液压元件的小孔、缝隙时，要经受剧烈的剪切作用。在剪切力的作用下，液压油中的一些大分子就会发生断裂，变成较小的分子，使液压油的黏度降低。当黏度降低到一定限度时该液压油就不能继续使用了。因此，液压油必须具有较好的抗剪切性。

（5）抗泡沫性。

抗泡沫性是指油品通入空气时或搅拌时发泡体积的大小及消泡的快慢等性能。液压油应有良好的抗泡性和空气释放性，即在设备运转过程中，产生的气泡要少；所产生的气泡要能很快破灭，以免与液压油一起被液压泵吸进液压系统中去；溶在油中的微小气泡必须容易释放出来。

（6）抗乳化性。

抗乳化性是指油品遇水不乳化，或虽然乳化，但经静置能与水迅速分离的性能。液压油在工作过程中，可能混进水，进入油箱的水，受到液压泵、液压马达等液压元件的剧烈搅动后，容易形成乳化液。如果这种乳化液是稳定的，则会加速液压油的变质，降低润滑性、抗磨性，生成沉淀物会堵塞过滤器、管道、阀门等，还会发生锈蚀、腐蚀。因此，要求液压油有良好的抗乳化性，就是说液压油能较快地与水分离开来，使水沉到油箱底部，然后定期排出，避免形成稳定的乳化液。

（7）防锈性。

防锈性是指油品延缓金属部件生锈的能力。液压油在工作过程中，不可避免地要接触水、空气，液压元件会因此发生锈蚀。液压油中的添加剂发生氧化、水解后，也会产生腐蚀性物质。液压元件的锈蚀、腐蚀会严重地影响液压系统的正常工作和使用寿命。因此，要求液压油要有较强的防锈、防腐能力。

（8）润滑性。

润滑性是指油品降低金属零件表面相互摩擦的能力。在液压设备运转时，总要产生摩擦和磨损，尤其是在机器启动和停止时，摩擦力最大，更易引起磨损。因此，液压油要对各种液压元件起润滑作用，以减少磨损。工作压力高的液压系统，对液压油的抗磨性的要求就更高。

（9）相容性。

对所接触的金属、密封材料、涂料等不起作用便是相容性好，否则便是不好。密封元件对保证液压系统的正常工作十分重要。液压油可能使密封材料产生溶胀、软化，或使密封材料硬化，这两者都会使密封材料失去密封性能。因此，液压油与密封材料必须互相适应，相互影响要小。

（10）过滤性。

在一些使用场合发现，抗磨液压油特别是被少量水污染后很难过滤。这种状况造成了过滤系统的阻塞和液压泵与其他部件污染磨损显著增加。一些数控机床中由于伺服阀非常精密，阀芯尖锐的刃边易被油中的磨损颗粒所损伤，导致机床精度下降。因此，近年来国外有些标准对液压油提出了可滤性要求，我国抗磨液压油在必要场合也可增加可滤性指标。

上述性质都对液压油的选择和使用有重要影响。

31　液压油可能引起哪些故障，怎样消除？

液压油引起的故障及其排除方法如表 1 - 1 所示。

表 1 - 1　　　　　　　　　液压油引起的故障及其排除方法

性质的变化		容易产生的故障	与液压油有关的原因	应采取的措施
黏度	太低	（1）液压泵产生噪声，排出量不足，产生异常磨损，甚至咬死 （2）机器的内泄漏，液压缸、液压马达等执行元件产生异常动作 （3）压力控制阀不稳定，压力计指针振动 （4）润滑不良，滑动面异常磨损	（1）由于油温控制不好，油温上升 （2）在使用标准机器的装置中，使用了黏度过低的液压油 （3）高黏度液压油长时间使用后黏度下降	（1）改进、修理冷却器系统 （2）更换液压油牌号，或使用特殊的机器 （3）更换液压油
	太高	（1）由于液压泵吸油不良，产生烧结 （2）由于液压泵吸油阻力增加，产生空穴 （3）由于过滤器阻力增大，产生故障 （4）由于管路阻力增大，压力损失（输出功率）增加 （5）控制阀动作迟缓或动作不良	（1）液压油黏度等级选择不当 （2）设计时忽视了液压油的低温性能 （3）低温时的油温控制装置不良 （4）在标准机器中使用了黏度过高的液压油	（1）改用黏度等级适当的液压油 （2）设计低温时的加热装置 （3）修理油温控制系统 （4）更换或修理机器
防锈性不良		（1）由于滑动部分生锈，控制阀动作不良 （2）由于发生铁锈的脱落而卡住或咬死 （3）随油流动的锈粒产生动作不良或伤痕	（1）无防锈剂的汽轮机油等防锈性差的液压油中混入水分 （2）液压油中有超过允许范围的水混入 （3）从开始就已发生的锈蚀继续发展	（1）使用防锈性良好的液压油 （2）改进防止水混入的措施 （3）进行冲洗，并进行防锈处理

性质的变化	容易产生的故障	与液压油有关的原因	应采取的措施
抗乳化性不良	(1) 由于混进水多而生锈 (2) 加快液压油的异常变质（氧化、老化） (3) 由于水分而使泵、阀产生空穴和侵蚀	(1) 新液压油的抗乳化性不良 (2) 液压油变质后，抗乳化性变差，水分离性降低	(1) 使用抗乳化性好的液压油 (2) 更换液压油
变质、老化、氧化	(1) 由于产生油泥，机器动作不良 (2) 由于油的氧化增强，金属材料受到腐蚀 (3) 润滑性能降低，机器受到磨损 (4) 由于防锈性、抗乳化性降低而产生故障	(1) 由于在高温下使用液压油氧化变质 (2) 由于水分、金属粒末、酸性物质等污染物的混入加快油的变质 (3) 局部受热	(1) 避免在高温（60℃以上）下长时间使用 (2) 除去污染物 (3) 防止在加热器等处局部受热
发生腐蚀	(1) 锡、铝、铁的腐蚀 (2) 伴随着空穴的发生而产生的侵蚀 (3) 液压泵、过滤器、冷却器的局部腐蚀	(1) 添加剂有腐蚀剂 (2) 液压油的变质，腐蚀性物质的混入 (3) 由于水分的混入而产生空穴	(1) 注意添加剂的性质 (2) 防止液压油受污染和变质 (3) 防止水分的混入
抗泡性不良	(1) 油箱内产生大量泡沫，液压油抗泡性能变差 (2) 液压泵吸入气泡而产生空穴 (3) 液压缸、液压马达等执行元件发生爆震（敲击），发出噪声，动作不良和迟缓	(1) 抗泡剂已消耗掉 (2) 液压油性质不良	(1) 更换液压油 (2) 研究、改进液压装置（油箱）的结构
低温流动性不良	在比倾点低 10～17℃的温度下，液压油缺乏充分的流动性，不能使用	(1) 液压油的性质不适合 (2) 添加剂的性质不适合	选择合适的液压油
润滑性不良	(1) 液压泵发生异常磨损，寿命缩短 (2) 机器的性能降低，寿命缩短 (3) 执行元件性能降低	(1) 由于含水液压液的性质 (2) 液压油变质 (3) 黏度降低	(1) 选油时考虑润滑性 (2) 更换液压油 (3) 更换液压油

性质的变化	容易产生的故障	与液压油有关的原因	应采取的措施
受到污染	（1）液压泵发生异常磨损，甚至烧结 （2）控制阀动作不良，产生伤痕，泄漏增加 （3）流量调节阀的调节不良 （4）伺服阀动作不良，特性降低 （5）堵塞过滤器的孔眼 （6）加快液压油变质	（1）组装时机器、管路中原有的附着物发生脱落 （2）在机器运转过程中从外部混入污染物 （3）由于生锈，在机器的滑动部分产生磨损粉末 （4）液压油的变质	（1）组装时要把各元件和管路清洗干净，对液压系统要进行冲洗 （2）重新检查装置的密封情况 （3）利用有效的过滤器 （4）换油

32 怎样确定液压油更换标准？

我国部分液压油产品换油指标如表 1 - 2、表 1 - 3 所示。

表 1 - 2   L - HL 液压油换油指标（SH/T 0476）

项目		换油指标	试验方法
外观		不透明或混浊	目测
运动黏度 40℃变化率（％）	大于	±10	GB/T 265[①]
色度变化（比新油）（号）	等于或大于	3	GB/T 6540
酸值（mgKOH/g）	大于	0.3	GB/T 264
水分（％）	大于	0.1	GB/T 260
机械杂质（％）	大于	0.1	GB/T 511
铜片腐蚀（100℃，3h）（级）	等于或大于	2a	GB/T 5096

① 运动黏度变化率 η（％）按下式计算：

$$\eta = (\nu_1 - \nu_2)/\nu_2 \times 100$$

式中：ν_1 为使用中油的黏度实测值，mm^2/s；ν_2 为新油黏度实测值，mm^2/s。

表 1 - 3   L - HM 液压油换油指标（SH/T 0599）

项目		换油指标	试验方法
运动黏度变化率（40℃）（％）超过		±15 或 -10	GB/T 265[①]
水分（％）	大于	0.1	GB/T 290
色度增加（比新油）（号）	大于	2	GB/T 6540

续表

项目		换油指标	试验方法
酸值 降低（%） 或增加值（mgKOH/g）	超过 大于	35 0.4	GB/T 264[②]
正戊烷不溶物（%）	大于	0.10	GB/T 9826A 法[③]
铜片腐蚀（100℃，3h）（级）	大于	2a	GB/T 509

① 运动黏度变化率（40℃）η（%）按下式计算：

$$\eta = (\nu_1 - \nu_2)/\nu_2 \times 100$$

式中：ν_1、ν_2 分别为使用中油和新油的运动黏度。

② 酸值降低百分数 Y（%）按下式计算：

$$Y = (X_1 - X_2)/X_1 \times 100$$

式中：X_1、X_2 分别为新油和使用中油酸值实测值，mgKOH/g。

③ 允许采用 GB/T 511 方法，使用 60～90℃石油醚作为溶剂，测定试样机械杂质。

第 2 章

液压泵及其使用与维修

2.1 液压泵概述

1 液压泵怎样分类？

按运动部件的形状和运动方式分为齿轮泵、叶片泵、柱塞泵、螺杆泵等。齿轮泵又分外啮合齿轮泵和内啮合齿轮泵。叶片泵又分双作用叶片泵、单作用叶片泵和凸轮转子泵。柱塞泵又分径向柱塞泵和轴向柱塞泵。按排量能否变量分为定量泵和变量泵。单作用叶片泵、径向柱塞泵和轴向柱塞泵可以作变量泵。

液压泵的图形符号如图2-1所示。

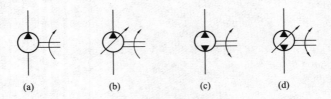

(a)　　　　　　(b)　　　　　　(c)　　　　　　(d)

图2-1　液压泵的图形符号

（a）单向定量液压泵；（b）单向变量液压泵；（c）双向定量液压泵；（d）双向变量液压泵

2 选择液压泵的基本原则是什么？

选择液压泵的基本原则是：

（1）按是否变量要求选泵，径向柱塞泵、轴向柱塞泵、单作用叶片泵是变量泵。

（2）按工作压力要求选泵，柱塞泵压力为31.5MPa；叶片泵压力为6.3MPa，高压化以后可达16MPa；齿轮泵压力为2.5MPa，高压化以后可达21MPa。

（3）按工作环境要求选泵，齿轮泵的抗污染能力最好。

（4）按噪声指标要求选泵，低噪声泵有内啮合齿轮泵、双作用叶片泵和螺杆泵，双作用叶片泵和螺杆泵的瞬时流量均匀。

（5）按效率要求选泵，轴向柱塞泵的总效率最高；同一结构的泵，排量大的泵总效率高；同一排量的泵在额定工况下总效率最高。

3　液压泵是怎样工作的？

液压泵为容积式泵：通过改变封闭容积的大小来输出压力油。

液压泵工作原理：液压泵必须具有一个由运动件和非运动件所构成的密闭容积；密闭容积的大小随运动件的运动作周期性的变化，容积由小变大——吸油，由大变小——压油；密闭容积增大到极限时，先要与吸油腔隔开，再转为排油；密闭容积减小到极限时，先要与排油腔隔开，再转为吸油。液压泵工作原理如图 2-2 所示。

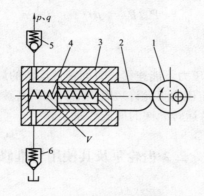

图 2-2　液压泵原理图
1—偏心轮；2—活塞；3—泵体；4—弹簧；5、6—单向阀

4　液压泵有哪些主要性能参数？

液压泵有以下主要性能参数。

（1）液压泵的压力。

工作压力 p：泵工作时的出口压力，其大小取决于负载大小。

额定压力 p_N：正常工作条件下按实验标准连续运转的最高压力。

吸入压力：泵进口处的压力。

（2）液压泵的排量、流量和容积效率。

排量 V：液压泵每转一转理论上应排除的油液体积，又称为理论排量或几何排量。常用单位为 cm^3/r。排量的大小仅与泵的几何尺寸有关。

平均理论流量 q_t：泵在单位时间内理论上排出的油液体积，$q_t = nV$，单位为 m^3/s 或 L/min。

实际流量 q：泵在单位时间内实际排出的油液体积。在泵的出口压力不等于 0 时，因存在泄漏流量 Δq，因此 $q = q_t - \Delta q$。

瞬时理论流量 q_{sh}：任一瞬时理论输出的流量，一般泵的瞬时理论流量是脉动的，即 $q_{sh} \neq q_t$。

额定流量 q_N：泵在额定压力，额定转速下允许连续运转的流量。

容积效率 η_v：实际流量与平均理论流量之比，即

$$\eta_v = q/q_t = (q_t - \Delta q)/q_t = 1 - \Delta q/q_t = 1 - kp/nV$$

式中：k 为泄漏系数。

（3）泵的功率和效率。

输入功率 P_i：驱动泵轴的机械功率为泵的输入功率，即 $P_i = T\omega$。

输出功率 P_o：泵输出液压功率，即 $P = pq$。

总效率 η_P：输出功率与输入功率之比，即

$$\eta_P = P_o/P_i = pq/T\omega = \eta_v \eta_m$$

式中：η_m 为机械效率。

（4）泵的转速。

额定转速 n_N：额定压力下能连续长时间正常运转的最高转速。

最高转速 n_{max}：额定压力下允许短时间运行的最高转速。

最低转速 n_{min}：正常运转允许的最低转速。

🔧 2.2 齿轮泵及其使用与维修

2.2.1 齿轮泵的工作原理与技术特点

5 齿轮泵是怎样工作的？

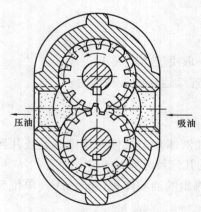

图 2-3 齿轮泵工作原理图

齿轮泵的分类：齿轮泵是利用齿轮啮合原理工作的，根据啮合形式不同分为外啮合齿轮泵和内啮合齿轮泵。

齿轮泵的结构组成：一对几何参数完全相同的齿轮（齿宽为 B，齿数为 z）、泵体、前后盖板、长短轴。

齿轮泵的工作原理：两啮合的轮齿将泵体、前后盖板和齿轮包围的密闭容积分成两部分，轮齿进入啮合的一侧密闭容积减小，经压油口排油；退出啮合的一侧密闭容积增大，经吸油口吸油。

齿轮泵的工作原理如图 2-3 所示。

6 怎样计算外啮合齿轮泵的排量？

外啮合齿轮泵的排量为

$$V = 2\pi z m^2 B$$

式中：z 为齿数；m 为齿轮模数；B 为齿宽。

当齿轮节圆直径一定时，为增大泵的排量，应增大模数，减小齿数。齿轮泵的齿轮多为修正齿轮。

7 　齿轮泵哪些部位存在泄漏，有怎样的间隙补偿措施？

齿轮泵泄漏部位：主要有端面泄漏、径向泄漏和轮齿啮合处泄漏，其中端面泄漏占 80%～85%。

补偿措施：端面间隙补偿采用静压平衡措施，在齿轮和盖板之间增加一个补偿零件，如浮动轴套或浮动侧板，在浮动零件的背面引入压力油，让作用在背面的液压力稍大于正面的液压力，其差值由一层很薄的油膜承受。

图 2-4 所示为浮动轴套。

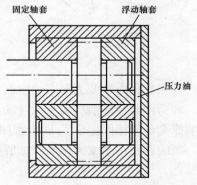

图 2-4　压力补偿原理图

8 　什么是齿轮泵的液压径向力，有何平衡措施？

齿轮泵的液压径向力：齿轮泵工作时，作用在齿轮外圆上的压力是不均匀的，压油腔和吸油腔齿轮外圆分别承受着系统工作压力和吸油压力；在齿轮齿顶圆与泵体内孔的径向间隙中，可以认为油液压力由高压腔压力逐级下降到吸油腔压力。这些液体压力综合作用的合力，相当于给齿轮一个径向不平衡作用力，使齿轮和轴承受载。工作压力越大，径向不平衡力越大，严重时会造成齿顶与泵体接触而产生磨损。

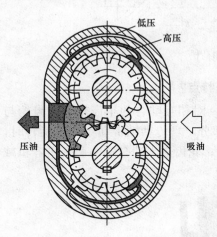

图 2-5　径向力平衡措施

液压径向力的平衡措施之一：如图 2-5 所示，在盖板上开设平衡槽，将高压油引向低压侧，使低压侧压力提高一些，将低压油引向低压侧，使高压侧压力降低一些，产生一个与液压径向力平衡的作用。

平衡径向力的措施都是以增加径向泄漏为代价。

9 　什么是齿轮泵的困油现象，有何卸荷措施？

齿轮泵困油现象产生的原因：如图 2-6 所示，齿轮重叠系数 ε>1，在两对轮齿同时啮合时，它们之间将形成一个与吸、压油腔均不相通的密闭容积，此密闭容积随齿轮转动其大小发生变化，先由大变小，后由小变大。

困油现象的危害：密闭容积由大变小时油液受挤压，导致压力冲击和油液发

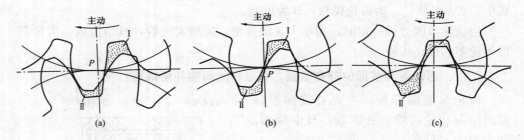

图 2-6　齿轮泵困油现象

热；密闭容积由小变大时，会引起汽蚀和噪声。

卸荷措施：在前后盖板或浮动轴套上开卸荷槽，如图 2-7 所示。开设卸荷槽的原则是两槽间距 a 为最小密闭容积，而使密闭容积由大变小时与压油腔相通，密闭容积由小变大时与吸油腔相通。

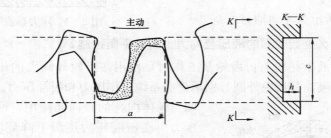

图 2-7　齿轮泵卸荷槽

10　内啮合齿轮泵是怎样工作的，有何特点？

内啮合齿轮泵工作原理如图 2-8 所示，一对相互啮合的小齿轮和内齿轮与侧板所围成的密闭容积被齿啮合线分割成两部分，当传动轴带动小齿轮旋转时，轮齿脱开啮合的一侧密闭容积增大，为吸油腔；轮齿进入啮合的一侧密闭容积减小，为压油腔。

图 2-8　内啮合齿轮泵工作原理

内啮合齿轮泵特点：无困油现象，流量脉动小，噪声低，采取间隙补偿措施后，泵的额定压力可达 30MPa。

11 **怎样合理使用齿轮泵？**

外啮合齿轮泵：一般所说的齿轮泵，都是外啮合齿轮泵，国产齿轮泵额定压力为 10～20MPa。

齿轮泵优点：齿轮泵自吸性能最好，耐污染性强，结构简单，价格便宜。能做成三联、四联式实现分级变量，而且可以制成派生产品齿轮式分流器，可实现数缸同步。也可连成齿轮式增压器，提高工作压力。

缺点：不能变量。

齿轮泵的使用：国内齿轮泵大多用在移动式设备上，如拖拉机、推土机、叉车、自卸车、装载机等。国外齿轮泵的额定压力较高，采用多联泵和增压的方式能代替一部分轴向柱塞泵，用在挖掘机和汽车起重机等需要多种动作的机器上。齿轮泵非常通用，除了用在移动式设备上以外，也用于工作压力不太高的固定设备上，如简易小型油压机、液压千斤顶以及一些自制的简易液压设备上。齿轮泵可以在低压状态下用作液压马达，泵体上有单独泄油口的齿轮泵可用作双向马达。大多数泵体上没有单独泄油口的齿轮泵，可以用作单向旋转的马达，即从高压口进油，从低压口排油，其转动方向和泵使用时的方向相反。额定压力为 10MPa 的齿轮泵，用到 2～3MPa，一般没有问题，但不推荐使用。2.5MPa 级齿轮泵没有压力补偿式侧板，用作马达时可以不降低压力。

2.2.2 齿轮泵的安装与调试

12 **安装齿轮泵有何技术要求？**

安装齿轮泵的技术要求如下：

（1）齿轮泵与电动机必须有较高的同轴度，即使是挠性联轴器也要尽量同心。泵的转动轴与电动机输出轴之间的安装采用弹性联轴，其同轴度不得大于 0.1mm；采用轴套式联轴器的同轴度不得大于 0.05mm；倾斜角不大于 1°。

（2）泵轴端一般不得承受径向力，不得将带轮、齿轮等传动零件直接安装在泵轴上，否则会造成故障。

（3）泵的支座或法兰和电动机应有共同的安装基础。基础、法兰或支座都必须有足够的刚度。在底座下面及法兰和支架之间装上橡胶隔振垫，以降低噪声。

（4）对于安装在油箱上的自吸泵，通常泵中心至油箱液面的距离不大于 500mm。

（5）对于安装在油箱下面或旁边的泵，为了便于检修，吸入管道上应安装截止阀。

（6）进口、出口位置和旋转方向应符合标明的要求，不得搞错接反。

（7）要拧紧进出油口管接头连接螺钉，密封装置要可靠，以免引起吸空、漏油，影响泵的工作性能。

13 **怎样调试齿轮泵？**

泵安装完成后，必须经过检查与调试，观察泵是否正常工作，有关步骤与要求如图 2-9 所示。

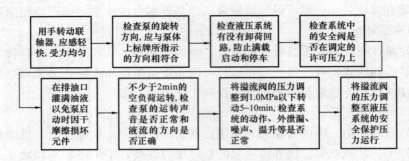

图 2-9 齿轮泵调试步骤与要求

2.2.3 齿轮泵常见故障及其原因

14 **泵不出油怎么办？**

泵不出油应检查：

（1）如果在主机调试中发现齿轮泵不来油，首先检查齿轮泵的旋转方向是否正确。齿轮泵有左、右旋之分，如果转动方向不对，其内部齿轮啮合产生的容积差形成的压力油将使油封被冲坏而漏油。

（2）齿轮泵进油口端的过滤器是否堵塞，如堵塞，会造成吸油困难或吸不到油，并产生吸油胶管被吸扁的现象。

（3）吸油管是否漏气。

（4）泵吸油高度是否过高。

15 **为什么油封被冲出？**

油封被冲出的原因如下：

（1）齿轮泵旋向不对。当泵的旋向不正确时，高压油会直接通到油封处，由于一般低压骨架油封最多只能承受 0.5MPa 的压力，因此油封被冲出。

（2）齿轮泵轴承受到轴向力。产生轴向力往往与齿轮泵轴伸端与联轴器的配合过紧有关，即安装时用锤子硬砸或通过安装螺钉硬拉而将泵轴伸端强行压入联轴器。这样就使泵轴受到一个向后的轴向力，当泵轴旋转时，此向后的轴向力将迫使泵内部磨损加剧。由于齿轮泵内部是靠齿轮端面和轴器端面贴合密封的，当其轴向密封端面磨损严重时，泵内部轴向密封会产生一定的间隙，结果导致高低压油腔沟通而使油封冲出。这种情况在自卸车行业中出现得较多，主要是主机上联轴器的尺寸不规范所致。

（3）齿轮泵承受过大的径向力。如果齿轮泵安装时的同轴度不好，会使泵受到的径向力超出油封的承受极限，将造成油封漏油。同时，也会造成泵内部浮动轴承损坏。

16 齿轮泵建立不起压力或压力不够的原因有哪些？

齿轮泵建立不起压力或压力不够的原因如下：

（1）出现此种现象大多与液压油的清洁度有关。液压油过滤精度为：输入油路小于 $60\mu m$，回油路为 $10\sim25\mu m$。

使用中油液的清洁度达不到标准要求，均会加速泵内部的磨损，导致内泄。观察故障齿轮泵的轴套和侧板，若所用油液的清洁度差，会导致摩擦副表面产生明显的沟痕，而正常磨损的齿轮泵密封面上只会产生均匀的面痕。

（2）油液选用不正确。

（3）油液变质。应选用含有添加剂的矿物液压油，提高氧化安定性和抗泡沫性，防止油液氧化和产生气泡。

17 齿轮泵流量为何达不到标准？

齿轮泵流量达不到标准的原因如下：

（1）进油滤芯太脏，吸油不足。

（2）泵的安装高度高于泵的自吸高度。

（3）齿轮泵的吸油管过细造成吸油阻力大。一般最大的吸油流速为 $0.5\sim1.5m/s$。

（4）吸油口接头漏气造成泵吸油不足。通过观察油箱里是否有气泡即可判断系统是否漏气。

18 齿轮泵为何炸裂？

铝合金材料齿轮泵的耐压能力为 $38\sim45MPa$，在其无制造缺陷的前提下，齿轮泵炸裂肯定是受到了瞬间高压所致。主要原因如下：

（1）出油管道有异物堵住，造成压力无限上升。

（2）安全阀压力调整过高，或者安全阀的启闭特性差，反应滞后，使齿轮泵得不到保护。

（3）系统如使用多路换向阀控制方向，若所用多路阀为负开口，则导致因死点升压而憋坏齿轮泵。

19 齿轮泵为何发热？

齿轮泵发热的主要原因如下：

（1）系统超载，主要表现在压力或转速过高。

（2）油液清洁度差，内部磨损加剧，使容积效率下降，油从内部间隙泄漏节流而产生热量。

（3）出油管过细，油流速过高，一般出油流速为 $3\sim8m/s$。

20 齿轮泵为何噪声严重及压力波动？

齿轮泵噪声严重及压力波动的原因：

（1）过滤器污物阻塞不能起滤油作用。

（2）油位不足，吸油位置太高，吸油管露出油面。

（3）泵体与泵盖的两侧没有上纸垫产生硬物冲撞，泵体与泵盖不垂直密封，旋转时吸入空气。

（4）泵的主动轴与电动机联轴器不同心，有扭曲摩擦。

（5）泵齿轮啮合精度不够。

21 摆线齿形内啮合齿轮泵有何故障，怎样排除？

故障1：压力波动大

原因1：泵体与前后盖因加工不好，偏心距误差大，或者外转子与泵体孔配合间隙太大。排除方法：检查偏心距，并保证偏心距误差在±0.02mm的范围内。外转子与泵体孔配合间隙应为0.04～0.06mm。

原因2：内、外转子（摆线齿轮）的齿形精度差。排除方法：内、外转子大多采用粉末冶金，模具精度影响齿形精度，用户只能对研。

原因3：内、外转子的径向及端面跳动量大。排除方法：修正内、外转子，使各项精度达到技术要求。

原因4：内、外转子的齿侧隙偏大。排除方法：更换内、外转子，保证齿侧隙在0.07mm以内。

原因5：泵内混进空气。排除方法：查明进气原因，排除空气。

原因6：齿轮泵与电动机不同心，同轴度超差。排除方法：校正齿轮泵与电动机的同轴度（0.1mm）。

原因7：内、外转子间齿侧隙太大。排除方法：修研，以消除间隙。

故障2：输出流量不够

原因1：轴向间隙（转子与泵盖之间）太大。排除方法：将泵体厚度研磨去一部分，使轴向间隙在0.03～0.04mm内。

原因2：内、外转子的齿侧间隙太大。排除方法：更换内、外转子（用户难以办到）。

原因3：吸油管路中裸露在油箱油面以上的部分到泵的进油口之间结合处密封不严，引起漏气，使泵吸进空气，有效吸入的流量减小。排除方法：更换进油管路的密封，拧紧接头。管子破裂者予以焊补或更换。

原因4：过滤器堵塞。排除方法：清洗过滤器。

原因5：油液黏度过大或过小。排除方法：更换为合适黏度油液，减少内泄漏。

原因6：溢流阀卡死在小开度位置上。泵来的一部分油通过溢流阀溢回油箱，导致输出流量不够。排除方法：排除溢流阀故障。

故障 3：发热及噪声大

原因 1：外转子因其外径与泵体孔配合间隙太小，产生摩擦发热，甚至外转子与泵体咬死。排除方法：对研一下，使泵体孔增大。

原因 2：内、外转子之间的齿侧间隙太小或太大：太小，摩擦发热；太大，运转中晃动引起摩擦发热。排除方法：对研内、外转子（装在泵盖上对研）。

原因 3：油液黏度太大，吸油阻力大。排除方法：更换成合适黏度的油液。

原因 4：齿形精度不好。排除方法：生产厂可更换内、外转子，用户只能对研。

原因 5：内、外转子端面拉伤；泵盖端面拉伤。排除方法：研磨内、外转子端面，磨损拉毛严重者。先平磨，再研磨，泵体厚度也要磨去相应尺寸。

原因 6：泵盖上的滚针轴承破裂或精度太差，造成运转振动、噪声和发热。排除方法：更换合格轴承。

2.2.4　CB-G型齿轮泵及其维修实例

在此，以 CB-G 型齿轮泵为例，介绍齿轮泵维修方法。

22　CB-G型齿轮泵有何特点？

CB-G 型齿轮泵特点：泵采用粉末冶金前后盖与泵体、高强度齿轮、SAE花键轴，结构简单，性能稳定，具有体积小、噪声低、效率高和寿命长等优点。适用于各种液压动力单元、小型高压系统或工程机械。

CB-G 型齿轮泵外形如图 2-10 所示，其技术参数如表 2-1 所示。

图 2-10　CB-G 型齿轮泵外形图

表 2-1　　　　　　　　　　　CB-G型齿轮泵技术参数

型号	排量 [mL/r (in³/r)]	压力（MPa）			转速（r/min）		L（mm）	容积效率
		p_1	p_2	p_3	额定	最高		
CB-G2***	2.1　(0.128)						89	
CB-G3***	3.05　(0.186)						91.5	
CB-G3.5***	3.6　(0.220)	20	25	28	2000	3000	93.2	80%
CB-G4***	4.2　(0.256)						95.5	
CB-G5***	4.9　(0.299)						98	
CB-G6***	6.08　(0.371)						101.5	

23 怎样分析 CB－G 系列齿轮泵泄漏故障？

CB－G 系列齿轮泵常见故障一般有两种，即外漏或内漏。外漏的故障现象是工作油箱油面降低，导致变速箱油面升高，加油口溢油；内漏的故障现象是系统的油温升高，执行元件动作迟缓，工作无力。

（1）经验法。一看，看液压传动系统执行元件动作快慢，确定系统是否泄漏。

二听，听发动机声音，判断齿轮泵是否内漏。一是将发动机调到怠速状态，使工作装置液压系统液压缸（如 W4－60C 挖掘机大臂液压缸、ZL50 装载机大臂液压缸）处于工作状态，发动机声音较平稳说明正常。二是当液压缸动作时，泵带负荷旋转，旋转转矩增大，发动机输出功率变大，怠速声音没有变化，说明泵严重内漏，工作不正常。

三摸，首先摸泵体，感觉此时温度高低，如果感觉泵体烫手，说明泵已经发生故障（泵体温度在 70℃ 以上）；其次手摸排油管，感觉油压脉动强弱，如果油压脉冲振动较弱，说明泵排油量较低；然后握紧吸油管感觉进油量大小，如果进油量下降，说明泵的吸力不够。

（2）测量法。在齿轮泵排油口处接压力表，测量排油压力是否正常。如 W4－60C 型挖掘机齿轮泵额定排油压力为 13.8MPa，ZL50 装载机齿轮泵排油压力为 12MPa。如果排油压力低于规定值，就能准确断定泵已失效。

24 CB－G 系列齿轮泵泄漏原因有哪些？

（1）外漏。

装配问题：泵在装配过程中，前泵盖内骨架油封装反；唇口损坏，前后侧板上的通孔没有对准吸油腔安装。

安装问题：泵装配完毕后，往机械上安装时没有按安装工艺要求安装。一是泵安装时没有向泵内注液压油就连接管路；二是前泵盖法兰固定螺栓用扳手拧紧时，力矩不均匀没有达到规定要求；三是管接头安装密封不严，漏气，漏油。

（2）内漏。

维护问题：没有按规定进行维护。有时油箱油量不足，没有及时添加；吸油管内壁老化，油路变窄，造成供油不足，没有及时发现和更换；吸油管及吸油漏网堵塞，没有及时清理疏通。以上 3 个问题会导致泵吸油不畅，造成内部磨损加剧，泄漏量增大。

摩擦磨损：一是泵虽正常工作，但泵内部侧板却出现光滑均匀的磨损面；二是磨粒磨损，泵内部磨损面粗糙不平，这是由液压油污染造成的；三是疲劳磨损，泵内部摩擦面穴蚀脱落，这是由于使用人员操作不当，泵长时间超负荷作业造成的。摩擦磨损导致泵的齿轮、侧板、浮动油封及泵体损坏。零件磨损后，由于排油压力远远大于吸油压力，所以油的泄漏只能从排油腔到吸油腔，而不能从吸油腔到排油腔。

25 **CB-G 系列齿轮泵有哪些泄漏路径？**

CB-G 系列齿轮泵的泄漏路径如下：

（1）径向泄漏。泵体磨损造成径向泄漏，沿着齿顶与泵体圆弧面的接触间隙泄漏，通常称为径向泄漏。由于密封线较长，排油方向与泄漏方向相反，所以泄漏量很少。

（2）间隙泄漏。齿轮齿面磨损造成间隙泄漏，沿着主、被动齿轮啮合的间隙泄漏，由于齿轮接触面很小，产生的压强很大，所以泄漏量也很小。

（3）轴向泄漏。侧板青铜面或者浮动油封磨损造成轴向泄漏，沿着侧板或者浮动油封与齿轮端面的接触间隙泄漏，通常称为轴向泄漏，此处泄漏不可忽视。

泵内漏加剧，导致系统温度升高，液压油黏度降低，压力下降，执行元件动作迟缓，严重时系统瘫痪。因此，要减少轴向泄漏应适时修复侧板、浮动油封及齿轮端面磨损。

例如，CB-G 系列齿轮泵采用的是二次密封，即第一次密封为侧板与齿轮端面的密封，第二次为密封环与主动齿轮轴的密封。如果第一次密封失败，第二次密封就会失去作用。由于侧板或者浮动油封与齿轮端面接触面积大，液体的泄漏量与间隙的三次方成正比，泄漏量与间隙成几何级数递增。一旦侧板青铜面或者浮动油封损坏，间隙变大，轴向泄漏迅速增加。实践证明：轴向泄漏约占总泄漏量的 70%。

26 **怎样修理 CB-G 系列齿轮泵的主要零件？**

（1）齿轮。

图 2-11 是 CB-G 系列齿轮泵的结构图。当齿轮泵运转日久之后，在齿轮两侧端面的齿廓表面上均会有不同程度的磨损和擦伤，对此，应视磨损程度进行修复或更换。

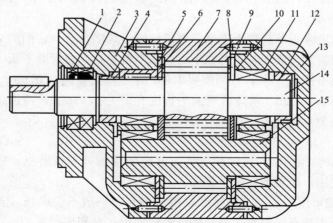

图 2-11　CB-G 系列齿轮泵结构图

1、2—旋转油封；3—前泵盖；4、12—密封环；5、8—O 形密封圈；6—前侧板；7—泵体；
9—定位销；10—后侧板；11—轴承；13—后泵盖；14—主动齿轮；15—被动齿轮

1）若齿轮两侧端面仅仅是轻微磨损，则可用研磨法将磨损痕迹研磨并抛光，即可重新使用。

2）若齿轮端面已严重磨损，齿廓表面虽有磨损但并不严重（用着色法检查。即指齿高接触面积达 55％、齿向接触面积达 60％以上者）。对此，可将严重磨损的齿轮放在平面磨床上，将磨损处磨去（若能保证与孔的垂直度，亦可采用精车）。但需注意，另一只齿轮也必须修磨至同等厚度（即两齿轮厚度的差值应在 0.005mm 以下）。将修磨后的齿轮用油石将齿廓的锐边倒钝，但不宜倒角。

3）齿轮经修磨后厚度减小，为保证泵的容积效率和密封，泵体端面必须作相应的磨削，以保证修复后的轴向间隙合适，防止内泄漏。

4）若齿轮的齿廓表面因磨损或刮伤严重形成明显的多边形，此时的啮合线已失去密封性能，则应先用油石研去多边形处的毛刺，再将齿轮啮合面调换方位，即可继续使用。

5）若齿轮的齿廓接触不良，或刮伤严重，已没有修复价值时，则应予以更换。

（2）泵体。

泵体的吸油腔区域内常产生磨损或刮伤。为提高其机械效率，该类泵的齿轮与泵体间的径向间隙较大，通常为 0.10～0.16mm，因此，一般情况下齿轮的齿顶圆不会碰擦泵体的内孔。但泵在刚启动时压力冲击较大，压油腔处会对齿轮形成单向的径向推动，可导致齿顶圆柱面与泵体内孔的吸油腔处碰擦，造成磨损或刮伤。由于该类齿轮泵的泵体两端面上开有卸荷槽，故不能翻转 180°使用。如果吸油腔有轻微磨损或擦伤，可用油石或砂布去除其痕迹后继续使用。因为径向间隙对内泄漏的影响较轴向间隙小，所以对使用性能没有多大影响。

泵体与前后泵盖的材料无论是普通灰铸铁还是铝合金，它们的结合端面均要求有严格的密封性。修理时，可在平面磨床上磨平，或在研磨平板上研平，要求其接触面一般不低于 85％；其精度要求是，平面度允差为 0.01mm，端面对孔的垂直度允差为 0.01mm，泵体两端面平行度允差为 0.01mm，两齿轮轴孔轴心线的平行度允差为 0.01mm。

（3）轴颈与轴承。

1）齿轮轴轴颈与轴承、轴颈与骨架油封的接触处出现磨损，轻微的经抛光后即可继续使用，严重的应更换新轴。

2）滚柱轴承座圈热处理的硬度较齿轮的高，一般不会磨损，若运转日久后产生刮伤，可用油石轻轻擦去痕迹即可继续使用。对刮伤严重的，可将未磨损的另一座圈端面作为基准面将其置于磨床工作台上，然后对磨损端面进行磨削加工。应保证两端面的平行度允差和端面对内孔的垂直度允差均在 0.01mm 范围内。若内孔和座圈均磨损严重，则应及时换用新的轴承座圈。

3）滚柱（针）轴承的滚柱（针）长时间运转后，也会产生磨损。若滚柱（针）发生剥落或出现点蚀麻坑，必须更换滚柱（针），并应保证所有滚柱（针）直径的差值不超过 0.003mm，其长度差值允差为 0.1mm 左右，滚柱（针）应如数地充满于轴承内，以免滚柱（针）在滚动时倾斜，使运动精度恶化。

4）轴承保持架若已损坏或变形，应予以更换。

（4）侧板。

侧板损坏程度与齿轮泵输入端的外连接形式有着十分密切的关系，通常原动机械通过联轴套（器）与泵连接，联轴套在轴向应使泵轴可自由伸缩。

在花键的径向面上应有 0.5mm 左右的间隙，这样，原动机械在驱动泵轴时就不会对泵产生斜推力，泵内齿轮副在运转过程中即自动位于两侧板间转动，轴向间隙在装配时已确定（0.05～0.10 mm），即使泵运转后温度高达 70℃，齿轮副与侧板间仍会留有间隙，不会因直接接触而产生"啃板"现象，以致烧伤端面。

但是轴与联轴套的径向间隙不能过大，否则，一是花键处容易损坏，二是因 CB-G 系列泵本身在结构上未采取消除径向力的有效措施，在泵运行时轴套会跳动，进而导致齿轮与侧板因产生偏磨而"啃板"。

修理侧板的常用工艺如下：

1）由于齿轮表面硬度一般高达 HRC62 左右，故宜选用中软性的小油砂石将齿轮端面均匀打磨光滑，当用平尺检查齿轮端面时，必须达到不漏光的要求。

2）若侧板属轻微磨损，可在平板上铺以马粪纸进行抛光；对于痕迹较深者，应在研磨平板上用粒度为 W10 的绿色碳化硅加机油进行研磨，研磨完后应将黏附在侧板上的碳化硅彻底洗净。

3）若侧板磨损严重，但青铜烧结层尚有相当的厚度，此时可将侧板在平面磨床上精磨，其平面度允差和平行度允差均应在 0.005mm 左右，表面粗糙度应优于 $Ra=0.4\mu m$。

4）若侧板磨损很严重，其上的青铜烧结层已很薄甚至有脱落、剥壳现象，应更换新侧板，建议两侧板同时更换。

（5）密封环。

CB-G 系列齿轮泵中的密封环（见图 2-11 中的 4 和 12）是由铜基粉末合金 6-6-3 烧结压制而成的，具有较为理想的耐磨性和润滑性。该密封环的制造精度高，同轴度有保证，且表面粗糙度优于 $Ra=1.6\mu m$。密封环内孔表面与齿轮轴轴颈需有 0.024～0.035mm 的配合间隙，以此作为节流阻尼的功能来密封泵内轴承处的高压油，以提高泵的容积效率，保证达到使用压力的要求。当泵的输入轴联轴器处产生倾斜力矩或滚柱轴承磨损产生松动时，均会导致密封环的不正常磨损。若液压油污染严重，颗粒磨损会使密封环内孔处的配合间隙扩大，此间隙若超过 0.05mm，容积效率将显著下降。

修复密封环的常用方法如下：

1）缩孔法。车制一个钢套 2（见图 2-12）作为缩孔套，其内径比密封环 3 的外径小 0.05mm，在压力机上将密封环压入钢套 2 内并保持 12h 以上，或在 200~230℃电热炉内定形保温 2~3h，然后用压出棒压出，密封环的内径即可缩

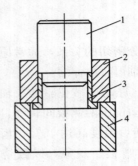

图 2-12　缩孔法修复密封环
1—压出棒；2—钢套；3—密封环；
4—压出支撑环

小 0.03mm 左右。在采用此法修复密封环时，要注意密封环凸肩的外圆柱面和内端面均不能遭到损伤或形成凸块状，因为此处若出现高低不平的状态，可造成泵的容积效率和压力下降。

2）镀合金法。在有刷镀或电镀设备的地方，可采用内孔镀铜或镀铅锌合金的方法，以加大内孔厚度尺寸。电镀后因其尺寸精度较差，故必须经精磨或精车，以保证其配合尺寸。车磨加工时最好采用一个略带锥形的外套，将密封环推进套内再上车床或磨床上加工，以避免因直接用三爪自定心卡盘夹持而引起的变形。

27　CB-G 系列齿轮泵拆检要点是什么？

拆卸检查 CB-G 系列齿轮泵时应注意下列事项：

（1）检查侧板是否有严重烧伤和磨痕，其上的合金金属是否脱落或磨耗过甚或产生偏磨；若存在无法用研磨方法消除的上述缺陷，应及时更换。

（2）检查密封环（图 2-11 中的 4、12）与轴颈的径向间隙是否小于 0.05mm，若超差应予以修理。

（3）测量轴和轴承滚柱之间的间隙是否大于 0.075mm，超过此值时，应更换滚柱轴承。

28　CB-G 系列齿轮泵装配有何要求？

操作顺序与装配要领如下：

（1）泵的转向应与机器的要求相一致，若必须改变转向，则应重新组装。

（2）切记将前侧板（见图 2-13）上的通孔 b 放在吸油腔侧，否则高压油会将旋转油封冲坏。

（3）清洗全部零件后，装配时应先将密封环放入前、后泵盖上的主动齿轮轴孔内。

（4）将轴承装入前、后泵盖轴承孔内，但必须保证其轴承端面低于泵盖端面 0.05~0.15mm。

（5）将前侧板 6（见图 2-11，下同）装入泵体一端（靠前泵盖处），使其侧板的铜烧结面向内，使圆形

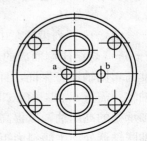

图 2-13　前侧板

卸荷槽（即盲孔 a）位于泵的压油腔一端，侧板大孔与泵体大孔要对正，并将 O 形密封圈 5 装在前侧板的外面。

（6）将带定位销 9 的泵体 7 装在前泵盖上，并将定位销插入前泵盖的销孔内，轻压泵体使泵体端面和侧板压紧，装配时要注意泵体进、出油口的位置应与泵的转向一致。

（7）将主动齿轮 14 和被动齿轮 15 轻轻装入轴承孔内，使其端面与前侧板端面接触。

（8）将后侧板 10 装入泵体的后端后，再将 O 形密封圈 8 装在后侧板外侧。

（9）将后泵盖 13 装入泵体凹缘内，使其端面与后侧板的端面接触。

（10）将泵竖立起来，放好铜垫圈后穿入螺钉拧紧，其拧紧力矩 $M = 132\text{N} \cdot \text{m}$。

（11）将内骨架旋转油封 1、2 背对背地装入前泵盖处的伸出轴颈上。

（12）将旋转油封 1 前的孔用弹性挡圈装入前泵盖的孔槽内。

（13）装配完毕后，向泵内注入清洁的液压油，用手均匀转动时应无卡阻、单边受力或过紧的感觉。

（14）泵的进、出油口用塞子堵紧，防止污染物侵入。

29 CB－G 系列齿轮泵修复装配及试车有何注意事项？

修复装配时的注意事项如下：

（1）仔细地去除毛刺，用油石修钝锐边。注意，齿轮不能倒角或修圆。

（2）用清洁煤油清洗零件，未退磁的零件在清洗前必须退磁。

（3）注意轴向间隙和径向间隙。现今的各类齿轮泵的轴向间隙是由齿厚和泵体直接控制的，中间不用纸垫。组装前，用千分尺分别测出泵体和齿轮的厚度，使泵体厚度较齿轮大 0.02～0.03mm，组装时用厚薄规（即塞尺）测取径向间隙，此间隙应保持在 0.10～0.16mm 之间。

（4）对于齿轮轴与齿轮间是用平键连接的齿轮泵，齿轮轴上的键槽应具有较高的平行度和对称度，装配后平键顶面不应与键槽槽底接触，长度不得超出齿轮端面，平键与齿轮键槽的侧向配合间隙不能太大，以齿轮能轻轻拍打推进为好。两配合件不得产生径向摆动。

（5）必须在定位销插入泵体、泵盖定位孔后，方可对角交叉均匀地紧固固定螺钉，同时用手转动齿轮泵长轴，感觉转动灵活并无轻重现象时即可。

齿轮泵修复装配以后，必须经过试验或试车，有条件的可在专用齿轮泵试验台上进行性能试验，对压力、排量、流量、容积效率、总效率、输出功率以及噪声等技术参数——进行测试。而在现场一般无油泵试验台的条件下，可装在整机系统中进行试验，通常称为修复试车或随机试车，其步骤如图 2－14 所示。

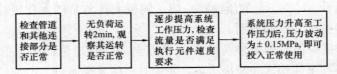

图 2-14　齿轮泵现场修复试运行步骤

30　CB-G 系列齿轮泵油封为何窜油，怎样处理？

"齿轮泵窜油"，即液压油将骨架油封击穿而溢出。此现象在实际工作应用中普遍存在。齿轮泵窜油严重影响装载机的正常工作和齿轮泵的使用可靠性及环境污染。

（1）零部件制造质量的影响。

1）油封质量。

如油封唇口几何形状不合格、缩紧弹簧太松等，造成气密性试验漏气，齿轮泵装入主机后窜油。此时应更换油封并检验材质及几何形状。

2）齿轮泵的加工、装配。

如若齿轮泵加工、装配有问题，致使齿轮轴回转中心与前盖止口不同心，会造成油封偏磨。此时应检查前盖轴承孔对销孔的对称度、位移量，骨架油封对轴承孔的同轴度。

3）密封环材质及加工质量。

若存在此问题，致使密封环产生裂纹和划伤，造成二次密封不严甚至失效，压力油进入骨架油封处（低压通道），因而油封窜油。此时应检查密封环材质及加工质量。

4）变速泵的加工质量。

通常与变速泵组装在一起的齿轮泵油封窜油问题较严重，因此变速泵的加工质量对窜油也有较大的影响。变速泵装在变速箱输出轴上，齿轮泵又通过变速泵止口定位而装在变速箱输出轴上，如果变速泵止口端面对齿轮回转中心的跳动超差（垂直度），也会使齿轮轴回转中心与油封中心不重合而影响密封。变速泵加工、试制过程中，应检查回转中心对止口同轴度及对止口端面的跳动量。

5）CB-G 系列齿轮泵骨架油封与密封环之间的前盖回油通道不畅通，造成此处压力升高，从而击穿骨架油封。通过对此处改进后，泵的窜油现象会有明显的改善。

（2）齿轮泵与主机安装质量的影响。

1）齿轮泵与主机的安装要求同轴度小于 0.05mm。

通常工作泵安装于变速泵，变速泵又安装于变速箱。如果变速箱或变速泵的端面对花键轴回转中心的跳动超差，形成累积误差，致使齿轮泵在高速旋转状态下承受径向力，造成油封窜油。

2）部件之间的安装间隙是否合理。

齿轮泵外止口与变速泵内止口及齿轮泵外花键与变速箱花键轴内花键，两者间隙配合是否合理，都对齿轮泵的窜油有影响。因为内、外止口属于定位部分，配合间隙不宜太大；内、外花键属于传动部分，配合间隙不宜太小，以消除干涉。

3）齿轮泵窜油与其花键滚键有关系。

由于齿轮泵轴外伸花键与变速箱输出轴内花键有效接触长度短，而齿轮泵工作时传递的转矩较大，其花键承受大扭矩而发生挤压磨损甚至滚键，产生巨热，以致造成骨架油封橡胶唇口烧伤、老化，从而出现窜油。建议主机厂选用齿轮泵时应校核齿轮泵轴外伸花键强度，保证足够的有效接触长度。

2.3　叶片泵及其使用与维修

2.3.1　叶片泵的工作原理与特点

叶片泵转子旋转时，叶片在离心力和压力油的作用下，尖部紧贴在定子内表面上。这样两个叶片与转子和定子内表面所构成的工作容积，先由小到大吸油后再由大到小排油。

叶片泵又分为双作用叶片泵和单作用叶片泵。双作用叶片泵只能作定量泵用，单作用叶片泵可作变量泵用。双作用叶片泵因转子旋转一周，叶片在转子叶片槽内滑动两次，完成两次吸油和压油而得名。单作用叶片泵因转子每转一周，完成吸、压油各一次而得名。

叶片泵具有结构紧凑、运动平稳、噪声小、输油均匀、寿命长等优点，广泛应用于中、低压液压系统中。其工作压力为 6～21MPa。

31　**双作用叶片泵的结构怎样，是怎样工作的？**

双作用叶片泵的工作原理：如图 2-15 所示，转子每转一转，每个工作腔完成两次吸油和压油。

双作用叶片泵的结构：由定子内环、转子外圆和左右配流盘组成的密闭工作容积被叶片分割为四部分，传动轴带动转子旋转，叶片在离心力作用下紧贴定子内表面，因定子内环由两段大半径圆弧、两段小半径圆弧和四段过渡曲线组成，故有两部分密闭容积将减小，受挤压的油液经配流窗口排出，另两部分密闭容积将增大形成真空，经配流窗口从油箱吸油。YB$_1$ 型叶片泵结构如图 2-16 所示。

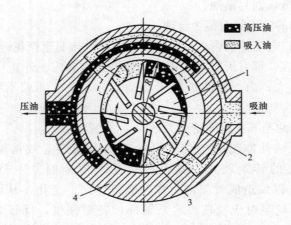

图 2-15　双作用叶片泵工作原理图

1—转子；2—定子；3—叶片；4—泵壳

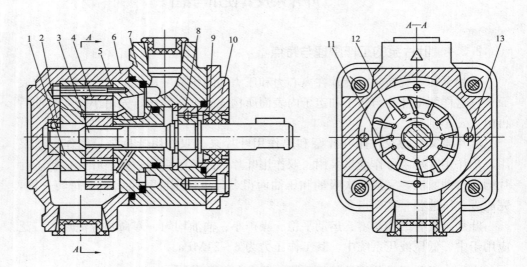

图 2-16　YB₁ 型叶片泵结构图

1—左配流盘；2—轴承；3—泵轴；4—定子；5—右配流盘；6—泵体；7—前泵体；8—轴承；

9—油封；10—盖板；11—叶片；12—转子；13—紧固螺钉

32　**怎样计算双作用叶片泵的排量？**

双作用叶片泵的排量为

$$V = 2\pi B(R^2 - r^2) - 2zBS(R - r)/\cos\theta$$

式中：B 为转子（叶片、定子）宽度；R 为定子大半径；r 为定子小半径；z 为叶片数；S 为叶片厚度；θ 为叶片倾角。

33 **双作用叶片泵有何特点?**

双作用叶片泵的特点如下:

(1) 径向力平衡。

(2) 为保证叶片自由滑动且始终紧贴定子内表面,叶片槽根部全部通压力油。

(3) 合理设计过渡曲线形状和叶片数($z \geqslant 8$),可使理论流量均匀,噪声低。

(4) 定子曲线圆弧段圆心角 $\beta \geqslant$ 配流窗口的间距角 $\gamma \geqslant$ 叶片间夹角 $\alpha(=2\pi/z)$。

(5) 为减少两叶片间的密闭容积在吸、压油腔转换时因压力突变而引起的压力冲击,在配流盘的配流窗口前端开有减振槽。

34 **高压叶片泵有何特点?**

叶片槽根部全部通压力油会带来以下影响:定子的吸油腔部被叶片刮研,造成磨损;减小了泵的理论排量;可能引起瞬时理论流量脉动。这样,影响了泵的寿命和额定压力的增加。

提高双作用叶片泵额定压力的措施如下:

(1) 采用浮动配流盘实现端面间隙补偿。

(2) 减小通往吸油区叶片根部的油液压力。

(3) 减小吸油区叶片根部的有效作用面积,其中采用阶梯式叶片以减小叶片厚度 [厚度 S 减为 S'] 如图 2-17 (a) 所示;采用子母叶片以减小叶片宽度 [宽度 B 减为 B'],如图 2-17 (b) 所示;采用柱销式叶片,如图 2-17 (c) 所示。

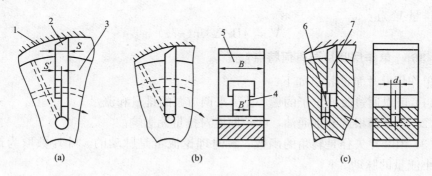

图 2-17　高压叶片泵结构图

(a) 阶梯式叶片;(b) 子母叶片;(c) 柱销式叶片

1—定子;2—阶梯叶片;3—转子;4—子叶片;5—母叶片;6—柱销;7—叶片

(4) 采用双层叶片结构,如图 2-18 所示,压力油经通道 c 从叶片根部 b 到顶部 a,叶片顶部有压力油,实现了叶片根部与顶部的压力平衡与稳定,减小了叶片顶部对定子内表面的正压力与摩擦力。

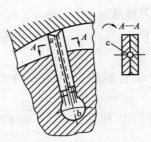

图2-18 双层叶片结构图

35 单作用叶片泵是怎样工作的，怎样计算其排量？

单作用叶片泵的工作原理：如图2-19所示，当转子按逆时针方向转动时，右半周，叶片向外伸出，密封工作腔容积逐渐增大，形成局部真空，于是通过吸油口和配流盘上的吸油窗口将油吸入；左半周，叶片向转子里缩进，密封工作腔容积逐渐缩小，工作腔内的油液经配流盘压油窗口和泵的压油口输到系统中。

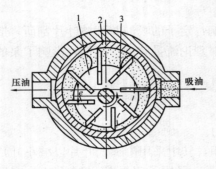

图2-19 单作用叶片泵工作原理图
1—转子；2—定子；3—叶片

单作用叶片泵排量计算：单作用叶片泵定子2内环为圆，R为定子内表面半径；转子1与定子存在偏心e，铣有z个叶片槽；叶片3在转子叶片槽内自由滑动，叶片宽度为B；左、右配流盘铣有吸、压油窗口。

排量V为

$$V = 4BzRe\sin(\pi/z)$$

36 单作用叶片泵有何特点？

单作用叶片泵的特点如下：

（1）可以通过改变定子的偏心距e来调节泵的排量和流量。

（2）叶片槽根部分别通油，叶片厚度对排量无影响。

（3）因叶片矢径是转角的函数，瞬时理论流量是脉动的。叶片数取为奇数，以减小流量的脉动。

37 什么是限压式变量叶片泵？

限压式变量叶片泵如图2-20所示，限压式变量叶片泵定子右边控制活塞作用着泵的出口压力油，左边作用着调压弹簧力，当$F<F_t$时，定子处于右极限位置，$e=e_{max}$，则泵输出最大流量；若泵的压力随负载增大，导致$F>F_t$，定子将向偏心减小的方向移动，则泵的输出流量减小。

图 2-20 限压式变量叶片泵

38 限压式变量叶片泵特性曲线怎样？

限压式变量叶片泵特性曲线如图 2-21 所示，调节压力调节螺钉的预压缩量，即改变特性曲线中拐点 B 的压力 p_B，曲线 BC 沿水平方向平移。调节定子右边的最大流量调节螺钉，可以改变定子的最大偏心距 e_{max}，即改变泵的最大流量，曲线 AB 上下移动。限压式变量叶片泵的压力流量特性曲线如图中 ABC 所示。更换不同刚度的弹簧，即改变了曲线 BC 的斜率，泵的最高压力 p_C 随之改变。

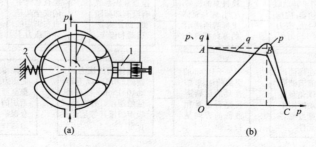

图 2-21 限压式变量叶片泵调节原理图及特性曲线

(a) 简化原理图；(b) 特性曲线

1—控制活塞；2—弹簧

2.3.2 叶片泵的安装调试及使用与维修

39 安装叶片泵有何技术要求？

液压泵安装要求是刚性联轴器两轴的同轴度误差≤0.05mm；弹性联轴器两轴的同轴度误差≤0.1mm，两轴的角度误差<1°；驱动轴与泵端应保持 5～10mm 距离。对于叶片泵，一般要求同轴度不得大于 0.1mm，且与电动机之间应采用挠性连接。

液压泵吸油口的过滤器应根据设备的精度要求而定。为避免泵抽空，严禁使用精密过滤器。对于叶片泵，油液的清洁度应达到国家标准等级 16/19 级，使用的过滤器精度大多为 $25\sim30\mu m$。吸油口过滤器的正确选择和安装，会使液压故障明显减少，各元件的使用寿命可大大延长。

进油管的安装高度不得大于 0.5m。进油管必须清洗干净，与泵进油口配合的液压泵紧密结合，必要时可加上密封胶，以免空气进入液压系统中。

进油管道的弯头不宜过多，进油管道口应接有过滤器，过滤器不允许漏出油箱的油面。当泵正常运转后，其油面离过滤器顶面至少应有 100mm，以免空气进入，过滤器的有效通油面积一般不低于泵进油口油管的横截面积的 50 倍，并且过滤器应经常清洗，以免堵塞。

吸入管、压出管和回油管的通径不应小于规定值。

为了防止泵的振动和噪声沿管道传至系统引起振动、噪声，在泵的吸入口和压出口可各安装一段软管，但压出口软管应垂直安装，长度不应超过 600mm；吸入口软管要有一定的强度，避免由于管内有真空度而使其出现变扁现象。

40 怎样调试叶片泵？

泵安装完成后，必须经过检查与调试，观察泵是否正常工作，有关步骤与要求如图 2-22 所示。

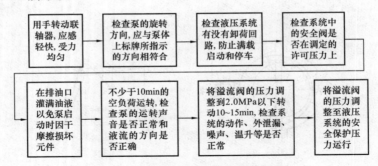

图 2-22 叶片泵调试步骤与要求

41 怎样合理使用叶片泵？

液压系统需要流量变化时，特别是需要大流量的时间比需要小流量的时间要短时，最好采用双联泵或变量泵。

如机床的进给机构，当快进时需要流量大，当工进时需要流量小，两者相差几十倍甚至更多。为了满足快进时液压缸需要的大流量，要选用流量较大的泵，但到工进时，液压缸需要的流量很小，使绝大部分高压液压油经溢流阀溢流。这不仅消耗了功率，还会使系统发热。为了解决这个问题，可以选用变量叶片泵。当快进时，压力低，泵排量（流量）最大；当工进时，系统压力升高，泵自动使排量减小，基本上没有油液从溢流阀溢流。也可以采用双联叶片泵，低压时大小两个泵一起向系统供油；工进高压时，小泵高压小流量供油，大泵低压大流量经卸荷阀卸荷后供油。

又如，机床液压卡盘和卡紧装置，或其他液压卡紧装置，大多数采用集中泵站供油，即用一台泵供给多台机床使用。该系统的特点是，当卡紧或松卡时希望很快，而且要考虑到所有机床同时卡紧，所以系统需要流量较大；可一经卡紧后，只要继续保持压力（即卡紧）。即不需要流量的时间要比装卡过程中需要流量的时间长得多。因此，这种系统中的泵，绝大部分时间在做无用功，白白浪费了功率，造成系统发热；且对泵来说，总是在最高工作压力下工作是很不利的，夏天时，可能由于系统温度过高，不得不暂时停机。为了解决这一矛盾，可以把油箱加大，利用油箱散热。但这是个消极的办法，虽能使系统温度保持稳定，但功率仍被浪费，液压泵也在磨损。较好的办法是采用蓄能器，用蓄能器储存一部分压力油，当系统压力达到最高工作压力时，液压泵卸荷，系统需要的保压流量由蓄能器供给；当系统压力降到最低工作压力时，液压泵再度工作，这样系统不发热，故障不易发生，油箱也小，液压泵的寿命也可延长，这种工况就比较合理。

42　叶片泵有何故障，怎样排除？

叶片泵的常见故障及排除方法如表 2-2 所示。

表 2-2　　　　　　　　　　叶片泵的常见故障及排除方法

故障现象	故障原因	排除方法
液压泵吸不上油或无压力	（1）原动机与液压泵旋向不一致 （2）液压泵传动键脱落 （3）进、出油口接反 （4）油箱内油面过低，吸入管口露出油面 （5）转速太低吸力不足 （6）油黏度过高，使叶片运动不灵活 （7）油温过低，使油黏度过高 （8）系统油液过滤精度低，导致叶片在槽内卡住 （9）吸入管道或过滤装置堵塞，造成吸油不畅 （10）吸入口过滤器过滤精度过高，造成吸油不畅 （11）吸入管道漏气 （12）小排量液压泵吸力不足	（1）纠正原动机旋向 （2）重新安装传动链 （3）按说明书选用正确接法 （4）补充油液至最低油标线以上 （5）提高转速达到液压泵最低转速以上 （6）选用推荐黏度的工作油 （7）加温至推荐正常工作油温 （8）拆洗、修磨液压泵内脏件，仔细重装，并更换油液 （9）清洗管道或过滤装置，除去堵塞物，更换或过滤油箱内油液 （10）按说明书正确选用过滤器 （11）检查管道各连接处，并予以密封、紧固 （12）向泵内注满油
流量不足达不到额定值	（1）转速未达到额定转速 （2）系统中有泄漏 （3）由于泵长时间工作、振动，使泵盖螺钉松动 （4）吸入管道漏气 （5）吸油不充分 1）油箱内油面过低 2）入口过滤器堵塞或通流量过小 3）吸入管道堵塞或通径小 4）油黏度过高或过低 （6）变量泵流量调节不当	（1）按说明书指定额定转速选用电动机转速 （2）检查系统，修补泄漏点 （3）拧紧螺钉 （4）检查各连接处，并予以密封、紧固 （5）采取以下方法予以排除 1）补充油液至最低油标线以上 2）清洗过滤器或选用通流量为泵流量 2 倍以上的过滤器 3）清洗管道，选用不小于泵入口通径的吸入管 4）选用推荐黏度工作油 （6）重新调节至所需流量

续表

故障现象	故障原因	排除方法
压力升不上去	(1) 泵不上油或流量不足 (2) 溢流阀调整压力太低或出现故障 (3) 系统中有泄漏 (4) 由于泵长时间工作、振动，使泵盖螺钉松动 (5) 吸入管道漏气 (6) 吸油不充分 (7) 变量泵压力调节不当	(1) 同前述排除方法 (2) 重新调试溢流阀压力或修复溢流阀 (3) 检查系统、修补泄漏点 (4) 拧紧螺钉 (5) 检查各连接处，并予以密封、紧固 (6) 同前述排除方法 (7) 重新调节至所需压力
噪声过大	(1) 吸入管道漏气 (2) 吸油不充分 (3) 泵轴和原动机轴不同心 (4) 油中有气泡 (5) 泵转速过高 (6) 泵压力过高 (7) 轴密封处漏气 (8) 油液过滤精度过低，导致叶片在槽中卡住 (9) 变量泵止动螺钉调整失当	(1) 检查管道各连接处，并予以密封、紧固 (2) 同前述排除方法 (3) 重新安装达到说明书要求精度 (4) 补充油液或采取结构措施，把回油口浸入油面以下 (5) 选用推荐转速范围 (6) 降压至额定压力以下 (7) 更换油封 (8) 拆洗修磨泵内脏件并仔细重新组装，并更换油液 (9) 适当调整螺钉至噪声达到正常
过度发热	(1) 油温过高 (2) 油黏度太低，内泄过大 (3) 工作压力过高 (4) 回油口直接接到泵入口	(1) 改善油箱散热条件或增设冷却器使油温控制在推荐正常工作油温范围 (2) 选用推荐黏度工作油 (3) 降压至额定压力以下 (4) 回油口接至油箱液面以下
振动过大	(1) 泵轴与电动机轴不同心 (2) 安装螺钉松动 (3) 转速或压力过高 (4) 油液过滤精度过低，导致叶片在槽中卡住 (5) 吸入管道漏气 (6) 吸油不充分 (7) 油液中有气泡	(1) 重新安装达到说明书要求精度 (2) 拧紧螺钉 (3) 调整至许用范围以内 (4) 拆洗修磨泵内脏件，并仔细重新组装，并更换油液或重新过滤油箱内油液 (5) 检查管道各连接处，并予以密封、紧固 (6) 同前述排除方法 (7) 补充油液或采取结构措施，把回油口浸入油面以下
外泄漏	(1) 密封老化或损伤 (2) 进、出油口连接部位松动 (3) 密封面磕碰 (4) 外壳体砂眼	(1) 更换密封 (2) 紧固螺钉或管接头 (3) 修磨密封面 (4) 更换外壳体

2.3.3　VMQ 系列叶片泵及其维修实例

43　什么是 **VMQ** 系列叶片泵，结构怎样？

威格士 VMQ 定量叶片泵用于工业和工程机械，其外形如图 2-23 所示。
VMQ 泵连续压力额定值达到 29.3MPa，允许的峰值压力高达 31MPa。

图 2-24 所示的泵代表了 VMQ 系列的所有单联泵。泵主要由进油口盖板、
出油口壳体、驱动轴和抽吸机芯组成。机芯的主要元件是椭圆偏心定子圈、开槽
的转子与驱动轴花键、一个进油口和出油口的支撑板、两片侧板、10/12 个叶片
和配在定子槽中的 10/12 个柱塞。油液通过盖板上的进油口进入机芯并且通过壳
体上的出油口输出。

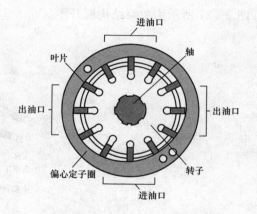

图 2-23　VMQ 外形图　　　　　　图 2-24　单联泵结构示意图

机芯的动作如图 2-25 所示，转子通过驱动轴在定子圈内被驱动，它与动力
源相连接。

随着转子转动，叶片上的离心力加上叶片下来自出油口的压力，使叶片跟随
定子圈的椭圆表面。通过偏心定子圈上的一个钻孔，存在一个附加进油流道，这
个孔直接连接进油口到偏心定子圈的进口区域，并且提供一个附加流道，使油液
进入机芯。

油液是被密封在叶片之间，通过一个密封的区域输送到定子圈的出油口段，
当接近出油口段时，容腔体积减小，油液被压出，进入系统。系统压力进入叶片
下方，保证在正常工作时叶片密封接触定子圈。

当叶片通过定子圈的进油口段时，叶片的径向运动和转子的转动造成叶
片间的容腔体积增加，这就产生了一个低压条件，允许大气压力迫使油液进
入容腔。

图 2-26 所示为单泵定子结构图。

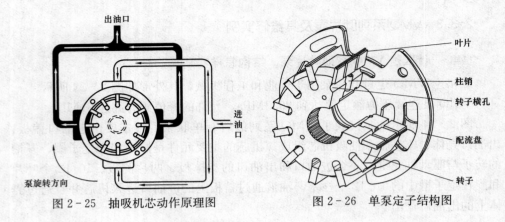

图 2-25 抽吸机芯动作原理图　　　　图 2-26 单泵定子结构图

图 2-27 所示为单泵结构展开图。

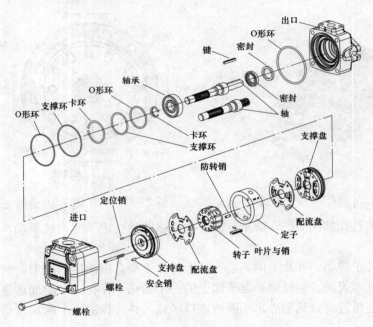

图 2-27 单泵结构展开图

44　VMQ 系列叶片泵有何特点？

VMQ 系列叶片泵特点有：

（1）轴和轴承的寿命长。液压平衡设计（无内部径向力），轴能轻易地传输最高压力，保证轴和轴承的寿命长。

（2）独特的双金属片板允许用于冷启动。青铜片板的高防滞表面特别适用于冷启动应用场合。

（3）噪声小，操作舒适。有效的设计使泵在最恶劣的转速、温度和交变载荷下工作。

（4）可拆卸的机芯，通常带有进油管，便于维修和改变流量。单联泵、通轴驱动泵、双联泵和三联泵之间的机芯可以互换，简化了机芯选择，并且减少库存。

（5）容积效率高。20 种排量，允许选择最佳的流量输出，用于最佳的能量使用。

（6）能够使用各种油液。

（7）轴封选项：单轴封设计用于"干式安装"应用，双轴封设计用于流体分隔的"湿式安装"应用，例如减速器或者常有润滑的应用场合（湿式安装应用可以延长轴的使用寿命）。

45　安装 VMQ 系列叶片泵应注意什么？

安装 VMQ 系列叶片泵应注意：

（1）止口直径。内止口轴线相对于驱动装置轴线的同轴度必须在千分表总读数 0.10mm 之内，内、外止口直径间隙必须为 +0.01～+0.05mm。

（2）安装面。固定泵的安装面与驱动装置轴线的垂直度必须在 0.0381mm/mm 之内。

（3）轴伸。带键轴伸孔的尺寸必须在最大轴伸直径的 -0.003～+0.03mm 之间。

（4）驱动找正。轴的同轴度和角度找正对泵的寿命是重要的，不对中会导致轴承上的重载荷，产生永久失效。柔性联轴器必须按照联轴器生产商的要求进行找正。

（5）万向节。当使用双万向联轴器时，轴必须平行而且叉架必须在一条直线上，偏差要尽可能小。当然，最大偏差允许随使用条件变化而变化。泵轴到万向联轴器的径向配合应当紧（大径配合），没有松动。

（6）安装座辅助传动装置。由于间隙叠加，会出现轴和变速箱花键之间干涉的可能性。为了减小这种可能性，应当采用侧齿花键配合。侧齿配合和短啮合长度比大径配合花键或长花键啮合有大的挠性和较小的侧载荷倾向作为一般规则，最短的花键啮合应当不小于 85% 的花键节径，以保证最大的轴转矩额定值。

当泵轴直接连接变速箱或减速器时，推荐用花键轴。花键传动装置应当有润滑。

在怠速下，不能长期工作在额定压力或接近额定压力，否则会导致局部发热损坏。不要认为双联泵、三联泵或通轴驱动泵组件能够同步加载到额定压力，必须检验轴载荷以免转矩超额。

46　VMQ 系列叶片泵运行维护有何要求？

（1）冷启动。

当油液黏度在 $860\sim54cSt$（$1cSt=10^{-6}m^2/s$）范围内工作时，压力应当限制在额定值的 50% 或者再小一些，一直到系统热起来。当油液黏度大于 $860cSt$ 时，启动泵要特别注意，应使整个系统（包括液压缸和液压马达）都热起来。

（2）油温。

黏度必须不低于表 2-3 所示的最低值，温度（见表 2-4）不得超过 $99℃$，否则机芯套件和合成橡胶的寿命期望值将降低。

表 2-3　　　　　　　　　　　　液压油黏度要求推荐

行业	最低黏度（间歇）	最低黏度（连续）	黏度范围（最佳工作）	最高黏度（在压力下）	黏度范围要求（<50%出口压力）	最高黏度（在启动时）
	cSt	cSt	cSt	cSt	cSt	cSt
工业	10	13	16~40	54	54~860	860
工程机械	6.5	9	16~40	100	100~2000	2000

表 2-4　　　　　　　　　　　　进油口压力和工作温度要求

行业	进油口最低压力-绝对	推荐的进油口工作压力-压力表	进油口最高工作压力-压力表	最高工作温度（连续）	最高工作温度（间歇）
	bar（PSI）	bar（PSI）	bar（PSI）	℃（℉）	℃（℉）
工业	0.83（12.0）	0~0.35（0~5.0）	1.4（20）	66（150）	74（165）
工程机械	1.0（14.5）	0~0.35（0~5.0）	1.4（20）	82（180）	99（210）

注　$1bar=10^5Pa$，$1PSI=6.895\times10^3Pa$。

（3）驱动数据。

泵被装配成右手（顺时针）或左手（逆时针）旋转，旋转是从轴端力一向看的。进油口和出油口保持不变，与轴旋转力无关。

（4）启动运行。

1）加油。在加注液压油之前，保证油箱和回路清洁，没有脏物和碎屑。用经过过滤的油液加注油箱，并加注到足以防止在连通泵进油口的吸油连接处产生旋涡的液面，用外部的辅助泵通过冲洗和过滤来净化系统是良好的方法。

启动泵之前，经一个油口灌注油液。如果泵高于油箱液面，这一点特别重要。

如果壳体没有泄油路，则泄漏油径泵内部通道泄入进油口。泵进口连接处的系统压力不得超过 $140kPa$。

当出油口压力低于进油口压力时不要开动泵，否则将引起工作噪声和叶片不稳定。

2）放气。泵初次启动时，消除系统中所有的滞留空气。在启动泵之前松开泵出油口管接头或利用放气阀即可实现放气。所有进油口连接必须严密以防止漏气。一种放气阀可用于此目的。

泵一经启动，应在几秒之内灌满油液。如果泵未灌满，应检查以保证油箱与泵进油口之间没有节流，进油口管路和接头不漏气，以及保证滞留空气能在泵出油口处逸出。

泵灌满之后，旋紧松开的出油口接头，然后空载运行 5～10min，以使从回路中消除所有的滞留空气。

3）如果油箱有可视液位计，要保证油液清澈，不得乳化。

🔧 2.4 柱塞泵及其使用与维修

2.4.1 柱塞泵的结构与工作原理

47 什么是斜盘式轴向柱塞泵工作原理与排量公式？

如图 2-28 所示，缸体均布 Z 个柱塞孔，分布圆直径为 D，柱塞滑履组柱塞直径为 d，斜盘相对配流盘倾角为 α。泵在原动机驱动下旋转，柱塞通过配流盘吸油和压油。

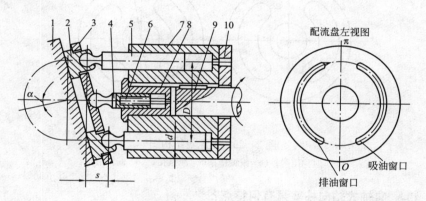

图 2-28 轴向柱塞泵工作原理图

1—斜盘；2—滑靴；3—压盘；4—心轴；5—柱塞；6—中心弹簧；7—转子；

8—内套；9—驱动轴；10—配流盘

D—分布圆直径；d—柱塞直径；s—行程；α—倾斜角

泵旋转一周，每个柱塞轴向正反运行距离为 s，排出油量为 $\pi s d^2/4$（$s = D\tan\alpha$），故泵排量 $V = (\pi d^2/4)ZD\tan\alpha$。

改变斜盘倾角可以改变泵的排量。

48 斜盘式轴向柱塞泵的结构有何特点？

三对摩擦副：柱塞与缸体孔、缸体与配流盘、滑履与斜盘。容积效率较高，额定压力可达 35MPa。

泵体上有泄漏油口。

传动轴是悬臂梁，缸体外有大轴承支撑。

为减小瞬时理论流量的脉动性，取柱塞数为奇数：5，7，9。

为防止密闭容积在吸、压油转换时因压力突变引起的压力冲击，在配流盘的配流窗口前端开有减振槽或减振孔，或采用偏转结构，如图 2 - 29 所示。

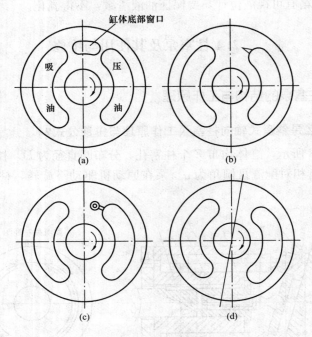

图 2 - 29　配流盘结构图

（a）对称结构；（b）减振槽；（c）减振孔；（d）偏转结构

49　斜轴式轴向柱塞泵有何特点？

斜轴式轴向柱塞泵如图 2 - 30 所示，其工作原理与斜盘式轴向柱塞泵类似，只是缸体轴线与传动轴不在一条直线上，它们之间存在一个摆角 β，柱塞与传动轴之间通过连杆连接。传动轴通过连杆拨动缸体旋转，强制带动柱塞在缸体孔内做往复运动。

特点：柱塞受力状态较斜盘式好，不仅可增大摆角来增大流量，而且耐冲击、寿命长。

2.4.2　变量泵控制方式及其应用

变量泵可以通过排量调节来适应机械在作业时的复杂工况要求，由于其具有明显的优点而被广泛使用。变量泵的控制方式多种多样，主要有压力切断控制、功率控制、排量控制和负载敏感控制四种基本控制方式。通过这四种基本控制方

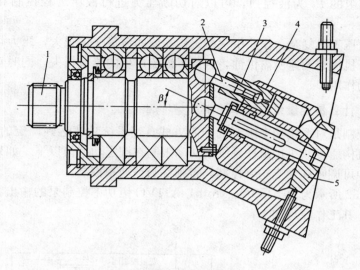

图 2-30　斜轴式轴向柱塞泵结构图

1—传动轴；2—连杆；3—柱塞；4—缸体；5—配流盘

式的组合，可以得到具有复杂输出特性的组合控制。

50　什么是变量泵的压力切断控制？

压力切断控制是对系统压力限制的控制方式，有时简称为压力控制。当系统压力达到切断压力值时，排量调节机构通过减小排量使系统的压力限制在切断压力值以下，其输出特性如图 2-31 （a）所示。

如果切断力值在工作中可以调节则称为变压力控制，否则称为恒压力控制。

图 2-31 （b）所示为压力切断控制的典型实现方式。当系统压力升高达到切断压力时，变量控制阀阀芯左移，推动变量机构使排量减小，从而实现压力切断

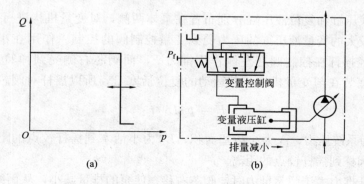

图 2-31　压力切断控制变量泵

（a）输出特性曲线；（b）典型实现形式

控制。阀芯上的 P_r 为液控口，可以对切断压力进行液压远程控制和电液比例控制。

一些液压工况复杂，作业中执行机构需要的流量变化很大，压力切断控制可以根据执行机构的调速所需供油，避免了溢流产生的能量损失，同时对系统起到过载保护的作用。

51　什么是变量泵的功率控制？

功率控制是对系统功率限制的控制方式。当系统功率达到调定的功率值时，排量调节机构通过减小排量使系统的功率限制在调定功率值以下。如果功率限制值在工作中可调则称为变功率控制，否则称为恒功率控制。

图 2-32 所示为力士乐（Rexroth）A11VO 恒功率控制泵的输出特性和具体实现结构。其工作原理如下：

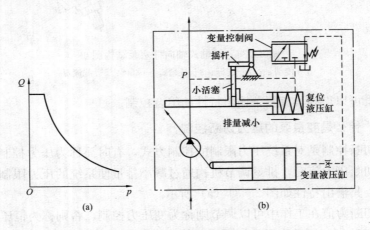

图 2-32　恒功率控制变量泵
（a）输出特性曲线；（b）A11VO 变量泵实现结构

变量液压缸和复位液压缸分别布置在泵体两侧，对变量机构进行差动控制，其中面积较大的变量液压缸的压力受到变量控制阀的控制。作用在小活塞上的系统压力经摇杆在控制阀芯左侧作用推力 F，而阀芯右侧受到弹簧力的作用。由于小活塞装在与变量机构一起运动的复位活塞上，所以摇杆对阀芯的推力为

$$F = pAL_1/L_2 \tag{2-1}$$

式中：p 为系统压力；A 为小活塞面积；L_1 为小活塞到摇杆铰点的距离；L_2 为变量控制阀杆到摇杆铰点的距离。

当摇杆推力大于弹簧推力时，阀芯右移，使泵的排量减小，从而维持摇杆推力为近似常数。根据式（2-1）可知，摇杆推力正比于 pL_1，而 L_1 正比于液压泵排量，因此实现了对变量泵的功率限制（假定液压泵转速不变）。有时为了简

化控制结构，常采用近似功率控制方式，常用双弹簧结构控制变量机构位置。图 2-33 所示为川崎（Kawasaki）K3V 系列变功率控制泵的输出特性和具体实现结构。其中控制阀阀芯位置是通过系统压力与双弹簧弹力的平衡决定的，而变量机构跟随阀芯一起运动，这样就可以利用双弹簧的变刚度特性用折线近似双曲线。

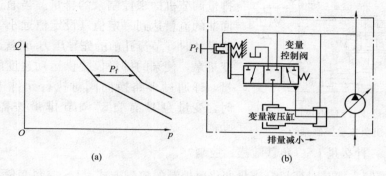

图 2-33　变功率控制变量泵
（a）输出特性曲线；（b）K3V 系列变量泵实现结构

功率控制能够充分发挥原动机的功率，达到按能力供油的目的，避免原动机因过载而停车或损坏。

52　什么是变量泵的排量控制？

排量控制是指对变量泵的排量进行直接控制的控制方式，施加一个控制压力就可以得到一个相应的排量值。图 2-34 所示为川崎（Kawasaki）K3V 系列负流量控制（指流量变化与先导控制压力成反比）的输出特性和具体控制方式。当先导控制压力 p_r 增大时，变量控制阀阀芯右移，使泵的排量减小，从而使泵的流量 Q 随着 p_r 的增大成比例地减小。

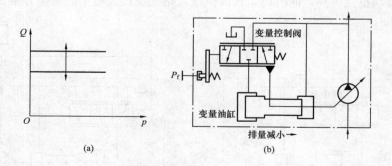

图 2-34　负流量控制变量泵
（a）输出特性曲线；（b）K3V 系列变量泵实现结构

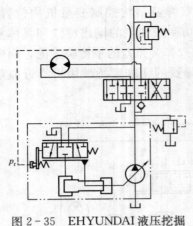

图 2-35 EHYUNDAI 液压挖掘
机负流量控制系统

图 2-35 所示是 EHYUNDAI 液压挖掘机的负流量控制系统的局部简化原理图。当所有多路换向阀位于中位时，从液压泵排出的压力油经多路换向阀的直通供油道和节流孔回油箱，将节流孔的回油流量作为控制量，通过排量调节机构来控制泵的排量。当通过节流孔回油的流量达到一定值（设定值远小于系统总流量）时，节流孔前的先导压力 p_r 就开始调节变量泵，使泵的排量仅提供运动速度所需的流量，即通过多路换向阀对执行元件进行调速时，变量泵具有自动调节排量按需供流的功能。

53 什么是 LS（负载敏感）控制？

LS 控制方式是对变量泵排量变化率控制的控制方式。LS 控制变量泵的输出特性与排量控制相同，但其控制信号反映的不是排量本身，而是排量的变化值。图 2-36 所示是 LS 控制的典型实现形式，它通过压力差对泵的排量进行控制，当 Δp 与阀芯弹簧压力不平衡时，变量控制阀阀芯偏移，使泵排量发生相应变化。

图 2-37 所示是采用 LS 控制变量泵实现的 LS 调速系统的基本原理。Δp 为节流口前后压力差，$\Delta p = p_p - p_L$，其中 p_p 为泵口压力，p_L 为负载压力，其最大的特点就是可以根据负载大小和调速要求对泵进行控制，从而实现在按需供流的同时，使调速节流损失 Δp 控制在很小的固定值。

负载敏感变量泵与压力补偿阀配合使用可以实现单泵驱动多个执行机构的独立调速，各执行元件不受外部负载变动和其他执行元件的干扰。由于 LS 调速系统不仅实现按需供油，同时也是按需供压，是能量损失很小的调速方案。

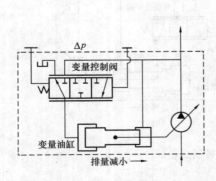

图 2-36 LS 控制变量泵的典型实现形式

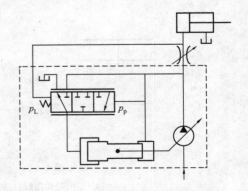

图 2-37 LS 调速控制系统

54 什么是基本控制方式的组合？

　　系统的压力限制、原动机的功率限制以及对执行元件的可调速性，往往对同一台机械的液压系统是同时需要的，因此需要对多种控制方式进行组合，以便使变量泵能够满足机械设备的复杂工况要求，控制方式的组合应根据具体的应用要求而定。图 2 - 38 所示为力乐士（Rexroth）压力切断控制、功率控制和 LS 控制组合的输出特性和具体实现结构。

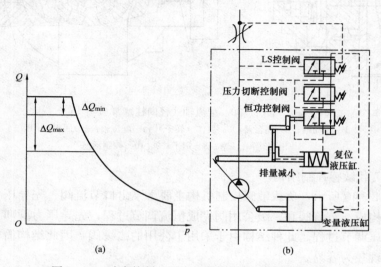

图 2 - 38　功率控制、压力切断控制和 LS 控制的组合
(a)输出特性曲线；(b)实现形式

　　图 2 - 38 中，三个控制阀并联连接，当系统状态达到其中任一个限制条件时，对应的控制阀动作，使泵的排量减小，组合后的输出特性如图 2 - 38（a）所示，兼具压力切断控制、功率控制和 LS 控制的特点，可以较好地满足复杂工况的要求。

55 电液比例负载敏感控制变量径向柱塞泵有何特点？

　　液压泵的负载敏感控制以其对流量和压力的复合控制，使流量和压力自动适应负载的需求而达到节能目的。

　　（1）径向柱塞泵结构。

　　如图 2 - 39 所示，新型径向柱塞泵主要由定子、连杆、柱塞、转子、配流轴及左右两侧的变量机构构成，转子和定子之间存在一个偏心量，连杆瓦面紧贴定子内圆，连杆和柱塞通过球铰相连。输入轴通过十字键带动转子转动，通过连杆-柱塞组件相对于转子的相对运动完成吸、排油过程。通过两侧的变量机构可以改变定子和转子之间的偏心量，从而改变泵的输出流量。新型径向柱塞泵具有结构紧凑、参数高、变量形式多样、寿命长、噪声低等优点。

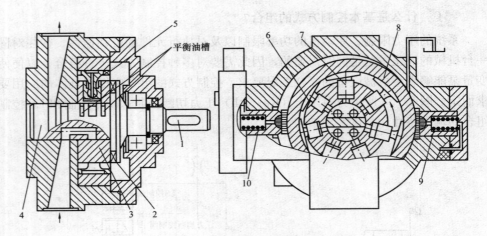

图2-39 配流轴式径向柱塞泵

1—传动轴；2—离合器；3—缸体（转子）；4—配流轴；5—回程环；

6—滑履；7—柱塞；8—定子；9、10—控制活塞

（2）负载敏感控制结构。

如图2-40所示，负载敏感控制机构主要由泵出口节流阀、先导压力阀和二级公用阀构成。节流阀和二级公用阀完成恒流调节过程，先导压力阀和二级公用阀完成恒压调节过程。此种结构由于采用了公用的二级阀，因此结构简单，调节方便，实现较为容易。

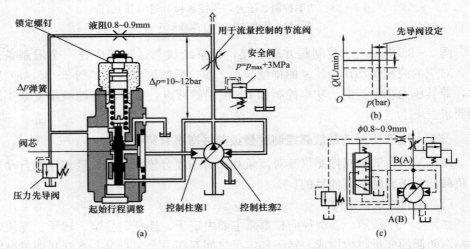

图2-40 负载敏感结构与工作原理图、特性曲线、图形符号

（a）结构与工作原理；（b）特性曲线；（c）图形符号

（3）流量敏感工作原理。

二级公用阀阀芯上腔接节流阀出口，下腔接节流阀入口即泵出口，与节流阀

一起构成一个特殊的溢流节流阀。在负载压力 p_L 小于先导压力阀设定值 p_y 时，先导压力阀不工作。此时负载压力 p_L 的任何变动必将使通过节流阀的流量发生变化，导致节流阀的前后压差 $\Delta p = p_p - p_L$ 发生变化，从而打破了二级公用阀阀芯的平衡条件，使阀芯产生相应的动作，进而使定子的位置发生一定的变化，使泵的输出流量稳定在变化之前的流量，因此进入系统的流量不受负载的影响，只由节流阀的开口面积来决定。泵的出口压力 p_p 追随负载压力 p_L 变化，两者相差一个不大的常数 Δp，所以它是一个压力适应的动力源。

（4）压力敏感工作原理。

当负载压力达到先导压力阀的调定压力 p_y 时，先导压力阀开启，液阻 R 后关联两个可变液阻——先导阀阀口和二级公用阀阀口，液阻 R 上的压差进一步加大，因此二级公用阀芯迅速上移，使定子向偏心减小的方向运动，使输出流量迅速降低，维持负载压力近似为一定值，在此过程中由于先导阀的定压作用，流量检测已不起控制作用。

56 　**闭环控制轴向柱塞泵有何特点，怎样应用？**

在液压系统设计中，常常要求系统压力、速度在工作过程中能进行无级调节，以适应生产工艺的需求。对于比例压力调节，传统方法一般是使用比例调压阀来实现，如图 2-41 所示；对于比例速度调节，一般使用比例方向阀、比例流量阀或比例泵来实现，如图 2-41 所示。图 2-41 中的比例泵为电气控制变量泵，该泵的排量允许无级和可编程设定，排量大小与 2Y2 比例流量控制阀的比例电磁铁中的电流大小成正比。当电动机功率选定后，为了防止电动机过载，在泵出口增加了压力传感器，通过设定值和传感器实测比较，由电气控制保证系统功率小于电动机功率。如果一个液压系统既要比例调速又要比例调压，则需要将多个元件进行叠加，这一方面增加了液压系统的复杂性，另一方面增加了电气控制的复杂性。

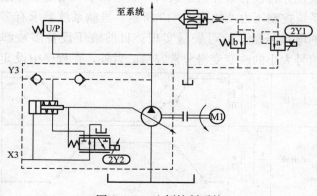

图 2-41　比例控制系统

2Y1—比例压力控制阀；2Y2—比例流量控制阀

（1）特点。

电子闭环控制轴向柱塞泵可对压力、流量、功率进行连续闭环控制，控制精度小于0.2%（传统比例阀控制精度为2%），并具有很好的动态特性。对于复杂的液压系统，如果采用新型电子闭环控制柱塞泵，只要一台泵就可替代原有多个元件，不仅实现比例调速、比例调压还能实现比例功率调节。对于小流量、小功率的工艺，应用常规的元件，需要通过溢流阀溢掉多余的油液，这不仅造成能源浪费，还会带来系统发热，降低泵的容积效率，增加泄漏，对系统是非常不利的。若改用这种新型的电子闭环控制轴向柱塞泵后，可实现恒功率控制。

（2）电子闭环控制轴向柱塞泵的组成元件。

电子闭环控制轴向柱塞泵是由多种元件叠加复合在轴向柱塞泵上形成的组合体。根据使用环境、使用方法不同，有多种控制系统，但一般由轴向柱塞泵、压力传感器、放大器、预加载阀等元件组成。压力传感器测量值为压力实测值，与放大器的设定值比较后，输出信号控制泵。位置控制与压力控制相同。预加载阀为可选项，主要功用是在泵口建立2MPa以上控制压力，控制泵的斜盘倾角改变，达到变量的目的。如果没有选择预加载阀，则需要有大于2MPa的外部控制油压，或在泵出口增加一个2MPa以上的外控顺序阀。既没有预加载阀，也没在泵口建立2MPa以上压力，泵将没法正常运行，这是设计中需要注意的问题。

（3）在液压系统中的运用。

某50T专用液压机（简称50T压机）有上下两个滑块，上滑块由一个缸径$\phi160mm$活塞缸驱动，下滑块由两个缸径$\phi125$活塞缸驱动。

当两滑块同时空载运行时，速度快，需要的流量大（见图2-42），而此时不带负载，系统压力较低；当两滑块同时加压慢速运行时，则流量较大、压力高；当一个滑块加压慢速运行时，则流量小、压力高；当一个滑块慢速退回时，则流量小、压力低。因为压机需要多级流量、压力和功率控制，为此选用了电子闭环控制轴向柱塞泵，并且没有选择预加载阀，而是在泵口增加了外控顺序阀，建立大于2MPa的系统控制压力，如图2-43所示。虽然系统要求有多级变化，但是只要改变输入的电信号量，就可轻易实现。目前液压设备多数都为PLC控制，这就使得输入信号大小的改变变得非常容易。另外，在程序中设定了功率控制，

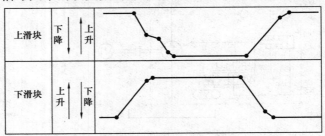

图2-42　50T压机功能简图

让泵的功率随着工艺要求的改变而改变。

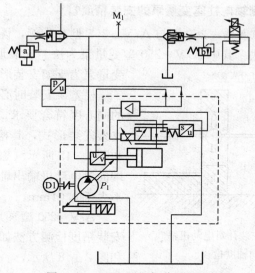

图 2 - 43 50T 压机部分原理图

对于小流量、低压力的工况，功率要求低，采用这种电子闭环控制轴向柱塞泵既节省了电能，也无需将多余的油液进行溢流。

2.4.3 轴向柱塞泵及其使用与维修

57 轴向柱塞泵安装有哪些技术要求？

轴向柱塞泵安装精度具体要求为：

（1）支座安装的轴向柱塞泵，其同轴度检查公差＝0.1mm。

（2）采用法兰安装时，安装精度要求其心轴径向法兰同轴度检查公差＝0.1mm；法兰垂直度检查公差＝0.1mm。

（3）采用轴承支架安装带轮或齿轮，然后通过弹性联轴器与泵连接，来保证泵的主动轴不承受径向力和轴向力。可以允许承受的力应严格控制在许用范围内，特殊情况下还要对转子进行精密的动平衡实验，以尽量避免共振。

泵的回油管用来将泵内漏出的油排回油箱，同时起冷却和排污的作用。通常泵壳体内回油压力不得大于 0.05MPa。因此，泵的泄漏回油管不宜与液压系统其他回油管连在一起，以免系统压力冲击波传入泵壳体内，破坏泵的正常工作或使泵壳体内缺润滑油，形成干摩擦，烧坏元件。应将泵的泄漏回油管单独通入油箱，并插入油箱液面以下，以防止空气进入液压系统。

为了防止泵的振动和噪声沿管道传至系统引起振动、噪声，在泵的吸入口和压出口可各安装一段软管，但压出口软管应垂直安装，长度不应超过 600mm，吸入口软管要有一定的强度，避免由于管内有真空度而使其出现变扁现象。

油液的清洁度应达到国家标准等级 16/19 级（NAS10）或说明书的要求。

58 怎样检测轴向柱塞变量泵的安装精度？

以两台变量泵（A7V‒250 型与 A7V‒355 型）为例，说明轴向柱塞变量泵的安装精度检测方法。其中 A7V‒250 型变量泵为法兰安装形式，A7V‒355 型变量泵为支架安装形式。

柱塞泵安装时必须保证泵与电动机的同心度符合要求。A7V‒355 型泵为支架安装形式，其检测方法如图 2‒44 和图 2‒45 所示（磁性千分表表座安装端面对电动机输出轴的垂直度原始公差不大于 0.01mm）。

A7V‒250 型泵为法兰安装形式，其安装精度检测方法如图 2‒46、图 2‒47 和图 2‒48 所示。

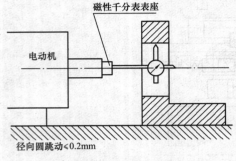

径向圆跳动≤0.2mm

图 2‒44 泵安装孔对电动机输出轴的同轴度检查

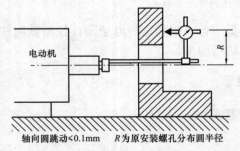

轴向圆跳动≤0.1mm R为原安装螺孔分布圆半径

图 2‒45 支座上泵的安装端面对电动机输出轴的垂直度检查

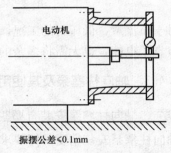

振摆公差≤0.1mm

图 2‒46 法兰上泵安装孔对电动机输出轴的垂直度检查

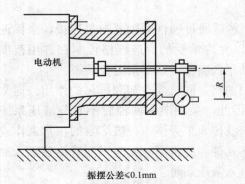

振摆公差≤0.1mm

R 为原安装螺孔分布圆半径

图 2‒47 泵安装端面对电动机输出轴的垂直度检查

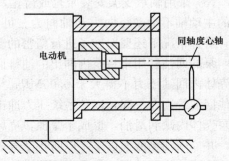

振摆公差≤0.1mm

图 2‒48 泵轴对电动机输出轴的同轴度检查

经过对泵的安装精度检测，可以避免由于电动机与泵不同心而造成泵受损现象，一是可以避免两者不同心使泵轴上受到径向力而产生单边磨损；二是防止传动憋劲，传动转矩增大，造成泵轴承磨损发热而使泵受损。

59 **轴向柱塞泵的调试有哪些步骤？**

泵安装完成后，必须经过检查与调试，观察泵是否正常工作，有关步骤与要求如图 2 - 49 所示。

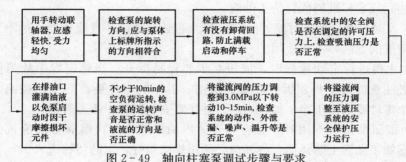

图 2 - 49　轴向柱塞泵调试步骤与要求

60 **怎样合理使用轴向柱塞泵？**

在油路中，斜轴式轴向柱塞泵和斜盘式轴向柱塞泵在额定转速或超过额定转速使用时，泵的进油口均需压力注油，保证液压泵的进油口压力为 0.2～0.4MPa，也就是说需用一个低压补油泵供油，其流量应为主泵流量的 120% 以上。在降速使用时，进油允许自吸。

对于斜轴式轴向柱塞泵和斜盘式轴向柱塞泵，壳体上均有两个泄油孔，其作用是泄油和冷却，使用方法如下：

1）使用前将高处的一个泄油孔接上油管，使壳体内的泄漏油能通畅地流回油箱。对于手动伺服变量结构的液压泵，其壳体内油压超过 0.15MPa，将对伺服机构的灵敏度有影响，使用时要特别注意。

2）把两个泄油口均接上油管，低处油管输入冷却油，高处油管连通油箱。在闭式油路中管路最高处应装有排气孔，用以排除油液中的空气，避免产生振动和噪声。

为了延长泵的使用寿命，必须定期地在油路的紊流处取出油样检验。保持油液的清洁度是系统维护保养的重要内容。有时系统不能正常运行，就是因为控制阀阀芯被油污卡死，或产生阻尼、流通不畅。所以每次出现故障时，又找不着其他原因，清洗相关的控制阀（特别是比例阀）是重要的措施。因为轴向柱塞泵的损坏是从柱塞滑履的磨损开始的，如图 2 - 50 所示，当滑履磨损到与斜盘间的静压油膜形成不了时，则滑履与斜盘间的摩擦力增大，斜盘被拉伤，

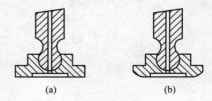

(a)　　　　　　(b)

图 2 - 50　柱塞滑履

(a) 未磨损的滑履；(b) 磨损的滑履

摩擦力进一步增大，回程盘破裂，泵内零部件损毁。若定期将磨损（还未完成损坏）的滑履换掉，就可以避免整泵的损坏。

在使用过程中，要注意以下检查：

（1）要经常检查液压泵的壳体温度，壳全外露的最高温度一般不得超过80℃。

（2）要定期检查工作油液的水分、机械杂质、黏度、酸值等，若超过规定值，应采取净化措施或更换新油。绝对禁止使用未经过净化处理的废油，以及净化后未达到规定标准的假冒伪劣油液。

（3）及时更换堵塞的过滤器滤芯。新滤芯必须确认其过滤精度，达不到所要求过滤精度的滤芯，不得使用。

（4）主机进行定期检修时，液压泵不要轻易拆开。当确定发生故障要拆开时，务必注意拆装工具和拆装环境的清洁，拆下的零件要严防划伤碰毛。装配时，各个零件要清洗干净，加油润滑，并注意安装部位，不要装错。

（5）液压泵长期不用时，应将原壳体内油液放出，再灌满含酸值较低的油液，外露加工面涂上防锈油，各油口必须用螺堵封好，以防污物进入。

61 为何自吸性差的液压泵应避免在其吸油管上装设过滤器？

如图2-51（a）所示，如果自吸性差的液压泵的吸油口再装设过滤器，随着过滤器压降的日渐增加，液压泵的最低吸入压力将得不到保证，而造成液压泵吸油不足，容积效率也急剧下降，并出现振动及噪声，直至损坏液压泵。所以应如图2-51（b）所示为好。

62 配管时，为何要避免造成液压泵吸油阻力过大？

如图2-52（a）所示，液压泵的吸油管路上有几段硬管、截止阀、过滤器和一段软管，需要的管接头较多。可见管路上的总压力损失将会很大，如果配管时再造成管路局部通流面积变小，则问题更加严重，致使液压泵吸油不足，直到造成液压泵损坏。所以应如图2-52（b）所示为好。如果软管和截止阀等是必不可少的，则应将其通径适当加大，以确保液压泵要求的吸入压力。

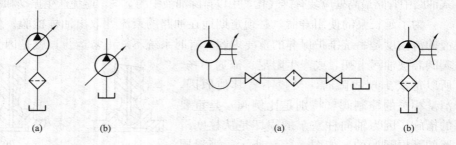

| (a) | (b) | | (a) | (b) |

图2-51 液压泵吸油路方案对比　　　图2-52 液压泵吸油管路方案对比
　（a）差；（b）好　　　　　　　　　（a）差；（b）好

63 为何要避免将溢流阀的排油管与液压泵的吸油管相连？

如果溢流阀的排油管与液压泵的吸油管相连，因溢流阀排出的是热油，将使液压泵乃至整个液压系统温度升高，而且是恶性循环，最终导致元件或系统故障。图 2-53 所示为液压泵的溢流油管连接方案的对比。

64 为何要避免将液压泵的外泄漏油管与该泵的吸油管相连？

因为液压泵的外泄漏油管排出的是热油，容易使泵体温度升高，对泵的使用寿命很不利。另外，在有些情况下，泵的外泄漏油管与该泵的吸油管相连，还会造成泵体里未充满所需的液压油，这更是不利的。图 2-54 所示为液压泵的外泄漏油管连接方案的对比。

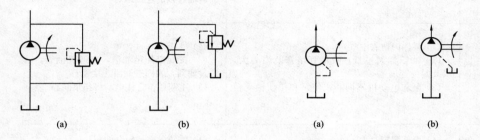

(a)	(b)	(a)	(b)

图 2-53　液压泵溢流油管连接方案对比　　　图 2-54　液压泵外泄漏油管连接方案对比
　　　　　（a）差；（b）好　　　　　　　　　　　　　（a）差；（b）好

65 轴向柱塞泵有哪些故障，怎样排除？

轴向柱塞泵的常见故障及排除方法如表 2-5 所示。

表 2-5　　　　　　　　　　　　轴向柱塞泵的常见故障及排除方法

故障现象	故障原因	排除方法
流量不够	（1）箱油面过低，油管及过滤器堵塞或阻力太大以及漏气等 （2）泵壳内预先没有充好油，留有空气 （3）液压泵中心弹簧折断，使柱塞回程不够或不能回程，引起缸体和配流盘之间失去密封性能 （4）配流盘及缸体或柱塞与缸体之间磨损 （5）对于变量泵有两种可能，如为低压，可能是油泵内部摩擦等原因，使变量机构不能达到极限位置造成偏角小所致；如为高压，可能是调整差所致 （6）油温太高或太低	（1）检查储油量，把油加至油标规定线，排除油管堵塞，清洗过滤器，紧固各连接处螺钉，排除漏气 （2）排除泵内空气 （3）更换中心弹簧 （4）磨平配流盘与缸体的接触面，单缸研配，更换柱塞 （5）低压时，使变量活塞及变量头活动自如；高压时，纠正调整误差 （6）根据温升选用合适的油液

续表

故障现象	故障原因	排除方法
压力脉动	(1) 配流盘与缸体或柱塞与缸体之间磨损，内泄或外漏过大 (2) 对于变量泵可能由于变量机构的偏角太小，使流量过小，内泄相对增大，因此不能连续对外供油 (3) 伺服活塞与变量活塞运动不协调，出现偶尔或经常性的脉动 (4) 进油管堵塞，阻力大及漏气	(1) 磨平配流盘与缸体的接触面，单缸研配，更换柱塞，紧固各连接处螺钉，排除漏损 (2) 适当加大变量机构的偏角，排除内部漏损 (3) 偶尔脉动，多因油脏，可更换新油，经常脉动，可能是配合件研伤或憋劲，应拆下修研 (4) 疏通进油管及清洗进口过滤器，紧固进油管段的连接螺钉
噪声	(1) 泵体内留有空气 (2) 油箱油面过低，吸油管堵塞及阻力大，以及漏气等 (3) 泵和电动机不同心，使泵和传动轴受径向力	(1) 排除泵内的空气 (2) 按规定加足油液，疏通吸油管，清洗过滤器，紧固进油段连接螺钉 (3) 重新调整，使电动机与泵同心
发热	(1) 内部漏损过大 (2) 运动件磨损	(1) 修研各密封配合面 (2) 修复或更换磨损件
漏损	(1) 轴承回转密封圈损坏 (2) 各接合处O形密封圈损坏 (3) 配流盘和缸体或柱塞与缸体之间磨损（会引起回油管外漏增加，也会引起高、低腔之间内漏） (4) 变量活塞或伺服活塞磨损	(1) 检查密封圈及各密封环节，排除内漏 (2) 更换O形密封圈 (3) 磨平接触面，配研缸体，单配柱塞 (4) 严重时更换
变量机构失灵	(1) 控制油道上的单向阀弹簧折断 (2) 变量头与变量壳体磨损 (3) 伺服活塞、变量活塞以及弹簧心轴卡死 (4) 个别通油道堵死	(1) 更换弹簧 (2) 配研两者的圆弧配合面 (3) 机械卡死时，用研磨的方法使各运动件灵活 (4) 油脏时，更换新油
泵不能转动（卡死）	(1) 柱塞与液压缸卡死（可能是由油脏或油温变化引起的） (2) 滑靴落脱（可能是柱塞卡死，或有负载引起的） (3) 柱塞球头折断（原因同上）	(1) 油脏时，更换新油；油温太低时，更换黏度较小的机械油 (2) 更换或重新装配滑靴 (3) 更换零件

66 怎样维修斜轴式恒功率变量泵?

变量泵的主要磨损形式有:铜缸体与配流盘球面研伤或磨损;柱塞外圆磨损,直径减小;铜缸体的柱塞孔磨损,直径加大;铜缸体的球面剥落或拉伤;调节器导轨槽磨损等。液压泵以上任何形式的磨损都会导致设备不能正常使用。

(1)铜缸体与配流盘球面研伤或磨损的修理。

除铜缸体的高、低压腔因拉伤出现较深的弧形通道外,一般可采用对研的方法进行修理。具体方法是:

1)测量并记录配流盘与缸体原始总高度。

2)加工一中心杆,将中心杆垂直夹在台虎钳上并垂直插入缸体中心孔。

3)在配流面表面薄薄涂上一层 W3.5 人造金刚石研磨膏。

4)用力压且小幅度旋转配流盘进行研磨约 5min。

5)将研磨膏擦净,在配流面上薄薄涂一层蓝油检查配流面的接触面积,保证接触面积大于总面积的 95%,否则继续研磨。

6)当达到标准后再次检查缸体与配流盘的总高度,两者之差可用增加调整垫片的厚度进行补偿。

(2)柱塞与缸体的配合间隙超过标准的修理。

A8V80 型柱塞泵的标准配合间隙为 0.015~0.035mm,间隙过大会引起泄漏量增加,效率降低,甚至无法工作。出现此情况后可进行单配缸体或柱塞。对配合间隙低于 0.120mm 的可以重新镀铬(最佳镀铬层厚度为 0.03~0.05mm),经过处理后必须保证配合间隙、圆度、圆柱度都在标准范围内。

(3)缸体球面拉伤的堆焊修复。

清洗缸体上的油污,用抛光砂纸轻轻去掉球面上的氧化膜,将铜缸体柱塞孔一头置于水中,使水的深度与铜套高度齐平,防止堆焊时损坏铜套,用氧化焰使锡铝青铜和铜缸体的球面一起加温预热至 400~500℃,将锡铝青铜堆焊于拉伤处,堆焊面要有 2~3mm 的加工余量,用适当直径的杯形砂轮按球面的要求进行磨削堆焊面,最后进行研磨。

(4)调整垫片的选配。

经过修复的柱塞泵在装配前必须选配合适的中心杆垫片和主传动轴垫片(以A8V80 为例)。

1)中心杆垫片的选配。加工如图 2-55 所示的弹簧座圈及图 2-56 的压板量具,分别将半卡圈放入中心杆的槽内,再将弹簧座圈压入半卡圈,然后将两根中心杆插入压板量具中间两中心孔,使泵壳体与调节器壳体连接处的两个定位销穿入压板量具的边孔,如图 2-57 所示,测量弹簧座圈到压板上平面的高度 n_1、压板基准面到测量面的厚度 n_2、导轨槽至调节器安装面的高度 n_3,将缸体放在平板上，再将配流盘放在缸体球面上，测量缸体加配流盘的总高度 n_4，最后计算出中心垫片的厚度：$d = n_1 + n_3 - n_2 - n_4$。中心杆垫片的厚度必须精确，以防止在启动时产生轴向窜动。另外，碟形弹簧与调整垫片共同作用产生合适的预紧力，自动补偿配流盘磨损后出现的间隙，保证缸体与配流盘有可靠的端面密封。

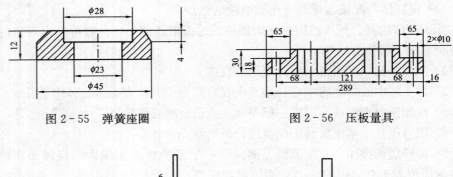

图 2-55　弹簧座圈　　　　　　　　　图 2-56　压板量具

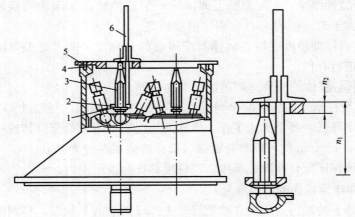

图 2-57　中心杆垫片测试示意图

1—半卡圈；2—弹簧座圈；3—中心杆；4—定位销；5—压板；6—深度尺

2）主传动轴垫片的选配。用紫铜棒对着调节器方向敲击轴承外圈，减小各接触面的间隙，测量轴头（见图 2-58）端盖厚度 d_1、孔用挡圈厚度 d_2、壳体的轴口平面至传动轴承外座圈的高度 h_1、轴口平面至孔用挡圈槽上平面的高度 h_2，计算出主传动轴调整垫片的厚度：$d = h_1 - h_2 - d_1 - d_2$。主传动轴垫片主要用来调整传动轴承的预紧力，保证调节器、配流盘、铜缸体、中心杆、球头轴承等接合面之间的间隙。

3）修复数据。表 2-6 为某 A8V80 斜轴式变量泵的中心杆调整垫片及主传动轴调整垫片修复实验数据。

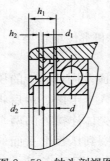

图 2-58　轴头剖视图

表 2 - 6　　　　　　　　　　　　　　调整垫片修复实验数据

中心杆调整垫片（mm）					主传动轴中心杆调整垫片（mm）					主传动轴中心杆调整垫片（mm）				
n_1	n_2	n_3	n_4	d	n_1	n_2	n_3	n_4	d	h_1	h_2	d_1	d_2	d
109.82	18.0	13.36	104.90	0.28	109.89	18.0	13.33	104.91	0.31	27.77	9.21	13.03	3.02	2.51

67 怎样调整 A10VO28DFLR 变量泵？

Rexroth 公司的 A10VO28DFLR 型泵是恒功率恒压泵复合控制变量泵，其变量机构根据外部负载的变化而调节流量输出，使泵的输出功率接近负载所需要的功率。变量泵的基泵为斜盘式轴向柱塞泵，可通过调节其斜盘的倾角来改变输出流量，其变量控制无需电气控制仅仅采用机械液压机构，因而具有控制简单、可靠性高的优点。

（1）A10VO28DFLR 控制特性。

图 2 - 59 为 A10VO28DFLR 变量泵压力-流量特性曲线。从特性曲线可以看出，根据输出压力的不同，A10VO28DFLR 的工作区间可分为恒流段 AB、恒功率段 BCD、恒压段 DE，这两段控制特性通过内部各阀的协作而实现。特性曲线上两条虚线分别表示最大功率曲线和最小功率曲线。

在恒流段，液压泵以最大流量输出，AB 段不是水平线的原因在于随着工作压力升高液压泵漏损增加，容积效率下降，而且泵出口压力影响到比例阀的开度。

在恒功率段，泵的流量随输出压力的升高而减小，随输出压力的降低而增大，其负载和流量之间近似呈双曲线关系变化，泵的输出功率基本保持恒定。

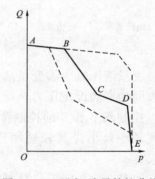

图 2 - 59　压力-流量特性曲线

在恒压段，以近似恒压力输出，由于控制阀 7 弹簧 K_2 的作用，泵出口压力影响到控制阀的开度，故存在最大约 400kPa 调压偏差。

（2）A10VO28DFLR 变量机构调节原理。

A10VO 系列泵可以通过不同的油管连接方式加上一些控制元件来实现不同的变量方式。图 2 - 60 为 A10VO 系列泵作为恒压恒功率泵应用时的原理图。

该控制系统主要由基泵、恒功率阀、恒压控制阀、变量液压缸等部分组成。变量泵控制系统中的变量液压缸是该系统的执行元件，斜盘是系统的控制对象，变量泵输出的压力、流量、功率是系统的受控参数，变量机构上的控制阀是系统的控制元件。

该系统中的恒功率阀 5 实际上是一个普通的直动式溢流阀，只是其控制弹

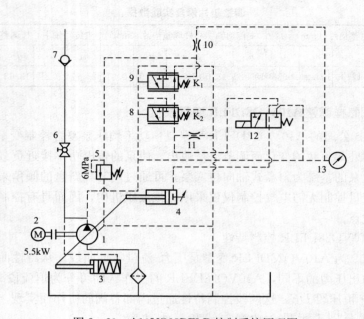

图 2-60 A10VO28DFLR 控制系统原理图

1—柱塞泵；2—电动机；3、4—变量液压缸；5—功率阀；6—球阀；7—单向阀；8、9—控制阀；
10、11—节流阀；12—换向阀；13—压力表

簧与变量液压缸 4 的变量活塞有机械联动，当变量活塞伸出时压紧控制弹簧，增大恒功率阀设定压力，反之则调小设定压力，控制弹簧由一大一小两条组成。控制阀 8 和 9 的控制弹簧也分别由一大一小两条组成，其中大弹簧较长刚度较小，小弹簧较短刚度较大，这是出于标准化要求以适应不同的控制要求。

如图 2-60 所示，泵未启动运行时，变量液压缸 3 在复位弹簧的作用下将斜盘倾角推到最大位置。泵启动运行时，换向阀 12 没得电，泵出口压力达到最低控制压力后，压力油经换向阀 12 右位直接作用在变量缸 4 无杆腔，推动斜盘倾角向零的方向变化，在达到零后最终停下来。该最低控制压力主要由变量缸 3 和 4 无杆腔面积及变量缸 3 上的复位弹簧预紧力和刚度决定，变量缸 3 和 4 无杆腔面积比一般为 1：2。几秒后换向阀 12 得电换向，建立系统压力。换向阀延迟几秒得电的目的是为了使变量泵轻载启动、减少冲击，延长系统工作寿命。

当系统压力 p_L 低于恒功率阀 5 调定压力 p_b 时，阀 5 处于关闭状态，通过节流阀 10 流量为零，阀 9 的阀芯两端压力相等，阀 9 处于右位，变量缸 4 中的压力为零，此时变量缸 3 在复位弹簧和无杆腔压力 p_L 的共同作用下将斜盘倾角推到最大位置，输出最大流量，即图 2-59 中的 AB 段。

当负载压力 p_L 达到恒功率阀 5 调定压力 p_b 时，克服弹簧阻力推开阀芯使阀口打开，于是有溢流流量通过节流阀 10，在阀 10 前后产生压差 Δp。此时阀 9 阀芯两端压差也为 Δp。当通过流量足够大（一般小于 2L/min），由压差 Δp 决定的作用力大于阀 9 的弹簧 K_1 预紧力时，阀 9 处于左位，有流量经阀 9、阀 8 和节流阀 11 流向油箱，同时有压力油经换向阀 12 左位进入缸 4 变量活塞腔，缸 4 变量活塞腔压力足以克服变量液压缸 3 复位弹簧和无杆腔压力 p_L 时活塞推动斜盘倾角变小，泵的排量也跟着减小。负载压力 p_L 进一步升高，换向阀 9 阀芯右移阀口开大。随着这一过程的进行，通过节流阀 11 的流量随之增大，液压缸 4 变量活塞腔压力升高，斜盘倾角在两变量活塞的不平衡力作用下减小，泵的输出流量随之减小。同时，通过变量液压缸的机械反馈，使恒功率阀 5 的弹簧预紧力增大，从而在液压泵的斜盘与恒功率阀 5 之间形成了一个位移-力的负反馈，使斜盘稳定在某个平衡角度上，最终稳定在恒功率所要求的输出流量上，完成恒功率调节与控制。弹簧力与位移成正比，所以 BC 段是直线；当工作到 C 点时阀 5 弹簧起作用，弹簧总刚度增加，故变量泵在 CD 线段工作。

当负载压力 p_L 高于阀 8 的弹簧 K_2 预紧力时，换向阀 8 阀芯右移，压力油经阀 8 左位和换向阀 12 左位进入液压缸 4 变量活塞腔，活塞推动斜盘倾角变小，由于阀 8 的控制弹簧刚度较小而阀芯直径较大，这样液压泵的流量在较小的压力增量下能迅速下降接近于零，在最小流量时泵仅输出补偿系统漏损所需的流量，系统压力基本维持不变。

（3）调整方法。

如果传动系统要求在恒功率段的输出功率为 W，泵的空载流量为 Q_{max}，则恒功率起始压力转折点的压力为 $p_b = W/Q_{max}$。

调整系统压力时不能一开始就将压力调到最高，以免损坏设备。步骤如下：启动泵前，将阀 5、8 和 9 调节手柄全部松开；启动泵后，观察泵的运行状态。确认正常后逐步提高阀 8 压力，每次增加的压力不能太大，且增压后要观察泵运行一段时间，直到阀 8 设定压力比系统的最大工作压力稍高。然后调整液压泵的恒功率特性，将阀 9 的调节手柄调到几乎全松状态，再将功率阀 5 压力设定为 p_b。在调节恒功率特性时比例阀 8 处于关闭状态，当恒功率特性调整好以后，将阀 8 调节手柄放松，使其达到系统的最大工作压力。

图 2-60 所示系统中一般应增设一个溢流阀作为安全阀使用。因为当变量泵失控时，液压泵处于定量泵工况，这时压力随负载上升，流量为泵的最大输出流量。这样，泵的驱动功率会迅速增加，可能会烧毁电动机、破坏液压泵或管路。安全阀可限制系统中的最高压力，保护系统不受破坏。

68 怎样用三合一测试仪检测液压挖掘机主泵比例阀？

液压挖掘机上主泵控制器（俗称泵控电脑板）的作用是，向电液比例阀输出电流信号，再由比例阀对先导油进行减压后输出二次油压，调节主泵伺服活塞的作用力，从而改变主泵的流量。

利用三合一电子/电气测试仪，能很方便地检测和诊断泵及比例阀的故障。

比例阀在出厂前已经过严格的质量检验，包括静态特性测试（包括输入电流-压力特性试验、内泄漏试验、负载特性试验）和动态特性测试（包括频率响应试验、瞬间响应试验）。现场作故障诊断时则是在机上做在线检测，包括比例阀电磁线圈电阻的测定、输入电流的测试及输出二次油压的测试。

（1）电磁线圈电阻的测定。

关闭点火开关，脱开主泵比例阀与泵控制器输出接口之间的插头 CN（见图2-61），测定两线之间的电阻值和地线与机体之间的电阻值，从而判断比例阀电磁线圈有无短路、断路或搭铁。

（2）比例阀输入电流的测定。

断开比例阀的一根导线，串入万用表，按不同机型各自的测试条件测定输入电流，如图2-62所示。用直流钳形电流表进行测试时相当简便，无需拔开插头CN，也无需断开导线，如图2-63所示。

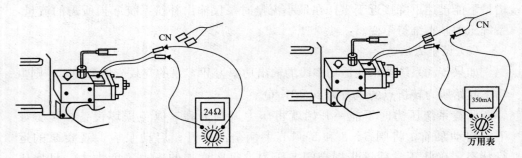

图2-61　测定比例阀电阻　　　　　图2-62　用万用表测定比例阀电流

在不同的动力模式或不同的发动机转速下，根据泵控制器输出至比例阀的直流电流信号的正确与否，就能判断出比例阀之前的电子控制部分是否有故障。

（3）比例阀输出压力的测试。

如图2-64所示，在二次油压的测点上接好量程为6MPa的压力表，对不同机型按各自的测试条件检查比例阀输出的压力，如果压力不正确，可进行调节。对于不可调的比例阀，在确认输入的先导油压与比例阀的电流正常之后，应拆检阀芯进行清洗或更换该比例阀。

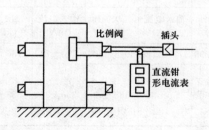

图 2 - 63　用钳形电流表测定比例阀电流

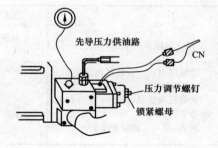

图 2 - 64　检测比例阀二次油压

（4）利勃海尔挖掘机比例阀的测试。

以 R984 型挖掘机的主泵调试为例，比例阀检测参数的标准值如表 2 - 7 所示。

表 2 - 7　　　　　　　　　　利勃海尔挖掘机比例阀的测试结果

型号	发动机转速（r/min）	输入电流（mA）	二次油压（kPa）
主泵 p_1（BPR260）	1800	345＋10	1000±100
主泵 p_2（BPR260）	1650	＜210	＜400
主泵 p_3（BPR186）	1800	600＋15	1600±100
	1650	＜300	＜700

（5）卡特彼勒挖掘机比例阀的测试。

以 CAT320B 型挖掘机为例，在进行 EPR 比例阀的扫描测试时，必须通过监控板输入密码，进入维修模式，油门旋钮位于"10"处，操作手柄全置中位；在 EPR 比例阀输出端（二次油压 p_s 测点）接入量程为 6MPa 的压力表，将钳形电流表套入 EPR 阀导线；发动机熄火，但启动开关接通。

在 20s 扫描周期内，当电流由 200mA 增到 1750mA 时，若二次油压由 490kPa 提高到 3450kPa，即 EPR 阀正常。

（6）神钢挖掘机比例阀的测试。

以 SK - 6 系列挖掘机的主泵用比例阀为例，其上的线圈电阻值应为 $17.5\Omega\pm1\Omega$，输入电流与二次油压检测参数的标准值如表 2 - 8 所示。

表 2 - 8　　　　　　　　　　神钢挖掘机比例阀的测试结果

测试条件　　　　　　　型号	SK200 - 6		SK230 - 6		SK320 - 6	
	输入电流（mA）	二次油压（kPa）	输入电流（mA）	二次油压（kPa）	输入电流（mA）	二次油压（kPa）
操纵杆中立，发动机中速运转	700±70	2646±260	720±72	2744±270	700±70	2646±260

型号 测试条件	SK200-6		SK230-6		SK320-6	
	输入电流 （mA）	二次油压 （kPa）	输入电流 （mA）	二次油压 （kPa）	输入电流 （mA）	二次油压 （kPa）
操纵杆中立，发动机高速运转	750±75	2940±290	770±77	3038±300	770±77	3136±310
发动机高速运转测 p_1 泵（右侧履带空转） 测 p_2 泵（左侧履带空转）	350±35	588±60	350±35	588±60	350±35	588±60

（7）小松挖掘机比例阀的测试。

以小松 PC200-6 型和 PC220-6 型挖掘机为例，若线圈的电阻为 $7\sim14\Omega$，地线与机体之间的电阻在 $1M\Omega$ 以上，为正常。启动开关通电，发动机置于最大油门位置，操作手柄中立，若输入电流在 $320mA\pm80mA$，即为正常。

（8）大宇挖掘机比例阀的测试。

以大宇 DH220IJC-Ⅲ型挖掘机为例，比例阀检测参数的标准值如表 2-9 所示。

表 2-9　　　　　　　　大宇挖掘机比例阀的测试结果

动力模式	作业模式	输入电流（mA）	一次油压（kPa）
H（Ⅰ速）	挖掘	400±40	147±15
	装车	600±60	284±28
S（Ⅱ速）	平整	0	0

（9）现代挖掘机比例阀的测试。

以现代 R290-3 型挖掘机为例，进行 EPR 阀测试时，启动发动机后，在规定的动力模式与发动机的转速下操作铲斗控制手柄，铲斗回路在溢流位置时的输入电流和对应的二次油压检测参数的标准值如表 2-10 所示。

表 2-10　　　　　　　　现代挖掘机比例阀的测试结果

动力模式	发动机转速（r/min）	输入电流（mA）	二次油压（kPa）
H	2050+50	240±24	392±39
S	2050+50	290±29	784±78
L	1850+50	450±45	1960±19
F	1550+50	600±60	3234±32

69 **闭式液压传动有何特点，有何故障，怎样排除？**

闭式泵广泛应用于各类工程机械（如振动压路机、稳定土拌合机等工程机械）的液压行走系统。

（1）闭式泵及系统。

闭式系统由通轴泵和马达组成静液压传动，液压泵的后端装有辅助泵，用于操纵变量机构和系统的补油，主泵变量机构操纵压力等于补油单向阀的开启压力。变量泵采用两个直径相等的变量液压缸推动斜盘，主泵上装有补油安全阀，两个高压安全阀、梭阀和背压阀集成于液压马达上，如图 2-65 所示。

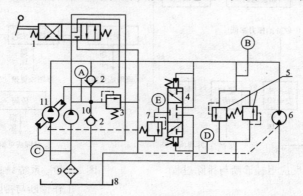

图 2-65　闭式液压传动原理图

1—手动变量操作机构；2—单向阀；3—中位补油压力安全阀；4—梭阀；5—系统压力安全阀；
6—液压马达；7—背压阀；8—油箱；9—进油滤清器；10—补油泵；11—主泵

图 2-65 中的技术要求：

A——中位补油压力，1.33～1.47MPa；

B——系统最高压力，不超过 35MPa；

C——进油真空度，最大不超过 254mmHg（1mmHg=133.322Pa）；

D——卸荷压力，最大不超过 0.25MPa；

E——背压油压，1.12～1.26MPa。

（2）故障分析与排除。

通过检查以下各系统故障加以处理，在此按先后顺序逐一进行。

中位启动困难：中位启动困难诊断与排除过程如图 2-66 所示。

系统运转发热：系统运转发热诊断与排除过程如图 2-67 所示。

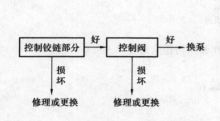

图 2-66　中位启动困难诊断与排除过程

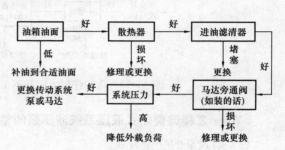

图 2-67　系统运转发热诊断与排除过程

系统反应迟钝：系统反应迟钝诊断与排除过程如图 2-68 所示。

系统只有一个方向工作：系统只有一个方向工作诊断与排除过程如图 2-69 所示。

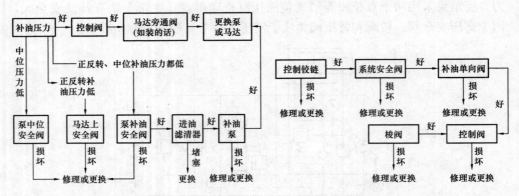

图 2-68 系统反应迟钝诊断与排除过程

图 2-69   系统只有一个方向
工作诊断与排除过程

系统任何方向都不工作：系统任何方向都不工作诊断与排除过程如图 2-70 所示。

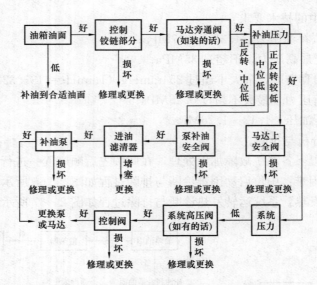

图 2-70 系统任何方向都不工作诊断与排除过程

70 **怎样调整闭式液压系统液压泵的零位？**

（1）闭式泵的变量方式。

闭式液压系统液压泵如图 2-71 所示，常用的变量方式有两种：液控变量及电控变量。这两种变量方式都是将压力信号或电信号通过比例阀或伺服阀反应到排量控制模块，排量控制模块通过机械式反馈连杆与斜盘连接，改变斜盘的摆角，实现排量从 $-q_{max} \sim +q_{max}$ 的变化。

（2）三个零点。

在闭式系统的使用过程中或检修后的重新使用中，由于油液污染、机械误差、系统冲击等因素，经常会引起闭式液压泵的零点偏

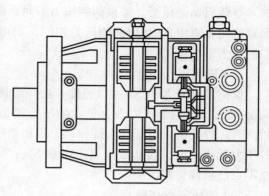

图 2-71 闭式液压系统液压泵

移，即当发动机或电动机启动后，在系统不给电或不给出控制压力的情况下，液压泵的两个高压油口 A 或 B 存在高于补油泵的压力，使马达运转或有运转的趋势。零点偏移会造成各种元件失控，出现误动作，特别在有较高精密度要求的系统，将对作业质量带来极大影响。一旦液压泵出现零位偏移，必须进行检测、调整。

闭式系统液压泵的零点一般有三个概念：液压零点、机械零点和电气零点。

在液压泵的使用中，如果液压泵没有接收到任何控制信号（机械联杆、液控管路、电控插头等），而斜盘因为内部作用力的关系偏离原始设定点，而且与斜盘连接的机械反馈杆带动伺服控制阀芯运动后不能将斜盘调节回至原设定位置点

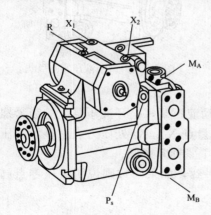

图 2-72 液压泵压力测试口

的时候，液压泵依然有排量输出，此时的现象就称为零点偏移。图 2-72 所示为一种液压泵所有的压力测试口。

图 2-72 中，M_A/M_B：高压，60MPa 压力表；P_s：控制压力，6MPa 压力表；X_1/X_2：6MPa 压力表；R：壳体压力，1MPa 压力表。

（3）测试零点偏移。

如图 2-72 所示的压力测试口连接上压力表，启动液压泵，但不给出控制信号，观察各个压力表的状况，如果 M_A、M_B 处压力不同则说明此时系统的零点有偏移，需要调节。

（4）判断何种零点偏移。

X_1、X_2 处压力为变量伺服缸两端控制压力。如图 2-73 所示，将液压泵 X_1、X_2 油口短接（油口短接则伺服缸两端无控制压力），并在 M_A、M_B 处连接压力

表，空载启动液压泵。如果两侧压力不同，则可判断为机械零点偏移（即变量伺服缸机构未对中）；如果两侧压力相同，则可判断为液压零点偏移（即 X_1 与 X_2 控制压力不平衡）。

（5）机械零点调整。

保持液压泵 X_1、X_2 油口短接，松开锁紧螺母，慢慢旋转内六角圆柱头螺栓，调至 M_A、M_B 两个压力表上显示的压力数值一致为止。在两侧压力表显示数值相同时，拧紧内六角圆柱头螺栓，上紧锁紧螺母，并再检查一下两侧压力表显示的压力是否一致。启动液压泵，观察 M_A、M_B 处压力是否一致，如果一致则机械零点已经调整好。

（6）液压零点调整。

在确定机械零点没有问题时，如果液压泵启动，在没有给出任何控制信号的情况下，液压泵仍然有压力输出，则 X_1 与 X_2 处控制压力不平衡，需要调节液压零点，如图 2-74 所示。

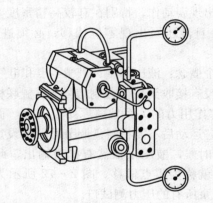

图 2-73 将液压泵 X_1、X_2 油口短接并在 M_A、M_B 处连接压力表

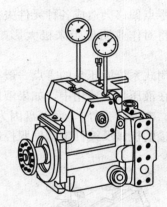

图 2-74 调节液压零点

将 X_1、X_2 测压口连接 6MPa 压力表，启动液压泵，松开液压泵上的锁紧螺母，用螺丝刀慢慢调正带槽螺钉，直到两侧测量点 X_1、X_2 处压力表上显示的压力数值一致时为止。用螺丝刀上紧带槽螺钉，上紧锁紧螺母。

启动液压泵，观察 M_A、M_B 处压力是否一致，如果一致则说明液压零点已经调整完毕。

（7）电气零点调整。

在判定机械零点、液压零点没有问题后，如果液压泵启动，并且没有任何控制信号加载在液压泵上时，液压泵仍然有流量输出，这种情况下即可判断是电气零点偏移，此时需要在液压泵控制放大板上的输出信号端接入一块电流表，保持输入电位计的零位，测量放大板上的输出信号。如果输出不为零则调整放大板上的电位计直至输出为零，即可使电气零点回位。

第 *3* 章

液压阀及其使用与维修

3.1 液压控制阀概述

1 什么是液压控制阀?

液压控制阀（简称液压阀）是液压系统的控制元件，用来控制液体压力、流量和方向。其中控制压力的称为压力控制阀，控制流量的称为流量控制阀，控制通、断和流向的称为方向控制阀。

液压阀由阀体、阀芯（转阀或滑阀）和驱使阀芯动作的部件（如弹簧、电磁铁）组成。

2 液压阀怎样分类?

液压阀可按不同的特征进行分类，如表3-1所示。

表3-1　　　　　　　　　　　　液压阀的分类

分类方法	种类	详细分类
按机能分类	压力控制阀	溢流阀、顺序阀、卸荷阀、平衡阀、减压阀、比例压力控制阀、缓冲阀、仪表截止阀、限压切断阀、压力继电器
	流量控制阀	节流阀、单向节流阀、调速阀、分流阀、集流阀、比例流量控制阀
	方向控制阀	单向阀、液控单向阀、换向阀、行程减速阀、充液阀、梭阀、比例方向阀
按结构分类	滑阀	圆柱滑阀、旋转阀、平板滑阀
	座阀	锥阀、球阀、喷嘴挡板阀
	射流管阀	射流阀
按操作方法分类	手动阀	手把及手轮、踏板、杠杆
	机动阀	挡块及碰块、弹簧、液压、气动
	电动阀	电磁铁控制、伺服电动机和步进电动机控制
按连接方式分类	管式连接	螺纹式连接、法兰连接
	板式及叠加式连接	单层连接板式、双层连接板式、整体连接板式、叠加阀
	插装式连接	螺纹式插装（二、三、四通插装阀）、法兰式插装（二通插装阀）

分类方法	种类	详　细　分　类
按其他方式分类	开关或定值控制阀	压力控制阀、流量控制阀、方向控制阀
按控制方式分类	电液比例阀	电液比例压力阀、电源比例流量阀、电液比例换向阀、电流比例复合阀、电流比例多路阀、三级电液流量伺服阀
	伺服阀	单、两级（喷嘴挡板式、动圈式）电液流量伺服阀、三级电液流量伺服阀
	数字控制阀	数字控制压力控制流量阀与方向阀

3　液压阀的一般要求是什么？

液压阀的一般要求是：

（1）动作灵活，工作平稳可靠，工作时无冲击和振动小。

（2）油液流过液压阀时压力损失小。

（3）密封性能好。

（4）结构紧凑，安装、调试、使用、维护方便，通用性大。

🔧 3.2　方向控制阀及其使用与维修

方向控制阀主要包括单向阀与换向阀两大类。

3.2.1　单向阀与液控单向阀及其使用与维修

4　单向阀结构怎样，是怎样工作的？

单向阀的作用，是使油液只能沿一个方向流动，不许它反向倒流。图3-1（a）所示是一种管式普通单向阀的结构图。压力油从阀体左端的通口 P_1 流入时，克服弹簧3作用在阀芯2上的力，使阀芯向右移动，打开阀口，并通过阀芯2上的径向孔 a、轴向孔 b 从阀体右端的通口流出。但

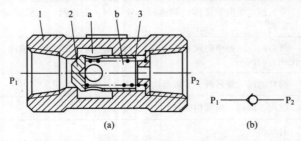

图3-1　单向阀结构图与图形符号

（a）结构图；（b）图形符号

1—阀体；2—阀芯；3—弹簧

是压力油从阀体右端的通口 P_2 流入时，它和弹簧力一起使阀芯锥面压紧在阀座上，使阀口关闭，油液无法通过。图3-1（b）所示是单向阀的图形符号。

5　单向阀有哪些应用？

单向阀常有以下应用：

（1）常被安装在泵的出口，如图 3-2 所示，一方面防止压力冲击影响泵的正常工作，另一方面防止泵不工作时系统油液倒流经泵回油箱。

（2）被用来分隔油路，如图 3-3 所示。

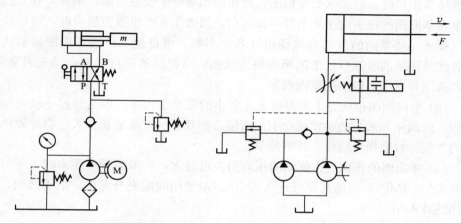

图 3-2　单向阀装在液压泵出口　　图 3-3　单向阀用来分隔油路

（3）与其他的阀组成单向节流阀、单向减压阀、单向顺序阀等。例如，单向节流阀使油液一个方向流经单向阀，另一个方向流经节流阀等。

（4）安装在执行元件的回油路上，使回油具有一定背压。作背压阀的单向阀应更换刚度较大的弹簧，其正向开启压力为 0.3~0.5MPa。

（5）被用作补油阀。

（6）根据系统控制要求，禁止油液反向流过。

6　使用单向阀应注意什么？

单向阀使用维修应注意以下事项：

（1）正常工作时，单向阀的工作压力要低于单向阀的额定工作压力；通过单向阀的流量要在其通径允许的额定流量范围之内，并且应不产生较大的压力损失。

（2）单向阀的开启压力有多种，应根据系统功能要求选择适用的开启压力，应尽量低，以减小压力损失；而作背压功能的单向阀，其开启压力较高，通常由背压值确定。

（3）在选用单向阀时，除了要根据需要合理选择开启压力外，还应特别注意工作时流量应与阀的额定流量相匹配，因为当通过单向阀的流量远小于额定流量时，单向阀有时会产生振动。流量越小，开启压力越高，油液中含空气越多，越容易产生振动。

（4）注意认清进、出油口的方向，保证安装正确，否则会影响液压系统的正常工作。特别是单向阀用在泵的出口，如反向安装可能损坏泵或烧坏电动机。单向阀安装位置不当，会造成自吸能力弱的液压泵的吸空故障，尤以小排量的液压泵为甚。故应避免将单向阀直接安装于液压泵的出口，尤其是液压泵为高压叶片泵、高压柱塞泵以及螺杆泵时，应尽量避免。如迫不得已，单向阀必须直接安装于液压泵出口时，应采取必要措施，防止液压泵产生吸空故障。例如，在连接液压泵和单向阀的接头或法兰上开一排气口，当液压泵产生吸空故障时，可以松开排气螺塞，使泵内的空气直接排出（若还不够，可自排气口向泵内灌油解决）；或者使液压泵的吸油口低于油箱的最低液面，以便油液靠自重能自动充满泵体；或者选用开启压力较小的单向阀等。

（5）单向阀闭锁状态下泄漏量是非常小的甚至于为零。但是经过一段时期的使用，因阀座和阀芯的磨损就会引起泄漏。而且有时泄漏量非常大，会导致单向阀的失效。故磨损后应注意研磨修复。

（6）单向阀的正向自由流动的压力损失也较大，一般为开启压力的 3～5 倍，为 0.2～0.4MPa，高的甚至可达 0.8MPa。故使用时应充分考虑，慎重选用，能不用的就不用。

7 单向阀有哪些故障诊断，怎样排除？

单向阀的常见故障及排除方法如表 3-2 所示。

表 3-2　　　　　　　　　　　单向阀的常见故障及排除方法

故障现象	故障原因	排除方法
单向阀反向截止时，阀芯不能将液流严格封闭而产生泄漏	阀芯与阀座接触不紧密、阀体孔与阀芯的同轴度过大、阀座压入阀体孔有歪斜等	重新研配阀芯与阀座或拆下阀座重新压装，直至与阀芯严密接触为止
单向阀启闭不灵活，阀芯卡阻	阀体孔与阀芯的加工几何精度低，二者的配合间隙不当；弹簧断裂或过分弯曲	修整或更换

8 单向阀怎样造成液压泵吸空故障？

在液压系统中，一般在液压泵的出口处安装一个单向阀，用以防止系统的油液倒流和因负载突变等原因引起的冲击对液压泵造成损害。单向阀设置不当会引起液压泵的吸空故障。

单向阀怎么会引起液压泵的吸空故障呢？

根据流体力学原理，在液压泵未启动前，液压泵吸油、压油管道及油液状态如图 3-4 所示。此时，$p_1 = p_2 = p_0$。

当液压泵启动时，吸油管道中的一部分空气被抽到出油管道内，吸油管道内的气体质量由 m_1 变为 $m_1 - \Delta m$，压力 p_1 变为 $p_0 - \Delta p_1$，而出油管道中的气体质

量由 m_2 变为 $m_2 + \Delta m$，压力 p_2 变为 $p_0 + \Delta p_2$。这相当于出油管道内的气体被压缩，而吸油管道内形成一定的真空度，如图 3-5 所示。

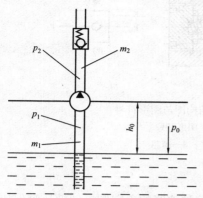

图 3-4 液压泵启动前的状态图

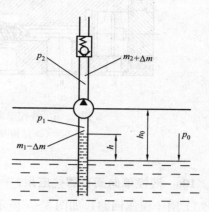

图 3-5 液压泵启动时的状态图

$$\left.\begin{array}{l} \Delta p_1 = p_0 - p_1 = h\rho g \\ h = (p_0 - p_1)/\rho g \end{array}\right\} \tag{3-1}$$

式中：h 为吸油管道内的真空度，m；p_0 为大气压力，Pa；p_1 为绝对压力，Pa；ρ 为液体的密度，kg/m³；g 为重力加速度，m/s²。

由式（3-1）可知，吸油管道内的真空度随着其内的绝对压力 p_1 的降低而增大。当真空度 $h \geqslant$ 吸油高度 h_0 时，液压泵就可以吸入液压油。很显然，在本实例中，没有满足 $h \geqslant h_0$ 的条件，原因是什么呢？

当单向阀直接安装于液压泵的出口时，泵的压油窗口到单向阀之间的出油管道的空间十分狭小，这样液压泵的传动组件（如叶片副、柱塞副、螺杆副等）从吸油窗口将吸油管道内的气体抽出经压油窗口压排到出油管道时，这部分气体便受到较大程度压缩。而泵的传动组件在结束压排时，其工作腔内留有剩余容积，其内残留着受到压缩的空气。当泵的传动组件再次转到吸油窗口时，剩余容积内的压缩空气就会膨胀，部分或全部占据工作腔容积，甚至还会有部分气体又回流到吸油管道内，如此一来就导致无法将吸油管道内的空气进一步抽出，无法使吸油管道内的绝对压力 p_1 进一步降低，倘若此时真空度尚未满足 $h \geqslant h_0$ 的条件，液压泵就将吸不上油，产生吸空故障。

9 液控单向阀结构怎样，是怎样工作的？

图 3-6（a）所示为液控单向阀的结构图。当控制口 K 处无压力油通入时，它的工作机制和普通单向阀一样：压力油只能从通口 P_1 流向通口 P_2，不能反向倒流。当控制口 K 有控制压力油时，因控制活塞 1 右侧 a 腔通泄油口，活塞 1 右移，推动顶杆 2 顶开阀芯 3，使通口 P_1 和 P_2 接通，油液就可在两个方向自由通流。图 3-6（b）所示是液控单向阀的图形符号。

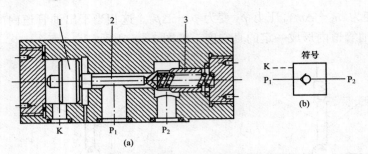

图 3-6 液控单向阀结构图与图形符号

(a) 结构图；(b) 图形符号

1—活塞；2—顶杆；3—阀芯

10 **液控单向阀有哪些应用？**

（1）用于保压回路，如图 3-7 所示，这种油路的单向阀可使液压缸保压液压泵卸荷。

（2）用于锁紧回路，如图 3-8 所示，这种油路有两个单向阀，可保证液压缸准确定位停住，电磁换向阀位于中位时液压缸两个方向都不会有任何移动。

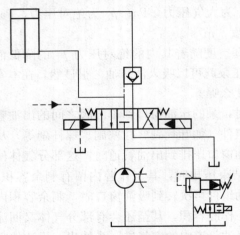

图 3-7 液控单向阀用于保压

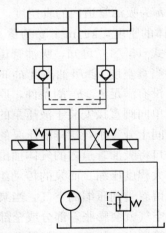

图 3-8 液控单向阀用于锁紧

（3）用作立式液压缸的支撑阀，如图 3-9 所示。

（4）用于充液增速，如图 3-10 所示，这种油路利用液控单向阀充液，实现快速运动。快进时，压力油由 A 口进入 1 号腔，推动液压缸快速前进（伸出）。液压缸伸出使 2 号腔产生真空度，于是油箱的油从 B 口经液控单向阀被吸入液压缸 2 号腔。工进时，压力油从 B 口经液控单向阀进入液压缸 2 号腔，由于 2 号腔面积大，故液压缸前进的速度慢、向前推力增大。返回时，压力油经 C 口进入液压缸 3 号腔，同时压力油顶开液控单向阀，2 号腔的油流回油箱。

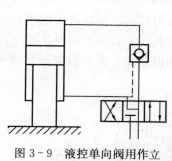

图 3-9 液控单向阀用作立
式液压缸的支撑阀

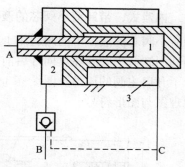

图 3-10 液控单向阀
用于充液增速

（5）也有一种液控单向阀，其控制压力的作用是使阀芯关闭，这种阀仅在特殊场合中使用。这种阀图形符号如图 3-11 所示。图 3-12 所示为高速冲床液压系统，此系统可实现差动快速下行、工进冲压和冲压返回。快速下行时，Y_2 得电，液压油经阀 2 进入缸 1 大腔，缸 1 小腔的油经液控单向阀 4（此时阀 4 反向开启）、液控单向阀 6 也进入冲压缸 1 大腔。工进冲压时，缸 1 接触工件瞬间，系统压力升高，卸荷阀 3 右侧控制油将顺序阀 3 顶开，冲压缸非差动下行。冲压缸 1 小腔的油经液控单向阀 4（此时阀 4 反向开启）、卸荷阀 3、换向阀 2 流回油箱。此时冲压缸产生大的冲压力（液压缸两个面积 A_1 与 A_2 都能产生作用力），完成冲压。冲压缸返时，Y_1 得电，液压油经换向阀 2 进入油路，首先将液控单向阀 6 关闭，并经单向阀 5、液控单向阀 4 进入冲压缸 1 小腔，推动冲压缸返回，冲压缸 1 大腔的油经换向阀 2 流回油箱。在此，液控单向阀 6 是控制压力使阀芯关闭的液控单向阀。

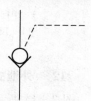

图 3-11 控制压
力使阀芯关闭的
液控单向阀

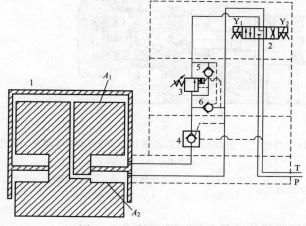

图 3-12 高速冲床用差动缸

1—液压缸；2—换向阀；3—顺序阀；4、6—液控单向阀；5—单向阀

11 **内泄式、带卸荷小阀芯的液控单向阀有何特点？**

带卸荷小阀芯的液控单向阀适用于反向压力较高、流量较大的场合。此类液控单向阀利用卸荷小阀芯在反向开启前泄去系统压力，由此避免了液压冲击，并大大降低了开启主阀的压力。图3-13所示为内泄式、带卸荷小阀芯的液控单向阀结构原理图与图形符号。

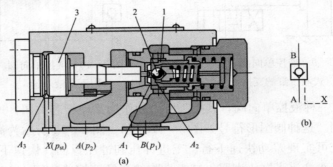

图3-13　内泄式、带卸荷小阀芯的液控单向阀结构原理图与图形符号

(a) 结构图；(b) 图形符号

1—单向阀芯；2—卸荷小阀芯；3—控制活塞；X—控制口；A—正向进油口；

B—反向进油口；A_1—单向阀密封锥面积；A_2—卸荷小阀芯密封锥面积；

A_3—控制活塞面积

12 **外泄式、带卸荷小阀芯的液控单向阀有何特点？**

图3-14所示为外泄式、带卸荷小阀芯的液控单向阀结构原理图与图形符号。这类液控单向阀控制活塞的有杆腔与主油路隔离，避免了主油路压力对控制活塞驱动力的干扰，适合液控单向阀反向出油路压力较高的场合。

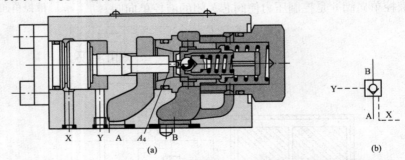

图3-14　外泄式、带卸荷小阀芯的液控单向阀结构原理图与图形符号

(a) 结构图；(b) 图形符号

X—控制口；Y—控制油外泄口；A—正向进油口；

B—反向进油口；A_4—控制活塞面积

13 **液压锁（双液控单向阀）有何特点？**

液压锁由两个液控单向阀组成，用于锁定液压缸的位置。图3-15所示为液压锁的结构原理图，图 3-16 所示为液压锁构成的锁紧回路。一般情况下，人们用 O 型中位机能的换向阀作锁紧元件。由于换向阀是滑阀结构，属间隙密封，采用 O 型中位机能换向阀的锁紧回路难免泄漏。液压锁是锥阀，密封性能好，故采用液压锁的锁紧回路比采用 O 型中位机能换向阀的锁紧回路定位精度更高，能满足更高的使用要求。

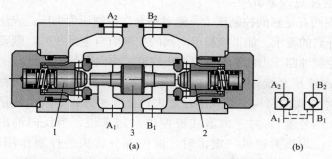
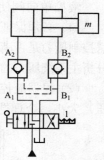

图 3-15　液压锁结构原理图与图形符号

(a) 结构原理图；(b) 图形符号

1、2—单向阀；3—控制活塞

图 3-16　液压锁
构成的锁紧回路

14　充液阀有何特点？

充液阀是一种特殊结构形式的液控单向阀，用于液压缸快速充液。图 3-17 所示为充液阀结构原理图，图 3-18 所示为采用充液阀的快速充液回路。快进时，液压泵供出的油经 1 号通道进入液压缸上腔，同时顶置油箱的油经充液阀也进入液压

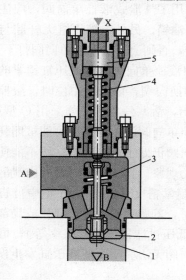
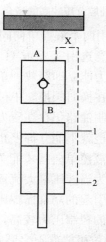

图 3-17　充液阀结构原理图

1—单向阀卸荷阀芯；2—单向阀主阀芯；

3、4—弹簧；5—控制活塞

图 3-18　采用充液阀的
快速充液回路

缸上腔；工进时，液压缸上腔压力升高，液控单向阀关闭，仅液压泵供出的油进入液压缸上腔，推动液压缸慢速下行；返回快进时，液压泵供出的油经2号通道进入液压缸下腔，压力油同时顶开充液阀，液压缸上腔的油经充液阀返回顶置油箱。

15 使用液控单向阀应注意什么？

液控单向阀使用维修应注意以下事项：

（1）必须保证液控单向阀有足够的控制压力，绝对不允许控制压力失压。应注意控制压力是否满足反向开启的要求。如果液控单向阀的控制引自主系统时，则要分析主系统压力的变化对控制油路压力的影响，以免出现液控单向阀的误动作。

（2）根据液控单向阀在液压系统中的位置或反向出油腔后的液流阻力（背压）大小，合理选择液控单向阀的结构（简式还是复式）及泄油方式（内泄还是

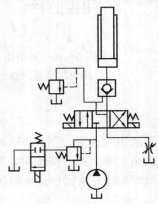

图 3-19 液控单向阀用于反向出油腔背压较高的场合

外泄）。对于内泄式液控单向阀来说，当反向油出口压力超过一定值时，液控部分将失去控制作用，故内泄式液控单向阀一般用于反向出油腔无背压或背压较小的场合；而外泄式液控单向阀可用于反向出油腔背压较高的场合，以降低最小的控制压力，节省控制功率。图 3-19 所示系统若采用内泄式，则柱塞缸将断续下降发出振动和噪声。当反向进油腔压力较高时，则用带卸荷阀芯的液控单向阀，此时控制油压力降低为原来的几分之一至几十分之一。如果选用了外泄式液控单向阀，应注意将外泄口单独接至油箱。另外，液压缸无杆腔与有杆腔之比不能太大，否则会造成液控单向阀打不开。

（3）用两个液控单向阀或一个双单向液控单向阀实现液压缸锁紧的液压系统中，应注意选用 Y 型或 H 型中位机能的换向阀，以保证中位时，液控单向阀控制口的压力能立即释放，单向阀立即关闭，活塞停止。假如采用 O 型或 M 型中位机能，在换向阀换至中位时，由于液控单向阀的控制腔压力油被闭死，液控单向阀的控制油路仍存在压力，使液控单向阀仍处于开启状态；而不能使其立即关闭，活塞也就不能立即停止，产生了窜动现象。直至由换向阀的内泄漏使控制腔泄压后，液控单向阀才能关闭，影响其锁紧精度。但选用 H 型中位机能应非常慎重，因为当液压泵大流量流经排油管时，若遇到排油管道细长或局部阻塞或其他原因而引起的局部摩擦阻力（如装有低压过滤器或管接头多等），可能使控制活塞所受的控制压力较高，致使液控单向阀无法关闭而使液压缸发生误动作。采用 Y 型中位机能就不会形成这种结果。

（4）工作时的流量应与阀的额定流量相匹配。

（5）安装时，不要搞混主油口、控制油口和泄油口，并认清主油口的正、反

方向，以免影响液压系统的正常工作。

（6）带有卸荷阀芯的液控单向阀只适用于反向油流是一个封闭容腔的情况，如液压缸的一个腔或蓄能器等。这个封闭容腔的压力只需释放很少的一点流量，即可将压力卸掉。反向油流一般不与一个连续供油的液压源相通。这是因为卸荷阀芯打开时通流面积很小，油速很高，压力损失很大，再加上这时液压源不断供油，将会导致反向压力降不下来，需要很大的液控压力才能使液控单向阀的主阀芯打开。如果这时控制管道的油压较小，就会出现打不开液控单向阀的故障。

16　液控单向阀为何不能单独用于平衡回路？

图 3-20 所示系统液控单向阀一般不能单独用于平衡回路，否则活塞下降时，由于运动部件的自重使活塞的下降速度超过了由进油量设定的速度，致使液压缸 6 上腔出现真空，液控单向阀 4 的控制油压过低，单向阀关闭，活塞运动停止，直至液压缸上腔压力重新建立起来后，液控单向阀又被打开，活塞又开始下降。如此重复即产生了爬行或抖动现象，出现振动和噪声。通过在无杆腔油口与液控单向阀 4 之间串联一单向节流阀 5，系统构成了回油节流调速回路。这样既不致因活塞的自重而下降过速，又保证了油路有足够的压力，使液控单向阀 4 保持开启状态，活塞平稳下降。换向阀 3 同样应采用 H 型或 Y 型中位机能，若采用 M 型中位机能（或 O 型中位机能），则由于液控单向阀控制油不能得到即时卸压，将回路锁紧，从而使工作机构停位不准，产生窜动现象。另外，通过在液控单向阀控制油路中设置阻尼，使其可单独工作于平衡回路，此种回路可节省节流阀，更经济。

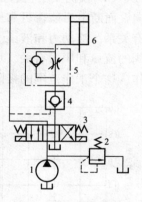

图 3-20　平衡回路

17　液控单向阀有何故障，怎样诊断排除？

液控单向阀的常见故障及排除方法如表 3-3 所示。

表 3-3　　　　　　　　　　液控单向阀的常见故障及排除方法

故障现象	故障原因	排除方法
液控单向阀反向截止时（即控制口不起作用时），阀芯不能将液流严格封闭而产生泄漏	阀芯与阀座接触不紧密、阀体孔与阀芯的同轴度过大、阀座压入阀体孔有歪斜等	重新研配阀芯与阀座或拆下阀座重新压装，直至与阀芯严密接触为止
复式液控单向阀不能反向卸载	阀芯孔与控制活塞孔的同轴度超标、控制活塞端部弯曲，导致控制活塞顶杆顶不到卸载阀芯，使卸载阀芯不能开启	修整或更换
液控单向阀关闭时不能回复到初始封油位置	阀体孔与阀芯的加工几何精度低、二者的配合间隙不当、弹簧断裂或过分弯曲而使阀芯卡阻	修整或更换

3.2.2　换向阀及其使用与维修

换向阀利用阀芯相对于阀体的相对运动，使油路接通、关断，或变换油流的方向，从而使液压执行元件启动、停止或变换运动方向。

18 对换向阀有何要求？

（1）油液流经换向阀时的压力损失要小，由于电磁阀的开口很小，故液流流过阀口时产生较大的压力损失。图3-21所示为某电磁阀的压力损失曲线。一般阀体铸造流道中的压力损失比机械加工流道中的损失小。

（2）互不相通的油口间的泄漏要小。在不同的工作位置，在规定的工作压力下，从高压腔漏到低压腔的泄漏量为内泄漏量。过大的内泄漏量不仅会降低系统的效率，引起过热，而且还会影响执行机构的正常工作。

（3）换向要平稳、迅速且可靠。工作可靠性是指电磁铁通电后能否可靠地换向，而断电后能否可靠地复位。工作可靠性主要取决于设计和制造，且和使用也有关系。液动力和液压卡紧力的大小对工作可靠性影响很大，而这两个力与通过阀的流量和压力有关。所以电磁阀只有在一定的流量和压力范围内才能正常工作。这个工作范围的极限称为换向界限，如图3-22所示。

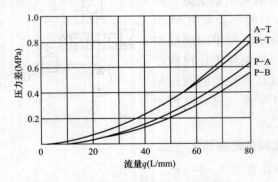

图3-21　电磁阀的压力损失曲线

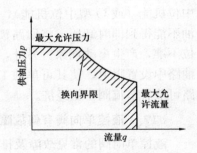

图3-22　电磁阀的换向界限

（4）换向和复位时间合适。换向时间是指从电磁铁通电到阀芯换向终止的时间，复位时间是指从电磁铁断电到阀芯回复到初始位置的时间。减小换向和复位时间可提高机构的工作效率，但会引起液压冲击。交流电磁阀的换向时间一般为0.03～0.05s，换向冲击较大；而直流电磁阀的换向时间为0.1～0.3s，换向冲击较小。通常复位时间比换向时间稍长。

（5）换向频率高。换向频率是在单位时间内阀所允许的换向次数。目前单电磁铁的电磁阀的换向频率一般为60次/min。

（6）使用寿命长。使用寿命是指使用到电磁阀某一零件损坏，不能进行正常的换向或复位动作，或使用到电磁阀的主要性能指标超过规定指标时所经历的换向次数。电磁阀的使用寿命主要取决于电磁铁。湿式电磁铁的寿命比干式电磁铁的长，直流电磁铁的寿命比交流电磁铁的长。

19　换向阀怎样分类？

按结构形式，可分为滑阀式、转阀式、球阀式；按阀体连通的主油路数分，可分为两通、三通、四通等；按阀芯在阀体内的工作位置分，可分为两位、三位、四位等；按操作阀芯运动的方式分，可分为手动、机动、电磁动、液动、电液动等；按阀芯定位方式分，可分为钢球定位式、弹簧复位式。

20　滑阀式换向阀结构有何特点？

如图 3-23 所示，阀芯与阀体孔配合处为台肩，阀体孔内沟通油液的环形槽为沉割槽。阀体在沉割槽处有对外连接油口。

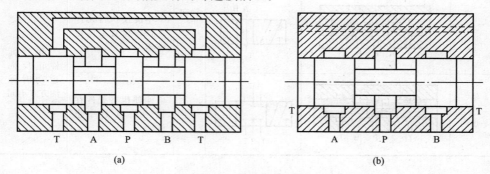

(a)　(b)

图 3-23　四通滑阀结构图
（a）五槽式；（b）三槽式

阀芯台肩和阀体沉割槽可以是两台肩三沉割槽，也可以是三台肩五沉割槽。当阀芯运动时，通过阀芯台肩开启或封闭阀体沉割槽，接通或关闭与沉割槽相通的油口。

表 3-4 所示为换向阀主体部分的结构形式。

表 3-4　　　　　　　　　　　　**换向阀主体部分的结构形式**

名称	结构原理图	图形符号	使用场合
二位二通阀		A P	控制油路的接通与断开 （相当于一个开关）
二位三通阀		A B P	控制液流方向 （从一个方向换成另一个方向）

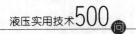

续表

名称	结构原理图	图形符号	使用场合	
二位四通阀		A B P T	不能使执行元件在任一位置上停止运动	控制执行元件换向
三位四通阀		A B P T	能使执行元件在任一位置上停止运动	
二位五通阀		A B T_1 P T_2	不能使执行元件在任一位置上停止运动	执行元件正反向运动时回油方式相同
三位五通阀		A B T_1 P T_2	能使执行元件在任一位置上停止运动	执行元件正反向运动时回油方式不同

21 换向阀有哪些操纵形式？

换向阀包括手动阀、机动阀、液-气动阀、电液-气动阀、电磁阀等。换向阀操纵形式如表3-5所示。

表3-5   换向阀操纵形式

操纵方式	图形符号	说　明
手动	A B P T	手动操纵，弹簧复位，中间位置时阀口互不相通
机动	A P	挡块操纵，弹簧复位，通口常闭
电磁	A B P	电磁铁操纵，弹簧复位

续表

操纵方式	图形符号	说　明
液动		液压操纵，弹簧复位，中间位置时四口互通
电液动		电磁铁先导控制，液压驱动，阀芯移动速度可分别由两端的节流阀调节，使系统中执行元件能实现平稳的换向，外控外泄式

22 **电磁换向阀结构有何特点，是怎样工作的？**

以三位四通电磁换向阀为例说明其结构原理。

阀结构原理图与图形符号如图 3 - 24 所示。阀芯运动是借助于电磁力和弹簧

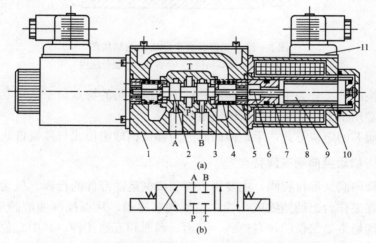

图 3 - 24　三位四通电磁换向阀结构原理图与图形符号

(a) 结构原理图；(b) 图形符号

1—阀体；2—阀芯；3—定位套；4—对中弹簧；5—挡圈；6—推杆；

7—环；8—线圈；9—衔铁；10—导套；11—插头

力的共同作用。电磁铁不得电,阀芯处于中位,油口 P、T、A、B 均不通;左侧电磁铁线圈得电,电磁铁产生一个向右电磁推力,通过推杆推动阀芯右移,油口 P 与 B 通,A 与 T 通;右侧电磁铁线圈得电,电磁铁产生一个向左电磁推力,通过推杆推动阀芯左移,油口 P 与 A 通,B 与 T 通。

23 手动换向阀有何特点?

手动换向阀阀芯运动是借助于外力实现的。手动换向阀结构如图 3-25 所示。

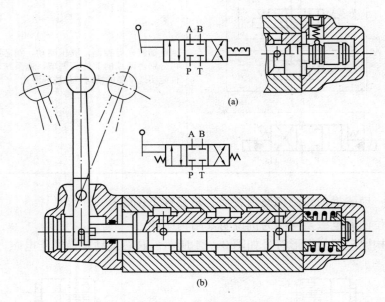

图 3-25　三位四通手动换向阀结构图
(a) 弹簧钢球定位结构;(b) 弹簧自动复位结构

手动换向阀又分为手动和脚踏两种。手动换向阀的特点是工作可靠,操作比较完全,常用于工程机械的液压传动系统中。

根据阀芯的定位方式,手动换向阀分为弹簧钢球定位式与弹簧自动复位式。

24 机动换向阀有何特点?

机动换向阀又称行程阀,主要用来控制机械运动部件的行程。机动换向阀借助于安装在工作台上的挡铁或凸轮来迫使阀芯移动,从而控制油液的流动方向。机动换向阀通常是二位的,有二通、三通、四通和五通几种,其中二位二通机动阀又分常闭和常开两种。图 3-26 (a) 为滚轮式二位三通常闭式机动换向阀,在图示位置阀芯 2 被弹簧 1 压向上端,油腔 P 和 A 通,B 口关闭。当挡铁或凸轮压住滚轮 4,使阀芯 2 移动到下端时,就使油腔 P 和 A 断开,P 和 B 接通,A 口关闭。图 3-26 (b) 所示为其图形符号。

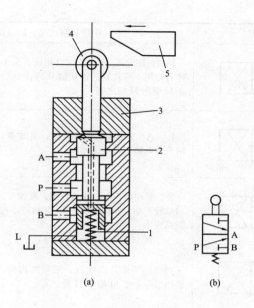

图 3 - 26 机动换向阀结构图与图形符号

（a）结构图；（b）图形符号

1—弹簧；2—阀芯；3—阀端盖；4—滚轮；5—挡铁

25 什么是三位四通换向阀的中位机能？

三位四通换向阀的阀芯在中间位置时，各通口间有不同的连通方式，可满足不同的使用要求。这种连通方式称为换向阀的中位机能。

三位四通换向阀常见的中位机能、型号、图形符号及其特点如表 3 - 6 所示。三位五通换向阀的情况与此相仿。不同的中位机能是通过改变阀芯的形状和尺寸得到的。

表 3 - 6　　　　　　　　　　　换向阀的中位机能

型号	图形符号	中位通路状况、特点及应用
O 型		四口全封闭，液压泵不卸荷，液压缸闭锁，可用于多个换向阀的并联工作。液压缸充满油，从静止到启动平稳；制动时运动惯性引起液压冲击较大；换向位置精度高
H 型		四口全接通，泵卸荷，液压缸处于浮动状态，在外力作用下可移动。液压缸从静止到启动有冲击；制动比 O 型平稳；换向位置变动大

型号	图形符号	中位通路状况、特点及应用
Y 型	A B P T	P 口封闭，A、B、T 三口相通，泵不卸荷，液压缸浮动，在外力作用下可移动。液压缸从静止到启动有冲击；制动性能介于 O 型和 H 型之间
K 型	A B P T	P、A、T 相通，B 口封闭，泵卸荷，液压缸处于闭锁状态。两个方向换向时性能不同
M 型	A B P T	P、T 相通，A、B 口封闭，泵卸荷，液压缸闭锁，从静止到启动较平稳；制动性能与 O 型相同；可用于泵卸荷液压缸锁紧的系统中
X 型	A B P T	四口处于半开启状态，泵基本卸荷，但仍保持一定的压力。换向性能介于 O 型和 H 型之间
P 型	A B P T	P、A、B 相通，T 封闭，泵与液压缸两腔相通，可组成差动连接。从静止到启动平稳；制动平稳；换向位置变动比 H 型的小，应用广泛

在分析和选择阀的中位机能时，通常考虑以下几点：

（1）系统保压。当 P 口被堵塞，系统保压，液压泵能用于多缸系统。当 P 口不太通畅地与 T 口接通时（如 X 型），系统能保持一定的压力供控制油路使用。

（2）系统卸荷。P 口通畅地与 T 口接通时，系统卸荷。

（3）启动平稳性。阀在中位时，液压缸某腔如通油箱，则启动时该腔内因无油液起缓冲作用，启动不太平稳。

（4）液压缸"浮动"和在任意位置上的停止。阀在中位，当 A、B 口互通时，卧式液压缸呈"浮动"状态，可利用其他机构移动工作台，调整其位置。当 A、B 口堵塞或与 P 口连接（在非差动情况下）时，则可使液压缸在任意位置处停下来。

三位五通换向阀的机能与上述相仿。

26 **电液换向阀有何特点？**

采用电磁换向阀控制液动换向阀的组合称为电液动换向阀，简称电液换向阀，它集中了电磁换向阀和液动换向阀的优点。在这里，电磁换向阀起先导控制作用，称为先导阀，其通径可以很小；液动换向阀为主阀，控制主油路换向。图 3 - 27 所示为电液换向阀结构、图形符号与油路图。

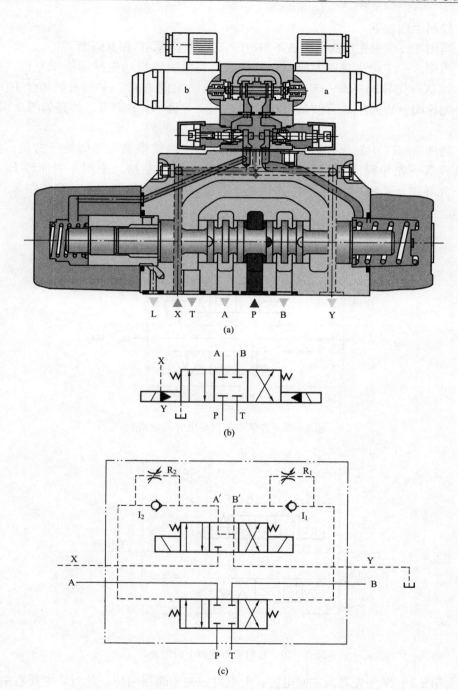

图 3-27　电液换向阀结构图、图形符号与油路图

（a）结构图；（b）图形符号；（c）油路

控制原理如下：

当图 3-27 中先导阀电磁铁不得电时，P、T、A、B 相互隔断。

当图 3-27 中先导阀左侧电磁铁得电时，电磁铁推动先导阀处于左位。控制油经 X→先导阀→A′→I_2→主阀左侧，推动主阀右移。主阀右侧油经 R_1→B′→先导阀→Y→油箱。此时，主阀处于左位，P 通 A，B 通 T。油路如图 3-28 所示。

当图 3-27 中先导阀右侧电磁铁得电时，电磁铁推动先导阀处于右位。控制油经 X→先导阀→B′→I_1→主阀右侧，推动主阀左移。主阀左侧油经 R_2→A′→先导阀→Y→油箱。此时，主阀处于右位，P 通 B，A 通 T。油路如图 3-29 所示。

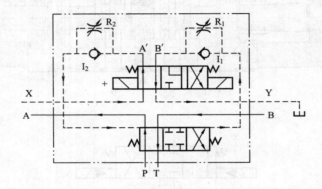

图 3-28　左侧电磁铁得电时的油路

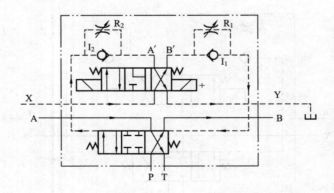

图 3-29　右侧电磁铁得电时的油路

当图 3-27 中先导阀左侧电磁铁失电时，先导阀回中位。此时，主阀右侧弹簧推动主阀回中位。主阀左侧控制油经 R_2→A′→先导阀→Y，同时，油液经 Y→先导阀→B′→R_1→主阀右侧。

当图 3-27 中先导阀右侧电磁铁失电时，先导阀回中位。此时，主阀左侧弹簧推动主阀回中位。主阀右侧控制油经 $R_1 \rightarrow B' \rightarrow$ 先导阀 $\rightarrow Y$，同时，油液经 $Y \rightarrow$ 先导阀 $\rightarrow A' \rightarrow R_2 \rightarrow$ 主阀左侧。

为保证液动阀回复中位，电磁先导阀的中位必须是 A、B、T 油口互通（Y型）。液动阀（主阀）两端控制油路上的节流阀可以调节主阀的换向速度，以防换向冲击。

27 电液换向阀为什么有内控与外控及内泄与外泄之分？

电液换向阀控制油 X 可以取自主油路的 P 口（内控），也可以另设独立油源（外控）。对于高压系统（P 口压力高），为防止换向冲击，控制油 X 不能取自 P口，要另设压力较低的独立油源，即采用外控式。对于低压系统（P 口压力低），控制油 X 可以取自主油路的 P 口，即采用内控式。采用内控时，主油路必须保证最低控制压力（0.3～0.5MPa）；采用外控时，独立油源的流量不得小于主阀最大通流量的 15%，以保证换向时间要求。

电磁阀的回油 Y 可以单独引出（外泄），也可以在阀体内与主阀回油口 T 沟通，一起排回油箱（内泄）。对于主阀回油口 T 压力高的系统，为防止 T 口背压过高导致先导阀回油 Y 也过高，引起主阀换向阻力过大，回油 Y 要与 T 口隔开，单独回油箱，即采用外泄式。对于回油口 T 压力低的系统，回油 Y 可与 T 口沟通，采用内泄式。

图 3-30 所示为内控内泄式电液换向阀油路，此类阀用于低压系统同时主回油路压力（背压）较低的场合。

图 3-31 所示为内控外泄式电液换向阀油路，适用于低压系统同时主回油路压力（背压）较高的场合。

图 3-32 所示为外控内泄式电液换向阀油路，适用于高压系统同时主回油路压力（背压）较高的场合。

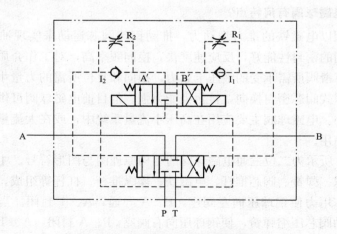

图 3-30 内控内泄式电液换向阀油路

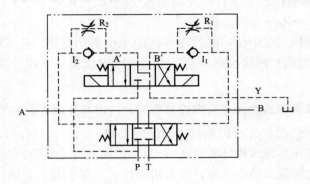

图 3-31 内控外泄式电液换向阀油路

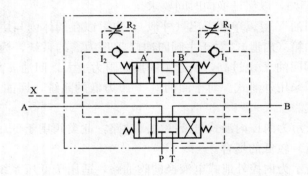

图 3-32 外控内泄式电液换向阀油路

不同的控制方式与泄油方式可通过阀上堵头的设置进行切换。

28 电磁球阀有何特点?

电磁球阀以电磁铁的推力为动力,推动钢球阀芯运动来实现油路通断和切换。电磁球阀的密封性能好,反应速度快,换向频率高,对工作介质黏度的适应范围广;没有滑阀所需承受的液压卡紧力,换向和复位所需的力量小,可用于高压系统;靠球式阀芯密封换向,抗污染能力强。但目前电磁球阀可供选用的机能少,规格较小。电磁球阀主要应用在高压小流量系统中,或在大流量系统中作先导控制元件使用。

图 3-33 所示为二位三通电磁球阀的结构原理图与图形符号。主要由左右阀座、阀芯钢球、弹簧、阀芯推杆、电磁铁、操纵推杆、杠杆等组成。图示为其常态位,弹簧作用力使钢球压向左阀座,P、A 导通,A、T 封闭。当电磁铁得电时,杠杆推动阀芯压缩弹簧,使钢球压向右阀座,P、A 封闭,A、T 导通,实现换向,图 3-34 所示为电磁球阀得电后的结构状态图。

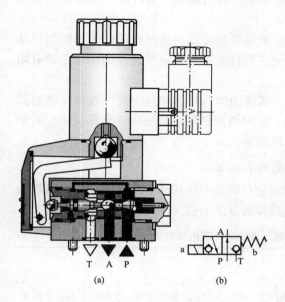

图 3-33 二位三通电磁球阀的
结构原理图与图形符号
(a) 结构图；(b) 图形符号

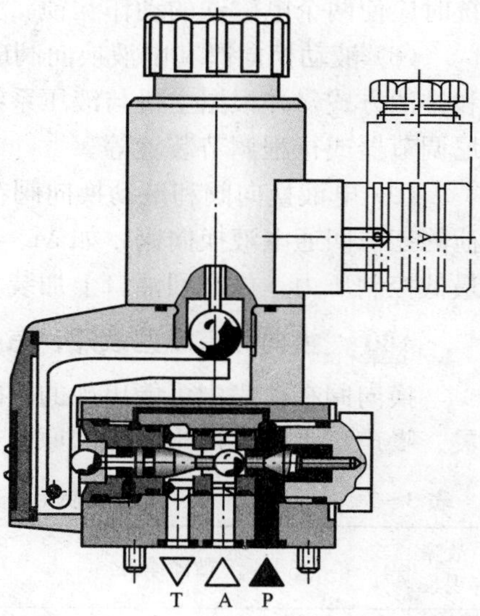

图 3-34 电磁球阀得电后
的结构状态图

29 **换向阀使用维修应注意哪些问题？**

（1）应根据所需控制的流量选择合适的换向阀通径。如果阀的通径大于10mm，则应选用液动换向阀或电液换向阀。使用时不能超过制造厂样本中所规定的额定压力以及流量极限，以免造成动作不良。

（2）根据整个液压系统各种液压阀的连接安装方式协调一致的原则，选用合适的安装连接方式。

（3）根据自动化程度的要求和主机工作环境情况选用适当的换向阀操纵控制方式。如工业设备液压系统，由于工作场地固定，且有稳定电源供应，故通常要选用电磁换向阀或电液换向阀；而野外工作的液压设备系统，主机经常需要更换工作场地且没有电力供应，故需考虑选用手动换向阀；再如在环境恶劣（如潮湿、高温、高压、有腐蚀气体等）下工作的液压设备系统，为了保证人身设备的安全，则可考虑选用气控液压换向阀。

（4）根据液压系统的工作要求，选用合适的滑阀机能与对中方式。

（5）对电磁换向阀，要根据所用的电源、使用寿命、切换频率、安全特性等选用合适的电磁铁。

（6）回油口 T 的压力不能超过规定的允许值。

（7）双电磁铁电磁阀的两个电磁铁不能同时得电，在设计液压设备的电控系统时应使两个电磁铁的动作互锁。

（8）液动换向阀和电液换向阀应根据系统的需要，选择合适的先导控制供油和排油方式，并根据主机与液压系统的工作性能要求决定所选择的阀是否带有阻尼调节器或行程调节装置等。

（9）电液换向阀和液动换向阀在内部供油时，对于那些中间位置使主油路卸荷的三位四通电液换向阀，如 M、H、K 等滑阀机能，应采取措施保证中位时的最低控制压力，如在回油口上加装背压阀等。

30 换向阀有哪些故障，怎样排除？

换向阀在使用中可能出现的故障现象有阀芯不能移动、外泄漏、操纵机构失灵、噪声过大等，产生故障的原因及其排除方法如表 3-7 所示。

表 3-7　　　　　　　　　　　换向阀使用中可能出现的故障及排除方法

故障现象	故障原因	排除方法
阀芯不能移动	阀芯表面划伤、阀体内孔划伤、油液污染使阀芯卡阻、阀芯弯曲	卸开换向阀，仔细清洗，研磨修复内存油直或更换阀芯
	阀芯与阀体内孔配合间隙不当，间隙过大，阀芯在阀体内歪斜，使阀芯卡住；间隙过小，摩擦阻力增加，阀芯不能移动	检查配合间隙。间隙太小研磨阀芯，间隙太大重配阀芯，也可以采用电镀工艺，增大阀芯直径。阀芯直径小于 20mm 时，正常配合间隙在 0.008～0.015mm 范围内；阀芯直径大于 20mm 时，正常配合间隙在 0.015～0.025mm 范围内
	弹簧太软，阀芯不能自动复位；弹簧太硬，阀芯推不到位	更换弹簧
	手动换向阀的连杆磨损或失灵	更换或修复连杆
	电磁换向阀的电磁铁损坏	更换或修复电磁铁
	液动换向阀或电液换向阀两端的单向节流器失灵	仔细检查节流器是否堵塞、单向阀是否泄漏，并进行修复
	液动或电液换向阀的控制压力油压力过低	检查压力低的原因，对症解决
	气控液压换向阀的气源压力过低	检修气源
	油液黏度太大	更换黏度适合的油液
	油温太高，阀芯热变形卡住	查找油温高原因并降低油温
	连接螺钉有的过松，有的过紧，致使阀体变形，致使阀芯不能移动。另外，安装基面平面度超差，紧固后面体也会变形	松开全部螺钉，重新均匀拧紧。如果因安装基面平面度超差阀芯不能移动，则重磨安装基面，使基面平面度达到规定要求

故障现象	故障原因	排除方法
电磁铁线圈烧坏	线圈绝缘不良	更换电磁铁线圈
	电磁铁铁芯轴线与阀芯轴线同轴度不良	拆卸电磁铁重新装配
	供电电压太高	按规定电压值来纠正供电电压
	阀芯被卡住，电磁力推不动阀芯	拆开换向阀，仔细检查弹簧是否太硬、阀芯是否被脏物卡住以及其他推不动阀芯的原因，进行修复并更换电磁铁线圈
	回油口背压过高	检查背压过高原因，对症来解决
外泄漏	泄油腔压力过高或 O 形密封圈失效造成电磁阀推杆处外渗漏	检查泄油腔压力，如对于多个换向阀泄油腔串接在一起，则将它们分别接油箱；更换密封圈
	安装面粗糙、安装螺钉松动、漏装 O 形密封圈或密封圈失效	磨削安装面使其粗糙度符合产品要求（通常阀的安装面的粗糙度 Ra 不大于 $0.8\mu m$）；拧紧螺钉，补装或更换 O 形密封圈
噪声大	电磁铁推杆过长或过短	修整或更换推杆
	电磁铁铁芯的吸合面不平或接触不良	拆开电磁铁，修整吸合面，清除污物

🔧 3.3 压力控制阀及其使用与维修

　　压力控制阀是用来控制液压系统中油液压力或通过压力信号实现控制的阀类。它包括溢流阀、减压阀、顺序阀、压力继电器。

　　压力控制阀的基本工作原理是通过液压作用力与弹簧力进行比较来实现对油液压力的控制。调节弹簧的预压缩量即调节了阀芯的动作压力，该弹簧是压力控制阀的重要调节零件，称为调压弹簧。

3.3.1　溢流阀及其使用与维修

31　溢流阀的作用是什么？

　　溢流阀的主要作用是对液压系统定压或进行安全保护。几乎在所有的液压系统中都需要用到它，其性能对整个液压系统的正常工作有很大影响。

　　旁接在泵的出口，用来保证系统压力恒定，称为定压阀，如图 3 - 35 所示。

　　旁接在泵的出口，用来限制系统压力的最大值，对系统起保护作用，称为安全阀，如图 3 - 36 所示。

　　溢流阀可以在执行机构不工作时使泵卸压，如图 3 - 37 所示。

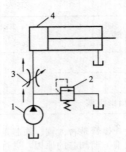

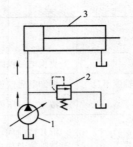

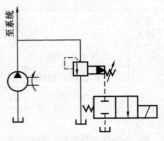

图 3 - 35　溢流阀用来
保证系统压力恒定

1—定量泵；2—溢流阀；

3—节流阀；4—液压缸

图 3 - 36　溢流阀限制
系统压力的最大值

1—变量泵；2—溢流阀；

3—液压缸

图 3 - 37　溢流阀用来卸压

32　**直动型溢流阀是怎样工作的？**

溢流阀由阀芯、阀体、弹簧、上盖、调节杆、调节螺母等零件组成。阀体上进油口旁接在泵的出口，出油口接油箱。图 3 - 38 所示为直动型溢流阀。

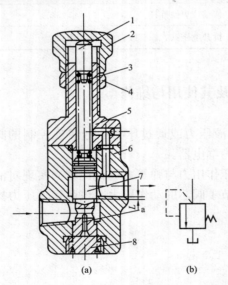

图 3 - 38　直动型溢流阀结构图与图形符号

（a）结构图；（b）图形符号

1—调节杆；2—调节螺母；3—调压弹簧；4—锁紧螺母；5—阀盖；6—阀体；7—阀芯；8—底盖

原始状态，阀芯在弹簧力的作用下处于最下端位置，进、出油口隔断。

进口油液经阀芯径向孔、轴向孔 a 作用在阀芯底端面，当液压力等于或大于弹簧力时，阀芯上移，阀口开启，进口压力油经阀口溢回油箱。此时阀芯受力平衡，阀口溢流满足压力流量方程。

阀口刚开启时阀芯受力平衡方程为

$$p_k \pi D^2/4 = K(x_0 + L)$$

式中：p_k 为阀开启压力；D 为阀芯直径；K 为弹性系数；x_0 为弹簧预压缩量；L 为阀遮盖量。

阀口开启后阀芯受力平衡方程为

$$p \pi D^2/4 = K(x_0 + L + x) + F_s$$

式中：p 为系统压力；D 为阀芯直径；K 为弹性系数；x_0 为弹簧预压缩量；L 为阀遮盖量；x 为阀开口量；F_s 为液动力。

阀口开启后溢流的压力流量方程为

$$q = C\pi D x (2p/\rho)^{1/2}$$

式中：q 为溢流量；C 为阀流量系数；D 为阀芯直径；x 为阀开口量；p 为系统压力；ρ 为液体密度。

33 **直动型溢流阀有何特点？**

对应调压弹簧一定的预压缩量 x_0，阀的进口压力 p 基本为一定值。

由于阀开口大小 x 和稳态液动力 F_s 的影响，阀的进口压力随流经阀口流量的增大而增大。当流量为额定流量时，阀的进口压力 p_s 最大，p_s 称为阀的调定压力。

弹簧腔的泄漏油经阀内泄油通道至阀的出口引回油箱，若阀的出口压力不为零，则背压将作用在阀芯上端，使阀的进口压力增大。

对于高压大流量的压力阀，要求调压弹簧具有很大的弹簧力，这样不仅使阀的调节性能变差，结构上也难以实现。

34 **先导型溢流阀是怎样工作的？**

结构组成：它由先导阀和主阀组成。先导阀实际上是一个小流量直动型溢流阀，其阀芯为锥阀。主阀芯上有一阻尼孔，且上腔作用面积略大于下腔作用面积，其弹簧只在阀口关闭时起复位作用。

图 3-39 所示为先导型溢流阀。压力油从 P 口进入，通过阻尼孔 3 后作用在先导阀 4 上。

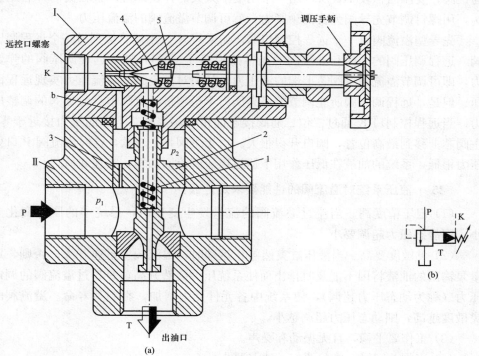

图 3-39　先导型溢流阀结构图与图形符号

(a) 结构图；(b) 图形符号

1—主阀弹簧；2—主阀芯；3—阻尼孔；4—先导阀；5—弹簧

当进油口压力较低，先导阀上的液压作用力不足以克服先导阀右边的弹簧5的作用力时，先导阀关闭，没有油液流过阻尼孔，所以主阀芯2两端压力相等。在较软的主阀弹簧1作用下主阀芯2处于最下端位置，溢流阀阀口P和T隔断，没有溢流。

当进油口压力升高到作用在先导阀上的液压力大于先导阀弹簧作用力时，先导阀打开，压力油就可通过阻尼孔3、通道b经先导阀流回油箱。由于阻尼孔的作用，主阀芯上端的液压力 p_2 小于下端压力 p_1，当这个压力差作用在面积为 A_B 的主阀芯上的力等于或超过主阀弹簧力 F_s、轴向稳态液动力 F_{bs}、摩擦力 F_f 和主阀芯自重 G 之和时，主阀芯开启，油液从P口流入，经主阀阀口由T流回油箱，实现溢流，即有

$$\Delta p = p_1 - p_2 \geqslant F_s + F_{bs} + G \pm F_f / A_B \qquad (3-2)$$

由式（3-2）可知，由于油液通过阻尼孔而产生的 p_1 与 p_2 之间的压差值不太大，所以主阀芯只需一个小刚度的软弹簧即可；而作用在先导阀4上的液压力与先导阀阀芯面积的乘积即为先导阀弹簧5的调压弹簧力。由于先导阀阀芯一般为锥阀，受压面积较小，所以用一个刚度不太大的弹簧即可调整较高的开启压力 p_2，用螺钉调节先导阀弹簧的预紧力，就可调节溢流阀的溢流压力。

先导型溢流阀有一个远程控制口K，如果将K口用油管接到另一个远程调压阀（远程调压阀的结构和溢流阀的先导控制部分一样），调节远程调压阀的弹簧力，即可调节溢流阀主阀芯上端的液压力，从而对溢流阀的溢流压力实现远程调压。但是，远程调压阀所能调节的最高压力不得超过溢流阀本身先导阀的调整压力。当远程控制口K通过二位二通阀接通油箱时，主阀芯上端的压力接近于零，主阀芯上移到最高位置，阀口开得很大。由于主阀弹簧较软，这时溢流阀P口处压力很低，系统的油液在低压作用下通过溢流阀流回油箱，实现卸荷。

35 液压系统对溢流阀的性能要求是什么？

（1）定压精度高。当流过溢流阀的流量发生变化时，系统中的压力变化要小，即静态压力超调要小。

（2）灵敏度要高。当液压缸突然停止运动时，溢流阀要迅速开大。否则，定量泵输出的油液将因不能及时排出而使系统压力突然升高，并超过溢流阀的调定压力（称为动态压力超调），使系统中各元件受力增加，影响其寿命。溢流阀的灵敏度越高，则动态压力超调越小。

（3）工作要平稳，且无振动和噪声。

（4）当阀关闭时，密封要好，泄漏要小。

对于经常开启的溢流阀，主要要求前三项性能；而对于安全阀，则主要要求第二和第四两项性能。其实，溢流阀和安全阀都是同一结构的阀，只不过是在不同要求时有不同的作用而已。

36　溢流阀有哪些静态性能指标?

（1）压力调节范围。压力调节范围是指调压弹簧在规定的范围内调节时，系统压力能平稳地上升或下降，且压力无突跳及迟滞现象时的最大和最小调定压力。溢流阀的最大允许流量为其额定流量，在额定流量下工作时，溢流阀应无噪声。溢流阀的最小稳定流量取决于它的压力平稳性要求，一般规定为额定流量的 15%。

（2）启闭特性。启闭特性是指溢流阀在稳态情况下从开启到闭合的过程中，被控压力与通过溢流阀的溢流量之间的关系。它是衡量溢流阀定压精度的一个重要指标，一般用溢流阀处于额定流量、调定压力 p_s 时，开始溢流的开启压力 p_k 及停止溢流的闭合压力 p_b 分别与 p_s 的百分比来衡量，前者称为开启比 p_k，后者称为闭合比 p_s，即

$$\bar{p}_k = \frac{p_k}{p_s} \times 100\% \qquad (3-3)$$

$$\bar{p}_b = \frac{p_b}{p_s} \times 100\% \qquad (3-4)$$

式中：p_s 可以是溢流阀调压范围内的任何一个值，显然上述两个百分比越大，则两者越接近，溢流阀的启闭特性就越好，一般应使 $\bar{p}_k \geq 90\%$，$\bar{p}_b \geq 85\%$，直动型溢流阀和先导型溢流阀的启闭特性曲线如图 3-40 所示。

（3）卸荷压力。当溢流阀调压弹簧预压缩量等于零或远程控制口 K 与油箱相连时，额定流量下的压力损失称为卸荷压力。

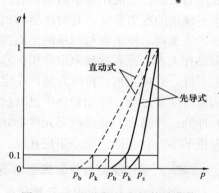

图 3-40　溢流阀的启闭特性曲线

37　什么是溢流阀的动态性能?

当溢流阀在溢流量发生由零至额定流量的阶跃变化时，它的进口压力（也就是它所控制的系统压力）将如图 3-41 所示的那样迅速升高并超过额定压力的调定值，然后逐步衰减到最终稳定压力，从而完成其动态过渡过程。

定义最高瞬时压力峰值与额定压力调定值 p_s 的差值为压力超调量 Δp，则压力超调率 $\overline{\Delta p}$ 为

$$\overline{\Delta p} = \frac{\Delta p}{p_s} \times 100\% \qquad (3-5)$$

$\overline{\Delta p}$ 是衡量溢流阀动态定压误差的一个性能指标。一个性能良好的溢流阀，其 $\overline{\Delta p} \leq 10\%$。在图 3-41 中，$t_1$ 称之为响应时间，t_2 称之为过渡过程时

间。显然，t_1 越小，溢流阀的响应越快；t_2 越小，溢流阀的动态过渡过程时间越短。

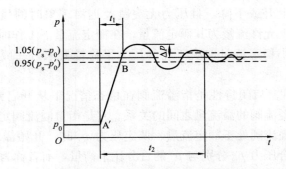

图 3-41　流量阶跃变化时溢流阀的进口压力响应特性曲线

38　系统压力为什么波动，怎样排除？

引起压力波动的主要原因：①调节压力的螺钉由于振动而使锁紧螺母松动造成压力波动；②液压油不清洁，有微小灰尘存在，使主阀芯滑动不灵活，因而产生不规则的压力变化，有时还会将阀卡住；③主阀芯滑动不畅造成阻尼孔时堵时通；④主阀芯圆锥面与阀座的锥面接触不良好，没有经过良好磨合；⑤主阀芯的阻尼孔太大，没有起到阻尼作用；⑥先导阀调正弹簧弯曲，造成阀芯与锥阀座接触不好，磨损不均。排除方法：①定时清理油箱、管路，对进入油箱、管路系统的液压油要过滤；②如管路中已有过滤器，则应增加二次过滤元件，或更换二次元件的过滤精度；并对阀类元件拆卸清洗，更换清洁的液压油；③修配或更换不合格的零件；④适当缩小阻尼孔径。

39　系统压力为什么完全加不上去，怎样排除？

原因1：①主阀芯阻尼孔被堵死，如装配时对主阀芯未清洗干净，油液过脏或装配时带入杂物；②在装配时装配精度差，阀间间隙调整不好，主阀芯在开启位置时卡住；③主阀芯复位弹簧折断或弯曲，使主阀芯不能复位。排除方法：①拆开主阀清洗阻尼孔并重新装配；②过滤或更换油液；③拧紧阀盖紧固螺钉，更换折断的弹簧。

原因2（先导阀故障）：①调正弹簧折断或未装入；②锥阀或钢球未装；③锥阀碎裂。排除方法：更换破损件或补装零件，使先导阀恢复正常工作。

原因3：远控口电磁阀未得电（常开型）或滑阀卡死。排除方法：检查电源线路，查看电源是否接通。如正常，说明可能是滑阀卡死，应检修或更换失效零件。

原因4（液压泵故障）：①液压泵连接键脱落或滚动；②滑动表面间间隙过大；③叶片泵的叶片在转子槽内卡死；④叶片和转子方向装反；⑤叶片中的弹簧

因所受高频周期负载作用，而疲劳变形或折断。排除方法：①更换或重新调正连接键，并修配键槽；②修配滑动表面间间隙；③拆卸清洗叶片泵；④纠正装错方向；⑤更换折断弹簧。

原因5：进、出油口装反。排除办法：调正过来。

40 **系统压力为什么升不高，怎样排除？**

原因1：①主阀芯锥面磨损或不圆，阀座锥面磨损或不圆；②锥面处有脏物粘住；③锥面与阀座由于机械加工误差导致不同心；④主阀芯与阀座配合不好，主阀芯有别劲或损坏，使阀芯与阀座配合不严密；⑤主阀压盖处有泄漏，如密封垫损坏、装配不良、压盖螺钉有松动等。排除方法：①更换或修配溢流阀体或主阀芯及阀座；②清洗溢流阀使之配合良好或更换不合格元件；③拆卸主阀调正阀芯，更换破损密封垫，消除泄漏使密封良好。

原因2：先导阀调正弹簧弯曲或太短、太软，致使锥阀与阀座结合处封闭性差，如锥阀与阀座磨损，锥阀接触面不圆，接触面太宽，容易进入脏物，或被胶质粘住。排除方法：更换不合格件或检修先导阀，使之达到使用要求。

原因3：①远控口电磁常闭位置时内漏严重；②阀口处阀体与滑阀严重磨损；③滑阀换向未达到正确位置，造成油封长度不足；④远控口管路有泄漏。排除方法：①检修更换失效件，使之达到要求；②检查管路消除泄漏。

41 **溢流阀为什么会压力突然升高，怎样排除？**

原因1：①由于主阀芯零件工作不灵敏，在关闭状态时突然被卡死；②加工的液压元件精度低，装配质量差，油液过脏等原因。排除方法：清洗主阀阀体，修配更换失效零件。

原因2：先导阀阀芯与阀座接合面黏住脱不开，造成系统不能实现正常卸荷；调正弹簧弯曲"别劲"。

42 **溢流阀为什么会压力突然下降，怎样排除？**

原因1：①主阀芯阻尼孔突然被堵；②主阀盖处密封垫突然破损；③主阀芯工作不灵敏，在开启状态突然卡死；④先导阀芯突然破裂；⑤调正弹簧突然折断。

原因2：①远控口电磁阀电磁铁突然失电使溢流阀卸荷；②远控口管接头突然脱口或管子突然破裂。

排除方法：①清洗液压阀类元件，如果是阀类元件被堵，则还应过滤油液；②更换破损元件，检修失效零件；③检查消除电气故障。

43 **怎样防止二级调压回路及卸荷回路压力下降时产生较大振动和噪声？**

原因：在某个压力值急剧下降时，在管路及执行元件中将会产生振动。这种振动将随着加压一侧的容量增大而增大。

排除方法如下：

（1）要防止这种振动声音的产生，必须使压力下降时间（即变化时间）不小于0.1s。可在溢流阀远程控制口处接入固定节流阀，如图3-42所示，此时卸荷压力及最低调整压力将变高。

（2）如图3-43所示，在远控口的管路里使用防振阀，并且具有自动调节节流口的机能，卸荷压力及最低调整压力不会变高，也不能产生振动和噪声。

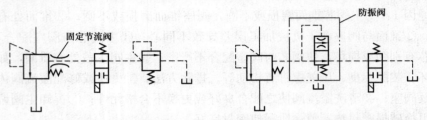

图3-42　溢流阀的远程控制
　　　　口处接入固定节流阀

图3-43　远控口管路使用防振阀

（3）两个规格和调定参数相同的溢流阀易产生共振。

如图3-44（a）所示，溢流阀A和B的规格和调定值均相同，当两个泵并联供油时，有时溢流阀发出很强的噪声，当把两个溢流阀的调定压力彼此错开时，噪声则可以基本消除。这说明两个调定值相同的溢流阀易产生共振，应尽量避免为好。

如用一个溢流阀，并把它接在C点，如图3-44（b）所示，上述噪声问题可以得到解决。

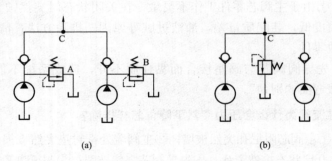

(a)

(b)

图3-44　溢流阀连接方案对比
(a) 差；(b) 好

3.3.2　减压阀及其使用与维修

减压阀是利用液流流过缝隙产生压力损失，使其出口压力低于进口压力的压力控制阀。

按调节要求不同，有定值减压阀、定差减压阀、定比减压阀。其中定值减压阀应用最广，又简称减压阀。

44 **定值减压阀是怎样工作的?**

图 3-45 (a)、(b) 所示为直动式减压阀的结构示意图和图形符号。P₁ 口是进油口，P₂ 口是出油口，阀不工作时，阀芯在弹簧作用下处于最下端位置，阀的进、出油口是相通的，亦即阀是常开的。若出口压力增大，使作用在阀芯下端的压力大于弹簧力时，阀芯上移，关小阀口，这时阀处于工作状态。若忽略其他阻力，仅考虑作用在阀芯上的液压力和弹簧力相平衡的条件，则可以认为出口压力基本上维持在某一定值——调定值上。这时如出口压力减小，则阀芯下移，开大阀口，阀口处阻力减小，压降减小，使出口压力回升到调定值；反之，若出口压力增大，则阀芯上移，关小阀口，阀口处阻力增大，压降增大，使出口压力下降到调定值。

图 3-45 (c)、(d) 所示为先导式减压阀的工作原理图和图形符号。

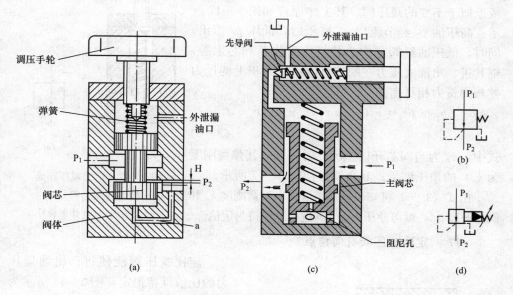

图 3-45　减压阀
(a) 直动式减压阀的结构示意图；(b) 直动式减压阀的图形符号；
(c) 先导式减压阀的结构示意图；(d) 先导式减压阀的图形符号

45 **减压阀有何特点?**

将先导型减压阀和先导型溢流阀进行比较，它们之间有如下几点不同之处：

(1) 减压阀保持出口压力基本不变，而溢流阀保持进口处压力基本不变。

(2) 在不工作时，减压阀进、出油口互通，而溢流阀进、出油口不通。

(3) 为保证减压阀出口压力调定值恒定，它的先导阀弹簧腔需通过泄油口单独外接油箱；而溢流阀的出油口是通油箱的，所以它的先导阀的弹簧腔和泄漏油可通过阀体上的通道和出油口相通，不必单独外接油箱。

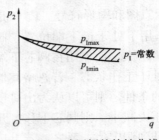

图 3-46　减压阀的特性曲线

减压阀用在液压系统中获得压力低于系统压力的二次油路上，如夹紧回路、润滑回路和控制回路。必须说明，减压阀出口压力还与出口负载有关，若负载压力低于调定压力，出口压力由负载决定，此时减压阀不起减压作用。

减压阀的 p_2-q 特性曲线如图 3-46 所示，当减压阀进油口压力 p_1 基本恒定时，若通过的流量 q 增加，则阀口缝隙 x_R 加大，出口压力 p_2 略微下降。

46　定差减压阀有何特点？

定差减压阀是使进、出油口之间的压力差等于或近似于不变的减压阀，其工作原理如图 3-47 所示。高压油 p_1 经节流口 x_R 减压后以低压 p_2 流出，同时，低压油经阀芯中心孔将压力传至阀芯上腔，则其进、出油液压力在阀芯有效作用面积上的压力差与弹簧力相平衡。

$$\Delta p = p_1 - p_2 = k_s(x_c + x_R)/[\pi/4(D^2 - d^2)]$$

(3-6)

式中：x_c 为当阀芯开口 $x_R = 0$ 时弹簧（其弹簧刚度为 k_s）的预压缩量；其余符号如图 3-47 所示。

由式（3-6）可知，只要尽量减小弹簧刚度 k_s 和阀口开度 x_R，就可使压力差 Δp 近似地保持为定值。

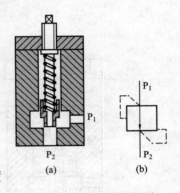

图 3-47　定差减压阀结构图与图形符号
(a) 结构图；(b) 图形符号

47　定比减压阀有何特点？

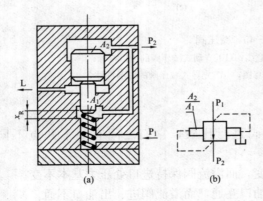

图 3-48　定比减压阀结构图与图形符号
(a) 结构图；(b) 图形符号

定比减压阀能使进、出油口压力的比值维持恒定，图 3-48 所示为其工作原理图。阀芯在稳态时忽略稳态液动力、阀芯的自重和摩擦力时可得到力平衡方程为

$$p_1 A_1 + k_s(x_c + x_R) = p_2 A_2$$

(3-7)

式中：k_s 为阀芯下端弹簧刚度；x_c 为阀口开度 $x_R = 0$ 时弹簧的预压缩量；其他符号如图 3-48 所示。若忽略弹簧力（刚度较小），则有（减压比）：

$$p_2/p_1 = A_1/A_2 \qquad\qquad (3-8)$$

由式（3-8）可见，选择阀芯的作用面积 A_1 和 A_2，便可得到所要求的压力比，且比值近似恒定。

48　使用减压阀应注意什么？

（1）应根据液压系统的工况特点和具体要求选择减压阀的类型，并注意减压阀的启闭特性的变化趋势与溢流阀相反（即通过减压阀的流量增大时二次压力有所减小）。另外，应注意减压阀的泄油量较其他控制阀多，始终有油液从先导阀流出（有时多达 1L/min 以上），从而影响到液压泵容量的选择。

（2）正确使用减压阀的连接方式，正确选用连接件（安装底板或管接头），并注意连接处的密封；阀的各个油口应正确接入系统，外部卸油口必须直接接回油箱。

（3）根据系统的工作压力和流量合理选定减压阀的额定压力和流量（通径）规格。

（4）应根据减压阀在系统中的用途和作用确定和调节二次压力，必须注意减压阀设定压力与执行器负载压力的关系。主减压阀的二次压力设定值应高于远程调压阀的设定压力。二次压力的调节范围取决于所用的调压弹簧和阀的通过流量。最低调节压力应保证一次与二次压力之差为 0.3～1MPa。

（5）调压时应注意以正确旋转方向调节调压机构，调压结束时应将锁紧螺母固定。

（6）如果需通过先导式减压阀的遥控口对系统进行多级减压控制，则应将遥控口的螺堵拧下，接入控制油路；否则应将遥控口严密封堵。

（7）卸荷溢流阀的回油口应直接接油箱，以减少背压。

（8）减压阀出现调压失灵或噪声较大等故障时，可参考表3-8介绍的方法进行诊断排除，拆洗过的阀组成零件应正确安装，并注意防止二次污染。

49　减压阀有哪些故障，怎样排除？

减压阀的常见故障及排除方法如表3-8所示。

表3-8　　　　　　　　　　减压阀的常见故障及排除方法

故障现象	故障原因	诊断排除方法
不能减压或无二次压力	泄油口不通或泄油通道堵塞，使主阀芯卡阻在原始位置，不能关闭；先导阀堵塞	检查泄油管路、泄油口、先导阀、主阀芯、单向阀等并修理之。检查排除执行器机械干扰
二次压力不能继续升高或压力不稳定	先导阀密封不严，主阀芯卡阻在某一位置，负载有机械干扰；单向减压阀中的单向阀泄漏过大	
调压过程中压力非连续升降，而是不均匀下降	调压弹簧弯曲或折断	拆检换新

50 溢流-减压阀有何特点？

图 3 - 49 所示为减压阀结构原理简图，图 3 - 50 所示为溢流-减压阀结构、工作原理简图。溢流-减压阀比普通减压阀的阀芯长，且多一部分结构。溢流-减压阀还有一个与油箱相通或接其他控制元件的泄油口 T。

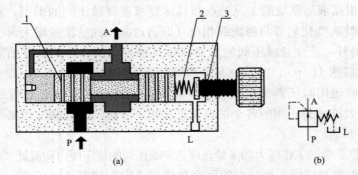

图 3 - 49　普通减压阀结构原理简图与图形符号

(a) 结构原理简图；(b) 图形符号

1—阀芯；2—调压弹簧；3—调压手轮

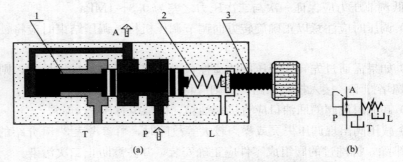

图 3 - 50　溢流-减压阀结构原理简图与图形符号

(a) 结构原理简图；(b) 图形符号

1—阀芯；2—调压弹簧；3—调压手轮

对于溢流-减压阀，当 P 口压力小于溢流-减压阀调定压力时阀芯 1 在调压弹簧 2 的作用下处于最左端位置（见图 3 - 50），阀芯与阀体间构成的减压口全开，此时该阀不起减压作用；当 A 口压力大于调定压力时阀芯 1 右移，使减压口缝隙减小，实现减压作用，如图 3 - 51 所示。

但当因某种原因使 A 口负载压力大于阀体调定压力时，溢流-减压阀和普通减压阀的工作原理截然不同。

当普通减压阀负载压力大于阀体调定压力时，阀芯在 A 口压力的作用下移至最右端，将 P 口和 A 口完全隔开，阀体左端出现弊压问题如图 3 - 52 所示，如果压力过高将会损坏减压阀或其他元件。

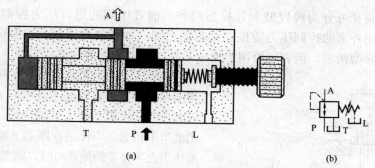

图 3−51　溢流-减压阀减压状态简图与图形符号

(a) 状态简图；(b) 图形符号

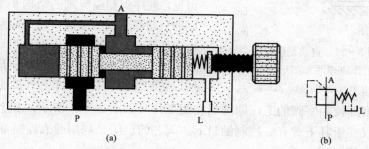

图 3−52　普通减压阀负载压力过高时的状态简图与图形符号

(a) 状态简图；(b) 图形符号

当溢流-减压阀负载压力大于阀体调定压力时，阀芯在 A 口压力的作用下进一步右移如图 3−53 所示，将 A 口和 T 口接通，油液流回油箱，实现自我保护功能。

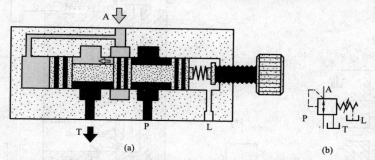

图 3−53　溢流-减压阀负载压力过高时的状态简图与图形符号

(a) 状态简图；(b) 图形符号

3.3.3　顺序阀及其使用与维修

51　什么是顺序阀？

顺序阀是用来控制液压系统中各执行元件动作的先后顺序。依控制压力的不同，顺序阀又可分为内控型和外控型两种。前者用阀的进口压力控制阀芯的启闭，后者用外来的控制压力油控制阀芯的启闭（即液控顺序阀）。顺序阀也有直动型和先导型两种，前者一般用于低压系统，后者用于中、高压系统。

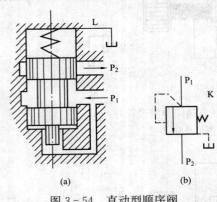

图 3-54 所示为直动型顺序阀的工作原理图和图形符号。当进油口压力 p_1 较低时，阀芯在弹簧作用下处于下端位置，进油口和出油口不相通。当作用在阀芯下端的油液的液压力大于弹簧的预紧力时，阀芯向上移动，阀口打开，油液便经阀口从出油口流出，从而操纵另一执行元件或其他元件动作。由图可见，顺序阀和溢流阀的结构基本相似，不同的只是顺序阀的出油口连通向系统的另一压力油路，而溢流阀的出油口连通油箱。此外，由于顺序阀的进、出油口均为压力油，所以它的泄油口 L 必须单独外接油箱。

图 3-54 直动型顺序阀工作原理图和图形符号
(a) 工作原理图；(b) 图形符号

直动型外控顺序阀的工作原理图和图形符号如图 3-55 所示，和上述顺序阀的差别仅仅在于其下部有一控制油口 K，阀芯的启闭是利用通入控制油口 K 的外部控制油来控制。

图 3-56 所示为先导型顺序阀的工作原理图和图形符号。

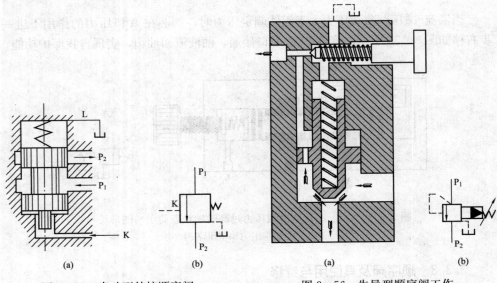

图 3-55 直动型外控顺序阀工作原理图与图形符号
(a) 工作原理；(b) 图形符号

图 3-56 先导型顺序阀工作原理图与图形符号
(a) 工作原理图；(b) 图形符号

图 3-57 所示为不同控制方式顺序阀的图形符号。

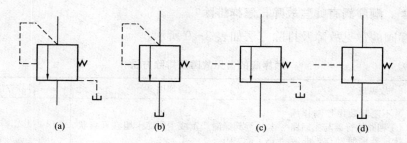

图 3-57　不同控制方式顺序阀的图形符号

（a）内控外泄；（b）内控内泄；（c）外控外泄；（d）外控内泄

52　顺序阀有何特点？

将先导型顺序阀和先导型溢流阀进行比较，它们之间有以下不同之处：

（1）溢流阀的进口压力在通流状态下基本不变。而顺序阀在通流状态下其进口压力由出口压力而定，如果出口压力 p_2 比进口压力 p_1 低得多，则 p_1 基本不变，而当 p_2 增大到一定程度时，p_1 也随之增加，则 $p_1 = p_2 + \Delta p$，Δp 为顺序阀上的损失压力。

（2）溢流阀为内泄式，而顺序阀为外泄式（需单独引出泄通道）。

（3）溢流阀的出口必须回油箱，顺序阀出口可接负载。

53　使用顺序阀要注意什么？

顺序阀的使用注意事项可参照溢流阀的相关内容，同时还应注意以下几点：

（1）顺序阀通常为外泄方式，所以必须将卸油口接至油箱，并注意泄油路背压不能过高，以免影响顺序阀的正常工作。

（2）应根据液压系统的具体要求选用顺序阀的控制方式，对于外控式顺序阀应提供适当的控制压力油，以使阀可靠启闭。

（3）启闭特性太差的顺序阀，通过流量较大时会使一次压力过高，导致系统效率降低。

（4）所选用的顺序阀，开启压力不能过低，否则会因泄漏导致执行器误动作。

（5）顺序阀的通过流量不宜小于额定流量过多，否则将产生振动或其他不稳定现象。

（6）顺序阀多为螺纹连接，安装位置应便于操作和维护。

（7）在使用单向顺序阀（作平衡阀使用）时，必须保证密封性，不产生内部泄漏，能长期保证液压缸所处的位置。

（8）顺序阀作为卸荷阀使用时，应注意它对执行元件工作压力的影响。因为卸荷阀通过调整螺钉、调节弹簧而调整压力，这将使系统工作压力产生差别，应充分注意。

54 **顺序阀有哪些故障，怎样排除？**

顺序阀的常见故障及排除方法如表 3-9 所示。

表 3-9　　　　　　　　　　顺序阀的常见故障及排除方法

	故障现象	故障原因	排除方法
顺序阀	不能起顺序控制作用（子回路执行器与主回路执行器同时动作，非顺序动作）	先导阀泄漏严重或主阀芯卡阻在开启状态不能关闭	拆除、清洗与修理
	执行器不动作	先导阀不能打开、主阀芯卡阻在关闭状态不能开启、复位弹簧卡死、先导管路堵塞	
	作卸荷阀时液压泵一启动就卸荷	先导阀泄漏严重或主阀芯卡阻在开启状态不能关闭	
	作卸荷阀时不能卸荷	先导阀不能打开、主阀芯卡阻在关闭状态不能开启、复位弹簧卡死、先导管路堵塞	
单向顺序阀	不能保持负载不下降，不起平衡作用	先导阀泄漏严重或主阀芯卡阻在开启状态不能关闭	拆检、清洗与修理，拆检时必须用机械方法将负载固定不动，以免落下
	负载不能下降，液压缸能够伸出但不能缩回	先导阀不能打开、主阀芯卡阻在关闭状态不能启动、复位弹簧卡死、先导管路堵塞	
	执行器爬行或振动	负载有机械干扰或虽无干扰而主阀芯开启时执行器排油过速，造成进油不足产生局部真空时主阀芯在启闭临界状态跳动，时开时关跳动	消除机械干扰并在导轨等处加润滑剂，如无效则应在阀出口处另加固定节流孔或节流阀

55 **什么是平衡阀？**

外控平衡阀的结构图如图 3-58 所示，油路如图 3-59 所示。

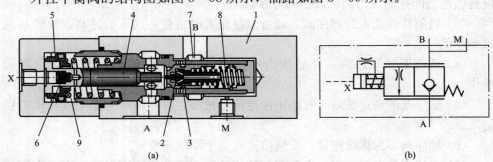

(a)　　　　　　　　　　　　　　　　　(b)

图 3-58　外控平衡阀结构图与图形符号

（a）结构图；（b）图形符号

1—阀体；2—主阀芯；3—先导阀；4—控制活塞；5—阻尼活塞；

6—节流口；7—主油路；8—弹簧腔；9—弹簧

外控平衡阀的工作原理是当液流从 A 口至 B 口时为自由流动，此时主阀芯 2 被打开。

液流从 B 口流向 A 口时，当控制油口 X 的压力小于设定的控制压力时，则主阀芯 2 在油口 B 中的负载压力和弹簧腔 8 内的弹簧力作用下被直接关闭，起到单向截止功能。

液流从 B 口流向 A 口时，当控制油口 X 的压力达到或超过设定的控制压力时，则主阀芯 2 打开。在控制活

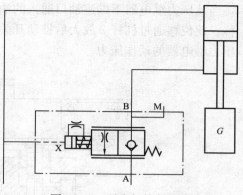

图 3-59　平衡阀控制油路

塞 4 的作用下，先导阀 3 脱离锥阀座并使弹簧腔 8 中的油液经油孔和 A 口与回油连接。同时由 B 口作用在腔 8 的负载压力随先导阀芯在主阀芯中的轴向移动而切断，主阀芯 2 卸压。与此同时，控制活塞 4 的右端面顶在主阀芯 2 上，控制活塞 4 的左端面紧靠在阻尼活塞 5 的凹面上。此时，此时液压缸下行，打开 B 口到 A 口所需的 X 口先导压力只与弹簧 9 的弹簧力有关。

随着主阀芯 2 的右移开启，调节流量的开口面积逐渐增大（开口面积是由阀套中的径向孔和主阀芯 2 开启时形成的），开口面积、X 口控制压力和开口压差之间形成动态平衡关系，决定了通过 B 口到 A 口的流量基本不变。

当负载 G 增大时，液压缸下行加快，B 口压力升高，X 口压力降低，使主阀芯 2 左移，主阀口关小，抑制流量的增加趋势，保持流量的基本恒定。

主阀口关小也会使 X 口压力瞬间上升，促使主阀芯 2 右移，因此主阀芯 2 是随动的，从而实现平衡调速功能，以保证执行器恒速运动。通过控制活塞 4 的节流口 6 和阻尼活塞 5 的两端，实现开启缓冲。

X 口控制压力与 B 口负载压力之比是由控制活塞 4 两端的面积决定的，所以控制压力只需 B 口负载压力的几分之一或几十分之一。

外控平衡阀的控制压力只要达到设定的背压的几分之一或几十分之一即可打开主阀芯。外控平衡阀由于有阻尼的作用，当控制压力达到或大于设定压力时，主阀打开有缓冲。外控平衡阀要尽量靠近执行机构安装，有的直接装在液压缸或液压马达上，以防止管路破裂造成重物下滑。

56　什么是压力继电器？

压力继电器是一种将油液的压力信号转换成电信号的电液控制元件，当油液压力达到压力继电器的调定压力时，即发出电信号，以控制电磁铁、电磁离合器、继电器等元件动作，使油路卸压、换向、执行元件实现顺序动作，或关闭电动机，使系统停止工作，起到安全保护作用。

图 3-60 所示为常用柱塞式压力继电器的结构示意图和图形符号。如图所

示，当从压力继电器下端进油口通入的油液压力达到调定压力值时，推动柱塞 1 上移，此位移通过杠杆 2 放大后推动开关 4 动作。改变弹簧 3 的压缩量即可以调节压力继电器的动作压力。

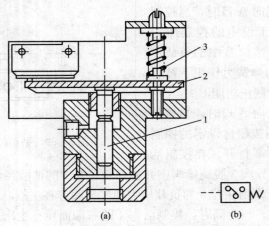

图 3-60　压力继电器结构示意图与图形符号

(a) 结构示意图；(b) 图形符号

1—柱塞；2—杠杆；3—弹簧

🔧 3.4　流量控制阀及其使用与维修

液压系统中执行元件运动速度的大小，由输入执行元件的油液流量的大小来确定。流量控制阀就是依靠改变阀口通流面积（节流口局部阻力）的大小或通流通道的长短来控制流量的液压阀类。常用的流量控制阀有普通节流阀、压力补偿和温度补偿调速阀、溢流节流阀和分流集流阀等。

3.4.1　节流阀及其使用与维修

57　什么是流量控制原理？

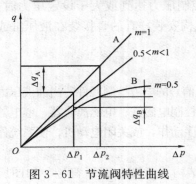

图 3-61　节流阀特性曲线

节流阀节流口通常有三种基本形式：薄壁小孔、细长小孔和厚壁小孔，但无论节流口采用何种形式，通过节流口的流量 q 及其前后压力差 Δp 的关系均可用 $q = KA\Delta p_{\mathrm{m}}$ 来表示。三种节流口的流量特性曲线如图 3-61 所示。

由图可知：

（1）压差对流量的影响。当节流阀两端压差 Δp 变化时，通过节流阀的流量要发生变化。在三种结构形式的节流口中，通过薄壁小孔的流量受到压差改变的影响最小。

（2）温度对流量的影响。油温影响到油液黏度，对于细长小孔，油温变化时，流量也会随之改变；对于薄壁小孔，油液黏度对流量几乎没有影响，故油温变化时，流量基本不变。

（3）节流口的堵塞。节流阀的节流口可能因油液中的杂质或由于油液氧化后析出的胶质、沥青等而局部堵塞，这就改变了原来节流口通流面积的大小，使流量发生变化，尤其是当开口较小时，这一影响更为突出，严重时会完全堵塞而出现断流现象。因此节流口的抗堵塞性能也是影响流量稳定性的重要因素，尤其会影响流量控制阀的最小稳定流量，一般流量控制阀的最小稳定流量为 0.05L/min。一般节流口通流面积越大，节流通道越短和水力直径越大，越不容易堵塞。当然，油液的清洁度也对堵塞产生影响。

58　节流口形式有哪些？

为保证流量稳定，节流口的形式以薄壁小孔较为理想。图 3 - 62 所示为几种常用的节流口形式。图 3 - 62（a）所示为针阀式节流口，它通道长，湿周大，易

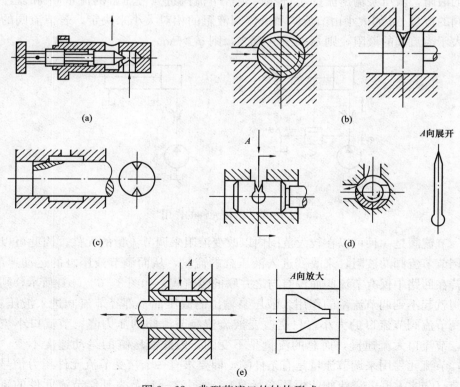

图 3 - 62　典型节流口的结构形式

(a) 针阀式节流口；(b) 偏心槽式节流口；(c) 轴向三角槽式节流口；
(d) 周向缝隙式节流口；(e) 轴向缝隙式节流口

堵塞，流量受油温影响较大，一般用于对性能要求不高的场合。图3-62（b）所示为偏心槽式节流口，其性能与针阀式节流口相同，但容易制造，其缺点是阀芯上的径向力不平衡，旋转阀芯时较费力，一般用于压力较低、流量较大和流量稳定性要求不高的场合。图3-62（c）所示为轴向三角槽式节流口，其结构简单，水力直径中等，可得到较小的稳定流量，且调节范围较大，但节流通道有一定的长度，油温变化对流量有一定的影响，目前被广泛应用。图3-62（d）所示为周向缝隙式节流口，沿阀芯周向开有一条宽度不等的狭槽，转动阀芯就可改变开口大小。阀口做成薄刃形，通道短，水力直径大，不易堵塞，油温变化对流量影响小，因此其性能接近于薄壁小孔，适用于低压小流量场合。图3-62（e）所示为轴向缝隙式节流口，在阀孔的衬套上加工出图示薄壁阀口，阀芯作轴向移动即可改变开口大小，其性能与图3-62（d）所示节流口相似。

59 怎样发挥节流元件的作用？

在液压传动系统中节流元件与溢流阀并联于液压泵的出口，构成恒压油源，使泵出口的压力恒定。如图3-63（a）所示，此时节流阀和溢流阀相当于两个并联的液阻，液压泵输出流量 q_p 不变，流经节流阀进入液压缸的流量 q_1 和流经溢流阀的流量 Δq 的大小由节流阀和溢流阀液阻的相对大小来决定。若节流阀的液阻大于溢流阀的液阻，则 $q_1 < \Delta q$；反之，则 $q_1 > \Delta q$。

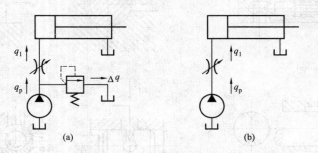

图3-63 节流元件的作用

节流阀是一种可以在较大范围内以改变液阻来调节流量的元件。因此可以通过调节节流阀的液阻，来改变进入液压缸的流量，从而调节液压缸的运动速度；但若在回路中仅有节流阀而没有与之并联的溢流阀，如图3-63（b）所示，则节流阀就起不到调节流量的作用。液压泵输出的液压油全部经节流阀进入液压缸。改变节流阀节流口的大小，只是改变液流流经节流阀的压力降。节流口小流速快，节流口大流速慢，而总的流量是不变的，因此液压缸的运动速度不变。所以，节流元件用来调节流量是有条件的，即要求有一个接受节流元件压力信号的环节（与之并联的溢流阀或恒压变量泵）。通过这一环节来补偿节流元件的流量变化。

60 **液压传动系统对流量控制阀有哪些要求？**

液压传动系统对流量控制阀的主要要求有：

（1）较大的流量调节范围，且流量调节要均匀。

（2）当阀前后压力差发生变化时，通过阀的流量变化要小，以保证负载运动的稳定。

（3）油温变化对通过阀的流量影响要小。

（4）液流通过全开阀时的压力损失要小。

（5）当阀口关闭时，阀的泄漏量要小。

61 **普通节流阀是怎样工作的？**

图 3 - 64 所示为一种普通节流阀的结构图和图形符号。这种节流阀的节流通道呈轴向三角槽式。压力油从进油口 P_1 流入孔道 a 和阀芯左端的三角槽进入孔道，再从出油口 P_2 流出。调节手柄，可通过推杆使阀芯作轴向移动，以改变节流口的通流截面积来调节流量。阀芯在弹簧的作用下始终贴紧在推杆上，这种节流阀的进、出油口可互换。

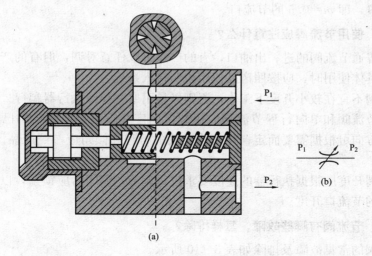

图 3 - 64　普通节流阀结构图与图形符号

（a）结构图；（b）图形符号

62 **什么是节流阀的刚性特征？**

节流阀的刚性表示它抵抗负载变化的干扰，保持流量稳定的能力，即当节流阀开口量不变时，由于阀前、后压力差 Δp 的变化，引起通过节流阀的流量发生变化的情况。流量变化越小，节流阀的刚性越大；反之，流量变化越小，节流阀的刚性越小。如果以 T 表示节流阀的刚度，则有

$$T = \mathrm{d}\Delta p / \mathrm{d}q \qquad\qquad (3-9)$$

由式 $q = KA\Delta p^m$，可得

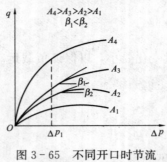

图 3-65　不同开口时节流
阀的流量特性曲线

$$T = \Delta p^{m-1}KAm \qquad (3-10)$$

从节流阀特性曲线图（见图 3-65）可以发现，节流阀的刚度 T 相当于流量曲线上某点的切线和横坐标夹角 β 的余切，即

$$T = \cot\beta \qquad (3-11)$$

由图 3-65 和式（3-10）可以得出如下结论：

（1）同一节流阀，在阀前后压力差 Δp 相同时，节流开口小，则刚度大。

（2）同一节流阀，在节流开口一定时，阀前后压力差 Δp 越小，刚度越低。为了保证节流阀具有足够的刚度，节流阀只能在某一最低压力差 Δp 的条件下，才能正常工作，但提高 Δp 将引起压力损失的增加。

（3）取小的指数 m 可以提高节流阀的刚度，因此在实际使用中多采用薄壁小孔式节流口，即 $m = 0.5$ 的节流口。

63　使用节流阀应注意什么？

对于普通节流阀的进、出油口，有的产品可以任意对调，但有的产品则不可以对调，具体使用时，应按照产品使用说明接入系统。

节流阀不宜在较小开度下工作，否则极易阻塞并导致执行器爬行。

行程节流阀和单向行程节流阀应用螺钉固定在行程挡块路径的已加工基面上，安装方向可根据需要而定；挡块或凸轮的行程和倾角应参照产品说明制作，不应过大。

节流阀开度应根据执行器的速度要求进行调节，调闭后应锁紧，以防松动而改变调好的节流口开度。

64　节流阀有哪些故障，怎样排除？

节流阀的常见故障及排除如表 3-10 所示。

表 3-10　　　　　　　　　　节流阀的常见故障及排除方法

故障现象	故障原因	排除方法
流量调节失灵	密封失效；弹簧失效；油液污染致使阀芯卡阻	拆检或更换密封装置；拆检或更换弹簧；拆开并清洗阀或更换油液
流量不稳定	锁紧装置松动；节流口堵塞；内泄漏量过大；油温过高；负载压力变化过大	锁紧调节螺钉；拆洗节流阀；拆检或更换阀芯与密封；降低油温；尽可能使负载不变化或少变化
行程节流阀不能压下或不能复位	阀芯卡阻或泄油口堵塞致使阀芯反力过大；弹簧失效	拆检或更换阀芯；泄油口接油箱并降低泄油背压，检查更换弹簧

3.4.2 调速阀及其使用与维修

65 什么是调速阀？

普通节流阀由于刚性差，在节流开口一定的条件下通过它的工作流量受工作负载（亦即其出口压力）变化的影响，不能保持执行元件运动速度的稳定，因此只适用于工作负载变化不大和速度稳定性要求不高的场合。由于工作负载的变化很难避免，为了改善调速系统的性能，通常是对节流阀进行补偿，即采取措施使节流阀前后压力差在负载变化时始终保持不变。由 $q = KA\Delta p_m$ 可知，当 Δp 基本不变时，通过节流阀的流量只由其开口量大小来决定。使 Δp 基本保持不变的方式有两种：一种是将定压差式减压阀与节流阀并联起来构成调速阀；另一种是将稳压溢流阀与节流阀并联起来构成溢流节流阀。这两种阀是利用流量的变化所引起的油路压力的变化，通过阀芯的负反馈动作来自动调节节流部分的压力差，使其保持不变。

油温的变化也将引起油黏度的变化，从而导致通过节流阀的流量发生变化，为此出现了温度补偿调速阀。

调速阀是在节流阀 2 前面串接一个定差减压阀 1 组合而成的，图 3-66 为其工作原理图。液压泵的出口（即调速阀的进口）压力 p_1 由溢流阀调整基本不变，而调速阀的出口压力 p_3 则由液压缸负载 F 决定。油液先经减压阀产生一次压力降，将压力降到 p_2，p_2 经通道 e、f 作用到减压阀的 d 腔和 c 腔；节流阀的出口压力 p_3 又经反馈通道 a 作用到减压阀的上腔 b，当减压阀的阀芯在弹簧力 F_s、油液压力 p_2 和 p_3 作用下处于某一平衡位置时（忽略摩擦力和液动力等），则有

$$p_2 A_1 + p_2 A_2 = p_3 A + F_s \qquad (3-12)$$

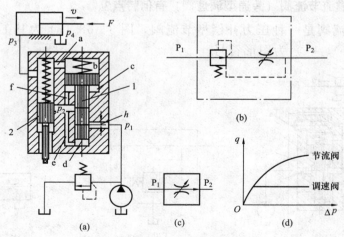

图 3-66 调速阀

（a）工作原理图；（b）图形符号；（c）简化图形符号；（d）特性曲线

1—减压阀；2—节流阀

式中：A、A_1 和 A_2 分别为 b 腔、c 腔和 d 腔内压力油作用于阀芯的有效面积，且 $A=A_1+A_2$。

故 $$p_2-p_3=\Delta p=F_s/A \qquad (3-13)$$

因为弹簧刚度较低，且工作过程中减压阀阀芯位移很小，可以认为 F_s 基本保持不变。故节流阀两端压力差 p_2-p_3 也基本保持不变，这就保证了通过节流阀的流量稳定。

66 **温度补偿调速阀有何特点？**

普通调速阀的流量虽然已能基本上不受外部负载变化的影响，但是当流量较小时，节流口的通流面积较小，这时节流口的长度与通流截面水力直径的比值相对地增大，因而油液的黏度变化对流量的影响也增大，所以当油温升高后油液的黏度变小时，流量仍会增大。为了减小温度对流量的影响，可以采用温度补偿调速阀。

温度补偿调速阀的压力补偿原理部分与普通调速阀相同，据 $q=\Delta KAp^m$ 可知，当 Δp 不变时，由于油液黏度下降，K 值（$m\neq0.5$ 的孔口）上升，此时只有适当减小节流阀的开口面积，方能保证 q 不变。图 3-67 为温度补偿原理图，在节流阀阀芯和调节螺钉之间放置一个温度膨胀系数较大的聚氯乙烯推杆，当油温升高时，本来流量增加，这时温度补偿杆伸长使节流口变小，从而补偿了油温对流量的影响。在 20～60℃ 的温度范围内，流量的变化率超过 10%，最小稳定流量可达 20mL/min（$3.3\times10^{-7}\mathrm{m^3/s}$）。

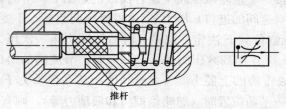

推杆

图 3-67　温度补偿原理图

67 **溢流节流阀（旁通型调速阀）有何特点？**

溢流节流阀是一种压力补偿型节流阀，图 3-68（a）为其工作原理图，图 3-68（b）、（c）为图形符号。

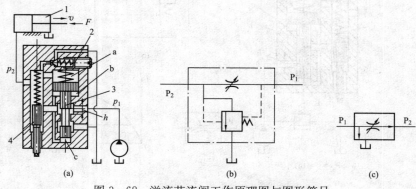

图 3-68　溢流节流阀工作原理图与图形符号

(a) 工作原理图；(b) 图形符号；(c) 简化图形符号

1—液压缸；2—安全阀；3—溢流阀；4—节流阀

从液压泵输出的油液一部分从节流阀 4 进入液压缸左腔推动活塞向右运动，另一部分经溢流阀的溢流口流回油箱，溢流阀阀芯 3 的上端 a 腔同节流阀 4 上腔相通，其压力为 p_2；腔 b 和下端腔 c 同溢流阀阀芯 3 前的油液相通，其压力即为泵的压力 p_1。当液压缸活塞上的负载力 F 增大时，压力 p_2 升高，a 腔的压力也升高，使阀芯 3 下移，关小溢流口，这样就使液压泵的供油压力 p_1 增加，从而使节流阀 4 的前后压力差（$p_1 - p_2$）基本保持不变。这种溢流阀一般附带一个安全阀 2，以避免系统过载。

溢流节流阀是通过 p_1 随 p_2 的变化来使流量基本上保持恒定的。它与调速阀虽都具有压力补偿的作用，但其组成调速系统时是有区别的。调速阀无论在执行元件的进油路上或回油路上，执行元件上负载变化时，泵出口处压力都由溢流阀保持不变；而溢流节流阀是通过 p_1 随 p_2（负载的压力）的变化来使流量基本上保持恒定的，因而溢流节流阀具有功率损耗低、发热量小的优点。但是，溢流节流阀中流过的流量比调速阀大（一般是系统的全部流量），阀芯运动时阻力较大，弹簧较硬，其结果使节流阀前后压差 Δp 加大（需达 $0.3 \sim 0.5\text{MPa}$），因此它的稳定性稍差。另外，溢流节流阀不能装在回油路上。

68 什么是调速阀启动时的冲击？

对于图 3 - 69（a）所示的系统，当调速阀的出口堵住时，其节流阀两端压力有 $p_2 = p_3$，减压阀芯在弹簧力的作用下移至最左端，阀开口最大。因此，当将调速阀出口迅速打开时，其出油口与油路接通的瞬时，p_3 压力突然减小。而减压阀口来不及关小，起不到控制压差的作用，这样会使通过调速阀的瞬时流量增加，使液压缸产生前冲现象。为此有的调速阀在减压阀上装有能调节减压阀芯行程的限位器，以限制和减小这种启动时的冲击。也可通过改变油路来克服这一现象，如图 3 - 69 所示。

在图 3 - 69（a）所示节流调速回路中，当电磁铁 1DT 得电、调速阀 4 工作时，调速阀 5 出口被二位三通换向阀 6 堵住。当电磁铁 3DT 得电、改由调速阀 5 工作时，就会使液压缸产生前冲现象。如果将二位三通换

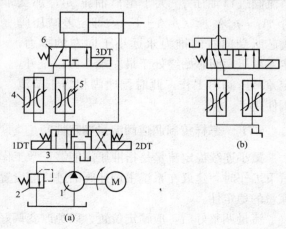

图 3 - 69　调速系统

1—泵；2—溢流阀；3—换向阀；

4、5—调速阀；6—二位三通换向阀

向阀换用二位五通换向阀，并按图3-69所示接法连接，使一个调速阀工作时，另一个调速阀仍有油液流过，那么换向阀的阀口前后保持了一较大的压差，其内部减压阀开口较小。当换向阀换位使其接入油路工作时，其出口压力也不会突然减小，因而可克服工作部件的前冲现象，使速度换接平稳。但这种油路有一定的能量损失。

69 什么是调速阀最小稳定压差？

节流阀、调速阀的流量特性曲线如图3-70所示。由图3-70可见，当调速阀前后压差大于最小值 Δp_{min} 后，其流量稳定不变（特性曲线为一水平直线）；当

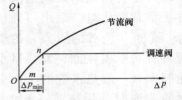

其压差小于 Δp_{min} 时，由于减压阀未起作用，故其特性曲线与节流阀特性曲线重合，此时的调速阀相当于节流阀。所以在设计液压系统时，分配给调速阀的压差应略大于 Δp_{min}，以使调速阀工作在水平直线段。调速阀的最小压差约为1MPa（中、低压阀为0.5MPa）。

图3-70 调速阀的流量特性曲线

70 为什么调速阀不能反向使用？

调速阀（不带单向阀）通常不能反向使用，否则，定差减压阀将不起压力补偿器作用。在使用减压阀在前的调速阀时，必须让油液先流经其中的定差减压阀，再通过节流阀。若逆向使用，如图3-71所示，则由于节流阀进口油压 p_3 大于出口油压 p_2，那么 $(p_2 A_1 + p_2 A_2) < (p_3 A + F_s)$，即定差减压阀阀芯所受向右的推力永远小于向左的推力，定差减压阀阀芯始终处于最左端，阀口全开，定差减压阀不工作，此时调速阀相当于节流阀使用了。

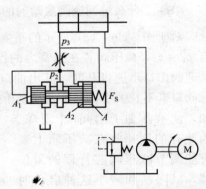

图3-71 调速阀逆向使用的情形

71 怎样控制调速阀流量稳定性？

最小连续稳定流量是指液压阀能够正常工作的最小流量。在接近最小稳定流量下工作时，建议在系统中调速阀的进口侧设置管路过滤器，以免阀阻塞而影响流量的稳定性。

流量调整好后，应锁定位置，以免改变调好的流量。

72 调速阀有哪些故障，怎样排除？

调速阀的常见故障及排除方法如表3-11所示。

表 3 - 11　　　　　　　　　　　调速阀的常见故障及排除方法

故障现象	故障原因	排除方法
流量调节失灵	密封失效；弹簧失效；油液污染致使阀芯卡阻	拆检或更换密封装置；拆检或更换弹簧；拆开并清洗减压阀阀芯和节流阀阀芯或更换油液
流量不稳定	调速阀进、出口接反，压力补偿器不起作用；锁紧装置松动，节流口堵塞；内泄漏量过大；油温过高；负载压力变化过大	检查并正确连接进、出口；锁紧调节螺钉；拆洗节流阀；拆检或更换阀芯与密封；降低油温；尽可能使负载不变化或少就化

🔧 3.5 叠加阀及其使用与维修

3.5.1　叠加阀的特点与分类

73　什么是叠加阀？

叠加阀是在板式阀集成化的基础上发展起来的一种新颖液压元件，但它在配置形式上和板式阀、插装阀截然不同。叠加阀是安装在板式换向阀和底板之间，由有关的压力、流量和单向控制阀组成的集成化控制回路。每个叠加阀除了具有液压阀功能外，还起油路通道的作用。因此，由叠加阀组成的液压系统，阀与阀之间不需要另外的连接体，而是以叠加阀阀体作为连接体，直接叠合再用螺栓结合而成。叠加阀因其结构形状而得名。同一通径的各种叠加阀的油口和螺钉孔的大小、位置、数量都与相匹配的板式换向阀相同。因此，同一通径的叠加阀，只要按一定次序叠加起来，加上电磁控制换向阀，即可组成各种典型液压系统，通常一组叠加阀的液压回路只控制一个执行器。若将几个安装底板块（都具有相互连通的通道）横向叠加在一起，即可组成控制几个执行器的液压系统。

图 3 - 72 为控制两个执行器（液压缸和液压马达）的叠加阀组及其液压回路图示例。图 3 - 73 所示为液压设备上的叠加阀。

叠加阀的工作原理与板式阀基本相同，但在结构和连接方式上有其特点，因而自成体系。如板式溢流阀，只在阀的底面上有 P 和 T 两个进、出主油口；而叠加式溢流阀，除了 P 口和 T 口外，还有 A、B 油口，这些油口自阀的底面贯通到阀的顶面，而且同一通径的各类叠加阀的 P、A、B、T 油口间的相对位置是和相匹配的标准板式换向阀一致的。由于叠加阀的连接尺寸及高度尺寸，国际标准化组织已制订出相应标准（ISO 7790 和 ISO 4401），从而使叠加阀具有更广的通用性及互换性。

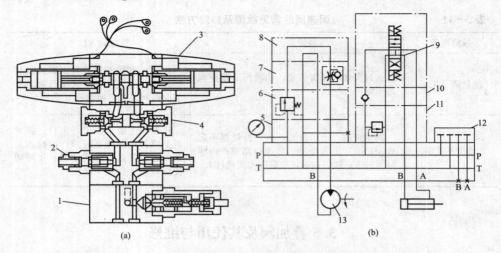

图 3-72　控制两个执行器（液压缸和液压马达）的叠加阀及其液压回路

(a) 叠加阀；(b) 液回路

1—叠加式溢流阀；2—叠加式流量阀；3—电磁换向阀；4—叠加式单向阀；

5—压力表安装板；6—顺序阀；7—单向进油节流阀；8—顶板；9—换向

阀；10—单向阀；11—溢流阀；12—备用回路盲板；13—液压马达

图 3-73　液压设备上的叠加阀

74　叠加阀怎样分类?

根据工作功能的不同，叠加阀通常分为单功能阀和复合功能阀两大类型，如图 3-74 所示。

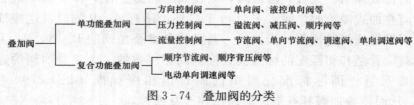

图 3-74　叠加阀的分类

3.5.2　叠加阀的工作原理与典型结构

75 单功能叠加阀有何特点？

单功能叠加阀的一个阀体中有 P、A、B、T 四条通路，因此各阀根据其控制点，可以有许多种不同的组合。这一点是和普通单功能液压阀有很大差异的。单功能叠加阀的工作原理及结构与三大类普通液压阀相似。单功能叠加阀中的各种阀的结构可参看有关产品型谱系列。

76 复合功能叠加阀有何特点？

复合功能叠加阀是在一个控制阀芯中实现两种以上控制机能的液压阀。

（1）顺序节流阀。

叠加式顺序节流阀是由顺序阀和节流阀复合而成的复合阀，它具有顺序阀和节流阀两种功能。顺序节流阀的结构如图 3-75 所示，它采用整体式结构，由阀体 1、阀芯 2、节流阀调节杆 3 和顺序阀弹簧 4 等零件组成。顺序阀和节流阀共用一个阀芯，将三角槽形的节流口开设在顺序阀阀芯的控制边上。阀的节流口随着顺序阀控制口的开闭而开闭。节流口的开闭，取决于顺序阀控制油路 A 的压力大小。当油路 A 的压力大于顺序阀的设定值时，节流口打开；而当油路 A 的压力小于顺序阀的设定值时，节流口关闭。此阀可用于多回路集中供油的液压系统中，以解决各执行器工作时的压力干扰问题。

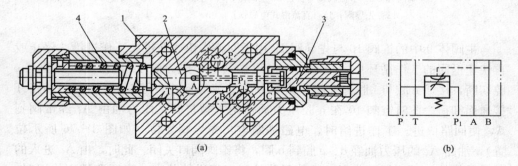

图 3-75　顺序节流阀结构图与图形符号
（a）结构图；（b）图形符号
1—阀体；2—阀芯；3—节流阀调节杆；4—顺序阀弹簧

以多缸液压系统为例，系统工作时各缸相互间产生的压力干扰，主要是由于工作过程中，当任意一个液压缸由工作进给转为快退时，引起系统供油压力的突然降低而造成其余执行器进给力不足，这种压力干扰会影响加工精度。但在这样的系统中，如采用顺序节流阀，则当液压缸由工作进给转为快退时，在换向阀转换的瞬间，而油路 P 与 B 接通之前，由于油路 A 压力降低，使顺序节流阀的节流口提前迅速关闭，保持高压油源 P_1 压力不变，从而不影响其他液压缸的正常工作。

(2) 电动单向调速阀。

叠加式电动单向调速阀的结构原理如图 3-76 所示。此阀由板式连接的调速阀部分Ⅰ、叠加阀的主体部分Ⅱ、板式结构的先导阀部分Ⅲ等三部分组合而成。阀的总体结构采用组合式结构，调速阀部分Ⅰ可用一般的单向调速阀的通用件，通用化程度较高。

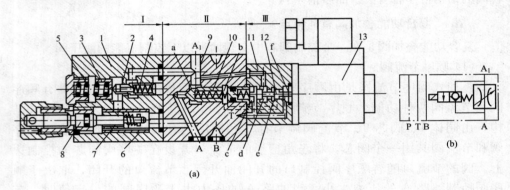

图 3-76 电动单向调速阀结构图与图形符号

(a) 结构图；(b) 图形符号

1—调速阀阀体；2—减压阀；3—平衡阀；4、5—弹簧；6—节流阀阀套；7—节流阀阀芯；8—节流阀调节杆；9—主阀体；10—锥阀；11—先导阀体；12—先导阀；13—直流湿式电磁铁；a、b、c、d、e、f—腔

主阀体 9 中的锥阀 10 与先导阀 12 用于回路作快速前进、工作进给、停止或再快速退回的工作循环中。快进时，电磁铁通电，先导阀 12 左移，将 d 腔与 e 腔切断，接通 e 腔与 f 腔，锥阀弹簧腔 b 的油液经 e 腔、f 腔与叠加阀回油路 T 接通而卸荷。此时锥阀 10 在 a 腔压力油作用下被打开，压力油由 A_1 经锥阀到 A，使回路快进。工作进给时，电磁铁断电，先导阀复位（如图 3-76 所示位置），油路 A_1 的压力油经 d、e 腔到 b 腔，将锥阀阀口关闭。此时，由 A_1 进入的压力油只能经调速阀部分到 A，使回路处于工作进给状态。当回路转为快退时，压力油由 A 进入该阀，锥阀可自动打开，实现快速退回。

3.5.3 叠加阀的使用要点

77 叠加阀有何优点，适用什么场合？

叠加阀可根据其不同的功能组成不同的叠加阀液压系统。

由叠加阀组成的液压系统除具有标准化、通用化特点外，还具有集成化程度高，设计、加工、装配周期短，重量轻，占地面积小等优点。尤其在液压系统需改变而增减元件时，将其重新组装既方便又迅速。叠加阀可集中配置在液压站上，也可分散安装在设备上，配置形式灵活。同时，因为它具有无管连接的结构，消除了因油管、管接头等引起的漏油、振动和噪声。叠加阀系统使用安全可靠，易维修，外形整齐美观。

叠加阀组成的液压系统的主要缺点是回路形式较少，通径较小，不能满足较复杂和大功率的液压系统的需要。

78 叠加阀使用中应注意什么？

在选择叠加阀并组成叠加阀液压系统时，应注意如下问题。

（1）通径及安装连接尺寸。一组叠加阀回路中的换向阀、叠加阀和底板的通径规格及安装连接尺寸必须一致，并符合国际标准 ISO 4401 的规定。

（2）液控单向阀与单向节流阀组合。如图 3-77（a）所示，使用液控单向阀 3 与单向节流阀 2 组合时，应使单向节流阀靠近执行器液压缸 1。反之，如果按图 3-77（b）所示配置，则当 B 口进油、A 口回油时，由于单向节流阀 2 的节流效果，在回油路的 ab 段会产生压力，当液压缸 1 需要停位时，液控单向阀 3 不能及时关闭，有时还会反复关、开，使液压缸产生冲击。

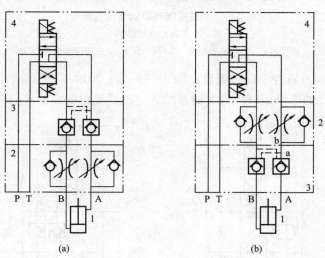

图 3-77 液控单向阀与单向节流阀组合
（a）正确；（b）错误
1—液压缸；2—单向节流阀；3—液控单向阀；4—三位四通电磁换向阀

（3）减压阀和单向节流阀组合。图 3-78（a）所示为 A、B 油路都采用单向节流阀 2，而 B 油路采用减压阀 3 的系统。这种系统节流阀应靠近执行器液压缸 1。如果按图 3-78（b）所示配置，则当 A 口进油、B 口回油时，由于节流阀的节流作用，使液压缸 B 腔与单向节流阀之间这段油路的压力升高。这个压力又去控制减压阀,使减压阀阀口关小,出口压力变小,造成供给液压缸的压力不足。当液压缸的运动趋于停止时,液压缸 B 腔压力又会降下来,控制压力随之降低,减压阀阀口开度加大,出口压力又增加。这样反复变化,不仅会使液压缸运动不稳定,还会产生振动。

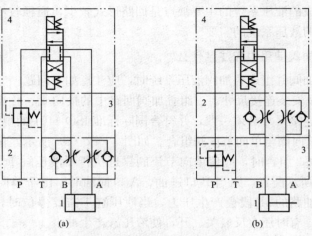

图 3-78 减压阀和单向节流阀组合

(a) 正确;(b) 错误

1—液压缸;2—单向节流阀;3—减压阀;4—三位四通电磁换向阀

(4) 减压阀与液控单向阀组合。图 3-79 (a) 所示系统为 A、B 油路采用液控单向阀 2、B 油路采用减压阀 3 的系统。这种系统中的液控单向阀应靠近执行

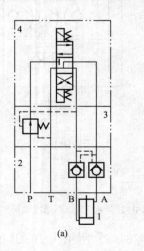
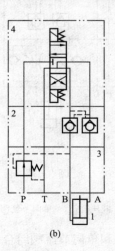

图 3-79 减压阀和单向节流阀组合

(a) 正确;(b) 错误

1—液压缸;2—液控单向阀;3—减压阀;4—三位四通电磁换向阀

器。如果按图 3-79（b）所示布置，由于减压阀 3 的控制油路与液压缸 B 腔和液控单向阀之间的油路接通，这时液压缸 B 腔的油可经减压阀泄漏，使液压缸在停止时的位置无法保证，失去了设置液控单向阀的意义。

（5）回油路上调速阀、节流阀、电磁节流阀的位置。回油路上的出口调速阀、节流阀、电磁节流阀等，其安装位置应紧靠主换向阀，这样在调速阀等之后的回路上就不会有背压产生，有利于其他阀的回油或泄漏油畅通。

（6）压力测定。在系统中，若需要测压力，需采用压力表开关，压力表开关应安放在一组叠加阀的最下面，与底板块相连。单回路系统设置一个压力表开关，集中供液的多回路系统并不需要每个回路均设压力表开关。在有减压阀的回路中，可单独设置压力表开关，并置于该减压阀回路中。

（7）安装方向。叠加阀原则上应垂直安装，尽量避免水平安装方式。叠加阀叠加的元件越多，质量越大，安装用的贯通螺栓越长。水平安装时，在重力作用下，螺栓发生拉伸和弯曲变形，叠加阀间会产生渗油现象。

79　**绘制叠加阀的液压系统原理图应注意什么？**

绘制采用叠加阀的液压系统原理图时应注意以下几点：

（1）首先要确定系统中各种阀的功能、压力通径等。一叠加阀中相连块之间的通径和连接尺寸必须一致。

（2）在一叠加阀中，系统中的主换向阀（主换向阀不是叠加阀，是标准的板式元件）安装在最上面，与执行元件连接用的底板块放在最下面，叠加阀均安装在主换向阀和底板块之间，其顺序按系统的动作要求而定。

（3）每个叠加阀和底板块上的接口都有不同字母表示不同的含义，绘制原理图时，应注意各字母的标识位置。

（4）压力表开关的位置应紧靠底板块。

（5）有些叠加阀的相互安装位置有制约性，不可随意改动。

3.6　插装阀及其使用与维修

3.6.1　插装阀的工作原理与特点

二通插装阀是插装阀基本组件（包括阀芯、阀套、弹簧和密封圈）插到特别设计加工的阀体内，配以盖板、先导阀组成的一种多功能的复合阀。由于每个插装阀基本组件有且只有两个油口，故被称为二通插装阀，早期又称为逻辑阀。

80　**二通插装阀有何优点？**

二通插装阀具有下列特点：流通能力大，压力损失小，适用于大流量液压系统；主阀芯行程短，动作灵敏，响应快，冲击小；抗油污能力强，对油液过滤精度无严格要求；结构简单，维修方便，故障少，寿命长；插件具有一阀多能的特性，便于组成各种液压回路，工作稳定可靠；插件具有通用化、标准化、系列化程度很高的零件，可以组成集成化系统。

81 二通插装阀由哪些部分组成？

二通插装阀由插装元件、控制盖板、先导控制元件和插装块体四部分组成。图3-80是二通插装阀的典型结构。

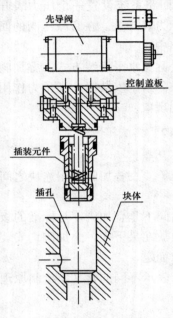

控制盖板用以固定插装元件，安装先导控制阀，内装梭阀、溢流阀等。控制盖板内有控制油通道，配有一个或多个阻尼螺塞。通常盖板有五个控制油孔：X、Y、Z_1、Z_2 和中心孔 a（见图3-81）。由于盖板是按通用性来设计的，具体运用到某个控制油路上有的孔可能被堵住不用。为防止将盖板装错，盖板上的定位孔，起标定盖板方位的作用。另外，拆卸盖板之前就必须看清、记牢盖板的安装方法。

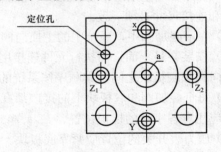

图3-80　二通插装阀的
典型结构图

图3-81　盖板控制油孔

先导控制元件称作先导阀，是小通径的电磁换向阀。块体是嵌入插装元件、安装控制盖板和其他控制阀、沟通主油路与控制油路的基础阀体。

82 插装阀怎样分类？

根据用途不同分为方向阀组件、压力阀组件和流量阀组件。同一通径的三种组件安装尺寸相同，但阀芯的结构形式和阀套座直径不同。三种组件均有两个主油口 A 和 B、一个控制口 x，如图3-82所示。

根据安装方式的不同，插装阀可以分为二通插装阀和螺纹插装阀。

二通插装阀的安装方式是采用螺钉压入（或敲击滑入）阀块的插孔里，它的最小通径为16mm，最大通径为160mm，常用通径为16、25、32、40、50、63、80、100、125、160mm，最高工作压力为42MPa，最大流量为25 000L/min，适

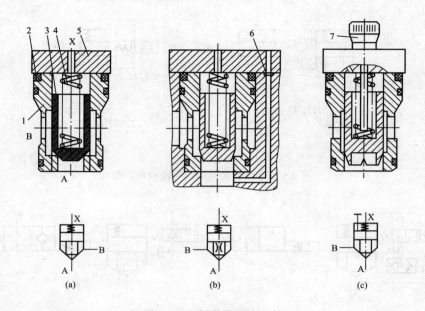

图 3 - 82　插装阀基本组件

（a）方向阀组件；（b）压力阀组件；（c）流量阀组件

1—阀套；2—密封件；3—阀芯；4—弹簧；

5—盖板；6—阻尼孔；7—阀芯行程调节杆

合于高压大流量的液压系统。

螺纹插装阀的安装方式是采用螺纹直接旋入阀块的插孔里，所以又称旋入式插装阀，它的最小通径为 3mm，最大通径为 32mm，常用通径为 4、8、10、12、16、20mm，最高压力可达 63MPa，最大流量达 760L/min，适合于中高压中小流量的液压系统。

3.6.2　插装阀的主要组合与功能

83　插装方向控制阀有何特点？

插装阀可以组合成各种方向控制阀。

（1）作单向阀。

如图 3 - 83（a）和图 3 - 83（b），将 X 腔和 A 或 B 腔连通，即成为单向阀。连接方法不同，其导通方式也不同。若在控制盖板上如图 3 - 83（c）连接一个二位三通液动换向阀，即可组成液控单向阀。

（2）作二位二通阀。

如图 3 - 84（a）和图 3 - 84（c）所示连接二位三通阀，即可组成二位二通电液阀。

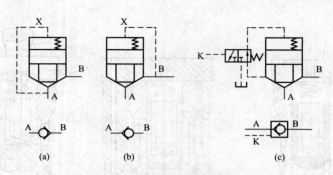

图 3-83　插装式单向阀与液控单向阀

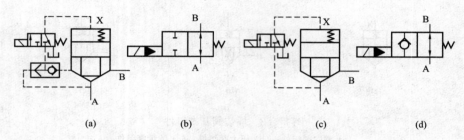

图 3-84　插装式二位二通电液换向阀

（3）作二位三通阀。

如图 3-85 所示连接二位四通阀，即可组成二位三通电液换向阀。

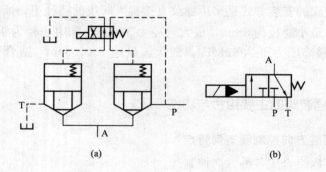

图 3-85　插装式二位三通电液换向阀

（4）作二位四通阀。

如图 3-86 所示连接二位四通阀，即可组成二位四通电液换向阀。

（5）作三位四通阀 O 型换向阀。

如图 3-87 所示连接三位四通阀换向阀和单向阀，即可组成三位四通阀中位为 O 型电液换向阀。

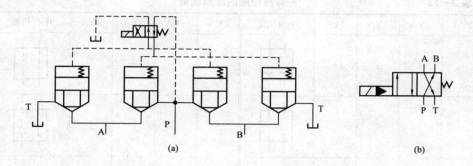

(a)   (b)

图 3-86　插装式二位四通电液换向阀

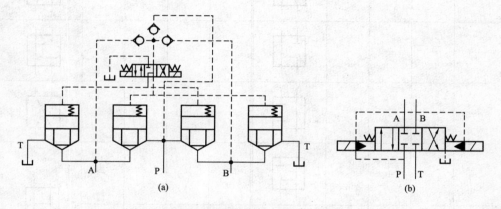

(a)   (b)

图 3-87　插装式三位四通阀 O 型电液换向阀

（6）作多机能四通阀。

如图 3-88 所示连接换向阀，利用对电磁换向阀的控制实现多机能功能。先导阀控制状态下的机能如表 3-12 所示。电磁铁的带电状态用符号"＋"表示，断电状态用"－"表示。

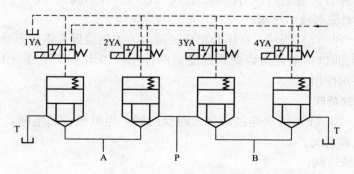

图 3-88　插装式多机能四通阀

表 3 – 12　　　　　　　　　　　先导阀控制的滑阀机能

1YA	2YA	3YA	4YA	中位机能	1YA	2YA	3YA	4YA	中位机能
+	+	+	+	〔滑阀机能符号〕	+	−	+	−	〔滑阀机能符号〕
+	+	+	+	〔滑阀机能符号〕					〔滑阀机能符号〕
+	+	−	+	〔滑阀机能符号〕	−	+	+	+	〔滑阀机能符号〕
+	+	+	−	〔滑阀机能符号〕					〔滑阀机能符号〕
+	+	−	−	〔滑阀机能符号〕		+			〔滑阀机能符号〕
−	−	−	−	〔滑阀机能符号〕			+		〔滑阀机能符号〕
+	+			〔滑阀机能符号〕				+	〔滑阀机能符号〕
+			−				−		

84　插装压力控制阀有何特点?

对插装阀的 X 腔进行压力控制，便可构成压力控制阀。

（1）作溢流阀或顺序阀。

如图 3 – 89（a）所示，在压力型插装阀芯的控制盖板上连接先导调压阀（溢流阀），当出油口接油箱时，此阀起溢流阀作用；当出油口接另一工作油路时，此阀起顺序阀作用。

（2）作卸荷阀。

如图 3 – 89（b）所示连接二位二通换向阀，当电磁铁通电时，出油口接油箱，则构成卸荷阀。

（3）作减压阀。

采用插装阀芯和溢流阀如图 3 – 89（c）所示连接，则构成减压阀。

液压油从 P_1 流入 P_2 流出，出口油液通过阀芯上的中心阻尼孔、盖板和先导

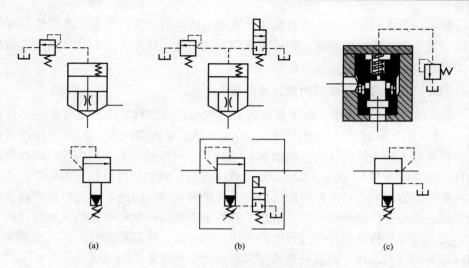

图 3 - 89　插装式压力控制阀

阀接通。当减压阀出口的压力较小，不足以顶开先导阀芯时，主阀芯上的阻尼孔只起通油作用，使主阀芯上、下两腔的液压力相等，而上腔又有一个小弹簧作用，必使主阀芯处在下端极限位置，减压阀芯大开，不起减压作用；当压力增大到先导阀的开启压力时，先导阀打开，泄漏油液单独流回油箱，施行外泄。

　　减压阀在调定压力下正常工作时，由于出口压力与先导阀溢流压力和主阀芯弹簧力的平衡作用，维持节流降压口为某定值。当出口压力增大时，由于阻尼孔液流阻力的作用产生压力降，主阀芯所受的力不平衡，使阀芯上移，减小节流降压口，使节流降压作用增强；反之，当出口的压力减小时，阀芯下移，增大节流降压口，使节流降压作用减弱，控制出口的压力维持在调定值。

85　插装流量控制阀有何特点？

　　插装流量阀同样有节流阀和调速阀等形式。

　　（1）作节流阀。

　　在方向控制插装阀的盖板上安装阀芯行程调节器，调节阀芯和阀体间节流口的开度便可控制阀口的通流面积，起到节流阀的作用，如图 3 - 90（a）所示。实际应用时，起节流阀作用的插装阀芯一般采用滑阀结构，并在阀芯上开节流沟槽。

　　（2）作调速阀。

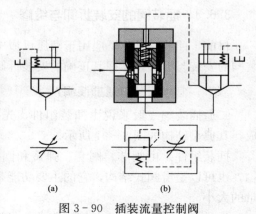

图 3 - 90　插装流量控制阀

插装式节流阀同样具有随负载变化流量不稳定的问题。如果采取措施保证节流阀的进、出口压力差恒定，则可实现调速阀功能。如图 3 - 90（b）所示连接的减压阀和节流阀就起到这样的作用。

86 插装阀设计使用时应注意什么？

（1）插装阀在工作中，由于复位弹簧力较小，因此阀的状态主要取决于作用在 A、B、X 三腔的油液压力，而 p_A、p_B 由系统或负载决定。若采用外控（即控制油来自工作系统之外的其他油源），则 p_X 是可控的；若采用内控（即控制油来自工作系统本身），则 p_X 也将受到负载压力的影响。所以负载压力的变化及各种冲击压力的影响，对内控控制压力的干扰是难免的。因此，在进行插装阀系统设计时必须经过仔细分析计算，清楚了解整个工作循环中每个支路压力变化的情况，尤其注意分析动作转换过程中冲击压力的干扰，特别是内控方式。必须重视梭阀和单向阀的运用，否则将造成局部误动作或整个系统的瘫痪。

（2）如果若干个插装阀共用一个回油或泄油管路，为了避免管路压力冲击引起意外的阀芯移位，应设置单独的回油或泄油管路。

（3）应注意面积比、开启压力、开启速度及密封性对阀的工作影响。

（4）由于插装阀回路均是由一个个独立的控制液阻组合而成的，所以它们的动作一致性不可能像传统液压阀那样可靠。为此，应合理设计先导油路，并通过使用梭阀或单向阀等元件的技术措施，以避免出现瞬间路通而导致系统出现工作失常甚至瘫痪现象。

（5）阀块又称集成块或通道块，它是安装插装元件、控制盖板及与外部管道连接的基础阀体。阀块中有插装元件的安装孔（也称插入孔）及主油路孔道和控制油路孔道，有安装控制盖板的加工平面、安装外部管道的加工平面及阀块的安装平面等。二通插装阀的安装连接尺寸及要求应符合国家标准（GB/T 2877—2007）。阀块可选用插装阀制造厂商的标准件，也可根据需要自行设计。

3.6.3 插装阀的安装拆卸与维修

目前，插装阀已广泛应用于液压机械中，在制造和维修液压系统时离不开插装阀的安装与拆卸，掌握其正确的安装拆卸方法才能确保液压系统的正常运行。

87 怎样安装二通插装阀？

二通插装阀一般来说由插装组件、先导控制阀、控制盖板和集成阀块等组成，其典型结构如图 3 - 91 所示。

插装组件 1 由阀芯、阀套、弹簧和固定密封组件等组成，可以是锥阀式结构，也可以是滑阀式结构，它的主要功能是控制主油路的通断、压力的高低和流量的大小。

先导控制阀 2 是安装在控制盖板上（或集成阀块上）对插装组件 1 动作进行

控制的小通径控制阀，主要包含 DN6 和 DN10 的电磁滑阀、电磁球阀、比例阀、可调阻尼器、缓冲器以及液控先导阀等。当主插件通径较大时，为了改善其动态特性，也可以用较小通径的插装件进行两级控制。

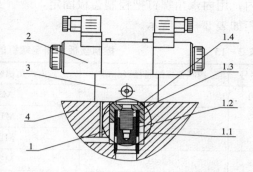

图 3-91　二通插装阀的典型结构图

1—插装组件；2—先导控制阀；3—控制盖板；4—集成阀块
1.1—阀芯；1.2—阀套；1.3—弹簧；1.4—固定密封组件

控制盖板 3 由盖板体、节流螺塞、先导控制元件及其他附件组成，主要功能是固定插装组件 1，安装先导控制阀 2 和沟通阀块内的控制油路。控制盖板可以分为方向控制盖板、压力控制盖板和流量控制盖板三大类，当具有两种以上功能时，称为复合控制盖板。

集成阀块 4 用来安装插装组件、控制盖板和其他控制阀，沟通主要油路。二通插装阀安装孔的连接尺寸标准为 ISO 7368，这个标准基本上是按德国 DIN 24342 标准制定的，我国国家标准为 GB/T 2877—2007。

二通插装阀的结构形式多种多样，如图 3-92 所示。

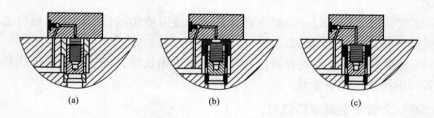

(a)　　　　　　　　　　(b)　　　　　　　　　　(c)

图 3-92　插装阀的结构形式

(a) REXROTH 型结构；(b) PARKER 型结构；(c) VICKERS 型结构

在安装二通插装阀之前应该进行以下工作：

（1）检查插孔的尺寸，如内径、各台阶的深度、倒角等。

（2）检查插孔的粗糙度，必须清除倒角处和交口处的棱角和毛刺，以免损伤插装组件的密封圈。

（3）用专用的检具检查插孔的同心度。

（4）检查各元件的型号及各密封圈，必要时进行拆洗、更换并进行性能测试。

（5）清洁阀块各元件。

安装二通插装阀时，应先在插孔内和插装组件的外圈（特别是密封圈处）涂上润滑脂或机油，再把插装组件放入插孔内，用橡皮锤敲入或用盖板螺钉压入插孔内，用内六角螺钉把控制盖板固定，最后安装先导控制阀。内六角螺钉的拧紧力矩如表3-13所示。

表3-13　　　　　　　控制盖板用固定螺钉的拧紧力矩表

序号	控制盖板的通径（mm）	内六角螺钉的规格	拧紧力矩（N·m）
1	16	M8	32
2	25	M12	110
3	32	M16	270
4	40	M20	520
5	50	M20	520
6	63	M30	1800
7	80	M24	900
8	100	M30	1800
9	125	M36	3100
10	160	M42	5000

安装二通插装阀时应该注意以下几点：

（1）安装插装组件时注意不要漏装弹簧，密封圈和挡圈不要在装配的过程中被损坏。

（2）安装控制盖板时一定要注意对齐油口或定位销的位置，固定螺钉必须采用高强度螺钉（10.9级或12.9级）。

（3）如遇到插装组件的弹簧特别硬时，应先用长螺钉安装盖板，等压到合适的位置时再换用短螺钉安装。

88　怎样安装螺纹插装阀？

螺纹插装阀的安装方式是将螺纹直接旋入阀块的插孔里，安装拆卸简单快捷。

螺纹插装阀典型结构图如图3-93所示，由阀套、阀芯、阀体、密封件、控制部件（包括弹簧座、弹簧、调节螺杆、磁性体、电磁线圈、弹垫等）等组成。

螺纹插装阀有二通、三通、四通等形式；方向阀有单向阀、液控单向阀、梭阀、液动换向阀、手动换向阀、电磁滑阀、电磁球阀等；压力

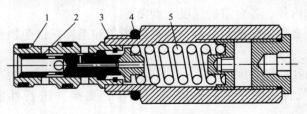

图3-93　螺纹插装阀的典型结构图
1—阀套；2—阀芯；3—阀体；4—密封件；5—控制部件

阀有溢流阀、减压阀、顺序阀、平衡阀、压差溢流阀、负载敏感阀等；流量阀有节流阀、调速阀、分流集流阀、优先阀等。

安装螺纹插装阀之前应进行的工作与安装二通插装阀相同。

安装螺纹插装阀时，应先在插孔内和阀套外圈（特别是密封圈处）涂上润滑脂或机油，再把螺纹插装阀放入插孔内，用力矩扳手（或开口扳手）旋入插孔内。常用通径螺纹插装阀所需的拧紧力矩如表 3 - 14 所示。

表 3 - 14　　　　　　　常用通径螺纹插装阀所需的拧紧力矩表

序号	螺纹插装阀的通径（mm）	拧紧力矩（N·m）
1	4	10～15
2	8	34～45
3	10	47～65
4	12	81～122
5	16	108～190
6	20	150～271

安装螺纹插装阀时应该注意以下几点：

（1）安装螺纹插装阀应注意密封圈和挡圈不要在装配的过程中被损坏。

（2）由于螺纹插装阀组所装的螺纹插装阀较为密集，应该按一个方向依序进行安装。

（3）在安装电磁阀时，如安装空间不够，应该先将电磁铁卸下，待阀体安装完再把电磁铁装上。

89　**怎样拆卸二通插装阀？**

二通插装阀的拆卸要按照先导控制阀→控制盖板→插装组件的顺序进行，下面主要说明二通插装阀插装组件的拆卸方法。

参照图 3 - 94，二通插装阀的插装组件的拆卸顺序为固定密封组件→弹簧→阀芯→阀套，其具体步骤如下：

（1）用拔销器拆卸固定密封组件（中心有螺纹），有时在弹簧力的作用下固定密封组件会自行弹出。

（2）取出弹簧。

（3）取出阀芯，如阀芯被卡死时一定要借助工具进行拆卸。如果阀芯底部有工艺螺孔，可以用拔销器拆卸；如果阀芯底部没有工艺螺孔，则需用图 3 - 94 所示的专用工具进行拆卸。将开口胀套和倒锥胀体伸

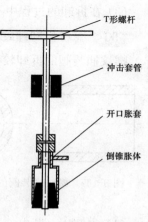

T形螺杆

冲击套管

开口胀套

倒锥胀体

图 3 - 94　二通插装阀的插
装组件阀芯的拆卸工具

入阀芯的内孔，旋转 T 形螺杆通过倒锥胀体使开口胀套胀开，把阀芯胀紧，再用冲击套管敲击 T 形螺杆的上端将阀芯拔出。

（4）16～25mm 通径的阀套可以用图 3-95 所示的简易工具拆卸；25mm 通径以上的阀套可以用图 3-96 所示的工具拆卸，摆斜旋杆插入阀套内孔，当旋杆进入阀套的流道孔时上拉工具，旋杆被摆正，旋杆两端钩住阀套的流道孔，在扁担的两端用垫块垫平，用扳手旋转螺母便可以把阀套拉出。

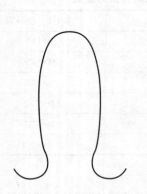

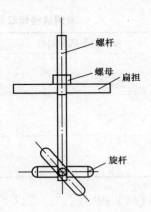

螺杆

螺母 扁担

旋杆

图 3-95　二通插装阀的插
装组件阀套的简易拆卸工具

图 3-96　二通插装阀的插
装组件阀套的拆卸工具

拆卸二通插装阀时应该注意以下几点：

（1）先卸压、断电，再拆电线。

（2）在拆卸控制盖板时，如果阀块上没有定位销孔的应该标记其原来的位置，以免出错。

（3）在拆卸的过程中不要划伤阀套内孔和阀块的插孔。

90 **怎样拆卸螺纹插装阀？**

螺纹插装阀的拆卸较为简单，只要用扳手旋出即可。在遇到需要解体螺纹插装阀时，要先把密封圈和挡圈拆下，再用合适的开口套（见图 3-97）套住螺纹插装阀的阀套 1（见图 3-93），夹在三爪卡盘上旋开阀体 3，推出阀芯 2。如遇到阀体无法旋开时，可以把阀放在柴油里加热至 190℃ 左右后再拆卸。

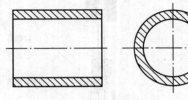

图 3-97　螺纹插装阀的拆卸工具

拆卸螺纹插装阀时应该注意以下几点：

（1）先卸压、断电，再拆电线。

（2）在位置较为紧凑的情况下应按某一方向依序拆卸，有电磁铁的应先拆卸。

（3）对需要解体的螺纹插装阀，装配时螺纹处要使用中强度可拆卸螺纹锁固剂，并使用合适的开口套在三爪自定心卡盘上旋紧。

91　二通插装阀有哪些故障现象，原因何在？

图 3-98 所示为插装阀结构图，二通插装阀常见故障有下列现象：

（1）主阀芯不能关闭。

主阀芯关闭的条件是：

$$F_s + p_x A_x > p_A A_A + p_B A_B$$

式中：F_s 为弹簧力；p_A、p_B、p_x 为 A、B、x 油口的液体压力；A_A、A_B、A_x 为 A、B、x 油口在阀芯上的有效作用面积。

因此，主阀芯不能关闭的原因有：控制油腔 X 内的控制压力 p_x 值过低，使主阀芯不容易关闭；F_s 弹簧力过小或弹簧断裂，使主阀芯不容易迅速复位；液阻 R_1 或 R_2 的小孔被堵塞，控制油未能进入控制油腔 A_x，造成主阀芯关不死；先导

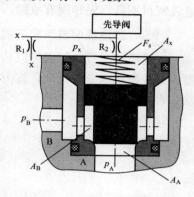

图 3-98　二通插装阀结构图

阀有故障或控制盖板有异常，如控制信号误动作或泄漏等；主阀芯与阀套制造精度差，致使主阀芯卡住在开启状态的位置上；油液过脏，油污颗粒将阀芯卡住在开启状态的位置上；主阀芯锥面与阀座锥面密封不良，可以使主阀芯打开；液阻 R_1 与 R_2 匹配不合适，造成主阀芯开启；阀套与集成块体间密封圈老化失效，使主阀芯开启。

（2）主阀芯不能开启。

主阀芯开启的条件是：

$$F_s + p_x A_x < p_A A_A + p_B A_B$$

因此，主阀芯不能开启的原因有：控制油腔 A_x 内的控制压力 p_x 过高，使主阀芯打不开；F_s 弹簧力过大，使主阀芯打不开；油路口 A 或油路口 B 内油液压力 p_A 或 p_B 过低，使主阀芯打不开；液阻 R_2 小孔被堵塞，使主阀芯控制油腔 A_x 内油液不能排出，致使主阀芯打不开；先导阀有故障，如控制信号误动作等；主阀芯与阀套制造精度差，致使主阀芯卡住在关闭状态的位置上；油液过脏，油污颗粒将主阀芯卡住在关闭状态的位置上。

（3）主阀芯处于时开时闭不稳定状态。

原因是：控制油腔 A_x 内控制压力 p_x 不稳定或 p_A、p_B 压力值的变化而造成，待查影响 p_x、p_A、p_B 三者压力值变化的因素；液阻 R_1 或 R_2 的小孔有时通时堵的现象，待查油液清洁度；油液过脏，使主阀芯动作不灵敏，待查油液清洁度；控制油腔控制压力 p_x 与油口 A 油腔压力 p_A 匹配不适应或 p_B 与 p_x 值匹配不适应，待查造成 p_x、p_A、p_B 三者压力值不协调的因素；先导控制阀有故障，待查原因。

（4）主阀芯阀口处密封不严。

原因是：主阀芯锥面磨损，造成阀芯锥面与阀座锥面密封不良，使压力达不到要求值；主阀芯圆柱面与锥面或阀套内孔与锥面不同心，造成阀芯锥面密封不良，使压力达不到要求值；油液过脏，其污染物粘在阀芯锥面或阀套座锥面上，造成密封不良；先导阀有故障，待查原因。

92 二通插装溢流阀有哪些故障，怎样排除？

二通插装阀故障原因可以从一个一个单元进行分析与排除。在此以二通插装溢流阀故障原因分析为例，按图3－99所示对二通插装溢流阀故障原因分析与排除如表3－15所示。

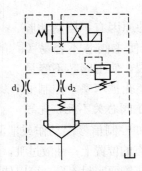

图 3－99　二通插装溢流阀工作原理图

表 3－15　　　　　　　　　　　二通插装溢流阀故障分析与排除

故障现象	故障原因	排除方法
系统无压力	（1）阻尼孔 d_1 或 d_2 被堵塞 （2）主阀芯卡住在开启位置上 （3）主阀芯复位弹簧断裂 （4）先导阀故障：先导阀阀芯碎裂；调节弹簧断裂；先导阀阀座被压出 （5）电磁铁未得电或电磁铁线圈烧坏 （6）电磁换向阀阀芯卡住在卸荷位置	（1）清洗阻尼孔、检查油质 （2）清洗阀、更换弹簧、检查油质 （3）检查、清洗、修复、更换 （4）检查、清洗、修复、更换 （5）检查电气线路、修理电磁铁或更换 （6）清洗、修复
系统压力不稳定（忽高忽低）	（1）阻尼孔 d_1 或 d_2 出现时堵时通现象 （2）主阀芯锥面与阀座锥面配合不严 （3）先导阀阀芯锥面与阀座锥面接触不良 （4）先导阀调节弹簧弯曲 （5）主阀工作不灵敏	（1）清洗阻尼孔、检查油质 （2）清洗、修复或更换 （3）清洗、修复或更换 （4）更换弹簧 （5）清洗、检查油质
系统压力居高不下	（1）阻尼孔 d_2 被堵塞 （2）先导阀调节弹簧过硬 （3）先导阀阀芯紧压阀座锥面脱不开 （4）主阀芯卡死在关闭位置上	（1）清洗阻尼孔、检查油质 （2）更换弹簧 （3）清洗、更换 （4）清洗、修配

续表

故障现象	故障原因	排除方法
系统压力升不高	(1) 主阀芯锥面与阀座锥面密封不严 (2) 先导阀阀芯锥面与阀座锥面磨损严重 (3) 先导阀调节弹簧过软 (4) 控制盖板端面有泄漏 (5) 电磁换向阀滑阀与阀体孔磨损严重；电磁铁未将滑阀推到终端（有效位置）	(1) 清洗、修配 (2) 清洗、修配、更换 (3) 更换弹簧 (4) 更换密封圈 (5) 清洗、修复、更换
系统压力不卸荷	(1) 电磁铁可能处在带电状态 (2) 滑阀复位弹簧力过小或弹簧断裂 (3) 阻尼孔 d_2 被堵死 (4) 装配时漏装了阻尼塞 d_1	(1) 检查、改正 (2) 更换弹簧 (3) 清洗阻尼孔、检查油质 (4) 清洗后装上阻尼塞

🔧 3.7 液压阀使用与维修相关问题

93 怎样判断液压阀的磨损情况？

判断液压阀的磨损情况，需要一个量化的数值标准。表 3-16 列举了部分液压阀磨损的误差极限。

表 3-16   常用液压阀的配合间隙

元件名称	部位	配合间隙（mm）	
中低压滑阀	阀芯与阀孔	$d \leqslant 16$ $d \leqslant 28$ $d \leqslant 50$ $d \leqslant 80$	0.008～0.025 0.010～0.030 0.012～0.035 0.015～0.040
高压滑阀	阀芯与阀孔	$d \leqslant 16$ $d \leqslant 28$ $d \leqslant 50$ $d \leqslant 80$	0.005～0.015 0.007～0.020 0.009～0.025 0.011～0.030

94 拆卸分解液压阀主要检查什么？

在大多数情况下，液压阀在运行中失效内部原因是：

(1) 阀内弹簧故障，如弹簧折断、疲软、歪斜等。如溢流阀主阀弹簧断会引起系统压力为零，换向阀弹簧断不能复位。

(2) 阀芯与阀体之间磨损劣化，几何精度超差，引起泄漏等问题。

(3) 阀芯被卡住，不能移动，无法控制。如调速阀主阀芯被卡，则不能调速。

（4）阀内控制油路阻尼小孔被堵，使阀不能移动或失去控制。如电液换向阀控制油路节流孔被堵不能换向，溢流阀阻尼小孔被堵则不能调压。

因此，拆卸分解液压阀主要检查这四方面的问题。

95 **怎样认识与处理液压阀先导油的"控"与"泄"的问题？**

先导式液压阀的控制油路包括先导进油路与先导回油路。根据控制油路与主油路的关系，先导进油路有内控与外控之分，先导回油路有内泄与外泄之分。

先导进油路 x 与主进油路 P 各自独立是外控，二者连接在一起则是内控。

先导回油路 y 与主回油路 T 各自独立是外泄，二者连接在一起则是内泄。

表 3－17 所示为各类液压阀的先导油路的情况。

表 3－17 各类液压阀的先导油路

液压阀	先导进油路	先导回油路	说　明
液控单向阀	外控	内泄或外泄	当液控单向阀反向出口侧有背压时，为防止背压对控制油路的干扰，必须采用外泄式
电液换向阀	内控或外控	内泄或外泄	当电液换向阀主油路进口 P 压力高时，为防止换向冲击，必须采用外控式（控制油口 x 从压力较低油源引入） 当电液换向阀主回油路出口 T 有背压时，为防止干扰，必须采用外泄式
溢流阀	内控或外控	内泄	溢流阀主回油路出口 T 直接接油箱，没有背压干扰，故全为内泄
减压阀	内控或外控	外泄	减压阀串联在主油路，控制油从其出口引入，只能单独回油箱，故全为外泄
顺序阀	内控或外控	内泄或外泄	顺序阀控制油由本身主油路引入是内控，由其他油路引入是外控 阀出油路直接接油箱，没有背压干扰，采用内泄 阀出油路没有直接接油箱，有背压干扰，采用外泄
伺服阀	内控或外控	内泄或外泄	与电液换向阀情况相似
比例阀	内控或外控	内泄或外泄	与电液换向阀情况相似
插装阀	内控或外控	内泄或外泄	插装阀采用外控式是避免主油路进口 P 压力变化对控制油口 x 压力产生干扰 采用外泄式是避免主回油路出口 T 背压对控制油回油口 y 产生干扰

不管何种阀，内控与外控、内泄与外泄的设定，都有其原因。在使用维修中，必须正确选用，不能混淆和颠倒。

外泄油路必须单独回油箱。

内控与外控、内泄与外泄可通过油路螺堵的改变进行切换。如某电液换向阀的螺堵如图 3－100 所示，螺堵与四种使用方式的关系如表 3－18 所示。

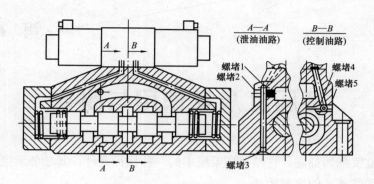

图 3 - 100 某电液换向阀的螺堵

表 3 - 18　　　　　　　　　电液换向阀螺堵与四种使用方式的关系

使用方式	螺堵 1	螺堵 2	螺堵 3	螺堵 4	螺堵 5
内控内泄式	无	有	有	无	有
内控外泄式	有	有	无	无	有
外控外泄式	有	有	无	有	无
外控内泄式	无	有	有	有	无

第**4**章

液压缸及其使用与维修

液压缸又称为油缸，它是液压系统中的一种执行元件，其功能就是将液压能转变成直线往复式的机械运动。

🔧 4.1 液压缸的类型与结构

4.1.1 液压缸的类型

液压缸按结构形式可分为活塞缸、柱塞缸与摆动缸，按作用方式可分为单作用液压缸、双作用液压缸与复合式缸。

1 液压缸怎样分类？

液压缸的种类很多，其详细分类如表 4-1 所示。

表 4-1 常见液压缸的种类及特点

分类	名称	符号	说　　明
单作用液压缸	柱塞式液压缸	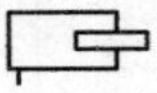	柱塞仅单向运动，返回行程是利用自重或负荷将柱塞推回
	单活塞杆液压缸	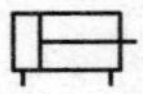	活塞仅单向运动，返回行程是利用自重或负荷将活塞推回
	双活塞杆液压缸	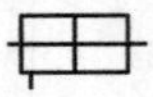	活塞的两侧都装有活塞杆，只能向活塞一侧供给压力油，返回行程通常利用弹簧力、重力或外力
	伸缩液压缸	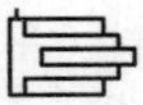	它以短缸获得长行程。用液压油由大到小逐节推出，靠外力由小到大逐节缩回
双作用液压缸	单活塞杆液压缸		单边有杆，两向液压驱动，两向推力和速度不等
	双活塞杆液压缸	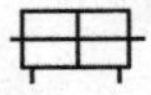	双向有杆，双向液压驱动，可实现等速往复运动
	伸缩液压缸	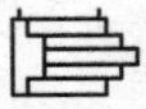	双向液压驱动，伸出由大到小逐节推出，由小到大逐节缩回

分类	名称	符号	说　　明
组合液压缸	弹簧复位液压缸		单向液压驱动，由弹簧力复位
	串联液压缸		用于缸的直径受限制，而长度不受限制处，获得大的推力
	增压缸（增压器）		由低压力室 A 缸驱动，使 B 室获得高压油源
	齿条传动液压缸		活塞往复运动经装在一起的齿条驱动齿轮获得往复回转运动
摆动液压缸			输出轴直接输出扭矩，其往复回转的角度小于 360°，也称摆动马达

2　活塞式液压缸有何特点？

活塞式液压缸根据其使用要求不同可分为双杆式和单杆式两种。

（1）双杆式活塞缸。活塞两端都有一根直径相等的活塞杆伸出的液压缸称为双杆式活塞缸，它一般由缸体、缸盖、活塞、活塞杆和密封件等零件构成。根据安装方式不同可分为缸筒固定式和活塞杆固定式两种。

图 4-1（a）所示为缸筒固定式双杆活塞缸。它的进、出口布置在缸筒两端，活塞通过活塞杆带动工作台移动，当活塞的有效行程为 l 时，整个工作台的运动范围为 $3l$，所以机床占地面积大，一般适用于小型机床。当工作台行程要求较长时，可采用图 4-1（b）所示活塞杆固定的形式，这时，缸体与工作台相连，活塞杆通过支架固定在机床上，动力由缸体传出。在这种安装形式中，工作台的移动范围只等于液压缸有效行程 l 的两倍（即 $2l$），因此占地面积小。进、出油口可以设置在固定不动的空心活塞杆的两端，但必须使用软管连接。

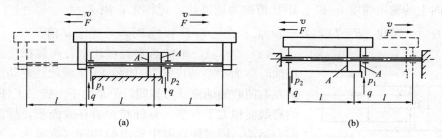

图 4-1　双杆活塞缸

（a）缸筒固定式；（b）活塞杆固定式

由于双杆活塞缸两端的活塞杆直径通常是相等的，因此它左、右两腔的有效面积相等，当分别向左、右腔输入相同压力和相同流量的油液时，液压缸左、右两个方向的推力和速度相等。当活塞的直径为 D，活塞杆的直径为 d，液压缸进、出油腔的压力为 p_1 和 p_2，输入流量为 q 时，双杆活塞缸的推力 F 和速度 v 为

$$F = A(p_1 - p_2) = \pi (D^2 - d^2)(p_1 - p_2)/4 \tag{4-1}$$
$$v = q/A = 4q/\pi(D^2 - d^2) \tag{4-2}$$

式中：A 为活塞的有效工作面积。

双杆活塞缸在工作时，设计成一个活塞杆是受拉的，而另一个活塞杆不受力，因此这种液压缸的活塞杆可以做得细些。

（2）单杆式活塞缸。如图 4-2 所示，活塞只有一端带活塞杆，单杆液压缸也有缸体固定和活塞杆固定两种形式，但它们的工作台移动范围都是活塞有效行程的两倍。

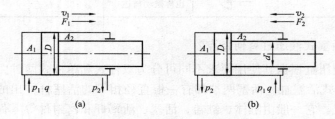

图 4-2　单杆式活塞缸

由于液压缸两腔的有效工作面积不等，因此它在两个方向上的输出推力和速度也不等，其值分别为

$$F_1 = (p_1 A_1 - p_2 A_2) = \pi[(p_1 - p_2)D^2 - p_2 d^2]/4 \tag{4-3}$$
$$F_2 = (p_1 A_2 - p_2 A_1) = \pi[p_1(D^2 - d^2) - p_2 D^2]/4 \tag{4-4}$$
$$v_1 = q/A_1 = 4q/\pi D^2 \tag{4-5}$$
$$v_2 = q/A_2 = 4q/\pi(D^2 - d^2) \tag{4-6}$$

由式（4-3）～式（4-6）可知，由于 $A_1 > A_2$，所以 $F_1 > F_2$，$v_1 < v_2$。如把两个方向上的输出速度 v_2 和 v_1 的比值称为速度比，记作 λ_v，则 $\lambda_v = v_2/v_1 = 1/[1 - (d/D)^2]$。因此，$d = D\sqrt{(\lambda_v - 1)/\lambda_v}$。在已知 D 和 λ_v 时，可确定 d 值。

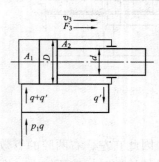

图 4-3　差动缸

（3）差动缸。单杆活塞缸在其左右两腔都接通高压油时称为"差动连接"，如图 4-3 所示。差动连接缸左右两腔的油液压力相同，但是由于左腔（无杆腔）的有效面积大于右腔（有杆腔）的有效面积，故活塞向右运动，同时使右腔中排出的油液（流量为 q'）也进入左腔，加大了流入左腔的流量（$q+q'$），从而也加快了活塞移动的速度。实际上活塞在运动时，由于差动连接时两腔间的管路中有压力损失，所以右腔中油液的压力稍大于左腔油液压力，而这个差值一

般都较小，可以忽略不计，则差动连接时活塞推力 F_3 和运动速度 v_3 为

$$F_3 = p_1(A_1 - A_2) = p_1 \pi d^2 / 4 \qquad (4-7)$$

进入无杆腔的流量为

$$q_1 = v_3 \frac{\pi D^2}{4} = q + v_3 \frac{\pi(D^2 - d^2)}{4}$$

$$v_3 = 4q/\pi d^2 \qquad (4-8)$$

由式（4-7）、式（4-8）可知，差动连接时液压缸的推力比非差动连接时小，速度比非差动连接时大，正好利用这一点，可使在不加大油源流量的情况下得到较快的运动速度，这种连接方式被广泛应用于组合机床的液压动力系统和其他机械设备的快速运动中。如果要求机床往返快速相等，则由式（4-6）和式（4-8）得

$$\frac{4q}{\pi(D^2 - d^2)} = \frac{4q}{\pi d^2}$$

即

$$D = \sqrt{2}d \qquad (4-9)$$

把单杆活塞缸实现差动连接，并按 $D=\sqrt{2}d$ 设计缸径和杆径的液压缸称之为差动液压缸。

3 **柱塞缸有何特点?**

图4-4（a）所示为柱塞缸，它只能实现一个方向的液压传动，反向运动要靠外力。若需要实现双向运动，则必须成对使用。如图4-4（b）所示，这种液压缸中的柱塞和缸筒不接触，运动时由缸盖上的导向套来导向，因此缸筒的内壁不需精加工，它特别适用于行程较长的场合。

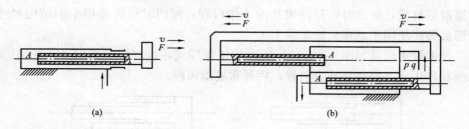

图4-4 柱塞缸

柱塞缸输出的推力和速度各为

$$F = pA = p\pi d^2 / 4 \qquad (4-10)$$

$$v_i = q/A = 4q/\pi d^2 \qquad (4-11)$$

4 **增压液压缸有何特点?**

增压液压缸又称增压器，它利用活塞和柱塞有效面积的不同使液压系统中的局部区域获得高压。它有单作用和双作用两种形式。单作用增压缸的工作原理如

图 4-5 (a) 所示，当输入活塞缸的液体压力为 p_1、活塞直径为 D、柱塞直径为 d 时，柱塞缸中输出的液体压力为高压，其值为

$$p_2 = p_1(D/d)^2 = Kp_1 \qquad\qquad (4-12)$$

式中：$K = D^2/d^2$，称为增压比，它代表增压程度。

显然增压能力是在降低有效能量的基础上得到的，也就是说增压缸仅仅是增大输出的压力，并不能增大输出的能量。

单作用增压缸在柱塞运动到终点时，不能再输出高压液体，需要将活塞退回到左端位置，再向右行时才能输出高压液体。为了克服这一缺点，可采用双作用增压缸，如图 4-5 (b) 所示，由两个高压端连续向系统供油。

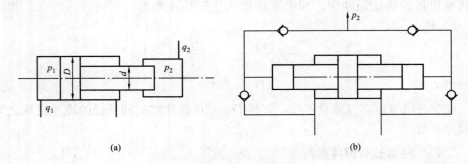

图 4-5　增压缸
(a) 单作用增压缸；(b) 双作用增压缸

5　伸缩缸有何特点？

伸缩缸由两个或多个活塞缸套装而成，前一级活塞缸的活塞杆内孔是后一级活塞缸的缸筒，伸出时可获得很长的工作行程，缩回时可保持很小的结构尺寸。伸缩缸被广泛用于起重运输车辆上。

伸缩缸可以是如图 4-6 (a) 所示的单作用式，也可以是如图 4-6 (b) 所示的双作用式，前者靠外力回程，后者靠液压回程。

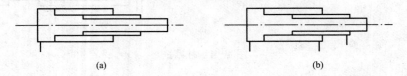

图 4-6　伸缩缸
(a) 单作用式；(b) 双作用式

伸缩缸的外伸动作是逐级进行的。首先是最大直径的缸筒以最低的油液压力开始外伸，当到达行程终点后，稍小直径的缸筒开始外伸，直径最小的末级最后伸出。随着工作级数变大，外伸缸筒直径越来越小，工作油液压力随之升高，工作速度变快。其值为

$$F_i = p_1 \frac{\pi}{4} D_i^2 \qquad (4-13)$$

$$v_1 = 4q / \pi D_i^2 \qquad (4-14)$$

式中：i 指 i 级活塞缸。

6 **齿轮缸有何特点？**

它由两个柱塞缸和一套齿条传动装置组成，如图 4-7 所示。柱塞的移动经齿轮齿条传动装置变成齿轮传动，用于实现工作部件的往复摆动或间歇进给运动，如机床的进刀机构、回转工作台转位、液压机械手等。

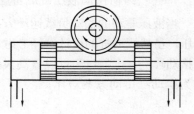

齿条活塞缸的速度推力特性：

输出转矩　　$T_M = \Delta p (\pi / 8) D^2 D_i \eta_m$

输出角速度　　$\omega = 8 q \eta_v / \pi D^2 D_i$

式中：Δp 为缸左右两腔压力差；D 为活塞直径；D_i 为齿轮分度圆直径。

图 4-7　齿轮缸

7 **摆动缸有何特点？**

摆动液压缸的工作原理如图 4-8 所示。

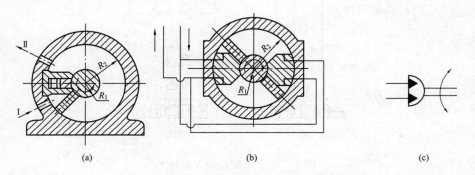

(a)　　　　　　　　　　(b)　　　　　　　　　　(c)

图 4-8　摆动缸摆动液压马达的工作原理图
(a) 单叶片摆动缸；(b) 双叶片摆动缸；(c) 符号

图 4-8（a）是单叶片摆动缸。若从油口Ⅰ通入高压油，叶片作逆时针摆动，低压力从油口Ⅱ排出。因叶片与输出轴连在一起，带输出轴摆动同时输出转矩、克服负载。

此类摆动缸的工作压力小于 10MPa，摆动角度小于 280°。由于径向力不平衡，叶片和壳体、叶片和挡块之间密封性差，限制了其工作压力的进一步提高，从而限制了输出转矩的进一步提高。

图 4-8（b）是双叶片摆动缸。在径向尺寸和工作压力相同的条件下，分别是单叶片摆动缸输出转矩的两倍，但回转角度要相应减少，其回转角度一般小

于 120°。

叶片摆动马达的总效率 $\eta = 70\% \sim 95\%$，对单叶片摆动马达来说，设其机械效率为 1，出口背压为零，则它的输出转矩为

$$T = pB \int_{R1}^{R_2} r \mathrm{d}r = p \frac{B}{2}(R_2^2 - R_1^2) \tag{4-15}$$

式中：p 为单叶片摆动缸的进口压力；B 为叶片宽度；R_1 为叶片内半径；R_2 为叶片外半径。

8 为何摆动液压缸应考虑液压冲击的吸收问题？

当液压驱动的摆动负载运动方向急剧变换时，会在缸的进、出油口两腔内产生高压，虽然摆动缸的设计已经考虑了这个压力，但当该冲击压力过大时，必须考虑在摆动缸进、出油口附近设置高灵敏度的溢流阀，以免将摆动缸损坏。图 4-9 所示为摆动缸传动方案对比。

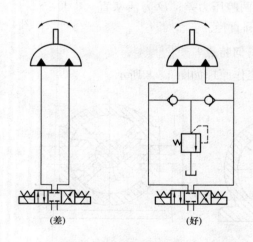

图 4-9　摆动缸传动方案对比

4.1.2　液压缸的典型结构与组成

9 双作用单活塞杆液压缸典型结构是什么？

图 4-10 所示的是一个较常用的双作用单活塞杆液压缸。它是由缸底 20、缸筒 10、缸盖兼导向套 9、活塞 11 和活塞杆 18 组成的。缸筒一端与缸底焊接，另一端缸盖（导向套）与缸筒用卡键 6、套 5 和弹簧挡圈 4 固定，以便拆装检修，两端设有油口 A 和 B。活塞 11 与活塞杆 18 利用卡键 15、卡键帽 16 和弹簧挡圈 17 连在一起。活塞与缸孔的密封采用一对 Y 形聚氨酯密封圈 12，由于活塞与缸孔有一定间隙，采用由尼龙 1010 制成的耐磨环（又称支撑环）13 定心导向。活塞杆 18 和活塞 11 的内孔由 O 形密封圈 14 密封。较长的导向套 9 则可保证活塞

杆不偏离中心，导向套外径由 O 形密封圈 7 密封，而其内孔则由 Y 形密封圈 8 和防尘圈 3 分别防止油外漏和灰尘带入缸内。缸与杆端销孔与外界连接，销孔内有尼龙衬套抗磨。

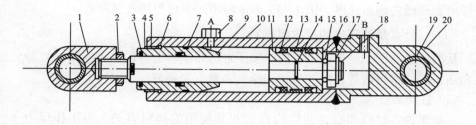

图 4-10　双作用单活塞杆液压缸

1—耳环；2—螺母；3—防尘圈；4、17—弹簧挡圈；5—套；6、15—卡键；

7、14—O 形密封圈；8、12—Y 形密封圈；9—缸盖兼导向套；10—缸筒；

11—活塞；13—耐磨环；16—卡键帽；18—活塞杆；19—衬套；20—缸底

10 空心双活塞杆式液压缸典型结构是什么？

图 4-11 所示为一空心双活塞杆式液压缸的结构。由图 4-11 可见，液压缸的左右两腔是通过油口 b、d 经活塞杆 1、15 的中心孔与左右径向孔 a、c 相通的。由于活塞杆固定在床身上，缸体 10 固定在工作台上，工作台在径向孔 c 接通压力油、径向孔 a 接通回油时向右移动；反之则向左移动。在这里，缸盖 18、24 是通过螺钉（图 4-11 中未画出）与压板 11、20 相连，并经钢丝环 12 相连，左缸盖 24 空套在托架 3 孔内，可以自由伸缩。空心活塞杆的一端用堵头 2 堵死，并通过锥销 9、22 与活塞 8 相连。缸筒相对于活塞运动由左右两个导向套 6、19 导向。活塞与缸筒之间、缸盖与活塞杆之间以及缸盖与缸筒之间分别用 O 形密

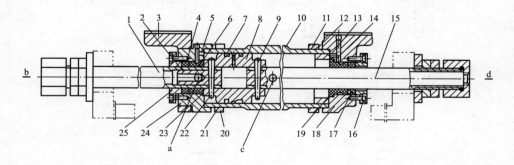

图 4-11　空心双活塞杆式液压缸结构图

1、15—活塞杆；2—堵头；3—托架；4、17—V 形密封圈；5、14—排气孔；6、19—导向

套；7—O 形密封圈；8—活塞；9、22—锥销；10—缸体；11、20—压板；

12、21—钢丝环；13、23—纸垫；16、25—压盖；18、24—缸盖

封圈 7、V 形密封圈 4 和 17 以及纸垫 13、23 进行密封，以防止油液的内、外泄漏。缸筒在接近行程的左右终端时，径向孔 a、c 的开口逐渐减小，对移动部件起制动缓冲作用。为了排除液压缸中剩留的空气，缸盖上设置有排气孔 5、14，经导向套环槽的侧面孔道（图 4-11 中未画出）引出与排气阀相连。

11 什么是液压缸的基本组成？

从液压缸典型结构中可以看到，液压缸结构基本上可以分为缸筒和缸盖、活塞和活塞杆、密封装置、缓冲装置和排气装置五个部分。

（1）缸筒和缸盖。

一般来说，缸筒和缸盖的结构形式和其使用的材料有关。当工作压力 $p<$ 10MPa 时，使用铸铁；当工作压力 $p<$ 20MPa 时，使用无缝钢管；当工作压力 $p>$ 20MPa时，使用铸钢或锻钢。图 4-12 所示为缸筒和缸盖的常见结构形式。图 4-12（a）所示为法兰连接式，结构简单，容易加工和装拆，但外形尺寸和重量都较大，常用于铸铁制的缸筒上。图 4-12（b）所示为半环连接式，它的缸筒壁部因开了环形槽而削弱了强度，为此有时要加厚缸壁，它容易加工和装拆，重量较轻，常用于无缝钢管或锻钢制的缸筒上。图 4-12（c）所示为螺纹连接式，它的缸筒端部结构复杂，外径加工时要求保证内外径同心，装拆要使用专用工具，它的外形尺寸和重量都较小，常用于无缝钢管或铸钢制的缸筒上。图 4-12（d）所示为拉杆连接式，结构通用性强，容易加工和装拆，但外形尺寸较大，且较重。图 4-12（e）所示为焊接连接式，结构简单，尺寸小，但缸底处内径不易加工，且可能引起变形。

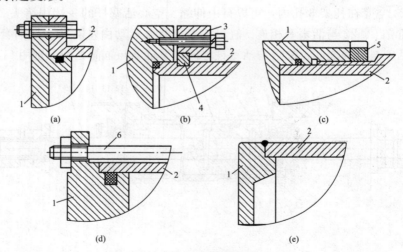

图 4-12　缸筒和缸盖结构图

（a）法兰连接式；（b）半环连接式；（c）螺纹连接式；（d）拉杆连接式；（e）焊接连接式

1—缸盖；2—缸筒；3—压板；4—半环；5—防松螺母；6—拉杆

（2）活塞与活塞杆。

可以把短行程液压缸的活塞杆与活塞做成一体，这是最简单的形式。但当行程较长时，这种整体式活塞组件的加工较费力，所以常把活塞与活塞杆先分开制造，然后再连接成一体。图 4-13 所示为几种常见的活塞与活塞杆的连接形式。

图 4-13（a）所示为活塞与活塞杆之间采用螺母连接，它适用负载较小、受力无冲击的液压缸中。螺纹连接虽然结构简单，安装方便可靠，但是在活塞杆上车螺纹将削弱其强度。图 4-13（b）和（c）所示为卡环式连接方式。图 4-13（b）中活塞杆 5 上开有一个环形槽，槽内装有两个半圆环 3 以夹紧活塞 4，半环 3 由轴套 2 套住，而轴套 2 的轴向位置用弹簧卡圈 1 来固定。图 4-13（c）中的活塞杆使用了两个半圆环 4，它们分别由两个密封圈座 2 套住，半圆形的活塞 3 安放在密封圈座的中间。图 4-13（d）所示是一种径向销式连接结构，用锥销 1 把活塞 2 固连在活塞杆 3 上，这种连接方式特别适用于双出杆式活塞。

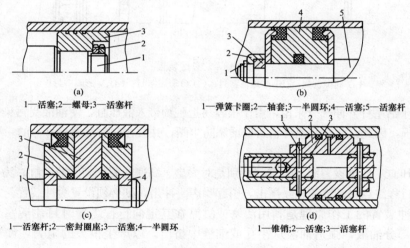

图 4-13　常见的活塞组件结构形式
（a）螺母连接；（b）卡环式连接；（c）卡环式连接；（d）径向销式连接

（3）密封装置。液压缸中常见的密封装置如图 4-14 所示。图 4-14（a）所示为间隙密封，它依靠运动间的微小间隙来防止泄漏。为了提高这种装置的密封能力，常在活塞的表面上制出几条细小的环形槽，以增大油液通过间隙时的阻力。这种密封装置的结构简单，摩擦阻力小，可耐高温，但泄漏大，加工要求高，磨损后无法恢复原有能力，只有在尺寸较小、压力较低、相对运动速度较高的缸筒和活塞间使用。图 4-14（b）所示为摩擦环密封，它依靠套在活塞上的摩擦环（由尼龙或其他高分子材料制成）在 O 形密封圈弹力作用下贴紧缸壁而防止泄漏。这种材料效果较好，摩擦阻力较小且稳定，可耐高温，磨损后有自动补偿能力，但加工要求高，装拆较不便，适用于缸筒和活塞之间的密封。图4-14（c）、图4-14（d）所示为密封圈（O形密封圈、V形密封圈等）密封，它利用橡胶或塑料的弹性使各种截面的环形圈贴紧在静、动配合面之间来防止泄漏。密封圈结构简单，制造方便，磨损后有自动补偿能力，性能可靠，在缸筒和活塞之间、缸盖和活塞杆之间、活塞和活塞杆之间、缸筒和缸盖之间都能使用。

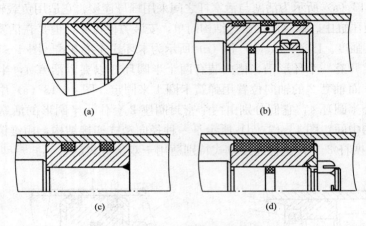

图4-14 密封装置

（a）间隙密封；（b）摩擦环密封；（c）O形圈密封；（d）V形圈密封

对于活塞杆外伸部分来说，由于很容易把脏物带入液压缸，使油液受污染，使密封件磨损，因此常需在活塞杆密封处增添防尘圈，并放在向着活塞杆外伸的一端。

（4）缓冲装置。

液压缸一般都设置缓冲装置，特别是对大型、高速或要求高的液压缸，为了防止活塞在行程终点时和缸盖相互撞击，引起噪声、冲击，则必须设置缓冲装置。

缓冲装置的工作原理是利用活塞或缸筒在其走向行程终端时封住活塞和缸盖之间的部分油液，强迫油液从小孔或细缝中挤出，以产生很大的阻力，使工作部件受到制动，逐渐减慢运动速度，达到避免活塞和缸盖相互撞击的目的。

如图4-15（a）所示，当缓冲柱塞进入与其相配的缸盖上的内孔时，孔中的液压油只能通过间隙 δ 排出，使活塞速度降低。由于配合间隙不变，故随着活塞运动速度的降低，起到缓冲作用。当缓冲柱塞进入配合孔之后，油腔中的油液只能经节流阀1排出，如图4-15（b）所示。由于节流阀1是可调的，因此缓冲作用可调节，但仍不能解决速度减低后缓冲作用减弱的缺点。如图4-15（c）所示，在缓冲柱塞上开有三角槽，随着柱塞逐渐进入配合孔中，其节流面积越来越小，解决了在行程最后阶段缓冲作用过弱的问题。

（5）排气装置。

液压缸在安装过程中或长时间停放重新工作时，液压缸和管道系统中会渗入空气，为了防止执行元件出现爬行、噪声和发热等不正常现象，需把液压缸和系统中

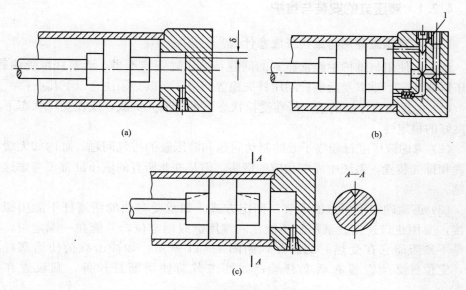

图 4 - 15　液压缸的缓冲装置
1—节流阀

的空气排出。一般可在液压缸的最高处设置进、出油口把空气带走，也可在最高处
设置如图 4 - 16 （a） 所示的放气孔或专门的放气阀 [见图 4 - 16 （b）、（c）]。

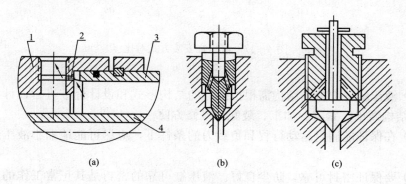

图 4 - 16　放气装置
1—缸盖；2—放气小孔；3—缸体；4—活塞杆

🔧 4.2 液压缸及其使用与维修

液压缸使用与维修主要包括液压缸安装、检查、维护与修理等，以及各类故
障的分析与排除。

4.2.1 液压缸的安装与维护

12 液压缸使用与维护应注意什么?

液压缸使用与维护中经常碰到的问题是液压缸安装不当、活塞杆承受偏载、液压缸或活塞下垂以及活塞杆的压杆失稳等问题。所以必须注意以下几点:

(1)尽量使液压缸的活塞杆在受拉状态下承受最大负载,或在受压状态下具有良好的稳定性。

(2)考虑液压缸行程终了处的制动问题和液压缸的排气问题。缸内如无缓冲装置和排气装置,系统中需有相应的措施,但是并非所有的液压缸都要考虑这些问题。

(3)正确确定液压缸的安装、固定方式。如承受弯曲的活塞杆不能用螺纹连接,要用止口连接。液压缸不能在两端用键或销定位,只能在一端定位,为的是不致阻碍它在受热时的膨胀,如图4-17所示。如冲击载荷使活塞杆压缩,定位件必须设置在活塞杆端;如冲击载荷使活塞杆拉伸,则设置在缸盖端。

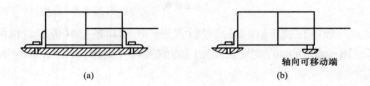

(a)   (b)

图4-17　液压缸安装方式对比
(a)差;(b)好

(4)液压缸各部分的结构需根据推荐的结构形式和设计标准进行设计,尽可能做到结构简单、紧凑、加工、装配和维修方便。

(5)在保证能满足运动行程和负载力的条件下,应尽可能地缩小液压缸的轮廓尺寸。

(6)要保证密封可靠,防尘良好。液压缸可靠的密封是其正常工作的重要因素。如泄漏严重,不仅降低液压缸的工作效率,甚至会使其不能正常工作(如满足不了负载力和运动速度要求等)。良好的防尘措施,有助于提高液压缸的工作寿命。

(7)液压缸及周围环境应清洁。油箱要保证密封,防止污染。管路和油箱应清理,防止有脱落的氧化铁皮及其他杂物。清洗要用无绒布或专用纸。不能使用麻线和黏结剂作为密封材料。液压油按设计要求,注意油温和油压的变化。空载时,拧开排气螺栓进行排气。

（8）拆装液压缸时，严防损伤活塞杆顶端的螺纹、缸口螺纹和活塞杆表面。更应注意，不能硬性将活塞从缸筒中打出。

（9）采用轴线固定式安装的液压缸，如脚架式、法兰式等，其轴线必须与负载的运行方向保持严格的一致性，运动轨迹不能有交叉情况。否则，液压缸在运行中必然要承受交变的横向负载，轻者使活塞杆弯曲、运动摩擦阻力加大、效率降低；重者会造成有关零部件损坏失效。工况对比如图 4 - 18 所示。

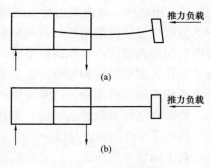

图 4 - 18　液压缸工况对比
（a）差；（b）好

13 液压缸维护检查有哪些主要项目？

（1）密封件的检查与维护。

活塞密封是防止液压缸内泄的主要元件。对于唇形密封件应重点检查唇边有无伤痕和磨损情况，对于组合密封应重点检查密封面的磨损量，然后判定密封件是否可使用。另外，需检查活塞与活塞杆间静密封圈有无挤伤情况。活塞杆密封应重点检查密封件和支撑环的磨损情况。一旦发现密封件和导向支撑环存在缺陷，应根据被修液压缸密封件的结构形式，选用相同结构形式和适宜材质的密封件进行更换，这样能最大限度地降低密封件与密封表面之间的油膜厚度，减少密封件的泄漏量。

（2）缸筒检查与维护。

液压缸缸筒内表面与活塞密封是引起液压缸内泄的主要因素，如果缸筒内产生纵向拉痕，即使更换新的活塞密封，也不能有效地排除故障，缸筒内表面主要检查尺寸公差和形位公差是否满足技术要求，有无纵向拉痕，并测量纵向拉痕的深度，以便采取相应的解决方法。

缸筒存在微量变形和浅状拉痕时采用强力珩磨工艺修复缸筒。强力珩磨工艺可修复比原公差超差 2.5 倍以内的缸筒。通过强力珩磨机对尺寸或形状误差超差的部位进行珩磨，使缸筒整体尺寸、形状公差和粗糙度满足技术要求。

缸筒内表面磨损严重，存在较深纵向拉痕时按照实物进行测绘，由专业生产厂按缸筒制造工艺重新生产进行更换。也可运用 TS311 减磨修补剂修复缸筒。TS311 减磨修补剂主要用于对磨损、滑伤金属零件的修复。修复过程中，用合金刮刀在滑伤表面剃出 1mm 以上深度的沟槽，然后用丙酮清洗沟槽表面，用缸筒内径仿形板将调好的 TS311 减磨修补剂敷涂于打磨好的表面上，用力刮平，确保压实，并高于缸筒内表面，待固化后，进行打磨留出精加工余量，最后通过研磨使缸筒整体尺寸、形状公差和粗糙度达到要求。但这种修复缸的寿命及可靠性都不高。

（3）活塞杆、导向套的检查与维护。

活塞杆与导向套间相对运动副是引起外漏的主要因素，如果活塞杆表面镀铬层因磨损而剥落或产生纵向拉痕时，将直接导致密封件的失效。因此，应重点检查活塞杆表面粗糙度和形位公差是否满足技术要求，如果活塞杆弯曲应校直达到要求或按实物进行测绘，由专业生产厂进行制造。如果活塞杆表面镀层磨损、滑伤、局部剥落可采取磨去镀层，重新镀铬表面加工处理工艺。

（4）缓冲阀的检查与维护。

对于阀缓冲液压缸，应重点检查缓冲阀阀芯与阀座磨损情况。一旦发现磨损量加大、密封失效，应进行更换。也可运用磨料进行阀芯与阀座配磨方法进行修复。

4.2.2　液压缸常见故障分析与排除

在液压缸运行故障的众多原因中，安装、使用和维护不当是造成其故障的重要原因。

14　液压缸为何不能动作，怎样排除？

（1）执行运动部件的阻力太大。排除方法：排除执行机构中存在的卡死、楔紧等问题；改善运动部件导向润滑状态。

（2）进油口油液压力太低，达不到规定值。排除方法：检查有关油路系统的泄漏情况并排除泄漏；检查活塞与活塞杆处密封圈有无损坏、老化、松脱等现象；检查液压泵、压力阀是否有故障。

（3）油液未进入液压缸。排除方法：检查油管、油路特别是软管接头是否已被堵塞，应依次检查从缸到泵的有关油路并排除堵塞；检查溢流阀的锥阀与阀座间的密封是否良好；检查电磁阀弹簧是否损坏或电磁铁线圈是否烧坏；油路是否切换不灵敏。

（4）液压缸本身滑动部件的配合过紧，密封摩擦力过大。排除方法：活塞杆与导向套之间应选用 H8/f8 配合；检查密封圈的尺寸是否严格按标准加工；如采用的是 V 形密封圈，应将密封摩擦力调整到适中程度。

（5）由于设计和制造不当，当活塞行至终点后回程时，压力油作用在活塞的有效工作面积过小。排除方法：改进设计、重新制造。

（6）活塞杆承受的横向载荷过大，特别别劲或拉缸、咬死。排除方法：安装液压缸时，应保证缸的轴线位置与运动方向一致；使液压缸承受的负载尽量通过缸轴线，避免产生偏心现象；长液压缸水平旋转时，活塞杆因自重产生挠度，使导向套、活塞产生偏载，导致缸盖密封损坏、漏油，对此可采取如下措施：加大活塞、活塞外圆加工成鼓凸形，使活塞能自位，改善受力状况，以减少和避免拉缸；活塞与活塞杆的连接采用球形接头。

（7）液压缸的背压太大。排除方法：减少背压。其中液压缸不能动作的重要原因是，进油口油液压力太低，即工作压力不足。造成液压系统工作压力不足的原因，主要是液压泵、驱动电动机和调压阀有故障。其他原因还有：过滤器堵塞、油路通径过小、油液黏度过高或过低；油液中进入过量空气；污染严重；管路接错；压力表损坏等。

15　液压缸为何动作不灵敏（有阻滞现象），怎样排除？

液压缸动作不灵敏不同于液压缸的爬行现象。此现象是指，液压缸动作的指令发出后液压缸不能立即动作，必须短暂的时间后才能动作，或时而能动时而停止不动，表现出运行规律很不规则。此故障的原因及排除方法主要有：

（1）液压缸内有空气。排除方法：通过排气阀排气。检查活塞杆往复运动部位的密封圈处有无吸入空气，如有，则更换密封圈。

（2）液压泵运转有不规则现象，泵转动有阻滞或有轻度咬死现象。排除方法：根据液压泵的类型，按其故障形成的原因，分别加以解决，具体方法参看有关资料。

（3）带缓冲装置的液压缸反向启动时，常出现活塞暂时停止或逆退现象。排除方法：单向阀的孔口太小，使进入缓冲腔的油量太少，甚至出现真空，因此在缓冲柱塞离开端盖的瞬间会出现上述故障现象。对此，应加大单向阀的孔口。

（4）活塞运动速度高时，单向阀的钢球跟随油流流动，以致堵塞阀孔，致使液压缸动作不规则。排除方法：将钢球换成带导向肩的锥阀或阀芯。

（5）橡胶软管内层剥离，使油路时通时断，造成液压缸动作不规则。排除方法：更换橡胶软管。

（6）液压缸承受一定的横向载荷。排除方法：与"液压缸不能动作"原因的排除方法相同。

16　液压缸为何运动有爬行，怎样排除？

（1）液压缸之外的原因。

1）运动机构刚度太小，形成弹性系统。排除方法：适当提高有关组件的刚度，以减小弹性变形。

2）液压缸安装位置精度差。排除方法：提高液压缸的装配质量。

3）相对运动件间的静摩擦系数与动摩擦系数差别太大，即摩擦力变化太大。当相对滑动面为金属并且有液体润滑时，摩擦力矩与速度的变化规律如图 4-19 所示。

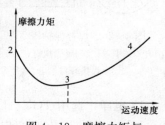

图 4-19　摩擦力矩与运动速度关系图

图 4-19 中从点 1 到点 2 为摩擦力矩由静力矩转为动力矩。从点 2 到点 3，随着转动速度增加，摩擦力矩下降，这就是所谓的摩擦力矩负阻尼特性

（也称摩擦力矩降落特性），是产生低速爬行的主要原因。此时，摩擦力矩随运动速度增加而下降的原因，主要是由于润滑条件的变化。物体静止时，两润滑面间的润滑油被挤出，呈干摩擦或近似于干摩擦，直到速度增加到点3时，完全转化为湿摩擦，这时两金属面间建立了一层油膜，被油分子隔开，此时摩擦力矩呈正阻尼特性，能阻止物体产生高速振动。运动速度继续增大，摩擦力矩也继续增大是因为润滑油有黏性，当运动速度增大到一定数值时摩擦力矩不再随速度变化而变化。排除方法：在相对运动表面之间涂一层防爬油（如二硫化钼润滑油），并保证有良好的润滑条件。

4）导轨的制造与装配质量差，使摩擦力增加，受力情况不好。排除方法：提高制造与装配质量。

（2）液压缸自身原因。

1）液压缸内有空气，使工作介质形成弹性体。排除方法：充分排除空气，检查液压泵吸油管直径是否太小，吸油管接头密封是否良好，以防止泵吸入空气。

2）密封摩擦力过大。排除方法：活塞杆与导向套的配合采用 H8/f8 的配合，密封圈的尺寸应严格按标准加工；采用 V 形密封圈时，应将密封摩擦力调整到适中程度。

3）液压缸滑动部位有严重磨损、拉伤和咬着现象。排除方法：修复。

4.2.3 液压缸的修理

17 怎样修理缸筒、活塞和活塞杆磨损或拉沟？

（1）修理时，要对其内、外径及圆度进行精确测量。若缸筒内孔磨损较严重，可研磨芯轴或在镗床上研磨修理；若活塞外圆磨损，可用电镀修复，磨损严重的应更换。若活塞杆磨损，可先进行刷镀，后进行磨削，最后调整活塞杆与导向套的配合精度，此时可对导向套适当扩孔或重新车制导向套。当进行上述修理时，切记要及时更换各种橡胶密封件。

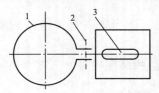

图 4 - 20　焊补保护罩
1—紫铜罩；2—紧固螺钉；
3—焊接开口

（2）活塞杆出现拉沟或产生其他硬伤时，可采用刷镀或焊补修复。补焊时，要先将活塞杆放稳，用酸水洗净油污，再将一块紫铜板（厚 2 mm）弯成图 4 - 20 所示形状，其焊接开口的大小、形状要根据实际需要剪切，最后用螺钉将其夹紧在活塞杆上，且邻近的地方还要用绝缘材料挡好，之后才能开始补焊。焊后必须修磨。

（3）电刷镀修复工艺。

1）电净：选用 TGY - 1 号电净液，活塞杆接电源负极（正接），通电，电压 10～14V，时间 10～30s。电净目的是去除表面油膜。电净后用自来水冲去活塞杆表面的残液。

2) 活化：选用 THY-5 号活化液，活塞杆接电源正极（反接），通电，电压 12～15V，时间 10～30s；活塞杆接电源负极（正接），通电，电压 10～12V，时间 10～20s，此时活塞杆表面呈银灰色。活化目的是去除活塞杆表面的氧化膜。

3) 刷镀底层：镀特镍（TDY101），无电擦拭 3～5s。活塞杆接电源负极（正接），通电，电压 15～18V。阴阳极相对运动速度 10～15m/min。镀层厚度 $\delta=2\mu m$。

4) 刷镀工作层：选用快速镍（TDY102），无电擦拭 3～5s。活塞杆接电源正极（反接），通电，电压 15V。阴阳极相对运动速度 12～15m/min，以消除应力、提高强度。当损伤处填满后，用金相砂纸、油石打磨表面，并用样板进行检测。

5) 刷镀最终工作层：活塞杆接电源正极（反接），通电，电压 15V。阴阳极相对运动速度 12～15m/min。镀铬金，镀层厚度 $\delta=2\sim5\mu m$。

6) 抛光：用抛光轮对刷镀处进行抛光，使其表面粗糙度达到 $Ra=0.4\mu m$，尺寸精度符合要求。

18　缸筒怎样对焊及焊后处理？

设备发生折臂后，液压缸往往变形很大，不能再用。对焊修复两段直径相同的缸筒容易产生焊口处焊后直径缩小的问题。现介绍一种对焊缸筒的修理工艺。

(1) 缸筒焊接前的机加工。

将两段直缸筒进行对接前（见图 4-21），应先将对接的两个端面在车床上加工平齐后在对接部位分别加工出凹进和凸起的对接止口（定心轴径），止口轴向长度为 5～8mm，轴、孔的配合公差为 0～20m，同时，应确保内、外止口与缸筒的同心度；最后还必须车出焊接坡口。

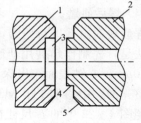

图 4-21　缸筒焊接前机加工示意图
1—缸筒1；2—缸筒2；3—内止口；
4—外止口；5—焊接坡口

(2) 对焊防缩轴芯的加工。

加工对焊防缩轴芯时（见图 4-22），先要精确测量所接缸筒的内径，以防研磨时遇到麻烦；防缩轴芯的防缩轴径与缸筒对接处的内孔配合公差应为 0～20μm；在超出其 60mm 之外的轴径配合公差应为 20～50μm；轴径外圆上要车出深 1mm、宽 2mm、导程为 12mm 的螺纹槽，螺纹槽的边缘要修磨出光滑的圆角，以免刮伤缸筒；同时在轴芯的中心加工出 M24 或以上的螺纹通孔，且将螺纹通孔两端加工成大些的锥形孔，以利于拧入螺杆时找正用；轴芯两端应倒角，以方便焊后取出。对焊前，在轴芯左、右各 1/2 处的表面上先后涂满黄油；然后分别套上缸筒 1 和缸筒 2（见图 4-21），并使其对接止口接好且要对准轴芯的中点，待缸筒 1 和缸筒 2 的端面接触严密后，沿焊口四周把油酯擦净；最后将缸筒架在四段 V 形铁上焊接即可。

（3）将轴芯从缸筒中取出。

焊接完毕、待完全冷却后，将长螺杆拧入防缩轴芯螺孔即可将轴芯从缸筒中取出来，如图 4-23 所示。还有一种用液压油取出防缩轴芯的办法，即将图 4-23 中长螺杆 4 变成空心管，左端用螺塞封死，右端用螺纹与手动泵出油口连接；然后用手压泵向螺杆中打油，当油压上升到一定程度后，防缩轴芯便会从缸筒中退出来。但因油液易污染环境，此法不宜常用。

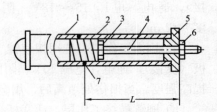

图 4-23　取出对焊防缩轴

芯及手工研磨示意图

1—缸筒；2—防缩轴芯（或研磨心轴）；

3—锁紧螺母；4—长螺杆；5—护套

（取出支撑垫）；6—螺母；7—焊口

L——焊口到缸头外端距离

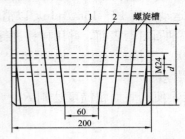

图 4-22　缸筒对焊防缩轴芯

1—防缩轴径；2—定心轴径

（4）焊后研磨。

焊后要对缸孔进行研磨，有条件的可用镗床磨削或专用设备珩磨。手工研磨的方法是，先制作精磨用研磨心轴（见图 4-23 中的 2），其直径比缸筒内径小 $40\sim60\mu m$。心轴表面车出深 2mm、宽 2mm、导程 12mm 的螺旋槽，槽的边缘必须修整光滑；中心加工出 M20 螺孔（拧长螺杆用，见图 4-23 中的 4）。研磨时，先按照图 4-23 中的 L 尺寸在长螺杆上刻一记号，同时在距离该记号两边都等于研磨心轴长度 1/2 处再分别作一个记号，以此两边的记号为限来回推、拉心轴，进行研磨。研磨用的金刚砂或其他研磨剂都应细一些，且要用油调匀。研磨时缸筒最好是竖放，但这需要有很深的坑，所以常将缸筒斜放，并应在研磨过程中不断按照 90°、180°、270°的角度顺序转动缸筒，以使研磨均匀。

（5）护套（取出支撑垫）。护套安装在缸筒头部，研磨时能防止长螺杆运动时碰撞缸筒端口；在用长螺杆取出防缩轴芯时能当支撑板使用，承受拉动轴芯的力量，因此法兰盘要有一定厚度（见图 4-24）。

（6）缸筒焊口部位的加强。缸筒对焊后有时需要对焊口部位进行加强，加强板或加强圈的大小、长短、材质等均视具体情况而定。图 4-25（a）是用一个圆环加强，图 4-25（b）是用三块弧形板加强，前者较好。应用此法，一般不将加强环的两端做成坡口状，以便将焊口位置在缸筒轴向上错开，分散焊接应力。另外加工加强环比较困难，因此都用一段两端面平行的圆环来加强。这种加强方法，不仅用在汽车起重机液压缸上，而且在其他设备上的缸筒也用得较多。

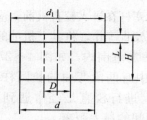

图 4 - 24　护套取出支撑垫

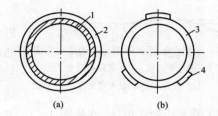

图 4 - 25　两种加强方式

1—缸筒；2—加强环；3—缸筒；4—加强板

19　缸筒和活塞杆怎样校直?

（1）长圆柱体弯曲校直机校直。

缸筒和活塞杆因事故产生弯曲后，一般要在压力机上进行校直。但在压力机上校直后的缸筒或活塞杆，经过一段时间后往往会出现反弹现象，即缸筒或活塞杆在一定程度上恢复原来的形状。为此，有的修理厂经长时间探索，研制出了长圆柱体弯曲校直机，如图 4 - 26 所示。使用时将弯曲的缸筒或活塞杆放入校直机中，压上压紧轮，开动电动机，来回滚压，根据情况不断地调整压紧轮，慢慢地即可将弯曲的缸筒或活塞杆校直。这与在压力机上的校直不同，在校直机上进行校直，不但能够将弯曲的部位校直，而且缸筒或活塞杆因弯曲而产生的内应力能在上、下滚轮的反复作用下得到释放，保障其在校直后不反弹。

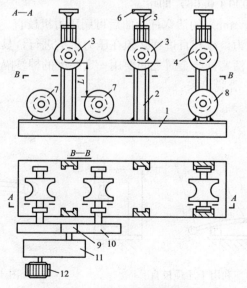

图 4 - 26　长圆柱体弯曲校直机

1—底座；2—门架（内有导轨）；3—压紧调直轮；4—压紧轮；5—调节
螺杆；6—手轮；7—主动轮；8—从动轮；9—主动小齿轮；
10—从动大齿轮；11—减速器；12—电动机

图4-27 上机前长圆柱体所允许的最大弯曲度
1—理论中心线；2—实际弯曲度
H—设备允许的最大弯曲度

缸筒或活塞杆在进入校直机前，应先进行一定的预校直工作，将其上机前的弯曲度控制在一定范围内，如图4-27所示。图4-27中有两段弯曲的长圆柱体，这在校直机上进行校直是经常遇到的，设备允许最大的弯曲度H就是图4-26中上、下滚轮间的最大距离。

（2）其他校直方法。

对于长径比（指活塞杆长度L与活塞杆直径d之比）大的液压缸（L/d>15，如起重机吊臂伸缩缸、支腿水平缸等），由于其行程较大、两端铰接、液压缸自重和负荷偏心等因素，使活塞杆易失稳弯曲，应按活塞杆外径的大小，采用不同的方法进行校直。

外径较小的活塞杆（d≤55，如支腿水平缸活塞杆）弯曲后可用千斤顶校直，如图4-28所示。首先将一个倒L形钢架3焊在钢板1上（必要时焊加强筋），活塞杆两端用方木垫平，将千斤顶放在钢架3与活塞杆之间（注意，在活塞杆与千斤顶之间必须用一定厚度的棉纱隔开）。然后使千斤顶顶杆慢慢伸出并顶压弯曲的活塞杆，目测其平直后将千斤顶顶杆压紧不动，保持15min左右，再进行第二次顶压。第二次顶压应使活塞杆轴线向原弯曲的反方向略有弯曲，保持20min后，打开千斤顶单向阀以解除其压力，如目测活塞杆轴线已平直，再进行直线度检测，满足要求（1000：0.06）即可。

外径较大（d>55mm）的活塞杆弯曲后可用压力机校直。由于外径较大的活塞杆校直时需要较大的力，故校直过程必须在压力机上进行，具体方法如图4-29所示。在校直过程中，活塞杆与金属之间要用一定厚度的棉纱隔开。同时，必须将活塞杆两端固定，以免滑脱出去。

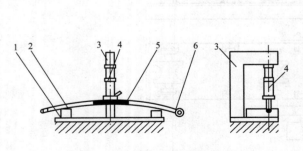

图4-28 利用千斤顶校直
1—钢板；2—方木；3—倒L形钢架；
4—千斤顶；5—棉纱；6—活塞杆

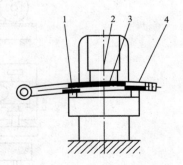

图4-29 压力机校直
1—V形铁；2—压力机；
3—棉纱；4—活塞杆

第 **5** 章

液压马达及其使用与维修

5.1 液压马达的结构与工作原理

液压马达是将液体压力能转换为机械能的装置，输出转矩和转速，是液压系统的执行元件。

5.1.1 液压马达的特点与分类

1 液压马达有何特点？

液压马达是把液体的压力能转换为机械能的装置，从原理上讲，液压泵可以作液压马达用，液压马达也可作液压泵用。但事实上同类型的液压泵和液压马达虽然在结构上相似，但是由于两者的工作情况不同，使得两者在结构上也有某些差异。例如：

（1）液压马达一般需要正反转，所以在内部结构上应具有对称性；而液压泵一般是单方向旋转的，没有这一要求。

（2）为了减小吸油阻力和径向力，一般液压泵的吸油口比出油口的尺寸大。而液压马达低压腔的压力稍高于大气压力，所以没有上述要求。

（3）液压马达要求能在很宽的转速范围内正常工作，因此，应采用液动轴承或静压轴承。因为当液压马达速度很低时，若采用动压轴承，就不易形成润滑滑膜。

（4）叶片泵依靠叶片跟转子一起高速旋转而产生的离心力使叶片始终贴紧定子的内表面，起封油作用，形成工作容积。若将其当液压马达用，必须在液压马达的叶片根部装上弹簧，以保证叶片始终贴紧定子内表面，以便液压马达能正常启动。

（5）液压泵在结构上需保证具有自吸能力，而液压马达就没有这一要求。

（6）液压马达必须具有较大的启动转矩。所谓启动转矩，就是液压马达由静止状态启动时，液压马达轴上所能输出的转矩，该转矩通常大于在同一工作压差时处于运行状态下的转矩。所以，为了使启动转矩尽可能接近工作状态下的转矩，要求液压马达转矩的脉动小，内部摩擦小。

由于液压马达与液压泵具有上述不同的特点，使得很多类型的液压马达和液压泵不能互逆使用。

2 液压马达怎样分类？

液压马达按其额定转速分为高速和低速两大类，额定转速高于500r/min的属于高速液压马达，额定转速低于500r/min的属于低速液压马达。

高速液压马达的基本形式有齿轮式、螺杆式、叶片式和轴向柱塞式等。它们的主要特点是转速较高、转动惯量小，便于启动和制动，调速和换向的灵敏度高。通常高速液压马达的输出转矩不大（仅几十牛·米到几百牛·米），所以又称为高速小转矩液压马达。

高速液压马达的基本形式是径向柱塞式，例如单作用曲轴连杆式、液压平衡式和多作用内曲线式等。此外在轴向柱塞式、叶片式和齿轮式中也有低速的结构形式。低速液压马达的主要特点是排量大、体积大、转速低（有时可达每分钟几转，甚至零点几转），因此可直接与工作机构连接，不需要减速装置，使传动机构大为简化，通常低速液压马达输出转矩较大（可达几千牛·米到几万牛·米），所以又称为低速大转矩液压马达。

液压马达可按其结构类型来分，可以分为齿轮式、叶片式、柱塞式和其他形式。

5.1.2 液压马达的性能参数

液压马达的性能参数很多，下面是液压马达的主要性能参数。

3 什么是液压马达的排量、流量和容积效率？

习惯上将液压马达的轴每转一周，按几何尺寸计算所进入的液体容积，称为液压马达的排量 V，有时称之为几何排量、理论排量，即不考虑泄漏损失时的排量。

液压马达的排量表示出其工作容腔的大小，它是一个重要的参数。因为液压马达在工作中输出的转矩大小是由负载转矩决定的。但是，推动同样大小的负载，工作容腔大的液压马达的压力要低于工作容腔小的液压马达的压力，所以说工作容腔的大小是液压马达工作能力的主要标志，也就是说，排量的大小是液压马达工作能力的重要标志。

根据液压动力元件的工作原理可知，马达转速 n、理论流量 q_i 与排量 V 之间具有下列关系：

$$q_i = nV \tag{5-1}$$

式中：q_i 为理论流量，m^3/s；n 为转速，r/min；V 为排量，m^3/s。

为了满足转速要求，液压马达实际输入流量 q 大于理论输入流量，则有

$$q = q_i + \Delta q \tag{5-2}$$

式中：Δq 为泄漏流量。

$$\eta_v = q_i/q = 1/(1 + \Delta q/q_i) \tag{5-3}$$

所以得实际流量为

$$q = q_i/\eta_v \tag{5-4}$$

4　怎样计算液压马达输出的理论转矩？

根据排量的大小，可以计算在给定压力下液压马达所能输出的转矩的大小，也可以计算在给定的负载转矩下液压马达的工作压力的大小。当液压马达进、出油口之间的压力差为 Δp，输入液压马达的流量为 q，液压马达输出的理论转矩为 T_t，角速度为 ω 时，如果不计损失，液压马达输入的液压功率应当全部转化为液压马达输出的机械功率，即

$$\Delta p_q = T_t\omega \tag{5-5}$$

又因为 $\omega = 2\pi n$，所以液压马达的理论转矩为

$$T_t = \Delta pV/2\pi \tag{5-6}$$

式中：Δp 为液压马达进、出口之间的压力差。

5　怎样计算液压马达的机械效率与启动机械效率？

由于液压马达内部不可避免地存在各种摩擦，实际输出的转矩 T 总要比理论转矩 T_t 小些，即

$$T = T_t\eta_m \tag{5-7}$$

式中：η_m 为液压马达的机械效率（％）。

液压马达的启动机械效率是指液压马达由静止状态启动时，液压马达实际输出的转矩 T_0 与在同一工作压差时的理论转矩 T_t 之比，即

$$\eta_{m0} = T/T_t \tag{5-8}$$

液压马达的启动机械效率表示出其启动性能的指标。因为在同样的压力下，液压马达由静止到开始转动的启动状态的输出转矩要比运转中的转矩大，这给液压马达带载启动造成了困难，所以启动性能对液压马达是非常重要的，启动机械效率正好能反映其启动性能的高低。启动转矩降低的原因，一方面是在静止状态下的摩擦系数最大，在摩擦表面出现相对滑动后摩擦系数明显减小；另一方面也是最主要的方面是因为液压马达静止状态润滑油膜被挤掉，基本上变成了干摩擦。一旦液压马达开始运动，随着润滑油膜的建立，摩擦阻力立即下降，并随滑动速度增大和油膜变厚而减小。

实际工作中都希望液压马达启动性能好一些，即希望启动转矩和启动机械效率大一些。不同结构形式的液压马达的启动机械效率 η_{m0} 的大致数值如表 5-1 所示。

表 5 - 1 液压马达的启动机械效率

液压马达的结构形式		启动机械效率 η_{m0}（％）
齿轮马达	老结构	0.60～0.80
	新结构	0.85～0.88
叶片马达	高速小转矩型	0.75～0.85
轴向柱塞马达	滑履式	0.80～0.90
	非滑履式	0.82～0.92
曲轴连杆马达	老结构	0.80～0.85
	新结构	0.83～0.90
静压平衡马达	老结构	0.80～0.85
	新结构	0.83～0.90
多作用内曲线马达	由横梁的滑动摩擦副传递切向力	0.90～0.94
	传递切向力的部位具有滚动副	0.95～0.98

由表 5 - 1 可知，多作用内曲线马达的启动性能最好，轴向柱塞马达、曲轴连杆马达和静压平衡马达居中，叶片马达较差，而齿轮马达最差。

6 怎样计算液压马达的转速？

液压马达的转速取决于供液的流量和液压马达本身的排量 V，可用下式计算：

$$n_t = q_i/V \qquad\qquad (5-9)$$

式中：n_t 为理论转速，r/min。

由于液压马达内部有泄漏，并不是所有进入液压马达的液体都推动液压马达做功，一小部分因泄漏损失掉了。所以液压马达的实际转速要比理论转速低一些。

$$n = n_t \eta_v \qquad\qquad (5-10)$$

式中：n_t 为液压马达的实际转速，r/min；η_v 为液压马达的容积效率，％。

7 什么是液压马达最低稳定转速？

最低稳定转速是指液压马达在额定负载下，不出现爬行现象的最低转速。所谓爬行现象，就是当液压马达工作转速过低时，往往保持不了均匀的速度，进入时动时停的不稳定状态。

液压马达在低速时产生爬行现象的原因是：

（1）摩擦力的大小不稳定。通常的摩擦力是随速度增大而增加的，而对静止和低速区域工作的液压马达内部的摩擦阻力，当工作速度增大时非但不增加，反而减少，形成了所谓"负特性"的阻力。另一方面，液压马达和负载是由液压油被压缩后压力升高而被推动的，因此，可用图5-1（a）所示的物理模型表示低速区域液压马达的工作过程：以匀速 v_0 推弹簧的一端（相当于高压下不可压缩的工作介质），使质量为 m 的物体（相当于液压马达和负载质量、转动惯量）克服"负特性"的摩擦阻力而运动。当物体静止或速度很低时阻力大，弹簧不断压缩，增加推力。只有等到弹簧压缩到其推力大于静摩擦力时才开始运动。一旦物体开始运动，阻力突然减小，物体突然加速跃动，其结果使弹簧的压缩量减少，推力减小，物体依靠惯性前移一段路程后停止下来，直到弹簧的移动又使弹簧压缩，推力增加，物体就再一次跃动为止，形成如图5-1（b）所示的时动时停的状态，对液压马达来说，这就是爬行现象。

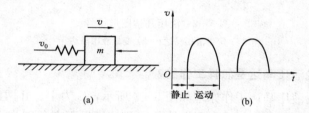

图5-1　液压马达爬行的物理模型

（2）泄漏量大小不稳定。液压马达的泄漏量不是每个瞬间都相同，随转子转动的相位角度变化作周期性波动。由于低速时进入液压马达的流量小，泄漏所占的比重就增大，泄漏量的不稳定就会明显地影响到参与液压马达工作的流量数值，从而造成转速的波动。当液压马达在低速运转时，其转动部分及所带的负载表现出的惯性较小，上述影响比较明显，因而出现爬行现象。

实际工作中，一般都期望最低稳定转速越小越好。

8　什么是最高使用转速与调速范围？

液压马达的最高使用转速主要受使用寿命和机械效率的限制，转速升高后，各运动副的磨损加剧，使用寿命缩短，转速高则液压马达需要输入的流量就大，因此各过流部分的流速相应增大，压力损失也随之增加，从而使机械效率降低。

对某些液压马达，转速的升高还受到背压的限制。例如曲轴连杆式液压马达，转速升高时，回油背压必须显著增大才能保证连杆不会撞击曲轴表面，从而避免了撞击现象。随着转速的升高，回油腔所需的背压值也应随之升高。但过分的升高背压，会使液压马达的效率明显下降。为了使液压马达的效率不致过低，液压马达的转速不应太高。

液压马达的调速范围用最高使用转速 n_{max} 和最低稳定转速 n_{min} 之比表示，即

$$i = n_{max} / n_{min} \qquad (5-11)$$

5.1.3 液压马达的工作原理

9 什么是液压马达的图形符号?

液压马达的图形符号如图 5-2 所示。

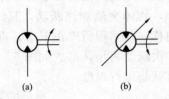

(a)   (b)

图 5-2 液压马达图形符号
(a) 定量液压马达;(b) 变量液压马达

10 齿轮液压马达是怎样工作的?

外啮合齿轮液压马达工作原理如图 5-3 所示,C 为 Ⅰ、Ⅱ 两齿轮的啮合点,h 为齿轮的全齿高。啮合点 C 到两齿轮 Ⅰ、Ⅱ 的齿根距离分别为 h 和 b,齿宽为 B。当高压油 p 进入马达的高压腔时,处于高压腔所有轮齿均受到压力油的作用,其中相互啮合的两个轮齿的齿面只有一部分齿面受高压油的作用。由于 h 和 b 均小于齿高 h,所以在两个齿轮Ⅰ、Ⅱ上就产生作用力 $pB(h-a)$ 和 $pB(h-b)$。在这两个力作用下,对齿轮产生输出转矩,随着齿轮按图示方向旋转,油液被带到低压腔排出。齿轮液压马达的排量为

$$V = 2\pi z m^2 B$$

式中:z 为齿数;m 为齿轮模数;B 为齿宽。

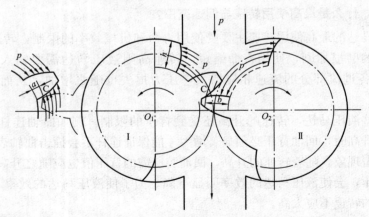

图 5-3 外啮合齿轮液压马达工作原理图

齿轮液压马达在结构上为了适应正反转要求,进、出油口径相等,具有对称

性，有单独外泄油口将轴承部分的泄漏油引出壳体外；为了减少启动摩擦力矩，采用滚动轴承；为了减少转矩脉动，齿轮液压马达的齿数比泵的齿数要多。

　　齿轮液压马达由于密封性差，容积效率较低，输入油压力不能过高，不能产生较大转矩，并且瞬间转速和转矩随着啮合点的位置变化而变化，因此齿轮液压马达仅适合于高速小转矩的场合，一般用于工程机械、农业机械以及对转矩均匀性要求不高的机械设备上。

11　**叶片液压马达是怎样工作的？**

　　常用叶片液压马达为双作用式，现以双作用式来说明其工作原理。

　　叶片液压马达工作原理如图 5-4 所示。当高压油 p 从进油口进入工作区段的叶片 1 和 4 之间的容积时，其中叶片 5 两侧均受压力油 p 作用不产生转矩，而叶片 1 和 4 一侧受高压油 p 的作用，另一侧受低压油 p_t 的作用。由于叶片 1 伸出面积大于叶片 4 伸出面积，所以产生使转子顺时针方向转动的转矩。同理，叶片 3 和 2 之间也产生顺时针方向转矩。由图可以看出，当改变进油方向时，即高压油 p 进入叶片 3 和 4 之间容积和叶片 1 和 2 之间容积时，叶片带动转子逆时针转动。

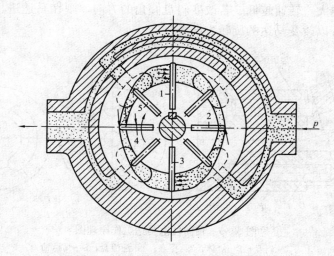

图 5-4　叶片液压马达工作原理图

　　叶片液压马达的排量为

$$V = 2\pi B(R^2 - r^2) - 2zBS(R - r)$$

式中：R 为大圆弧半径；r 为小圆弧半径；z 为叶片数；B 为叶片宽度；S 为叶片厚度。

　　为了适应叶片液压马达正反转要求，叶片液压马达的叶片为径向放置，为了使叶片底部始终通入高压油，在高、低油腔通入叶片底部的通路上装有梭阀。为了保证叶片液压马达在压力油通入后，高、低压腔不致串通能正常启动，在叶片底部设置了预紧弹簧——燕式弹簧。

叶片液压马达体积小，转动惯量小，反应灵敏，能适应较高频率的换向；但泄漏较大，低速时不够稳定。它适用于转矩小、转速高、机械性能要求不严格的场合。

12 轴向柱塞马达是怎样工作的？

轴向柱塞泵除阀式配流型不能作为液压马达使用外，配流盘配流的轴向柱塞泵只需将配流盘改成对称结构，即可作液压马达用，因此二者是可逆的。轴向柱塞马达的工作原理如图 5-5 所示，配流盘 4 和斜盘 1 固定不动，马达轴 5 与缸体 2 相连接一起旋转。当压力油经配流盘 4 的窗口进入缸体 2 的柱塞孔时，柱塞 3 在压力油作用下外伸，紧贴斜盘 1，斜盘 1 对柱塞 3 产生一个法向反力 F，此力可分解为轴向分力 F_x 和垂直分力 F_y。F_x 与柱塞上液压力相平衡，而 F_y 则使柱塞对缸体中心产生一个转矩，带动马达轴逆时针方向旋转。轴向柱塞马达产生的瞬时总转矩是脉动的。若改变马达压力油输入方向，则马达轴 5 按顺时针方向旋转，实现换向。改变斜盘倾角 α，可改变其排量。这样，在马达的进、出口压力差和输入流量不变的情况下，改变了马达的输出转矩和转速。斜盘倾角越大，产生的转矩越大，转速越低。若改变斜盘倾角的方向，则在马达进、出油口不变的情况下，可以改变马达的旋转方向。

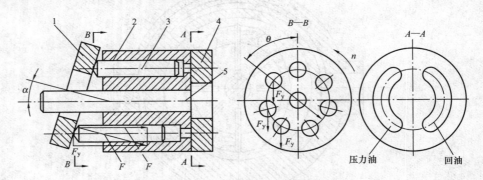

图 5-5　轴向柱塞马达工作原理图
1—斜盘；2—缸体；3—柱塞；4—配流盘；5—马达轴

轴向柱塞马达的排量为

$$V = (\pi d^2/4)Dz\tan\alpha$$

式中：z 为柱塞数；D 为分布圆直径；d 为柱塞直径；α 为斜盘相对传动轴倾角。

13 低速液压马达有何特点？

低速液压马达通常是径向柱塞式结构，为了获得低速和大转矩，采用高压和大排量，它的体积和转动惯量很大，不能用于反应灵敏和频繁换向的场合。

低速液压马达按其每转作用次数，可分单作用式和多作用式。若液压马达每旋转一周，柱塞做一次往复运动，称为单作用式；若液压马达每转一周，柱塞做多次往复运动，称为多作用式。

14 单作用连杆型径向柱塞马达是怎样工作的？

单作用连杆型径向柱塞马达如图 5-6 所示，其工作原理如图 5-7 所示。液压马达的外形呈五角星状（或七星状），壳体内有五个沿径向均匀分布的柱塞缸，柱塞与连杆铰接，连杆的另一端与曲轴的偏心轮外圆接触。在图 5-7（a）位置，高压油进入柱塞缸 1、2 的顶部，柱塞受高压油作用；柱塞缸 3 处于与高压进油和低压回油均不相通的过渡位置；柱塞缸 4、5 与回油口相通。于是，高压油作用在柱塞缸 1 和 2 的作用力 F 通过连杆作用于偏心轮中心 O_1，对曲轴旋转中心 O 形成转矩 T，曲轴逆时针方向旋转。曲轴旋转时带动配流轴同步旋转，因此，配流状态发生变化。如配流轴转到图 5-7（b）所示位置，柱塞缸 1、2、3 同时通高压油，对曲轴旋转中心形成转矩，柱塞缸 4 和 5 仍通回油。如配流轴转到图 5-7（c）所示位置，柱塞缸 1 退出高压区处于过渡状态，柱塞缸 2 和 3 通高压油，柱塞缸 4 和 5 通回油。如此类推，在配流轴随同曲轴旋转时，各柱塞缸将依次与高压进油和低压回油相通，保证曲轴连续旋转。若进、回油口互换，则液压马达反转，过程同上。

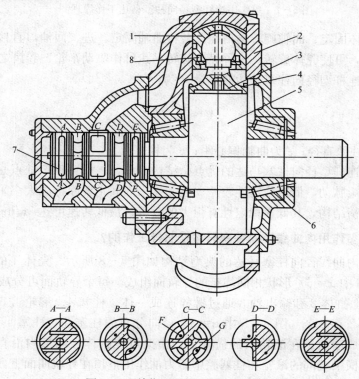

图 5-6　单作用连杆型径向柱塞马达
1—柱塞；2—壳体；3—连杆；4—挡圈；5—曲轴；6—滚柱轴承；7—配流轴；8—卡环

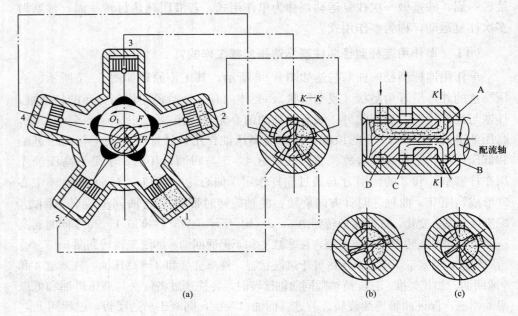

图 5-7　单作用连杆型径向柱塞马达工作原理图

这是壳体固定、曲轴旋转的情况。若将曲轴固定，进、回油口直接接到固定的配流轴上，可使壳体旋转。这种壳体旋转马达可作驱动车轮、卷筒之用。

单作用连杆型径向柱塞马达的排量 V 为

$$V = \frac{\pi d^2 e z}{2} \tag{5-12}$$

式中：d 为柱塞直径；e 为曲轴偏心距；z 为柱塞数。

单作用连杆型径向柱塞马达的优点是结构简单，工作可靠；缺点是体积和重量较大，转矩脉动，低速稳定性较差。近几年来因其主要摩擦副大多采用静压支撑或静压平衡结构，其低速稳定性有很大的改善，最低转速可达 3r/min。

15　多作用内曲线径向柱塞马达是怎样工作的？

多作用内曲线径向柱塞马达的典型结构如图 5-8 所示。壳体 1 的内环由 x 个（图 5-8 中 $x=6$）形状相同均布的导轨面组成。每个导轨面可分成对称的 a、b 两个区段。缸体 2 和输出轴 3 通过螺栓连成一体。柱塞 4、滚轮组 5 组成柱塞组件。缸体 2 有 z 个（图 5-5 中 $z=8$）径向分布的柱塞孔，柱塞 4 装在孔中。柱塞顶部做成球面顶在滚轮组的横梁上。横梁可在缸体径向槽内沿直径方向滑动。连接在横梁端部的滚轮在柱塞腔中压力油作用下顶在导轨曲面上。

配流轴 6 圆周上均匀分布 $2z$ 个配流窗口（图 5-8 中为 12 个窗口），这些窗口交替分成两组，通过配流轴 6 的两个轴向孔分别和进回油口 A、B 相通。其中

每一组 z 个配流窗口应分别对准 x 个同向曲面的 a 段或 b 段。若导轨曲面 a 段对应高压油区，则 b 段对应低压油区。如图所示，柱塞Ⅰ、Ⅴ在压力油作用之下，柱塞Ⅲ、Ⅶ处于回油状态，柱塞Ⅱ、Ⅵ、Ⅳ、Ⅷ处于过渡状态（即高、低压油均不通）。柱塞Ⅰ、Ⅴ在压力油作用下，推动柱塞向外运动，使滚轮紧紧地压在导轨曲面上。滚轮受到一法向反力 N，它可以分解为径向分力 F_r 和切向分力 F_t。其中径向分力 F_r 与柱塞端液压作用力相平衡，而切向分力 F_t，通过柱塞对缸体 2 产生转矩，带动输出轴 3 转动。同时，处于回油区柱塞受压缩后，将低压油从回油窗口排出。由于导轨曲线段 x 和柱塞数 z 不相等，所以总有一部分柱塞在任一瞬间处于导轨面的 a 段（相应的总有一部分柱塞处于 b 段），使得缸体 2 和输出轴 3 连续转动。

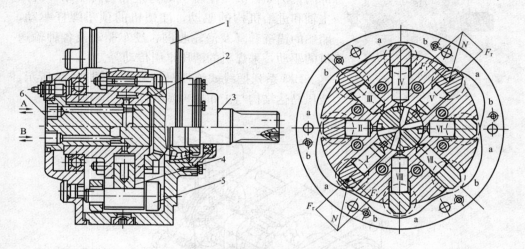

图 5-8 多作用内曲线径向柱塞马达
1—壳体；2—缸体；3—输出轴；4—柱塞；5—滚轮组；6—配流轴

总之，有 z 个导轨曲面，缸体旋转一转，每个柱塞往复运动 z 次，马达作用次数就为 z 次。

图 5-8 所示为六作用内曲线径向柱塞马达。由于马达作用次数多，并可设置较多柱塞（也可设多排柱塞结构），这样，较小的尺寸可得到较大的排量。

当马达的进、回油口互换时，马达将反转。这种马达既可做成轴旋转结构，也可做成壳体旋转结构。

多作用内曲线径向柱塞马达的排量为

$$V = \frac{\pi d^2}{4}sxyz \tag{5-13}$$

式中：d 为柱塞直径；s 为柱塞行程；x 为作用次数；y 为柱塞排数；z 为每排柱塞数。

多作用内曲线径向柱塞马达在柱塞数 z 与作用次数 z 之间存在一个大于 1 小于 z 的最大公约数 m 时，通过合理设计导轨曲面，可使径向力平衡，理论输出转矩均匀无脉动。同时马达的启动转矩大，并能在低速下稳定地运转，故普遍应用于工程、建筑、起重运输、煤矿、船舶、农业中。

16 摆线式液压马达是怎样工作的?

在此以 BM 型摆线式液压马达为例，说明摆线式液压马达的工作原理。

BM 系列端面配流摆线式液压马达，是一种低速大转矩液压马达。它的端面配流提高了容积效率和延长了使用寿命。该系列马达具有输出转矩大、转速范围宽、高速平稳、低速稳定、效率高、寿命长、体积小、重量轻、可以直接与工作机构相连接等优点。因而适用于各种低速重载的传动装置，广泛应用于农业、渔业、船舶、机床、注塑、起重装卸、采矿和建筑等部门。例如：液压挖掘机的行走和回转驱动，机床主轴和进给机构的驱动，注塑机的预塑螺杆驱动，船舶的锚链升降及渔轮收网，绞车驱动及各种输送机的驱动，采煤机的液压牵引传动等。

图 5-9　BM 系列摆线式
液压马达外形图

BM 系列摆线式液压马达外形如图 5-9 所示。液压马达结构与工作原理图如图 5-10 所示。

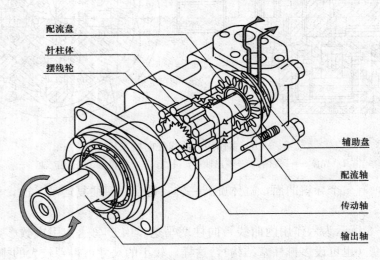

图 5-10　BM 型液压马达结构与工作原理图

如图 5-10 所示，压力油经过油孔进入后壳体，通过辅助盘、配流盘和后侧板，进入摆线轮针柱体间的工作腔。在油压的作用下，摆线轮被压向低压腔一侧旋转，摆线轮相对针柱体中心做自转和公转，并通过传动轴将其自转传给输出轴，同时通过配流轴使配流盘与摆线轮同步运转。以达到连接不断地配流，输出轴连续不断的旋转，改变输出的流量，就能输出不同的转速。改变进油方向，即能改变马达的旋转方向。

5.2 液压马达及其使用与维修

5.2.1　液压马达的技术要求与注意事项

17　液压马达选型有何要求？

（1）液压马达在中高压区有较高的效率。在进行液压马达工作压力配置时兼顾其工作寿命和功率利用率的同时，应尽量使液压马达在中压附近工作。

（2）液压马达工作在中速时有较高的效率。

（3）减小液压马达排量，液压马达效率降低，特别是在小排量低转速区时效率更低，工作能力很弱。液压马达在大排量时才可以保证高效工作。在对液压马达进行排量控制时应使其工况为：负荷增大时液压马达为大排量低转速，负荷减小时液压马达为小排量高转速。尽量避免使液压马达在小排量低转速下工作，避免液压马达的最小排量比在 0.3 以下。

（4）在实际设计过程中，液压马达与液压泵有排量上的匹配关系，一般液压马达的排量应为液压泵排量的 1.2～1.6 倍，否则，会出现系统压力过高、速度波动过大、液压马达转速过高、发动机出现掉速和作业效率低等故障。一般来说，液压马达排量越大越好，但液压马达排量越大，会使制造成本过高。

18　安装液压马达应注意什么？

液压马达的传动轴与其他机械连接时要保证同心，或采用挠性连接。

对于不能承受径向力的液压马达，不得将带轮等传动件直接装在主轴上。某 YE-160 型皮带输送车皮带驱动马达的故障，是由这类问题造成的。如图 5-11 所示，主动链轮由液压马达驱动，被动链轮带动输送皮带辊。据使用者反映，该液压马达经常出现漏油现象，密封圈更换不足 3 个月就开始漏油。由于该车在飞机场使用，对漏油的限制要求特别高，所有靠近飞机的车辆严禁漏油，所以维护人员只有不停地更换油封，造成人力、财力和时间上的极大浪费。是什么原因造成漏油呢？该液压马达通过链传动来驱动带轮，由于链传动会产生径向力，油封承受径向力后变形，导致漏油。

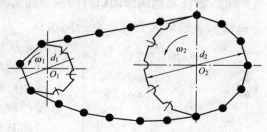

图 5-11　液压马达链传动

液压马达泄漏油管要畅通，一般不接背压，当泄漏油管太长或因某种需要而接背压时，其大小不得超过低压密封所允许的数值。

外接的泄漏油应能保证液压马达的壳体内充满油，防止停机时壳体里的油液全部流回油箱。

对于停机时间较长的液压马达，不能直接满载运转，应待空运转一段时间后再正常使用。

19 安装液压马达的机架为何要有足够的刚度？

安装液压马达的支架、机座均必须有足够的刚度，来承受液压马达输出转矩时作用给它的反力。如安装液压马达的机架刚度不足，将会产生振动或变形，甚至会发生事故，无法保证驱动电动机与马达轴之间的连接的同心度控制在0.1mm以内的要求。

20 液压马达与变速箱为何不宜配套使用？

液压传动的特点之一就是功率重量比大，而且一般情况下，液压马达回路本身就能够完成通常的调速、变速功能。因此，如果液压马达再配上齿轮变速箱一起使用就失去了液压控制的特点，同时也使设备的体积和成本显著增加。

图 5-12 所示为液压马达传动方案对比。

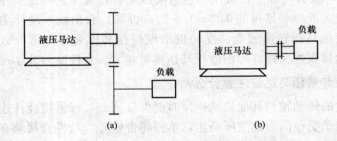

图 5-12   液压马达传动方案对比
(a) 差；(b) 好

21 液压马达的泄油口为何应单独回油箱？

虽然从一般概念上看所有的回油压力都不高（接近大气压），但是很多液压系统中的回油具有一定的压力，而液压马达的泄油腔不允许有压力（液压马达的泄油口的内部是和壳体容腔相连的，马达轴的轴封只起密封作用，不耐压。若将此口同其他回油管路连接在一起，很容易引起马达轴封损坏，导致漏油），因此，不允许将液压马达的泄油口和其他回油管路

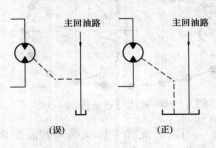

图 5-13   液压马达的泄油回油管路连接

接在一起，如图 5-13 所示。

22 液压马达内为何不宜进入空气?

液压系统在初始工作时,不可避免地会在系统的管路中含有空气。系统调试的一个重要内容就是要将系统中的空气排尽。这对于液压马达尤其重要。液压油在液压马达中有一个从高压突然变为低压的过程,而且该过程频率很高,平均在每转 10 次左右。当进入液压马达的液压油含有空气时,会在压力突变处局部产生气蚀现象,使液压马达加快损坏。

23 什么是液压马达运行维护要点?

(1) 转速和压力不能超过规定值。

(2) 通常对低速马达的回油口应有足够的背压,对内曲线马达更应如此,否则滚轮有可能脱离曲面而产生撞击,轻则产生噪声,缩短寿命,重则击碎滚轮,使整个马达损坏。一般背压值为 0.3~ 1.0MPa,转速越高,背压应越高。

(3) 避免在系统有负载的情况下突然启动或停止制动器会造成压力尖峰,泄压阀不可能在第一时间保护液压马达免受损害。

(4) 使用具有良好安全性能的润滑油,润滑油的号数要适用于特定的系统。

(5) 经常检查油箱的油量。这是一种简单但重要的防患措施。如果漏点没被发现或没被修理,那么系统会很快丧失足够的液压油,而在泵的入口处产生涡旋,吸入空气,从而产生破坏作用。

(6) 尽可能使液压油保持清洁。大多数液压马达故障的背后都潜藏着液压油质量的下降。故障多半是由固体颗粒(微粒)、污染物和过热造成的,但水和空气是重要因素。

(7) 捕捉故障信号,及时采取措施。声音、振动和热度的微小变化都会意味着液压马达存在问题。发出咔哒声意味着存在空隙,损坏的轴承或套管可能会发出一种不寻常的嗡嗡声,同时有振动。当液压马达摸起来很热时,那么这种显著的热度上升就预示着存在故障。液压马达性能变差的一个可靠迹象能在机器上看出来。如果机器早晨能运行良好,但在这一天里逐渐丧失动力,这就说明液压马达的性能在变差。液压马达已被用旧,存在着内部泄漏,而且泄漏会随温度的升高而增加。由于内部泄漏能使密封垫和衬圈变形,所以也可能发生外部泄漏。

5.2.2 液压马达故障诊断与排除

24 液压马达有哪些故障,怎样排除?

表 5-2 给出了液压马达各类故障及表现出的各种症状、故障产生原因及排障措施。

表 5-2　　　　　　　　　　　　　　液压马达故障一览表

故障类型	故障现象	故障原因	排除方法
液压马达旋向不对	控制阀的进口压力为零	控制阀的油管接错	查看设备的原始资料，并按要求纠正回路管路
液压马达不能反转或不能发挥应有的速度和转矩	—	被驱动装置由于安装误差憋劲	拆下液压马达，并检查被驱动装置的传动轴转动需要多大转矩
	液压泵的出口压力为零	油液自由循环流回油箱	检查回路、开关及阀门的工作位置
	溢流阀口的压力为零	溢流阀卡在打开位置	从溢流阀压力调节机构的钢球或柱塞下排除脏物，清洗和抛光受卡阀芯
	液压马达变量机构的角度值发生变化	液压马达变量机构不是设定在相应的角度位置	调节手轮，将液压马达调到相应排量的倾角位置，启动时调到最大倾角，然后减小倾角，以输出所要的转速和转矩
	超载溢流阀压力值偏低	超载溢流阀的压力设定不够高	检查系统压力，并重新设定溢流阀
	液压泵的出口压力值减小	液压泵不能传送足够的压力或流量	检查液压泵的流量、压力和液压马达的速度
液压马达不转	—	马达的内部机构受卡	排除障碍物，在可能时重新垫片
	液压泵的进油口压力值为零	进油无压力	检查和修理被堵塞及有泄漏或破裂的油管、油路
	液压泵的进口差压力值增大	油液被污染	检查和清洗进油系统，查找污染源，重新灌入合适质量和数量的干净油液
	—	传动轴由于各处原因被卡	检查负载、油面高度、油的质量，更换传动轴，检查油管、油路
	油池内黏度值增大或减小	油液黏度不对	重新灌入合适数量和质量的干净油
液压马达工作速度慢	油池内的温度值增大	油温高	检查是否油管阻塞，黏度是否合适，油面是否太低
	—	泵式马达磨损	检查液压泵和液压马达的特性参数，必要时更换或修理
	—	过滤器堵塞	检查并清洗或更换滤芯
向外漏油	—	密封垫泄漏	更换密封垫（如果需要漏油管，必须直接通油箱）

25 **液压马达磨损有哪些相关因素？**

液压马达的磨损分为初期磨损、正常磨损和异常磨损三个阶段。

1）初期磨损阶段：在制造过程中，零件金属表面有一定的微观不平度（表面粗糙度），轴或孔会存在形状误差。在液压马达工作初期，零件间相对高速运动，摩擦副间会产生轻微的磨损，此时零件处于初期磨损阶段。

2）正常磨损阶段：经过一段时间的磨合，摩擦副间生成新的、精度等级更高的粗糙度，机械初期磨损速度减慢，进入比较长的稳定使用阶段。

3）异常磨损阶段：金属材料达到疲劳周期的额定寿命，在金属表面将产生疲劳层，疲劳层在高温、高压的状态下会导致金属表层发生颗粒状脱落，因此，磨损急剧加速，最后使零件失效。

液压马达三个磨损阶段时间的长短主要取决于所使用液压油的洁净度。

影响液压马达寿命的另外一个决定性因素是液压马达轴承的使用寿命。因为液压马达负载转动时，其工作腔内会有许多剥落的金属颗粒因无法排出壳体外而积存在体内，沉积的金属颗粒与液压油混合在一起随液压马达主轴及缸体的转动在壳体内旋流漂移，这将造成液压马达轴承的磨损加剧。轴承磨损到一定程度后游隙增大，回转精度降低，当无法保证缸体与配流盘的相对运动精度时，就会破坏液压马达摩擦副之间的静压平衡，这样又会加速磨损。

26 影响液压马达寿命的因素有哪些?

（1）轴承磨损。

轴承的磨损是影响液压马达软寿命的决定因素。液压马达使用的轴承是在特定运转条件下承载特定摩擦力矩的特殊轴承。AA2F 型斜轴式轴向柱塞马达轴承是瑞典 ina 轴承公司专为力士乐制造的，不能用非专业轴承代替，否则液压马达不能正常工作并大大缩短液压马达的使用寿命。

（2）液压油污染。

该污染主要是人为造成的污染，当更换液压滤芯时没有把滤筒内的油液排净或没有排出滤筒内的油液就更换滤芯，造成滤筒内的污染物从滤筒的排出口直接流入油箱。当一个大于 $10\mu m$ 的颗粒进入到液压马达中，就会造成配流面的一道划痕，该道划痕在高压油液长时间的冲刷下会变成一道沟槽，该道沟槽就足以造成液压马达失效。

（3）吸空穴蚀。

当主机油液管道及部件接头密封处有小的失效范围时，主机液压泵就会从失效的部位吸入空气，使进入液压马达的高压油中含有气泡，在油液挤压作用下，气泡在液压马达缸体内爆炸破裂，造成缸体穴蚀，穴蚀严重时会造成缸体配流面的铜层间隔区串通。吸入空气的另一种原因是液压油箱容积小或油箱内间隔板设计不合理，当液压系统回油时带入的油液中气泡还没有彻底消除就被泵吸油口吸走。

（4）液压马达转速。

液压马达转速关系到液压马达的寿命、耐久性、气穴及噪声等，液压马达转速的选择应严格按照技术规定的数据，不得超过最高转速值。在允许的转速范围内，应选择与工作状况相适应的最佳转速，且最低转速不得低于 50r/min。

（5）液压马达壳体内泄油压力。

壳体内的泄油压力取决于轴封所能允许的最高压力，一般为 0.2MPa，壳体泄油压力过高，将导致轴封过早损坏。

（6）连接不同轴。

当带轮轴与液压马达主轴不同轴度大于 0.1mm 时，其高速旋转所产生的振动将直接反映到液压马达主轴轴承上，缩短主轴前端轴承的使用寿命。

（7）作业环境。

在切割作业时，主机、刀具及机架都会产生较大的振动，都会对液压马达零部件产生破坏作用。

（8）维修方式。

任何不当的维修方式都会造成液压马达的损坏。液压马达的拆卸与装配是一项精细而复杂且专业性很强的工作，维修人员必须仔细阅读液压马达的维修说明书，按规程要求调整静压轴承间隙。

27 斜盘式轴向柱塞马达为何工作无力？

当机械设备长期运转时，有时会出现转台转动无力，或行走速度、爬坡能力下降的现象。在排除发动机功率下降、液压泵效率降低、操纵阀磨损、调节阀压力降低等因素外，基本上都是由于液压马达的驱动能力降低所造成的。

液压马达工作无力的原因有二：一是配流盘磨损严重或拉伤，二是柱塞与柱塞缸孔磨损严重。致使配合间隙增大，内泄过大，高、低压腔之间密封失效，工作腔难以形成高压，液压马达平均转矩降低，从而导致工作无力。

若配流盘与青铜盘的表面配合间隙过大，宜采用磨削方法修理。具体步骤：首先，清洗青铜盘与配流盘；其次，分别将青铜盘与配流盘装到磨床上进行磨削加工；最后，检测。注意：在磨削装夹时，由于缸体和磨床工作台的接触面大都是凸缘，单靠磁力无法固定牢固，必须借助夹具固定。还应检验加工表面与工作台平面的平行度和柱塞孔与工作台平面的垂直度，检验无误后再进行加工。磨光后，要进行刮削，其接触面积应不少于 85%，配流盘的平面度公差为 $6\mu m$，青铜盘的为 $50\mu m$。两盘的接触面积可用红丹油检查，达到 85% 的为合格，否则应继续刮削，直至合格。

当柱塞与柱塞缸孔磨损严重使其配合间隙大于 $50\mu m$ 时，应更换新柱塞或柱塞环。间隙的检验方法是，把柱塞球头小孔用手指封住，柱塞孔口也同时用手封住，然后把柱塞往外拉，如果吸力大而拉不动，说明配合间隙尚佳，否则应更换新件。

28 斜盘式轴向柱塞马达为何转速不稳？

液压马达工作时忽快忽慢，有时还会出现爬行。原因：一是个别柱塞或柱塞缸孔磨损严重，泄漏量增加，忽大忽小。高速时由于流速大，转动件的负载惯性大，转速不稳定不明显；低速时转速不稳定很明显（发抖、忽快忽慢）。二是液压马达支撑轴承架损坏，轴承定位发生变化，零件磨损，油品污染严重，都会出现爬行现象。三是液压马达转子卡死，不能转动。低速大转矩液压马达经长期运转，柱塞与柱塞缸孔、转子孔与配流轴的间隙增大，油液中磨屑随高压油进入液压马达，会将液压马达卡死。另外，散热回路中背压进油节流小孔堵塞，液压马达内部散热能力下降，也不能冲走液压马达内部的污物和磨屑，同时，使配流副和柱塞副局部温度不均匀，产生冲击。这些都会导致液压马达卡死或咬死。四是个别柱塞缸的密封损坏，进油口的油压降低，斜盘的径向分力变小，且各缸的径向分力不同，因而出现转速不稳。五是斜盘轴承损坏，转速忽高忽低，并伴随异常响声。对上述情况，可视情修理或更换新件。

29 闭式液压马达为何漏油，怎样防止漏油？

闭式液压系统（见图 5-14）具有传动效率高、耐污染、寿命长和起步平稳等优点，在工业设备和工程机械领域得到了日益广泛的应用。

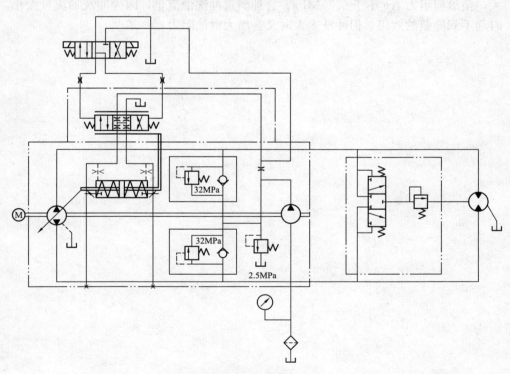

图 5-14 闭式走行系统

（1）漏油原因分析。

柱塞式液压马达轴上的骨架油封始终被泡在高温的泄油中，并承载着泄油路的压力。由于液压泵或液压马达的内泄会导致其壳体温度高于油箱中液压油的温度，所以高温可能导致由有机材料制成的骨架油封老化，使其弹性降低或丧失，从而导致漏油。统计发现，在漏油的液压马达中以闭式液压系统中的为大多数，但事实上开式系统中液压马达的温度比闭式系统中的高，因为闭式系统中的液压马达上一般都安装了降温的冲洗阀（见图5-14），由此可见，造成闭式系统中液压马达漏油的原因不是由高温导致骨架油封老化而引起的。

由于骨架油封是不耐高压的，当泄油量太大或泄油路不畅时会导致泄油压力升高。液压马达一般允许的泄油压力为0.3MPa以下，短时内允许到0.6MPa。由于闭式系统中的液压马达上有冲洗阀，故使得液压马达的泄油量由冲洗油和内泄油两个部分构成，这种额外加进的冲洗油流可能会使泄油管路压力升高，从而导致骨架油封超压而漏油。

（2）防止漏油的措施。

漏油是由液压马达壳体内泄油压力超高导致的，故防漏的所有措施应以减压为目标。合理配置泄油管，阻力大小与管径的五次方成反比，将泄油管直径改大，使沿程阻力 Δp 小于0.15MPa。合理确定冲洗油流量，因为冲洗油流量太小时起不到降温的效果，但冲洗太大时又会增大泄油阻力。

第 *6* 章

液压辅件及其使用与维修

液压辅件是系统的一个重要组成部分，它包括蓄能器、过滤器、热交换器、密封装置等。液压辅件的合理设计和选用在很大程度上影响液压系统的效率、噪声、温升、工作可靠性等技术性能。

6.1 蓄能器及其使用与维修

液压油是不可压缩液体，因此利用液压油是无法蓄积压力能的，必须依靠其他介质来转换蓄积压力能。例如，利用气体（如氮气等）的可压缩性质研制的皮囊式充气蓄能器就是一种蓄积液压油的装置。皮囊式蓄能器由油液部分和带有气密封件的气体部分组成，位于皮囊周围的油液与油液回路接通。当管路压力升高时油液进入蓄能器，气体被压缩，系统管路压力不再上升；当管路压力下降时压缩空气膨胀，将油液压入回路，从而减缓管路压力下降。

6.1.1 蓄能器的分类与特点

气体加载式蓄能器的工作原理建立在波义耳定律基础上。使用时首先向蓄能器充入预定压力的气体（如氮气），当系统压力超过蓄能器内部压力时，油液压缩气体，将油液中的压力能转化为气体内能；当系统压力低于蓄能器内部压力时，蓄能器中的油在高压气体的作用下流向外部系统，释放能量。选择适当的充气压力是这种蓄能器的关键。这类蓄能器按结构可分为隔膜式、活塞式、气囊式和非隔离式等。

1 隔膜式蓄能器有何特点？

隔膜式蓄能器采用一个已密封的钢制外壳和一个橡胶的隔膜，将蓄能器分为两个部分，一端充入惰性气体或中性气体（氮气），一端充入液体，利用橡胶的可伸缩性和气体的可压缩性，对受压液体的能量进行储存和释放。利用受压液体的能量进行储存和释放，蓄能器可用作：紧急或快速能源储存，液压管路吸收冲击，吸收泵的脉动，泄漏补偿，液力弹簧，不同流体的传输。图6-1所示为隔膜式蓄能器外形。图6-2所示为隔膜式蓄能器结构。

(a)

(b)

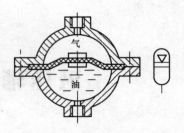

图 6-1　隔膜式蓄能器外形图　　　　图 6-2　隔膜式蓄能器结构图
(a) 国内隔膜式蓄能器产品；(b) HYDAC 隔膜式蓄能器产品

　　隔膜式蓄能器大致可分为焊接式与螺纹式两种形式，它们的基本结构和工作原理是一样的。所不同的是：焊接式的是用焊接方法将蓄能器做成一个整体的；而螺纹式的是利用中间的螺母将蓄能器的上、下两个壳体连成一体的。

　　由于采用焊接方法，焊接式隔膜蓄能器具有在所有蓄能器中体积最小的特点（同等容积）。

　　在一些具有腐蚀环境中或是系统所用介质具有腐蚀性时，蓄能器必须进行防腐处理。一般采用对外壳进行化学涂敷或镀金属或外壳材料使用不锈钢的方法。

　　根据系统所用介质和使用温度，可选用不同的橡胶材料：普通丁腈橡胶（NBR）、丁基橡胶（IIR）、低温丁腈橡胶（LT-NBR）、氟橡胶（FPM）、其他（按客户要求如乙丙、氯丁）。

　　隔膜式蓄能器可在系统的任何位置安装，可水平安装和垂直安装。隔膜式蓄能器设计采用液端螺纹与系统直接固定的方式。但在一些较差环境中（如震动、行走设备）推荐使用卡箍固定。

2　胶囊式蓄能器有何特点？

　　胶囊式蓄能器由胶囊、壳体分为气液两个腔室，胶囊内充氮气，胶囊与壳体组成的腔室充液压油。当液压油进入蓄能器壳体时，胶囊内气体体积随压力增加而减小，从而使液压油储存起来。若液压系统需增加液压油，则蓄能器在气体膨胀压力推动下，将液压油排出给予补充，以达到稳压、补漏的作用。图 6-3 所示为胶囊式蓄能器的结构与外形。

　　胶囊式蓄能器的工作原理如图 6-4 所示。

　　主要特点：与其他蓄能器比较，它具有油气隔离、油不易老化、反应灵敏、尺寸小、重量轻等特点。在液压系统中起储存能量、稳定压力、减小液压泵功率、补偿漏损、吸收冲击压力和脉动压力等多种作用。

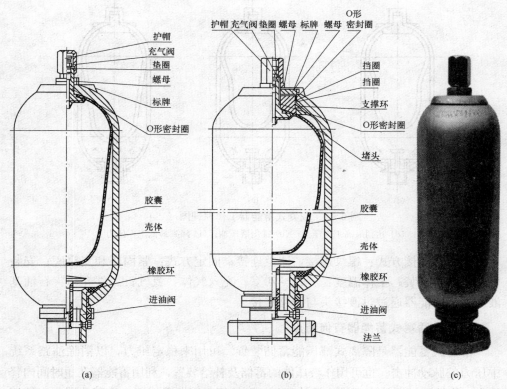

图 6-3 胶囊式蓄能器结构与外形图

（a）螺纹连接式结构图；（b）法兰连接式结构图；（c）法兰连接式外形图

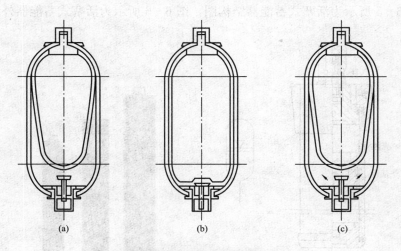

图 6-4 胶囊式蓄能器工作原理图（一）

（a）未充气；（b）充氮气达到预定压力；（c）液压油储存

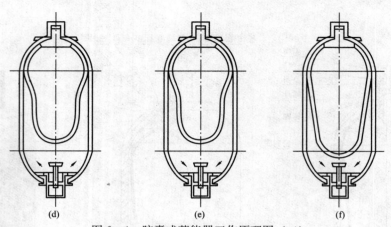

图 6-4　胶囊式蓄能器工作原理图（二）

（d）达到最高工作压力；（e）排出液压油；（f）降到最低工作压力

　　与管道连接方式：螺纹连接，法兰连接；固定方式：紧固环和支撑座；安装方式：垂直安装；工作温度：−10～70℃；充入气体：氮气；工件介质：石油基液压油。蓄能器通过过渡接头与管路连接。

3　活塞式蓄能器有何特点？

　　活塞式蓄能器是隔离式液压能蓄储装置。可用来稳定压力，以消除油路系统中压力的脉动冲击。也可用作液压能的蓄储及补给装置，利用蓄能器在短时间内释放出工作油液，以补充泵供油量的不足，可使用泵周期限卸荷。该蓄能器具有使用寿命较长、油气隔离、油液不易氧化等优点，缺点是活塞上有一点的摩擦损失。

　　图 6-5 所示为活塞式蓄能器结构图，图 6-6 所示为活塞式蓄能器外形图。

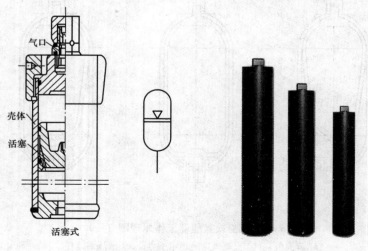

　　　气口

　　　壳体

　　　活塞

　　　活塞式

　图 6-5　活塞式蓄能器结构图　　　图 6-6　活塞式蓄能器外形图

元件使用工作油的黏度为 10~100cSt，推荐使用 ISO VG46 液压油。正常油温在 10~60℃范围内。在使用油温较低时，可选择黏度低的液压油。要定期检查油液性能并进行更换。

6.1.2 蓄能器的基本功能

4 蓄能器怎样用作辅助动力源？

典型液压源回路如图 6-7 所示，带蓄能器的液压源回路如图 6-8 所示。

两种回路从表面看仅为是否有蓄能器的差别，两种回路的性能差别却非常大。蓄能器作为能量储存装置，在液压源回路中出现，其主要用途是作为辅助油

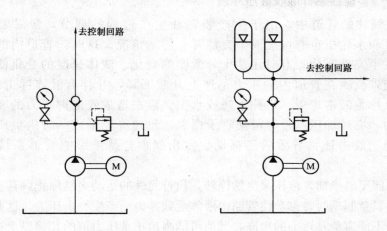

图 6-7 典型液压源回路　　图 6-8 带蓄能器液压源回路

源，该回路经常在间歇性操作工况的液压系统中被采用。液压源回路中安装蓄能装置，在减小液压泵的驱动功率、节约能源、降低噪声、消除脉动、降低设备运行成本等方面效果非常明显。另一方面还可以提高液压系统的安全性和可靠性，一旦发生故障或停电时，还可以作为应急动力源，促使主机恢复到安全状态，避免重大事故的发生。

这类回路在液压系统工作时能补充油量，减少液压油泵供油，降低电动机功率，减少液压系统尺寸及重量，节约投资。带蓄能器液压源回流常用于间歇动作，且工作时间很短，或在一个工作循环中速度差别很大，要求瞬间补充大量液压油的场合。

5 蓄能器怎样恒定系统压力？

某些液压执行元件工作中要求在一定的工作压力下长时间保持不动，这时如果启动液压泵来补充泄漏以保持恒压是不经济的，而采用蓄能器则是最经济有效的。

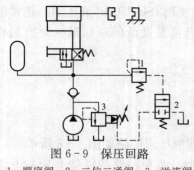

图 6-9　保压回路

1—顺序阀；2—二位二通阀；3—溢流阀

液压系统泄漏（内漏）时，蓄能器能向系统中补充供油，使系统压力保持恒定。常用于执行元件长时间不动作，并要求系统压力恒定的场合。

保压回路如图 6-9 所示，液压夹紧系统中二位四通阀左位接入，工件夹紧，油压升高，通过顺序阀 1、二位二通阀 2、溢流阀 3 使液压泵卸荷，利用蓄能器供油，保持恒压。

6　蓄能器怎样吸收液压冲击？

输送液体的管道中，由于生产装置和生产过程的调节，常需要启闭阀门，水泵和水轮机也有可能发生突然开、停的情况。这时，管道内的液体速度就会发生突然变化，有时还是十分激剧的变化。液体速度的变化使液体的动量改变，反映在管道内的压力迅速上升或下降，并伴有液体锤击的声音，这种现象称为液击现象，也称水锤或水击。液击造成管道内压力的变化有时是很大的，突然加压严重时可使管子爆裂，迅速降压形成的管内负压可能使管子失稳。液击还常导致管道振动、发出噪声，严重影响管道系统的正常运行。

换向阀突然换向，液压泵突然停转，执行元件的运动突然停止，甚至在需要执行元件紧急制动时，都会使管路内液体受到冲击而产生冲击压力，这些情况下安全阀也不能避免其压力的增高，其值可能高达正常压力值的几倍以上；这种冲击压力往往会引起系统中仪表、元件和密封元件发生故障，还会使系统产生强烈的振动。

如图 6-10 所示的回路，在控制阀或液压缸等受到冲击之前的管路上装设蓄能器，可以吸收或缓和换向阀突然换向、液压缸突然停止运动产生的冲击压力。换向阀突然换向时，蓄能器吸收了液压冲击，使压力不会剧增。

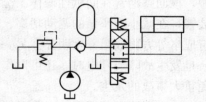

图 6-10　吸收液压冲击的回路

6.1.3　蓄能器的安装与维护

7　蓄能器安装前应作哪些检查？

蓄能器安装前的检查不可忽略。安装前应对蓄能器进行如下检查：

（1）产品是否与选择规格相同。

（2）充气阀是否紧固。

（3）有无运输造成影响使用的损伤。

（4）进油阀进油口是否堵好。

8　蓄能器安装的要求是什么？

蓄能器的安装的基本要求是：

（1）蓄能器的工作介质的黏度和使用温度均应与液压系统工作介质的要求相同。

（2）蓄能器应安装在检查、维修方便之处。

（3）用于吸收冲击、脉动时，蓄能器要紧靠振源，应装在易发生冲击处。

（4）安装位置应远离热源，以防止因气体受热膨胀造成系统压力升高。

（5）固定要牢固，但不允许焊接在主机上，应牢固地支持在托架上或壁面上。径长比过大时，还应设置抱箍加固。

（6）囊式蓄能器原则上应该油口向下垂直安装。倾斜或卧式安装时，皮囊因受浮力与壳体单边接触，有妨碍正常伸缩运行，加快皮囊损坏，降低蓄能器机能的危险，因此一般不采用倾斜或卧式安装。对于隔膜式蓄能器无特殊安装要求，油口可向下垂直安装、倾斜或卧式安装。

（7）在泵和蓄能器之间应安装单向阀，以免在泵停止工作时，蓄能器中的油液倒灌入泵内流回油箱，发生事故。

（8）在蓄能器与系统之间，应装设截止阀，此阀供充气、调整、检查、维修或者长期停机使用。

（9）蓄能器装好后，应充填中性气体或惰性气体（如 N_2 等），严禁充氧气、氢气、压缩空气或其他易燃性气体。

（10）装拆和搬运时，必须放出气体。

9　怎样装配气囊？

气囊结构如图 6 - 11 所示。当气囊充气时，气囊首先在其直径最大、壁厚最薄的上部膨胀，然后下部逐渐膨胀，把气囊向外推到壳体侧壁，同时气囊充满整个容器。气囊外壁与干燥的壳体内壁之间摩擦力很大，充气时会使气囊变形不均匀，局部拉伸过大而破裂。因此在装配前应往壳体内倒入少量液压油，并将油液在壳体内壁涂抹均匀，使壳体内壁与气囊外壁之间形成一层油垫，在气囊变形时，在气囊与壳体间起到润滑作用。

同时，气囊装配前，同样要在气囊外壁涂抹液压油，并将气囊内气体排净、折叠。这时，可将辅助工具拉杆（见图 6 - 12）旋入气囊的充气阀座，再一起经壳体下端大开口装入壳体，在壳体上端拉出拉杆，然后卸下拉杆，装上圆螺母，使气囊固定在壳体上。

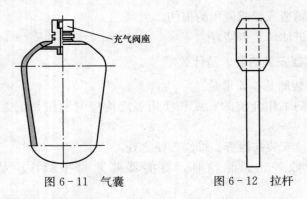

图 6-11 气囊 　　　　　图 6-12 拉杆

10 **怎样维护检查蓄能器？**

蓄能器在使用过程中，必须定期对气囊进行气密性检查。对于新使用的蓄能器，第一周检查一次，第一个月内还要检查一次，然后半年检查一次。对于作应急动力源的蓄能器，为了确保安全，更应经常检查与维护。

蓄能器充气后，各部分绝对不允许再拆开，也不能松动，以免发生危险。需要拆开时应先放尽气体，确认无气体后，再拆卸。

在有高温辐射热源环境中使用的蓄能器可在蓄能器的旁边装设两层铁板和一层石棉组成的隔热板，起隔热作用。

安装蓄能器后，系统的刚度降低，因此对系统有刚度要求的装置中，必须充分考虑这一因素的影响程度。

在长期停止使用后，应关闭蓄能器与系统管路间的截止阀，保持蓄能器油压在充气压力以上，使皮囊不靠底。

蓄能器在液压系统中属于危险部件，所以在操作当中要特别注意。当出现故障时，切记一定要先卸掉蓄能器的压力，然后用充气工具排尽胶囊中的气体，使系统处于无压力状态方可进行维修，才能拆卸蓄能器及各零件，以免发生意外事故。

6.1.4 蓄能器的充气

活塞式蓄能器的充气压力一般为液压系统最低工作压力的 $80\%\sim90\%$，气囊式蓄能器的充气压力可在系统最低工作压力的 $70\%\sim90\%$ 之间选取。

11 **蓄能器怎样充气？**

一般可按蓄能器使用说明书以及设备使用说明书上所介绍的方法充气。使用充气工具（见图 6-13）向蓄能器充入氮气。

蓄能器充气之前，使蓄能器进油口稍微向上，灌入壳体容积约 1/10 的液压油，以便润滑，将图 6-13 所示充气工具的一端连在蓄能器充气阀上，另一端与氮气瓶相接通。

打开氮气瓶上的截止阀，调节其出口压力到 $0.05\sim0.1MPa$，旋转充气工具上的手柄徐徐打开充气阀阀芯，缓慢充入氮气，就会缓慢打开装配时被折叠的气囊，使气囊逐渐胀大，直到菌形阀关闭。此时，充气速度方可加快，并达到所需充气压力。切勿一下子把气体充入气囊，以避免充气过程中因气囊膨胀不均匀而破裂。

若蓄能器充气压力高，充气系统应装有增压器，如图 6-14 所示。此时，将充气工具的另一端与增压器相连。

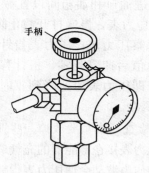
图 6-13 充气工具

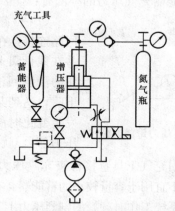
图 6-14 带增压器的蓄能器充气系统

充气过程中温度会下降，充气完成并达到所需压力后，应停 20min 左右，等温度稳定后，再次测量充气压力，进行必要的修正，然后关闭充气阀，卸下充气工具。

蓄能器在充气 24h 后需检测，在以后的正常工作中需定期检测，查看蓄能器是否漏气。

12 充气压力高于氮气瓶压力时怎样充气?

此处介绍一种蓄能器充气压力高于氮气瓶压力的充气方法。

例如充气压力要求 14MPa，而氮气瓶的压力只能充至 10MPa 时，满足不了使用要求，并且氮气瓶的氮气利用率很低，造成浪费。在没有蓄能器专用充气车的情况下，可采用蓄能器对充的方法（见图 6-15），具体操作方法如下：

（1）首先用充气工具向蓄能器充入氮气，在充气时放掉蓄能器中的油液。

（2）将充气工具 A 和 B 分别装在蓄能器 C 和 D 上，将 A 中的进气单向阀拆除，用高压软管 A、B 连通，顶开皮囊进气单向阀的阀芯，打开球阀 1、4，关闭 2、3 两阀。开启高压泵并缓缓升压，可将蓄能器 C 内的氮气充入蓄能器 D 内。当蓄能器 C 的气压不随油压的升高而明显地升高时，即其内的氮

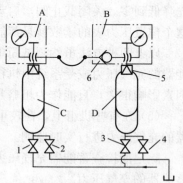
图 6-15 蓄能器对充
1、2、3、4—球阀；5—皮囊进气阀；6—进气单向阀

气已基本充完，将油压降下来。

（3）再用氮气瓶向蓄能器C内充气，然后重复上述步骤，直至蓄能器D内的气压符合要求为止。

13 怎样检查蓄能器充气压力？

检查蓄能器充气压力的办法有：

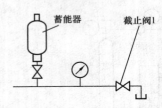

图6-16 压力检测回路

（1）检测时，按图6-16所示的蓄能器压力检测回路连接，在蓄能器进油口和油箱间设置截止阀1，并在截止阀1前装上压力表，慢慢打开截止阀1，使压力油流回油箱，观察压力表，压力表指针先慢慢下降，达到某一压力值后速降到零，指针移动速度发生变化时的读数（即压力表值速降到零时的某一压力值），就是充气压力。

（2）利用充气工具直接检查充气压力，但每检查一次都要放掉一些气体，所以这种方法不宜用于容量较小的蓄能器。有人将压力表接在蓄能器的充气口来检查充气压力，系统工作时频繁的剧烈压力上升下降和压力波动会使压力表指针剧烈摆动，这是不恰当的。

（3）借助放油检查充气压力：利用蓄能器的进油口和油箱间油路上的截止阀，以及截止阀前的压力表，或在油路中利用各测嘴外接截止阀和压力表。检测时，慢慢打开截止阀，使压力油流回流箱，压力表指针先慢慢地下降，达到某压力值后急速降到零，这个位置压力表的读数就是蓄能器的充气压力。

（4）同样利用方法（3）中的截止阀和压力表。先打开截止阀，让系统压力先降低到零。关闭截止阀，启动泵，系统压力会突然上升到某一值后缓慢上升，这个位置压力表的读数就是蓄能器的充气压力。

以上两种方法虽然测试简单，也不需要太多的辅助装置，但测量较小容量蓄能器的充气压力或受系统中执行机构的影响，往往不易检查出，并受测量者人为因素影响很大，只能作为粗略判断。

（5）在有些机组上，在较重要蓄能器的充气阀上装有压力传感器，以对蓄能器的充气压力进行实时监测。

除定期检查蓄能器充气压力外，在运行维护过程中，如发现下列现象应检查蓄能器的充气压力。

1）在执行机构没有动作的情况下，液压泵动作频繁。

2）小行程执行机构每动作一次，液压泵均启动一次，且每次启动时间均很短。

3）测试泵的启停压力时，泵的启动压力和停止压力差值很大，远超过规定值，并且泵在工作过程中，压力上升很快。

4）执行机构响应速度变慢。

对于压力不足或为零的蓄能器应补充充气至规定压力，对充不进气或充气时气体从液压系统油箱溢出的蓄能器，其皮囊或隔膜已经损坏。皮囊式蓄能器可更换皮囊后继续使用，隔膜式蓄能器只能更换新的蓄能器，且隔膜式蓄能器寿命较短。

6.1.5　蓄能器常见故障的排除

以 NXQ 型皮囊式蓄能器为例说明蓄能器的故障现象及排除方法，其他类型的蓄能器可参考进行。

14　**皮囊式蓄能器为何压力下降严重，经常需要补气?**

对于皮囊式蓄能器，皮囊的充气阀为单向阀的形式，靠密封锥面密封（见图 6 - 17）。当蓄能器在工作过程中受到振动时，有可能使阀芯松动，使密封锥面 1 不密合，导致漏气。或者阀芯锥面上拉有沟槽，或者锥面上粘有污物，均可能导致漏气。此时可在充气阀的密封盖 4 内垫入厚 3mm 左右的硬橡胶垫 5，以及采取修磨密封锥面使之密合等措施解决。

另外，如果出现阀芯上端螺母 3 松脱，或者弹簧 2 折断或漏装的情况，有可能使皮囊内氮气顷刻泄完。

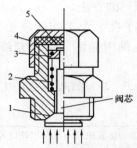

图 6 - 17　蓄能器皮囊气阀结构简图
1—密封锥面；2—弹簧；3—螺母；
4—密封盖；5—硬橡胶垫

15　**皮囊为何使用寿命短?**

影响因素有：皮囊质量，使用的工作介质与皮囊材质的相容性；或者有污物混入；选用的蓄能器公称容量不合适（油口流速不能超过 7m/s）；油温太高或过低；作储能用时，往复频率是否超过 1 次/10s，超过则寿命开始下降，若超过 1 次/3s 则寿命急剧下降；安装是否良好，配管设计是否合理等。

另外，为了保证蓄能器在最小工作压力 p_1 时能可靠工作，并避免皮囊在工作过程中常与蓄能器的菌形阀相碰撞，延长皮囊的使用寿命，充气压力 p_0 一般应在 $0.75p_1 \sim 0.9p_1$ 的范围内选取；为避免在工作过程中皮囊收缩和膨胀的幅度过大而影响使用寿命，要让 $p_0 > 25\% p_2$（最大工作压力），即要求 $p_1 > 33\% p_2$。

16　**蓄能器为何不起作用?**

产生原因主要是气阀漏气严重，皮囊内根本无氮气，以及皮囊破损进油。解决办法：更换皮囊或修复气阀。另外当 $p_0 > p_2$（最大工作压力），即最大工作压力过低时，蓄能器完全丧失蓄能功能。解决办法：重新调整系统压力。

17　**蓄能器为何吸收压力脉动的效果差?**

为了更好地发挥蓄能器对脉动压力的吸收作用，蓄能器与主管路分支点的连接管道要短，通径要适当大些，并要安装在靠近脉动源的位置。否则，它消除压力脉动的效果就差，有时甚至会加剧压力脉动。

18 蓄能器为何释放出的流量稳定性差，怎样改进？

蓄能器充放液的瞬时流量是一个变量，特别是在大容量且 $\Delta p = p_2 - p_1$ 范围又较大的系统中，若得较恒定和较大的瞬时流量，可采用下述措施：

（1）在蓄能器与执行元件之间加入流量控制。

（2）用几个容量较小的蓄能器并联，取代一个大容量蓄能器，并且几个容量较小的蓄能器采用不同档充气压力。

（3）尽量减小工作压力范围 Δp，也可以采用适当增大蓄能器结构容积（公称容积）的方法。

（4）在一个工作循环中安排好有足够的充液时间，减少充液期间系统其他部位的内泄漏，使在充液时蓄能器的压力能迅速和确保能升到 p_2，再释放能量。

表 6-1 为国产 NXQ-L 型皮囊式蓄能器的允许充放流量表。

表 6-1   NXQ-L 型皮囊式蓄能器允许充放流量表

蓄能器公称容积（L）	NXQ-L0.5	NXQ-L1.6～NXQ-L6.3	NXQ-L10～NXQ-L40
允许充放流量（L/s）	1	3.2	6

19 油箱为何喷油？

在实际操作当中，有时还会遇到油箱喷油的现象，这是由于蓄能器气囊受压破碎，大量气泡进入油液中，使油液的可压缩性增加。由于油液从高压突然降为低压，流回油箱的油液在箱内急剧膨胀，油箱内的压力高于大气压，使油液混同空气一起从通气孔排出，从而出现喷油现象。

怀疑蓄能器出现故障时，首先应检查蓄能器的充氮压力。

此外，如果充氮压力过高，也会出现异常，因为充氮压力过高，蓄能器储存的油量太少，满足不了液压缸的用量，不能正常工作。

🔧 6.2 密封件及其使用与维修

密封装置用来防止系统油液的内、外泄漏，以及外界灰尘和异物的侵入，保证系统建立必要压力。

6.2.1 密封件概述

20 液压系统对密封装置有何要求？

液压系统对密封装置的要求是：

（1）在一定的工作压力和温度范围内具有良好的密封性能。

（2）与运动件之间摩擦系数小，寿命长，不易老化，抗腐蚀能力强。

（3）制造容易，维护使用方便，价格低廉。

21　**常用橡胶密封件有哪些类型，适用何种条件?**

常用橡胶密封件的类型和适用条件如表 6-2 所示。

表 6-2　　　　　　　　　　　　橡胶密封件的类型和适用条件

名称	图形	适用条件
O 形橡胶密封圈		工作介质包括空气、水、矿物油等，$p < 35MPa$，$v < 6m/s$，$t = -40 \sim 200℃$
旋转轴唇形密封圈（油封）		工作介质包括矿物油、润滑油等，$p < 0.03MPa$，$v < 4m/s$，$t = -30 \sim 80℃$
Y 形橡胶密封圈		工作介质包括空气、矿物油，$t = -40 \sim 80℃$
活塞高低唇 Y 形橡胶密封圈		工作介质包括空气、矿物油，$p < 25MPa$，$v < 0.5m/s$，$t = -40 \sim 80℃$
活塞杆高低唇 Y 形橡胶密封圈		工作介质包括空气、矿物油，$p < 25MPa$，$v < 0.5m/s$，$t = -20 \sim 80℃$
蕾形夹织物橡胶密封圈		工作介质包括空气、矿物油，$t = -40 \sim 80℃$
V 形夹织物橡胶组合密封圈		工作介质包括液体，$t = -40 \sim 80℃$

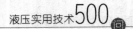

名称	图形	适用条件
鼓形夹织物 橡胶密封圈		工作介质包括空气、矿物油，$p<70$MPa，$v<$0.5m/s，$t=-40\sim80$℃
山形橡胶密封圈		工作介质包括空气、矿物油，$p<35$MPa，$v<$0.5m/s，$t=-40\sim80$℃
橡胶防尘密封圈		防尘
毡封油圈		防尘、防油的油封，适用于线速度 $v<5$m/s

6.2.2　常用往复密封件的选型与应用

在静密封场合，主要是 O 形圈；在动密封场合，各种动密封件品种繁多。动密封件按功用可分为旋转密封件和往复密封件，特别是往复密封件品种多。

22　往复密封件怎样分类？

往复密封件按功用可分为防尘圈、轴用密封圈、孔用密封圈。

往复密封件按结构可分为唇形密封件、组合密封件。唇形密封件按结构可分为蕾形圈、T 形圈、Y 形圈及其派生产品、整体式活塞密封、自动补偿薄型紧凑密封 PZ 等；组合密封件按结构可分为同轴组合密封件、V 形组合密封件、多功能紧凑型组合密封件。

23　什么是防尘圈，怎样分类？

防尘圈是装在活塞杆上，用于防止外部灰尘混入液压缸的往复密封件。

防尘圈可分为唇形防尘圈、特康组合防尘圈、佐康组合防尘圈，其中唇形防尘圈又可分为有骨架唇形防尘圈、无骨架唇形防尘圈。

（1）骨架唇形防尘圈：它是利用骨架与腔体孔的过盈配合来实现防脱，防尘圈唇口与缸头端部齐平，该结构可使唇口免遭外部原因损坏，多用于工程机械、垃圾车等行走机械唇口易被损坏的场合。

（2）无骨架唇形防尘圈：它安装在缸头前端的闭式沟槽内，设计时必须将唇口稍稍凸出缸头端部,以便易于清除唇口所挡出的污物。该结构安装方便,应用最广,可用于一般工业液压、行走液压与气动。

(3)特康组合防尘圈(聚四氟乙烯+橡胶):它利用 O 形圈的弹性对已磨损的聚四氟乙烯(PTFE)唇口进行实时磨损补偿,配以不同材质 O 形圈后可用于高速、高温及特殊工作介质的场合。

(4)佐康组合防尘圈(聚氨酯+橡胶):不常用,结构同特康组合防尘圈,区别在于将聚四氟乙烯(PTFE)部分改成聚氨酯(PU)。它利用 O 形圈的弹性对已磨损的聚氨酯(PU)唇口进行实时磨损补偿,其优点是比普通唇形防尘圈寿命更长。

防尘圈使用注意事项:所有防尘圈均不能承压,即不具有密封功能,它的作用仅在于防尘,必须与其他密封件配套使用;设计时应避免防尘圈的唇口与活塞杆孔或扳手对边相接触而导致被割破。

24　什么是轴用密封圈,怎样分类?

轴用密封圈是用于相对往复运动孔与轴、密封面为轴的密封圈。

轴用密封圈可分为轴用唇形密封圈、轴用组合密封圈。

(1)轴用唇形密封圈:轴用 Y 形圈及其派生产品(Yx 形圈、U 形圈、缓冲环等)、轴用蕾形圈、轴用 T 形圈。

(2)轴用组合密封圈:轴用同轴组合密封圈(斯特封)、轴用 V 形组合圈、轴用多功能紧凑型组合圈(SM:B+S)。

25　什么是孔用密封圈,怎样分类?

孔用密封圈是用于相对往复运动孔与轴、密封面为孔的密封圈。

孔用密封圈可分为孔用唇形密封圈、孔用组合密封圈。

(1)孔用唇形密封圈:孔用 Y 形圈及其派生产品(Y 形圈、Yx 形圈、U 形圈)、孔用蕾形圈、孔用 T 形圈,适用于气动的还有整体式活塞密封(DP/DK:Parker)、自动补偿薄型紧凑密封(PZ:Parker)。

(2)孔用组合密封圈:孔用同轴组合密封圈(孔用格来圈、孔用斯特封)及其派生产品(OK 封:Parker;SPG:NOK;SPGW:NOK 等)、孔用 V 形组合圈、孔用多功能紧凑型组合圈(DAS:B+S;DSM:B+S;ZW:Parker;ZX:Parker 等)。

26　什么是导向环,怎样分类?

从严格意义上讲,它不属于密封件,因为它不具有密封功能;从广义上讲,它也可以说是密封件,因为它是密封组合结构中不可缺少的配角。

导向环,又称耐磨环、支撑环,当成卷供应时又称导向带、耐磨带等。它的作用是对活塞和活塞杆起导向和吸收径向力作用。它与金属耐磨环相比有很多优点,主要表现在:能吸收机械振动;允许有较大的径向间隙,不会因同轴度稍差出现活塞杆别劲；维修更换方便且成本较低。它的材质主要有改性聚四氟乙烯、酚醛树脂＋夹布织物、聚甲醛＋玻璃纤维等。

改性聚四氟乙烯导向环：启动阻力小，低速时不易爬行；低摩擦，适用于高速、中、轻载气缸和液压缸场合（气缸基本上采用这种导向环）；加入石墨等填充剂后可适用于无油润滑的气缸。酚醛树脂＋夹布织物、聚甲醛＋玻璃纤维导向环：其承载能力可达改性聚四氟乙烯导向环的几十乃至一百多倍，适用于重载、高压液压缸场合。

27 活塞杆密封有哪些类型，各有何特点？

（1）防尘圈＋Y形圈（＋支撑环）＋轴用斯特封＋支撑环（见图6-18）：适用于中、高压场合的工业液压缸和行走机械液压缸。第一道密封的主要作用是承压，其次是密封，它能抵挡住高压油液对第二道密封（唇形密封圈一般不能承受高压）的损害。第二道密封的作用完全是密封，它是对第一道密封的增补和加强。另外，轴用斯特封的回油功效很好，它能将第一、二道密封间的淤油回流到液压缸腔体，不会形成困油区。括号内支撑环在紧凑时可省略，以下同。

（2）防尘圈＋斯特封（＋支撑环）＋轴用斯特封＋支撑环（见图6-19）：适用于高压、高温、高速、耐腐蚀场合的工业液压缸和行走机械液压缸。该双斯特封结构摩擦系数更小（防尘圈用特康型更好），可实现高速运行。若将斯特封和特康防尘圈的O形圈材质改为氟橡胶，则可用于高温和抗燃液压介质场合。

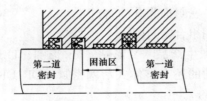 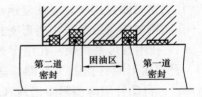

图6-18 防尘圈＋Y形圈（＋支撑环）＋　图6-19 防尘圈＋斯特封（＋支撑环）＋
　　　轴用斯特封＋支撑环　　　　　　　　　　轴用斯特封＋支撑环

（3）防尘圈＋Y形圈＋缓冲环＋支撑环（见图6-20）：适用于工况较恶劣、有液压冲击的工程机械液压缸。该结构紧凑，缓冲环回油功效好，不会形成困油区，防尘圈带骨架，唇口与缸头端面齐平，不易被砂石等损伤。

（4）防尘圈＋BD＋支撑环（见图6-21）：适用于一般场合的中、低压工业液压缸。图中密封件为Parker的BD圈，它是Y形圈的派生产品，夹在唇口间的O形圈具有补偿磨损的作用，使其低压密封性能更好。该处同样也可装H形圈、U形圈等。

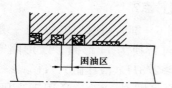

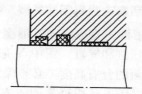

图 6 - 20　防尘圈＋Y形圈＋
缓冲环＋支撑环

图 6 - 21　防尘圈＋
BD＋支撑环

（5）防尘圈＋轴用 V 形圈（见图 6 - 22）：适用于大型、重载、有液压冲击及压力、温度、速度变化范围大、难以预测的恶劣工况下的中、高压液压缸场合，常用于冶金。轴用 V 形圈磨损后可通过减少调整片或调节环首螺钉来补偿磨损量，从而实现延长使用寿命的目的。轴用 V 形圈对油液污染不敏感，但它的启动阻力较大。轴用 V 形圈安装时各元件必须交错成 120℃，这样沟槽的长度不会改变。由于它的切开式结构和开式安装沟槽，故在维修时无需全部拆卸液压缸。

（6）防尘圈＋SM＋支撑环（见图 6 - 23）：它是图 6 - 22 所示结构的新型替代品，在大多情况下均可替代，但磨损后不可补偿。

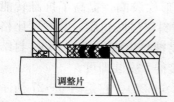

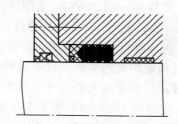

图 6 - 22　防尘圈＋轴用 V 形圈

图 6 - 23　防尘圈＋SM＋支撑环

（7）防尘圈＋轴用蕾形圈/T 形圈＋支撑环（见图 6 - 24）：它的功效与图 6 - 23 所示的结构相似，但需开式安装沟槽。

（8）气动防尘组合圈＋耐磨铜套（见图 6 - 25）：该结构为气缸常用活塞杆密封，防尘组合圈既具有防尘又具有低压密封功效，耐磨铜套若改为 PTFE 支撑环性能将更好。

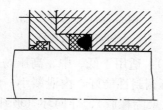

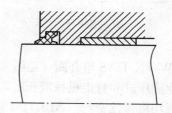

图 6 - 24　防尘圈＋轴用蕾
形圈＋支撑环

图 6 - 25　气动防尘组
合圈＋耐磨铜套

28 活塞密封有哪些类型，各有何特点？

（1）V形圈＋支撑环＋Y形圈（见图6-26）：该结构适用于一般场合的中、低压工业液压缸和气缸，图中Y形圈也可替换为H形圈、U形圈等派生产品。注意沟槽两侧的台肩高度，必须保证 $H_1 \geqslant 2/3H$（液压缸）、$H_1 \geqslant 1/2H$（气缸）。

（2）支撑环＋孔用格来圈＋支撑环（见图6-27）：适用于高压、高温、高速、耐腐蚀场合的工业液压缸和行走机械液压缸。孔用格来圈结构摩擦系数更小，可实现高速运行，若将格来圈的O形圈材质改为氟橡胶，则可用于高温和抗燃液压介质场合。

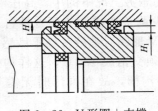
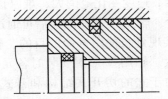

图6-26 Y形圈＋支撑
环＋Y形圈

图6-27 支撑环＋孔用格
来圈＋支撑环

（3）支撑环＋OK/SPG＋支撑环（见图6-28）：它是图6-27所示结构的新型替代品，OK封和SPG因其弹性件改为方形橡胶圈，提高了抗翻转能力。另外，OK封的密封环部分采用了复合热塑性材料聚酰胺树脂，其硬度比格来圈的密封环材料聚四氟乙烯硬，故不易划伤、不易被挤出密封间隙。OK封结构又为阶梯断开式，安装时无需安装专用工具，直接徒手安装即可。

（4）支撑环＋Y3/SPGW＋支撑环（见图6-29）：它是图6-27所示结构的新型替代品，Y3和SPGW的结构比SPG更先进，密封环的两边被加上挡圈，与SPG相比更不易被挤出密封间隙。

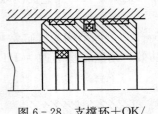
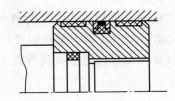

图6-28 支撑环＋OK/
SPG＋支撑环

图6-29 支撑环＋Y3/
SPGW＋支撑环

（5）ZW/ZX/DAS组合圈（见图6-30）：适用于低、中、高压场合安装空间紧凑的工业液压缸和行走机械液压缸，低压密封性能好，内泄漏小，但启动阻力较大。三者均由弹性密封（NBR）、挡圈（聚酯橡胶）、导向环（玻纤-热塑性聚合物）三合一组成，均为闭式安装沟槽，挡圈和导向环为切开式结构，它们与弹性密封装于同一沟槽。挡圈结构特殊，能有效防止弹性密封在工作时不必要的旋转。该组合设计精减了沟槽数量，结构紧凑，安装方便，无需安装工具，只需将挡圈和导向环的切口错开直接徒手安装即可。

（6）DSM 组合圈（见图 6-31）：它既具有 V 形圈耐液压冲击抗侧向载荷又具有 DAS 组合圈结构紧凑的优点，它比 DAS 组合圈更耐高压，但需开式安装沟槽，建议与轴用 SM 组合圈配套使用。适用于中、高压场合的工业液压缸和行走机械液压缸。

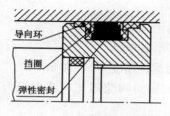 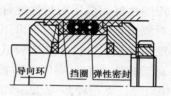

图 6-30   ZW/ZX//DAS 组合圈   图 6-31   DSM 组合圈

（7）孔用 V 形圈＋支撑环＋孔用 V 形圈（见图 6-32）：适用场合与特点同上述轴用 V 形圈，常与轴用 V 形圈配套使用。

（8）孔用蕾形圈＋支撑环＋孔用蕾形圈（见图 6-33）。

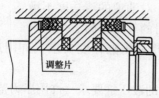 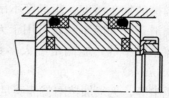

图 6-32   孔用 V 形圈＋支撑   图 6-33   孔用蕾形圈＋支撑
　　　　环＋孔用 V 形圈　　　　　　　　环＋孔用蕾形圈

（9）支撑环＋AQ＋孔用斯特封＋支撑环（见图 6-34）：该结构可根据需要在 AQ 封和孔用斯特封之间再加一个支撑环，专门适用于活塞式蓄能器。AQ 封装于氮气侧，用作气体的低泄漏密封；孔用斯特封装于油液侧，用作油液的高压密封。

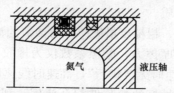

图 6-34   支撑环＋AQ＋孔用斯特封＋支撑环

6.2.3   密封件的材料

29   往复密封件常用材料有哪些，各有何特点？

往复密封件的常用材料为橡胶（NBR、FPM 等）及其夹织物、聚氨酯

（PU）、改性聚四氟乙烯（PTFE）、热塑性材料。

（1）橡胶材料的特性。

1）温度适应范围较宽，氟、硅等特殊材质橡胶的应用扩大了橡胶材料的适用范围。

2）与介质的适应性好，可根据不同工况选择不同胶料。

3）弹性好，常与 PU、PTFE 等材料配套使用组成组合密封圈，它起着补偿磨损量的作用。

4）跟随性好，低压密封性能好，可用于气动密封。

5）对润滑条件要求高，不可用于无润滑的气动。

6）摩擦系数大，许用速度较低（许用运行速度为 $v<0.5\text{m/s}$）。

7）材质较软，不耐高压，易被挤出到密封间隙损坏（许用压力范围：纯橡胶为 $<10\text{MPa}$，夹布橡胶为 $25\sim70\text{MPa}$）。

（2）聚氨酯（又称佐康）材料的特性。

1）温度适应范围较窄，不耐高温（国外 PU 密封件许用温度范围为 $-30\sim+110℃$，国内 PU 密封件许用温度范围 $-10\sim+80℃$）。

2）耐油性好，但易水解，不能用于含水介质和磷酸酯基抗燃介质。

3）对沟槽的加工精度、粗糙度不敏感，对油液的清洁度不敏感。

4）对润滑条件要求不高，可用于无润滑的气动密封。

5）摩擦系数中等，能满足绝大多数常规液压缸速度要求（许用运行速度为 $0.03<v<0.8\text{m/s}$）。

6）耐压中等，无须加挡圈就能满足常规的液压缸要求（许用压力范围为 $2.5\sim21\text{MPa}$）。

7）最耐磨，机械性能好，寿命长，使用最广泛。

（3）聚四氟乙烯（又称特康）材料的特性。

1）温度适应范围最宽，既耐高温又耐低温（许用温度范围为 $-200\sim+270℃$），与橡胶件组合后许用温度同橡胶件。

2）适用于所有化学介质。

3）对沟槽的加工精度、粗糙度最敏感，对油液的清洁度最敏感。

4）极小的启动和运动摩擦力，摩擦系数仅为橡胶的 2/20，既可用于低速场合又可用于高速场合，低速时无"爬行"，高速时线速度最高可达 25m/s。

5）无弹性，必须与弹性好的橡胶件配合使用，利用橡胶件的弹性对其进行磨损补偿。

6）材质硬，抗冷流，但跟随性差，低压密封性能差，一般多用于中、高压场合。

7）强度低，不耐磨，需加入 5％～40％填充剂（如铜粉、碳纤维、石墨等）来增加强度和改善耐磨性。

8）价格贵，改性生产工艺复杂（必须加入填充剂后约＋327℃高温下烧结20h 以上）。

9）安装活塞杆及密封件需抹润滑油或润滑脂，但润滑脂中不能含有二硫化钼、硫化锌。

10）组合圈的特康材料部分必须在油里或水里加热到 80～120℃才能装到闭式沟槽中。

30　各类密封材料与何种工作介质相适应？

密封材料与工作介质之间存在着相互适应的问题。

表 6 - 3 是密封件常用橡胶材料性能特点及适用的液体。

表 6 - 3　　　　　　　　密封件常用橡胶材料性能特点及适用的液体

材料名称		代号	使用温度（℃）	特点	应用
天然橡胶		NR	−50～120	弹性和低温性能好，但高温性能差，耐油性差，在空气中容易老化	用于水、醇类介质，不宜在燃料油使用
丁腈橡胶	中丙烯腈（丁腈-26）	NBR	−30～120	耐油、耐磨、耐老化性好，但不适用于磷酸酯系液压油及含极压添加剂的齿轮油	应用广泛，适用于耐油性要求高的场合
	高丙烯腈（丁腈-40）		−30～120	耐燃料油、汽油及矿物油性能最好，丙烯腈含量高则耐油性能好，但耐寒性较差	
乙丙橡胶		EPDM	−50～150	耐热、耐寒、耐老化、耐臭氧性、耐酸碱性、耐磨性好，但不耐一般矿物油系润滑油及液压油	可用于过热蒸气，但不可用于矿物油、液氨和氨水中
硅橡胶		MPQ	−70～260	耐热、耐寒性能极佳，但机械强度差。在汽油、苯中溶胀大，在高压水蒸气中发生分解	可用于高、低温下高速旋转的场合
氟橡胶		MPF	−20～250	耐油、耐热、耐酸、碱性能极佳，几乎耐所有润滑油、燃料油，耐真空性好，但耐寒性和耐压缩永久变形性不好	用于耐高温、耐腐蚀的场合，但对酮、酯类溶剂不适用
氯丁橡胶		CR	−40～130	耐老化性、耐臭氧性、耐热性比较好，耐燃性在通用橡胶中为最好。耐油性次于丁腈橡胶，耐酸、碱、溶剂也较好	用于易燃性介质及酸、碱溶剂，不能用于芳香烃及氯化烃油介质
聚氨酯橡胶		PU	−20～80	优异的耐磨性和良好的不透气性，耐油、耐氧及臭氧老化。弱点是水解性，不耐水、蒸汽、酸碱及酮类	用于石油基液压油、难燃液压液的中、高压液压缸

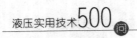

材料名称	代号	使用温度（℃）	特点	应用
丙烯酸酯橡胶	ACM	−10～170	耐热氧老化性能和耐油性能优异，对含极压添加剂的油十分稳定。耐寒、耐水、耐溶剂性能差	常温下耐油性能与丁腈橡胶接近，在热油中优于丁腈橡胶
填充聚四氟乙烯	PIFE	−260～260	耐磨性极佳，耐热、耐寒、耐溶剂、耐腐蚀性能好，具有极低的透气性，但弹性极差，膨胀系数大	用于高温或低温条件下的酸、碱、盐、溶剂等强腐蚀介质

表6-4列出了各种液压油（液）与常用密封材料的相容性。密封件产生"溶胀"或"抽提"的原因是液压油中添加剂所含有的各种化学元素及其浓度，依据"相似相溶"的原理，对不同的密封材质产生不同的影响，也即是密封材料的耐介质性能。

表6-4　　　　各种液压油（液）与常用密封材料的相容性

密封材料	普通矿物液压油	水-乙二醇液压液	磷酸酯液压液	油包水乳化液
丁腈胶	适应	适应	不适应	适应
硅橡胶	适应	适应	适应	适应
氟橡胶	适应	适应	适应	适应
乙丙胶	不适应	适应	适应	不适应
天然胶	不适应	适应	不适应	不适应
氯丁胶	适应	适应	不适应	适应
聚四氟乙烯	适应	适应	适应	适应
尼龙	适应	适应	适应	适应
聚氯乙烯塑料	适应	适应	不适应	适应
丙烯酸塑料	适应	适应	不适应	适应
苯乙烯塑料	适应	适应	适应	适应
环氧塑料	适应	适应	不适应	适应

6.2.4　密封件故障分析与排除

31　密封件有哪些损坏形式？

（1）磨损。密封件与金属表面滑动产生摩擦使密封件磨损。油内污染物（尤其是金属类颗粒）、金属表面过高的粗糙度、装得太紧等因素加速这种磨损。

（2）缝隙挤压变形。密封件在高压下产生液化现象，进入密封面的缝隙，如

图 6 - 35 所示。密封件与密封沟槽之间的相对运动会促进这一过程，缝隙挤压导致密封件完全损坏，表面撕裂或破碎，还可能出现塑性变形。加密封挡圈可以避免挤出现象。

（3）翻转。这类故障在使用唇形密封件（如液压缸里的密封件）时，是以密封件从沟槽中部分地被挤出为特征的。液压设备运行时，密封沟槽里的压力很大，这个压力作用于密封件的根部，当根部被磨损掉后，在摩擦力的作用下，密封件被翻过来并从密封沟槽里脱出，一旦密封唇被切开或压断，密封件完全损坏。

（4）谷部开裂。唇形密封件的谷部（如图 6 - 36 箭头所指）是应力集中处，受到压力冲击时，容易裂开。

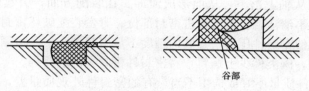

谷部

图 6 - 35　缝隙挤压变形　　　图 6 - 36　谷部开裂

（5）扭转。当唇形密封件在运动中产生较大的摩擦力时，可能产生整圈或局部的扭转。

（6）偏磨。这是密封件损坏的主要原因之一。密封件本身偏心、密封支持面偏心、往复运动件与密封件配合面有部分拉毛、受到径向载荷等，均会引起偏磨。

（7）材料老化。密封件因使用期太长、保存太久或其他原因氧化而变硬、变脆，失去弹性，不再起密封作用。

32　**现场密封失效的原因是什么？**

密封故障的原因很广泛，可归纳为以下四大类：

（1）密封设计不合理。属这类问题的有密封方式选择错误、密封件形状及材料选择错误、参数设计错误、密封支持面或接触面设计错误等。密封圈的沟槽设计，除 O 形圈以外的大部分密封圈，都由生产厂家提供，一般只要严格按照设计即可。而对于 O 形圈而言，沟槽的设计对密封失效至关重要。沟槽过大或过深都会造成压缩量不够而引起泄漏；沟槽过小或过浅，压缩量过大将使压缩应力增大、摩擦力增大从而加快密封圈的磨损，也使 O 形圈易产生扭曲破损。一般在设计中，应遵循这样的原则，高压则压缩量大，低压则压缩量小；静密封压缩量大，动密封压缩量小。

（2）配合件加工装配质量差。这类问题主要表现在密封件配合面尺寸精度超差，粗糙度超差，引起密封部位偏心，拉伤，压不紧或压得过紧。安装孔口没有倒角与去毛刺引起密封件在安装时被剪切与划伤。零件机械加工质量差，引起砂眼与裂缝、表面不平、油路串通等。被密封的配合表面的粗糙度，对密封的可靠性和使用寿命也有较大影响。表面粗糙度过大或硬度不够都会使密封件因与接触表面产生研磨和黏着磨损而过早失效。任何划痕刮伤、气孔和加工痕迹都会损伤密封件。尤其往复运动密封的配合表面对粗糙度要求更高。对于往复运动的密封圈，油液由于其黏度、压力及在运动速度的作用下，沿金属滑移面和密封件之间形成一层黏附力极强的油膜。当轴向外伸出时，轴上的油膜便与轴一起被拉出；当轴缩回时，油膜便被密封件阻留在外边。随着往复次数增多，阻留在外边的油液就越多，最后形成油滴从轴上落下。液压缸轴头经常有污油就是这个原因。若密封表面光滑、粗糙度小，外边的油液在一定时间内不会形成油滴落下，不会对系统的正常工作造成影响；若密封表面较粗糙，阻留在外边的油液会在极短的时间内形成油滴从轴上落下，从而形成泄漏。在装配方面，引起密封失效的原因是：装配环境不清洁，将杂质带进密封部位；野蛮装配破坏密封件，没有安装在正确位置上，使密封件压坏；安装的精度不足引起偏心，一边紧一边松。管接头没有上密封胶，阀类件少上螺钉，将密封件密封方向装反等。

（3）密封件质量不好或选用不当。有的密封件外观质量差，表面粗糙，尺寸与形状误差大。旋转轴唇形密封圈弹簧尺寸误差大，可能造成松动。密封材料的耐油性能差，老化速度快，保存期短，压缩后产生永久变形。

（4）使用不当。工作条件恶劣（如高温、高速、高压），引起密封件老化过速，失去弹性，产生泄漏。维护保养不及时不彻底，该换的密封件未换，压力调得过高，液压冲击太大，将管接头振松，错用了密封，如截面、直径及密封方式错误等。

6.3 过滤器及其应用

6.3.1 过滤器的功用与类型

33 液压系统中过滤器的作用是什么？

液压系统中过滤器的作用有：

（1）滤除油液中的污垢颗粒，防止运动部件卡死、零件划伤、油道堵塞等故障，提高系统工作的可靠性和稳定性。

（2）滤除油液中的细小颗粒杂质，防止零件磨料磨损，延长使用寿命。为此，过滤精度应满足需要保护的滑动间隙。

（3）通过分析过滤器中积留污染物，分析故障隐患，查找磨损部件，监测设备运行。

34 过滤器有哪些类型？

液压系统使用的过滤器，按滤芯材料的过滤机制，分为表面型、深度型和吸附型等三种。

（1）表面型过滤器。

过滤作用由一个几何面实现。

滤芯材料具有均匀的标定小孔，可以滤除比小孔尺寸大的颗粒。滤下的颗粒被截留在油液上游一侧滤芯的表面。

由于颗粒聚集在表面，滤芯很容易被堵塞，需要定时清洗。

编网式过滤器和线隙式过滤器，均属于此类。

1）编网式过滤器。滤芯由芯架上包裹铜丝网组成。过滤精度低，与网孔大小和丝网层数有关，有 80、100、180μm。用于压力管路，常用 100、150、200 目的铜丝网；用于液压泵吸入管路，常用 20～40 目的铜丝网。压力损失不超过 0.004MPa。结构简单，流通能力大，清洗方便。

2）线隙式过滤器。滤芯由芯架上缠绕金属线组成，利用线间微小间隙阻挡颗粒通过。过滤精度高，有 30、50、80μm 等三个等级。用于低压管路。压力损失不超过 0.03～0.06MPa。结构简单，流通能力大，滤芯材料强度低，不便于清洗。

（2）深度型过滤器。

滤芯由多孔可透性材料组成，内部具有曲折迂回的通道。大于表面孔径的颗粒被截留在外表面；较小的颗粒进入材料内部，被通道壁吸附。采用纸、毛毡、烧结金属、陶瓷、各种纤维制品等制作滤芯的过滤器属于此类。

1）纸芯过滤器。结构与线隙式过滤器相同，但滤芯为平纹和波纹的化学纤维或木浆微孔滤纸制成。为了增大过滤面积，纸芯常制成折叠形。为增强滤芯强度，其内外两侧通常用金属网加固。过滤精度高，可达 5～20μm。压力损失为 0.01～0.4MPa。

2）烧结式过滤器。滤芯由金属粉末烧结而成，利用金属颗粒间的微孔挡住油液中的颗粒。过滤精度高，可达 5～10μm，可通过改变金属粉末颗粒的大小来改变过滤精度。适用于精过滤。

（3）吸附型过滤器。

滤芯材料将油液中的颗粒吸附在滤芯上。磁性过滤器就属于吸附型过滤器，由永久磁铁制成，能吸附油液中的铁屑、铁粉或带有磁性的磨料。通常与其他形式的过滤器结合，制成复式过滤器。磁性过滤器还有监测机械设备磨损的作用。

磁性过滤器分为普通磁性过滤器和高梯度磁性过滤器。普通磁性过滤器利用磁铁磁场直接捕捉油液中的铁磁性污染颗粒。其中永磁式过滤器具有结构简单、制造方便、运行可靠、运行费用低等优点，因而应用较广；其主要缺点捕捉颗粒效果差，同时磁极上吸附的颗粒很难清洗。高梯度磁性过滤器能有效地克服以上缺点，使磁性过滤器的性能有较大的提高。

铁磁性颗粒所受的吸引力与外磁场强度 H 成正比,与磁场强度的梯度 $\mathrm{grad}H$ 成正比。

普通磁性过滤器是通过提高外磁场强度 H 来提高磁引力,从而提高过滤能力的;高梯度磁性过滤器则是通过磁介质提高磁场的梯度 $\mathrm{grad}H$ 来增大吸引力,以获得高效滤除污染物的效果。

在磁场中布置聚磁性多孔介质,会使磁介质附近的磁场 H 和磁场梯度 $\mathrm{grad}H$ 比没有磁介质时大很多,尤其是 $\mathrm{grad}H$ 与磁介质截面直径 d 成反比,当 d 很小时,$\mathrm{grad}H$ 的值可以很高。所以基于此原理的高梯度磁性过滤器也称为高效磁性过滤器。

高梯度磁性过滤器利用被磁铁磁化了的磁介质捕捉污染颗粒,磁介质能大幅度提高介质周围的磁场梯度,所以高梯度磁性过滤器的过滤性能明显高于传统磁性过滤器。

6.3.2　过滤器的主要性能参数

35　什么是过滤精度?

过滤精度,表明过滤器对各种不同尺寸颗粒的滤除能力,由绝对过滤精度、过滤比、过滤效率等参数表示。

(1)绝对过滤精度,是指通过滤芯的最大坚硬球状颗粒的尺寸（μm）。用试验方法测定,反映过滤材料的最大孔径尺寸。

(2)过滤比 β,是指对于同一尺寸的颗粒,在过滤器上游单位体积油液中的数量,与下游单位体积油液中的数量的比值。它能确切地反映过滤器对不同尺寸颗粒的过滤能力,已被国际标准化组织采用为评定过滤器过滤精度的性能指标。

对于某一尺寸 X 的颗粒,过滤比 β_x 的表达式为

$$\beta_x = N_u/N_d$$

式中:N_u 为上游油液中尺寸为 x 的颗粒的浓度;N_d 为下游油液中尺寸为 x 的颗粒的浓度。

从中可以看到,β_x 越大,过滤精度越高。当过滤比 β_x 的数值达到 75% 时,即被视为过滤器对某一尺寸 X 颗粒的绝对过滤精度。

(3)过滤效率 Ec 可以通过下式由过滤比换算得出:

$$Ec = (N_u - N_d)/N_u = 1 - 1/\beta_x$$

36　什么是过滤器的压降特性?

过滤器有阻力。系统中的油液,流经过滤器必然出现压力降。

滤芯和流量一定,滤芯的过滤精度越高,压力降越大;流量一定,滤芯的过滤面积越大,压力降越小;油液的黏度越大,压力降越大。

滤芯所允许的压力降，是滤芯不发生结构性破坏所能够承受的最大压力降。在高压系统中稳定工作时，滤芯承受的仅仅是在油液的压力降，而不是压力。

油液流经过滤器的压力降，大部分通过试验和经验公式确定。

37 什么是过滤器的纳垢容量?

纳垢容量，是指过滤器的压力降达到规定值之前，可以滤除并容纳的颗粒物数量。这是反映过滤器可连续使用实际时间的重要指标。纳垢容量越大，更换或清洗的时间间隔越长。一般来说，滤芯尺寸大，即过滤面积大，纳垢容量就成比例增加。这项指标可以通过多次性能试验确定。

6.3.3 液压系统中过滤器的安装位置

38 液压泵吸入管路过滤器有何特点?

液压泵吸入管路过滤器［见图 6-37 (a)］用于滤除较大颗粒，保护液压泵。要求其压力降不超过 0.02MPa，以保证泵吸入充分，不产生气穴现象。过滤精度较低，常使用网式过滤器或线隙式过滤器。

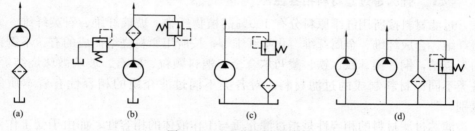

(a)   (b)   (c)   (d)

图 6-37 过滤器安装位置

39 液压泵出口管路过滤器有何特点?

液压泵出口管路过滤器［见图 6-37 (b)］用于保护泵及其安全阀以外的零部件。要求其有足够的强度，以承受高压和压力冲击。一般需设置堵塞指示器和并联一个单向溢流阀（开启压力略大于过滤器的最大允许压力差），以保护滤芯和防止因过滤器堵塞引起的泵过载。

40 系统回油管路过滤器有何特点?

回油管路过滤器［见图 6-37 (c)］用于滤除零部件磨损产生的金属屑和橡胶颗粒，防止油液和系统遭受污染。要求过滤器的流量大于等于液压泵的全部流量；允许有较大的压力降；允许滤芯的强度和刚度较低。应并联单向旁通阀，以防止油液低温启动时高黏度油液通过滤芯或滤芯堵塞等引起的系统压力升高。

41 单独过滤系统过滤器有何特点?

单独过滤系统过滤器［见图 6-37 (d)］用于大型或高精度液压系统，常采用低压泵和过滤器组成单独的过滤系统，不间断地滤除油中的颗粒物。除整个液压系统按需要设置过滤器外，还常常在一些重要单元或元件进口设置专用的精过滤器，以保证它们的特殊需要。

42 冷却器为何不宜放置于回油过滤器前？

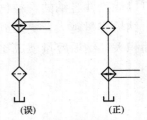

图 6-38 所示为过滤器与冷却器安装相对位置。如果过滤器设置于冷却器后，因经冷却器后油温降低，黏度增大，会使过滤器通流能力受到削弱，引起回油路背压过大。应尽量使冷却器处于回油过滤器后，必要时可采用单独冷却回路。

（误）　　　（正）

图 6-38　过滤器与冷却器安装相对位置

6.3.4　过滤器的选择

尽管各种过滤器的使用性能不同，其过滤机理各有特性，但在选择和设计过滤器的过程中应主要考虑过滤器的过滤材料相容性、流量压差特性、过滤精度的选择、滤芯强度等主要设计要素参数。

43 什么是过滤材料相容性？

过滤材料按所用纤维原料分有 100% 的植物纤维、玻璃纤维、石英纤维、人造纤维、合成纤维、金属纤维、化学纤维等；按所用原料烧结而成的有：不锈钢粉末烧结，铜、镍、钛、铁、蒙乃尔合金、塑料颗粒、沙石、玻璃微珠烧结等。各类不同原材料制成的过滤材料，对各类不同过滤介质的相容性有着本质的区别。

滤芯过滤材料的相容性是指过滤介质与工作液体的相容性。如由于受工作液体的热影响，过滤材料是否出现软化和熔融，以及在酸、碱影响和其他化学药剂影响下，过滤材料机能是否发生变质，如变脆、发胀变软分解等。

国际标准（ISO 2943）中规定，滤芯材料与某一指定液体相容要在高温下将滤芯浸泡在系统液体中，以验证滤芯保持抗破裂性额定值的能力。

滤芯过滤材料与液体相容性的验证。具体做法如下：

（1）对滤芯进行结构完整性试验（ISO 2942），气泡点压力应达到生产要求范围。

（2）首先将滤芯浸在指定的系统用液体中至少 72h，液体温度应比制造厂推荐最高工作温度高 15℃，随后进行抗破裂试验；然后按 ISO 2942 对滤芯进行结构完整性试验，无看得见的结构损坏或功能降低迹象。

44 怎样选择过滤器的过滤精度？

（1）吸入过滤器。

为防止液压泵从油箱吸油时将污染物吸入泵内，将过滤器设置在泵的吸入管路上，能有效地滤除油箱内的残留污染物及通过空气进入的污染物，有保护泵的作用。吸油管路的过滤器过滤精度在 50% 左右，其初始压差应不超过 35kPa，使用中最大压差不超过 15~35kPa。

过滤精度为 30~60μm。

(2) 高压管路过滤器。

终端过滤器：其作用是在系统中保护对污染物特别敏感的液压元件，其特点是过滤精度高，纳污容量大，过滤材料强度好，结构设计要增加强度性能。

管路过滤器：其作用是设在泵的出口管路上，有保护污染物不进入系统、控制系统污染程度的作用。其特点是由于易受泵的脉动和压力冲击，过滤材料的刚性以及滤芯结构设计强度要好。

过滤精度为 5~10μm。

(3) 回油过滤器。

设在系统的回油管路上，其作用是把系统内产生或侵入的污染物在返回油箱前捕集到。因此，它是控制系统污染浓度最有效的过滤器。虽然是设置在低压管路上，但是实际上由于液压马达或液压缸在回油中的流量波动，出现脉动或压力冲击，使过滤器常常处于不利的工作状态，降低其过滤性能。所以回油过滤器在设计制造中不仅要考虑过滤材料的过滤精度、强度，还要考虑其结构的抗冲击性。

过滤精度为 10~15μm。

(4) 循环过滤器。

设置在油箱循环的回路上，其作用是把系统内产生或侵入的污染物在返回油箱前捕集到，是控制系统污染物最有效的过滤器。其特点是过滤精度高，纳污容量大，并且可以与除空气、除水、加热和冷却等装置结合起来，实现对系统油液的调节和控制。它最大特点是不受主油系统流量变化的影响，要求设计强度低，一般为 0.2~0.35MPa，但纳污容量大，使用寿命要长。

过滤精度达 5μm。

6.3.5 过滤器维护要求与故障排除

45 怎样维护过滤器？

(1) 保持监测过滤器进、出口压差。压差过小，可能是滤芯被击穿，或安装不当造成过滤器进、出口旁通，或油液流量不足；压差过大，可能是油温低黏度高，或油液乳化，或滤芯污染严重需更换或清洗。

(2) 及时清洗。清洗过滤器和更换滤芯，必须按说明书规定的时间间隔并视过滤器进、出口压差及时进行。不仅更换或清洗滤芯，还要清洗过滤器壳。

(3) 注意净化。保持专门的净化装置正常连续运行。

(4) 在泵的吸油口或吸油管路上安置吸油过滤器，防止大颗粒杂物吸入泵内，其过滤精度一般为 80~120 目。

(5) 在压力管路或在精密元件（调速元件、伺服阀、比例阀）前设置精密过滤器，以确保经过元件的油液污染度控制在要求的范围内。

（6）对流量较大的液压系统，可在回油总管道上安装回油过滤器，并可利用油冷却系统作为独立的旁路过滤系统，强制对油液进行过滤，起到双重作用，既冷却又过滤。

过滤器带来的故障主要体现在过滤效果不好而不能确保油液清洁度而产生的故障。

46 滤芯为何破坏变形？

（1）滤芯破坏变形的形式：包括滤芯的变形、弯曲、凹陷吸扁与冲破等。

（2）变形产生原因：①滤芯在工作中被污染物严重阻塞而未得到及时清洗，流进与流出滤芯的压差增大，使滤芯强度不够而导致滤芯变形破坏。②过滤器选用不当，超过了其允许的最高工作压力。例如同为纸质过滤器，型号为 ZU‑100×20Z 的额定压力为 6.3MPa，而型号为 ZU‑H100×20Z 的额定压力可达 32MPa。如果将前者用于压力为 20MPa 的液压系统，滤芯必定被击穿而破坏。③在装有高压蓄能器的液压系统，因某种故障蓄能器油液反灌冲坏过滤器。

（3）排除方法：①及时定期检查清洗过滤器；②正确选用过滤器，强度、耐压能力要与所用过滤器的种类和型号相符；③针对各种特殊原因采取相应对策。

47 过滤器为何脱焊？

过滤器脱焊这一故障对金属网状过滤器而言，当环境温度高时，过滤器处的局部油温过高，超过或接近焊料熔点温度，加上原来焊接就不牢，油液的冲击造成脱焊。例如高压柱塞泵进口处的网状过滤器曾多次发现金属网与骨架脱离、柱塞泵进口局部油温达 100℃ 之高的现象。此时可将金属网的焊料由锡铅焊料（熔点为 183℃）改为银焊料或银铜焊料，它们的熔点大为提高（235～300℃）。

48 过滤器为何掉粒？

过滤器掉粒多发生在金属粉末烧结式过滤器中。脱落颗粒进入系统后，堵塞节流孔，卡死阀芯。其原因是由烧结粉末滤芯质量不佳造成的。所以要选用检验合格的烧结式过滤器。

49 带堵塞发讯装置的过滤器为何堵塞后不发讯？

当滤芯堵塞后如果过滤器的堵塞指示发讯装置不能发讯或不能发出堵塞指示（指针移动），则如过滤器用在吸油管上，则泵不进油；如过滤器用在压油管上，则可能造成管路破损、元件损坏甚至使液压系统不能正常工作等故障，失去了包括过滤器本身在内的液压系统的安全保护功能和故障提示功能。

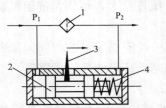

图 6‑39　带堵塞发讯装置的过滤器
1—过滤器；2—活塞；
3—发讯件；4—弹簧

排除办法是：检查堵塞指示发讯装置（见图 6‑39）的活塞 2 是否被污物卡死而不能右移，或者弹簧 4 是否错装成刚度太大的弹簧，查明情况予以排除。

与上述相反的情况是发讯装置在滤芯未堵塞时一直发讯，则是活塞 2 卡死在右端或者弹簧 4 折断或漏装的缘故。

50 **带旁通阀的过滤器有何故障？**

图 6-40 所示带旁通阀的过滤器产生的故障有：当密封圈 3 破损或漏装、弹簧 6 折断或漏装时，过滤器将失去过滤功能，此时应更换或补装密封和弹簧。

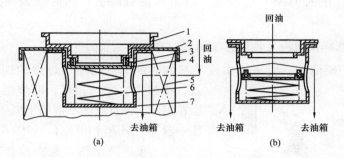

图 6-40　带旁通阀的过滤器
(a) 滤芯畅通时；(b) 滤芯堵塞时
1—滤芯压紧弹簧座；2—滤芯上盖；3—密封圈；4—平板阀；5—滤芯；6—弹簧；7—阀壳

图 6-40 所示带旁通阀的过滤器产生的故障原因有：①过滤功能失效是弹簧折断或漏装，旁通阀阀芯右端的锥面不密合或卡死在开阀位置，可酌情排除；②当阀芯被污物卡死在关阀位置、滤芯严重堵塞时，失去了安全保护作用，系统回油背压大大升高，击穿滤芯，产生液压系统执行元件不动作甚至破坏相关液压元件的危险情况。此时可解体过滤器，对旁通阀（背压阀）的阀芯重点检查，清除卡死等现象。

6.3.6　过滤器的清洗

一般过滤器在工作过程中，滤芯表面会逐渐纳垢，造成堵塞是正常现象。此处所说的堵塞是指导致液压系统产生故障的严重堵塞。过滤器堵塞后，至少会造成泵吸油不良、泵产生噪声、系统无法吸进足够的油液而造成压力上不去，油液中出现大量气泡以及滤芯因堵塞而可能压力增大而被击穿等故障。

51 **怎样用溶剂清洗过滤器？**

常用溶剂有三氯化乙烯、油漆稀释剂、甲苯、汽油、四氯化碳等。这些溶剂都易着火，并有一定毒性，清洗时应充分注意。还可采用苛性钠、苛性钾等碱溶液脱脂清洗，界面活性剂脱脂清洗以及电解脱脂清洗等。后者清洗能力虽强，但对滤芯有腐蚀性，必须慎用。在清洗后必须用水洗等方法尽快清除溶剂。

采用酸处理法清洗过滤器时，滤芯应为用同种金属的烧结金属。对于铜类金属（青铜），常温下用光辉浸渍液［H_2SO_4 3.5％（体积，下同）、HNO_3 37.2％、HCl 0.2％、其余水］将表面的污垢除去；或用 H_2SO_4 20％、HNO_3 30％、其余水配成的溶液，将污垢除去后，放在由 $Cr_3O \cdot H_2SO_4$ 和水配成的溶液中，使它生成耐腐蚀性膜。

对于不锈钢类金属用 HNO_3 25％，HCl 11％，其余用水配成的溶液将表面污垢除去，然后在浓 HNO_3 中浸渍，将游离的铁除去，同时在表面生成耐腐蚀性膜。

52 怎样用机械及物理方法清洗过滤器？

（1）用毛刷清扫：应采用柔软毛刷除去滤芯的污垢，过硬的钢丝刷会将网式、线隙式的滤芯损坏，使烧结式滤芯烧结颗粒刷落，并且此法不适用于纸质过滤器。此法一般与溶剂清洗相结合，如图 6-41 所示。

图 6-41　过滤器的清洗方法

（2）超声波清洗：超声波作用在清洗液中，将滤芯上污垢除去。但滤芯是多孔物质，有吸收超声波的性质，可能会影响清洗效果。

（3）加热挥发法：有些过滤器上的积垢，用加热方法可以除去。但应注意在加热时不能使滤芯内部残存有炭灰及固体附着物。

（4）压缩空气吹：用压缩空气在滤垢积层反面吹出积垢，采用脉动气流效果更好。

（5）用水压清洗：方法与上同，二法交替使用效果更好。

53 滤芯清洗和更换有哪些步骤？

（1）纸质滤芯：根据压力表或堵塞指示器指示的过滤阻抗，更换新滤芯，一般不清洗。

（2）网式滤芯和线隙式滤芯：清洗步骤为溶剂脱脂→毛刷清扫→水压清洗→气压吹净→干燥→组装。

（3）烧结金属滤芯：可首先用毛刷清扫，然后溶剂脱脂（或用加热挥发法，400℃以下）→水压及气压冲洗（反向压力 0.4～0.5MPa）→酸处理→水压、气压吹洗→气压吹净脱水→干燥。

拆开清洗后的过滤器，应在清洁的环境中，按拆卸顺序组装起来，若需更换滤芯的应按规格更换，规格包括外观和材质相同、过滤精度及耐压能力相同等。对于过滤器内所用密封件要按材质规格更换，并注意装配质量，否则会产生泄漏、吸油和排油损耗以及吸入空气等故障。

6.3.7　液压油污染的控制

过滤器用于维持系统的清洁度、液压油污染控制与过滤器密切相关。同时，污染控制涉及一系列其他因素，是一项系统工程。

54　液压油污染有哪些途径？

对于大多数污染的系统，其原因或者是由于缺乏对流体性能的认识和过滤器布置的不合理，或者是滤芯使用寿命未达到系统保养周期。

在设计阶段就重视系统的污染控制，可以避免短期和长期问题并能保证使每个液压传动或者油液润滑的机器在系统长期工作过程中，处于良好的工作状态。一般进入液压油的固体污染有四个主要来源：新油变质、机构磨损后的残留污染、浸入污染、内部生成污染。每个污染源都是布置过滤器的主要考虑因素。

（1）已经被污染的新油。

虽然液压油和润滑油都是比较纯的流体，但是液压油和润滑油在运输和罐装过程中，难免有杂质混入。这时油液不再是清洁的，因为它流过的油管会溶入脱落的金属和橡胶颗粒，而有些油桶内壁掉落的金属薄片或者氧化皮也会对油液造成二次污染。储油罐中水的凝结引起锈蚀，则来自大气的污染也会进入储油罐。如果在合理的条件下储存油液，则在注入机器时主要的污染物是金属、石英和纤维。比较理想的方法是使用一个配装了高效过滤器的便携式输油小车，能在污染物进入并损害系统前从新油中过滤掉。

（2）残留污染。

新的机械内部往往包含一定的残留污染物。在装配系统和冲洗新元件上仔细检查，只能减少这种污染但不能根除。典型的残留污染物有毛刺、切屑、飞边、土、灰尘、纤维、沙子、潮气、管子密封胶、焊星、油漆和冲洗液。

在系统部件冲洗过程中，所去除的污染物数量不仅取决于所用过滤器的有效性，而且还与冲洗液的温度、黏度、流速和"紊流"程度有关。除非达到高流速和紊流，否则许多污染物直到系统投入运行还驻留在系统内部，严重的会造成元件突发性失效的后果。不论液压元件执行何种标准，对于任何新的或者改装的液压系统和润滑系统来说，一段无载荷的"跑合"期都被看成至关重要的。

（3）侵入污染。

自周围环境的污染物能侵入液压系统和润滑系统，在大型设备上，对于行走设备来说，由于用途、地区甚至天气条件的不同，环境条件有很大变化。关键在于阻断将要进入液压系统或者润滑系统的环境污染物。污染物能进入系统的四个主要途径：油箱通气口（通气器）、泵站或者系统的人孔盖、维修时被打开的元件和缸密封件。

（4）生成污染。

对系统最为危险的污染是系统内部自身所生成的污染。这些污染物被"冷作硬化"后，比它们的原生物的表面硬度更大，而且在引起系统中表面磨损方面极具有危害性。

日常运行中所有液压元件（尤其是泵）都会产生少量颗粒。有些颗粒未被很快地过滤掉而进入系统，提高的污染度将加速产生新污染物。防止在系统中的污染物生成的最好办法是自始至终保持系统油液清洁。生成的污染包括磨粒磨损、黏附磨损、疲劳磨损、冲刷磨损、气腐磨损、腐蚀磨损。由污染所引起的失效可分为以下三大类。

（1）突发失效：出现在当一个大颗粒进入泵或者阀的时候。

（2）间隙失效：阀座因污染不能正确归位所致。

（3）退化失效：磨粒磨损、腐蚀、气蚀、混气、冲刷磨损或者表面疲劳的结果。

55 当液压油指标发生变化时，说明液压系统可能出现什么问题。

（1）黏度上升：油品氧化、油泥增加、油中进水、污染物增加。

（2）水分上升：冷凝水进入、冷却系统渗漏、系统密封不良。

（3）总酸值上升：油品氧化严重、油品质量劣化。

（4）污染度上升：油品污染颗粒增多或磨损状态趋于严重。

（5）Fe、Cr、Al 等元素含量上升：液压缸、泵、阀件出现异常磨损。

（6）Cu、Sn、Pb 等元素含量上升：轴承、衬套异常磨损；油冷却器铜管、焊接材料剥落。

（7）Si 元素含量上升：沙子增多，可能来源于油过滤物、油箱、通气孔、回油管过滤器等。

（8）Ca、Ba、Zn、P 元素含量降低：油品添加剂有损耗。

当液压元件中含有青铜、镀银件时，应避免使用含高锌抗磨剂，即选用无灰或低锌 HM 抗磨液压油。

56 控制液压油污染有哪些方法？

（1）设定目标清洁度等级。

液压元件中制造间隙可分为两个基本范围，即用于高压元件的最小 $5\mu m$，用于较低压力元件的最大 $25\mu m$。一个元件的实际工作间隙由元件的类型和所经历的工作进程条件来确定。这些间隙有助于确定该元件所需的油液清洁度。根据工程数据与现场经验，可参照相关设计手册，选用推荐的泵、马达、方向阀、压力控制阀、流量控制阀的污染等级。

液压系统应该在其工程文件中明确注明的目标清洁度等级，应该考虑影响系统的各种因素包括油液、工作温度和启动温度、暂载率、系统要求的元件使用寿命以及安全问题之后，设定此目标。由于油液的实际清洁度等级随在系统中的取样点（即油箱、压力管、回油管等）而变化，除非另行说明，假定该目标清洁度等级是针对回油管和过滤器上游的回油管而设定的。

（2）把好冲洗关。

对于液压系统或者润滑系统的寿命，最关键的时间是一开始的跑合期。在这段时间里，诸元件产生许多碎屑和在装配过程中混入碎屑，被油液冲过整个系统。在系统无载荷运行的同时，迅速地捕捉此污染物并从系统中清除之。冲洗过程有三个步骤。第一，把污染物赶出窝点并运送到过滤器；第二，使机器动作，以便使油液流过所有管路和元件；第三，用高效率过滤器捕捉污染物。赶出并运送污染物最好通过使用高速流动的低黏度油液来实现。可以使用专用的冲洗液或者在高温度情况下，使用系统液压油。为了能流过所有管路，所有阀均应操作若干次。在某些情况下，必须绕过元件连接管路以便让大流量油液流过管路。相当迅速地捕捉碎屑，将系统冲洗到需要的污染度等级。清洗的目标清洁度等级应该比针对系统运行的目标清洁度等级低两档 ISO 代号。当新油被引入经过正确冲洗的系统时，达到系统平衡将花费较少的时间。

（3）定期检查油品质量。

油品性能可以根据需要具体选用，但必须严格控制油品无污物、洁净。在加油时必须过滤，防止灰尘、纤维杂物的侵入，勤检查油位，新机器要勤清洗液压油箱、回油滤清器中的磁棒和伺服回路滤清器的磁杯，清除液压冷却器积灰，更换滤芯。定期检查油品质量，主要有以下三个方面：

1）液压油的氧化程度。液压油在使用中，由于温度的变化、空气中氧及阳光的作用，将会逐渐被氧化，使其黏度等性能改变。氧化的程度，通常从液压油的颜色、气味上判断。如果液压油的颜色呈黑褐色，并有恶臭味说明已被氧化。褐色越深、恶臭味越浓，则说明被氧化的程度越厉害，此时应更换新油。

2）液压油中含水分的程度。液压油中如果混入水分，将会降低其润滑性能，腐蚀金属。判断液压油中混入水分的程度，通常是根据其颜色和气味的变化情况，如液压油的颜色呈乳白色，气味没变，则说明混入水分过多；另外是取少量液压油滴在灼热的铁板上，如果发出"叭叭"的声音，则说明含有水分，此时应更换新油。

3）液压油中含有杂质的情况。在机械工作一段时间后，取数滴液压油放在手上，用手指捻一下，察看是否有金属颗粒，或在阳光下观察是否有微小的闪光点。如果有较多的金属颗粒或闪光点，则说明液压油含有较多机械杂质。这时，应更换液压油，或将液压油放出，进行不少于 42h 的沉淀，然后再将其过滤后使用。

（4）合理选用与布置过滤器。

按过滤器所实现的三个主要功能布置在液压系统中不同的位置，防止侵入，保持系统内部清洁和元件隔离。

1）防止侵入。进入油箱的空气需经过通气过滤器。从空气中清除污染物，往往比从油中清除要容易。

保证油箱是密封的，所有交换空气都经过一个口（或大型系统中两个口）进入。该入（堵）口必须配装一个通气过滤器。该通气过滤器设计成从空气中去除$3\mu m$以上的颗粒。所有进入系统的油液在加到系统之前应穿过一个高效过滤器。这往往通过配装一个带有过滤器（直接在泵的下游）的输油车，然后用一个快换接头（一半装在油箱上，一半装在出油软管上）使油液被压力泵压入油箱来实现。另一种方法是在油罐车的输油泵出油口装有过滤器，快换接头连接油车与油箱，油液经泵加压后注入油箱。第三种方法是用循环泵作为灌油泵，用旁环路中的过滤器除净液压油中的杂质。

2）保持系统清洁度。在系统回路中有三个部位应该布置除去杂质的过滤器：压油管路、回油管路与吸油管路。安装在压油管路上齿轮泵总要产生某些气蚀屑。因此，在中、低压系统的压力油管路上，常安装各种形式的精密过滤器，用以保护精密液压元件或者防止小孔、缝隙堵塞。这样安装的过滤器应能承受油路上的工作压力和冲击压力，其压力降不应超过$0.035MPa$，并应该有旁路或者堵塞状态发讯装置，以防止过滤器堵塞造成故障或者滤芯损坏。对于带有伺服阀或者比例阀的系统，应始终使用高压过滤器而不论泵的类型和压力如何。

粗过滤器通常安装在泵的吸油管路上，并应该有旁路或者堵塞状态发讯装置，以防止过滤器堵塞造成故障或者滤芯损坏，进油口需浸没在油箱液面以下，用以保护泵以及防止空气进入系统。此过滤器的通油能力应该大于液压泵流量的两倍以上，并必须经常进行清洗，其压力差不得超过$0.01\sim0.035MPa$。

在高压系统的压力油管路上安装过滤器，就要求其滤芯有足够的强度，从而加大过滤器的尺寸与重量。这时，也可将过滤器安装在回油管路上，对液压元件起到间接的保护作用。

（5）及时更换过滤器。

液压系统中有一个元件不能被忽略，这就是过滤器。关于过滤器的作用众所周知，设备使用者面临的问题不是如何更换滤芯，而是什么时候更换滤芯。液压元件的价格远远高于过滤器的价格，但是如果忽略了对过滤器滤芯的更换，结果可能造成其他昂贵的液压元件（如液压泵）的损坏。当然，不必要地频繁更换滤芯是浪费，但是当工作条件比较恶劣时，滤芯的更换周期就应当比推荐的工作用期要更短些。那么这个间隔到底多少是合适呢？有些技术人员认为，滤芯更换的时间是要等到滤芯堵塞报警的时候，其实这是不合理的。理由是：首先，当一台过滤器的滤芯堵塞时，这台过滤器可能已经不再工作了。其次，由于许多过滤器装置都安装有旁通阀，当滤芯堵塞时未被过滤的油液会通过旁通阀进入系统。而没有旁通阀的过滤器，在高压的作用下，被堵塞的滤芯可能被压溃，也会使污染物进入系统。因此当过滤器堵塞时，系统的油液清洁度就难以得到保证。

建立一个准确更换滤芯的时间表是比较困难的，这是因为污染物在过滤器内的积累速度受许多因素影响。它们是：

1）首次注入液压系统油液的清洁度和补充填加的油液的清洁度。

2）在补油时由于不小心进入系统中污染物的含量。

3）在工作中设备所遇到的污染物和环境灰尘含量。

4）液压缸密封和防尘状态。

对于维修人员怎样才能知道应在什么时候更换滤芯呢？一种有效的方法是经常检查过滤器滤芯的污染情况。假如在滤芯的外部经过认真检查发现有一层污染物的薄层，此时，油液通过滤芯时就已经很费力了；假如污染物已经在滤芯的根部出现，滤芯就需要更换了。虽然此时滤芯仍能捕获污染物，但不久就会开始阻挡油流，以至于大量的油液会通过旁通阀不经过滤器进入系统，结果是污染物会积聚到液压元件上，加速元件的磨损。

（6）预防污染物进入系统。

将污染物阻挡在系统之外是关键，可以采取以下几个措施预防污染物进入系统：

1）保持盛装液压油的容器清洁。把油桶储存在符合要求的位置，并应加盖保护，防止在油桶上积聚雨水；油桶的盖子应密封良好，在打开油桶之前，应仔细清洗油桶的顶盖；液压用油的油库要设在干净的地方；所用的器具如油桶、漏斗、抹布等应保持干净，最好用绸布或的确良布擦洗，以免纤维沾在元件上堵塞孔道，造成故障。

2）把液压油加入油箱时使用清洁的加油设备；如果采用钢管输油，应把钢管在油中浸泡 24h，生成不活泼的薄膜后再使用。

3）必要时检查并更换防尘圈和密封圈。

4）液压用油必须经过严格的过滤，以防止固体杂质损害系统。系统中应根据需要配置粗、精过滤器，过滤器应当经常检查清洗，发现损坏应及时更换。

5）系统中的油液应经常检查并根据工作情况定期更换。一般在累计工作1000h 后，应当换油；如继续使用，油液将失去润滑性能，并可能具有酸性。在间断使用时可根据具体情况隔半年或一年换油一次。在换油时应将底部积存的污物去掉，将油箱清洗干净；向油箱内注油时应通过 120 目以上的过滤器。

6）油箱应加盖密封，防止灰尘落入，在油箱上面应设有空气过滤器。

7）装拆元件一定要清洗干净，防止污物落入。

8）发现油液污染严重时，应查明原因及时消除。

6.4 油冷却器及其使用与维修

6.4.1 油冷却器的分类

油冷却器有水冷式、风冷式和电冰箱式等类型。

57 液压机械水冷式冷却器有哪些形式？

液压机械上多采用水冷式油冷却器。

水冷式油冷却器有盘管式（蛇形管）、多管圆筒式、翅片列管式等多种，如图 6 - 42 所示。

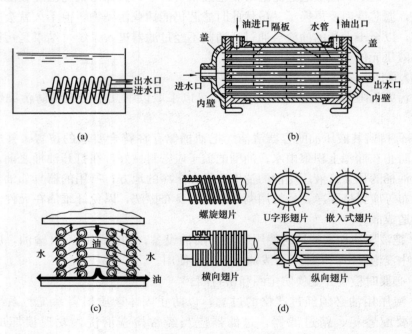

图 6 - 42　水冷式油冷却器
(a) 盘管式；(b) 列管式；(c) 多层螺旋管式；(d) 带散热翅片的冷却水管

盘管式水冷式油冷却器结构简单，只需用铜管盘绕呈螺旋状即可，但传热效率低，冷却效果差；列管式和带翅片列管式结构较复杂，但工作可靠，传热效率高，其中以带翅片列管式传热效率更高。但都不及国外设备上的类似于电冰箱的油冷却器。

图 6 - 43 所示为液压泵站常用的板式冷却器，这类冷却器传热效率较高。

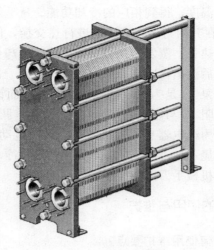

图 6 - 43　板式冷却器

58 什么是冰箱式油冷却器?

冰箱式油冷却器冷却效果极佳,不耗水,但成本较高。它的优点是:①具有稳定的冷却能力;②能对室温和机床机体温度二者变化作出反应进行油温控制;③冷却可靠;④无需冷却水;⑤操作容易;⑥安全装置完备,具有报警系统。

这种冰箱式油冷却器的工作原理如图 6 - 44 所示。它的工作程序为:"蒸发—压缩—冷凝液化—节流—再蒸发"的循环过程,在蒸发器 7 内与油液进行热交换而使油冷却。其工作过程是全封闭转子式压缩机(RC27ATN 型,0.6kW/2P)1 将来自蒸发器已吸热的制冷剂蒸汽吸入压缩机构,使机械功变为压缩能和热量,使蒸汽的压力升高,使制冷剂呈高温高压气体(90℃)输出至冷凝器 4,小风扇 17 吹风强制其冷却,冷却介质经冷凝器 4 后变成中温中压液体,进入干燥过滤器 5,滤除污垢和吸收制冷剂(此时为液体)中的水分,然后流入毛细管节流器 6(螺旋盘绕成直径为 0.6mm 的紫铜管),产生压力降,控制了流入蒸发器 7 内制冷剂的

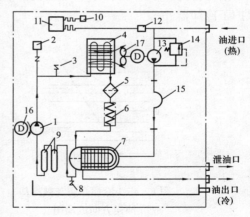

图 6 - 44　冰箱式油冷却器原理图
1—压缩机;2—高压压力继电器;3—高压表接头;
4—冷凝器;5—干燥过滤器;6—毛细管节流器;
7—蒸发器;8—低压表接头;9—储能器;
10—室温热敏电阻;11—温差调节器;
12—油温热敏电阻;13—液压泵;
14—溢流阀;15—软管;
16—电动机;17—风扇

压力，也就决定了蒸发温度，得到相应的冷却功能。从毛细管节流器来的常温常压液体进入蒸发器7，在其内与热的液压油进行热交换，使液压油冷却，此时冷却介质变为气态，吸收热量。蒸发器为多管圆筒式，冷却介质从管内穿过，液压油从管外经折流板折流后流出，冷却介质此时变为气态，进入储能器9，储能器起安全保护作用。液压泵13是为抽取热油送往蒸发器而设置的，溢流阀起安全溢流作用，油温热敏电阻12与室温热敏电阻10及温差调节器11共同实现对油温的自动控制，高压压力继电器在压缩机过压时切断电动机16电流，起保护作用。面板上还装有报警显示灯。加工中心上使用的这种冷却装置，用来冷却主轴箱内油液以及液压换刀机械手刀库液压系统的油液。

6.4.2　油冷却器的使用与维护

59　油冷却器有何使用维护要点？

（1）为了提高传热效率，冷却介质（水或空气）应与被冷却油逆方向流动，且水在管内流动，油在管外流动，如图6-45所示。

（2）为了得到良好的冷却效果，油冷却器应设置在液压系统的总回油管或溢流阀的回油管路中。特别是后者，发热量最大。为了防止当冷却器阻塞时，保护冷却器，采用了图6-46所示的回路。背压阀2（顺序阀、溢流阀均可）在冷却器堵塞时打开，从系统来的回油及溢流阀来的回油均可从背压阀流回油池，从而保护了冷却器。

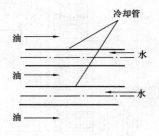

图6-45　冷却介质与被冷却
油逆方向流动图

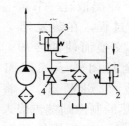

图6-46　冷却回路
1—油冷却器；2—背压阀；
3—溢流阀；4—截止阀

（3）注意冷却器的工作压力和工作温度不应超过制造厂的规定，并应尽量避免长时间在冲击载荷下使用，以利于延长油冷却器的使用寿命。

（4）采用旁路冷却，可以不受主油路冲击的影响，如图6-47所示。而图6-47(a)所示为冷却器装在闭式回路的补油系统中，这类冷却回路需单独的冷却泵抽油冷却，如图6-48所示。

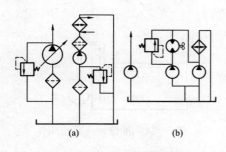

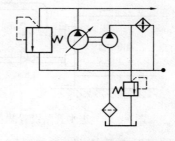

图 6-47　旁路冷却　　　　　　　　图 6-48　单独的冷却泵抽油冷却

（5）当回路中有冲击压力影响到冷却器时，一般要求冷却器能承受更高的压力（峰值为常值的 3～4 倍），否则冷却器易损坏。

（6）采用组合冷却的方式：当系统有冲击载荷时，由单独的冷却泵工作，进行循环冷却；当系统无冲击载荷时，可停止冷却泵，实行主油路冷却，这样可延长油冷却器的使用寿命，提高冷却效果，如图 6-49 所示。

（7）为了自动控制油温，可采用图 6-50 所示的油温自动调节回路。如果将测温头（温度控制仪表）和温度调节水阀（比例式电磁水阀）配合使用，可自动调节进入油冷却器的水流量，达到自动控制油温的作用。

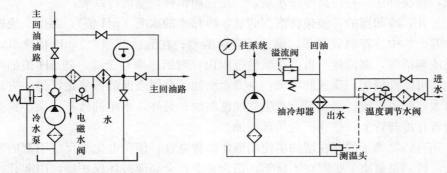

图 6-49　组合冷却的方式　　　　　图 6-50　油温的自动控制

（8）进水管路上要设置截止阀，以便断水时冷却器不承受水源压力，如图 6-51 所示。

（9）如果油冷却器的安装位置低于油箱油面（见图 6-52），为防止检修冷却器时油箱内油液因虹吸现象而外流，可在图中油路的 a 处安设一截止阀，检修时在未拆下油冷却器前先将截止阀关闭。

（10）冷却水一般可用自来水，但不得用海水或含有腐蚀成分的液体。

（11）寒冷季节在非工作时必须放掉冷却器内的剩水剩油，避免冷却器冻裂。

（12）冷却器停止使用后（停一段时间），应先关闭进油阀和进水阀，后关闭排油阀和排水阀，再拧下放油、放水的螺塞，排除积油、积水。

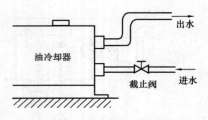

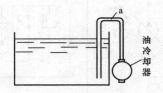

图 6-51　进水管路设置截止阀　　　　图 6-52　油路设一截止阀

（13）根据水质情况，一般每五个月至十个月进行一次内部的检查和清洗污垢。

60　冷却器有何故障，怎样排除？

（1）油冷却器被腐蚀。

产生腐蚀的主要原因是材料、环境（水质、气体）以及电化学反应三大要素。

选用耐腐蚀性的材料，是防止腐蚀的重要措施。而目前列管式油冷却器多用散热性好的铜管制作，其离子化倾向较强，会因与不同种金属接触产生接触性腐蚀（电位差不同）。例如在定孔盘、动孔盘及冷却铜管管口往往产生严重腐蚀的现象，解决办法一是提高冷却水质，二是选用铝合金制的冷却管。

另外，冷却器的环境包含溶存的氧、冷却水的水质（pH 值）、温度、流速及异物等。水中溶存的氧越多，腐蚀反应越激烈；在酸性范围内，pH 值降低，腐蚀反应越活泼，腐蚀越严重，在碱性范围内，对铝等两性金属，随 pH 值的增加腐蚀的可能性增加；流速的增大，一方面增加了金属表面的供氧量，另一方面流速过大，产生紊流、涡流，会产生气蚀性腐蚀；另外，水中的砂石、微小贝类细菌附着在冷却管上，往往产生局部侵蚀。

还有，氯离子的存在增加了使用液体的导电性，使得电化学反应引起的腐蚀增大。特别是氯离子吸附在不锈钢、铝合金上也会局部破坏保护膜，引起孔蚀和应力腐蚀。一般温度升高腐蚀增加。

为防止腐蚀，在冷却器选材和水质处理等方面应引起重视，前者往往难以改变，后者用户可想办法解决。安装在水冷式油冷却器中用来防止电蚀作用的锌棒要及时检查和更换。

（2）冷却性能下降。

原因主要是堵塞及沉积物滞留在冷却管壁上，结成硬块与管垢，使散热换热功能降低。另外，冷却水量不足、冷却器水油腔积气均会造成散热冷却性能下降。解决办法是：首先从设计上采用难以堵塞和易于清洗的结构；在选用冷却器的冷却能力时，应尽量以实践为依据，并留有较大的余地（增加 10%～25% 容量）；不得已时采用机械方法（如刷子、压力、水、蒸汽等擦洗与冲洗）或化学方法（如用 Na3003 溶液及清洗剂等）进行清扫；增加进水量或用温度较低的水进行冷却；拧下螺塞排气；清洗内外表面积垢。

（3）破损。

由于两流体的温度差，油冷却器材料受热膨胀的影响，产生热应力，或流入油液压力太高，可能导致有关部件破损。另外，在寒冷地区或冬季晚间停机时，管内结冰膨胀将冷却水管炸裂。所以要尽量选用难受热膨胀影响的材料，并采用浮动头之类的变形补偿结构；在寒冷季节每晚都要放净冷却器中的水。

（4）漏油与漏水。

出现流出的油发白、排出的水有油花的现象。漏水、漏油多发生在油冷却器的端盖与筒体结合面，或因焊接不良、冷却水管破裂等处。此时可根据情况，采取更换密封、补焊等措施予以解决。更换密封时，要洗净结合面，涂敷一层"303"或其他黏结剂。

（5）过冷却。

一些冷却回路溢流阀的溢流量是随系统的负载流量变化而变化的，因而发热量也将发生变化，有时产生过冷却，造成浪费。为保证系统有合适的油温，可采用可自动调节冷却水量的温控系统。若低于正常油温，停止冷却器的工作，或者甚至可接通加热器。

（6）冷却水质不好（硬水），冷却铜管内结垢，造成冷却效率降低。

此时可清洗油冷却器，方法如下：

1）用软管引洁净水高速冲洗回水盖、后盖内壁和冷却管内表面，同时用清洗通条进行洗刷，最后用压缩空气吹干。

2）用三氯乙烯溶液进行冲洗，使清洁液在冷却器内循环流动，清洗压力为 0.5MPa 左右，清洗时间视溶液情况而定。最后将清水引入管内，直至流出清水为止。

3）用四氯化碳的溶液灌入冷却器，经 15～20min 后视溶液颜色而定，若混浊不清，则更换新溶液重新浸泡，直至流出溶液与洁净液差不多为止，然后用清水冲洗干净，此操作要在通风环境中进行，以免中毒。清洗后进行水压试验，合格方可使用。

6.4.3　油温过高的防治

液压系统中油液的温度一般希望在 30～60℃ 的范围内。如果油温超过这个范围，将给液压系统带来许多不良的影响。

61　液压油温为何升高？

液压系统油温及元件表面温度升高是一个比较普遍的问题，温升过高的主要原因如下：

（1）因设计不当引起的温升过高。油箱容量太小，散热面积不够；系统中没有卸荷回路，在停止工作时液压泵仍在高压溢流；油管太细太长，弯曲过多；或者液压元件选择不当，使压力损失太大等。有些是属于制造上的问题，例如元件加工装配精度不高，相对运动件间摩擦发热过多；或者泄漏严重，容积损失太大等。

（2）因使用不良引起的温升过高。环境温度高，冷却条件差，油的黏度太高或太低，调节的功率太高，液压系统混入异物引起堵塞等，均会引起油温升高。液压泵内因油污染等原因吸不上油引起干摩擦，使液压泵内产生高温，并传递到液压泵的表面。电磁阀没有吸到位，使电流增大，引起电磁铁发热严重并烧坏电磁铁。

（3）因液压元件磨损或系统存在泄漏口引起温升过高。当液压泵磨损后，有大量的泄漏油从排油腔流回吸油腔，引起节流发热；其他元件的情形与此相似。如果液压系统中存在意外泄漏口，由于节流发热会使油温急剧升高。

62 油温升高会产生哪些影响？

油温升高后的主要影响有以下几点：

（1）油温升高使油的黏度降低，因而元件及系统内油液的泄漏量将增多，这样就会使液压泵的容积效率降低。

（2）油温升高使油的黏度降低，这样将使油液经过节流小孔或隙缝式阀口的流量增大，这就使原来调节好的工作速度发生变化。特别对液压随动系统，将影响工作的稳定性，降低工作精度。

（3）油温升高教度降低后相对运动表面间的润滑油膜将变薄，这样就会增加机械磨损，在油液不大干净时容易发生故障。

（4）油温升高将使机械元件产生热变形，液压阀类元件受热后膨胀，可能使配合间隙减小，因而影响阀芯的移动，增加磨损，甚至被卡住。

（5）油温升高将使油液的氧化加快，导致油液变质，缩短油液的使用寿命。油液中析出的沥青等沉淀物还会堵塞元件的小孔和缝隙，影响系统正常工作。

（6）油温过高会使密封装置迅速老化变质，丧失密封性能。

63 控制温升有哪些措施？

（1）合理设计液压系统。

在满足系统动力需求的前提下，应尽量减小液压泵的输出功率，以减小溢流损失和发热量。例如，某水磨石研磨机液压系统原液压泵是 YB-40 叶片泵，工作时油温达 80℃。经核算，用 YBX-16 变量泵也能满足液压缸的速度要求，改用这种泵以后，不仅油温降至 40℃，而且液压泵电动机功率由 5.5kW 降至 2.2kW。

设计液压系统时，要注意使液压泵尽量地处于低压状态或卸荷状态。要在系统中设置必要的卸荷阀。对于双泵系统，要采用大泵低压快动、小泵高压增压与保压的组合方式。

液压系统要尽可能简单，尽量减少元件数，尽量缩短液压管道的长度，尽量减少管道口径突变和弯头的个数。同时，要尽量少用节流调速方式而多用容积调速或容积调速＋节流调速的速度控制方式，由此减少各种沿程损失与局部损失。

（2）消除各种内泄漏。

当液压泵、液压缸和其他液压元件磨损时，应及时更换。磨损的元件会造成泄漏的增加，结果会使液压泵在过长的时间内满流量输出，而油液通过狭窄的泄漏间隙会造成很大的压力降，满流量输出时间的延长也延长了流体摩擦力产生的时间，因此，会使油液的温度升高。

一些液压元件配合面的间隙大，容易形成内泄漏，内泄漏引起节流发热。在设计液压系统时要注意选用配合精度高和间隙小的液压元件。适时更换磨损严重的液压元件是不可忽视的。

液压阀块可能由于加工与安装方面的原因，或材质不佳，出现油路串通的问题，应通过有效途径查出这种内泄漏点，并予以消除。

及时更换磨损件，及时检查调整液压元件的间隙，可减少内泄量。

（3）改进冷却条件。

加大油箱尺寸可使液压油有更长的冷却时间，有利于降低油温。例如，某港口卸煤推车机液压系统发热严重，油温达 80℃ 以上。后来对其作了改进，主要措施是将油箱容积由 150L 加大到 500L，同时采用双联泵加电磁溢流阀卸荷，这样，油温便处于正常范围以内。

加大冷却能力可通过改用大冷却器来实现，这种方法比较简单。例如，某 JL－150 压铸机液压系统发热严重，达 70℃ 以上，采用 $L=1000mm$ 的冷却器取代原较小的冷却器，系统油温降至 60℃ 以下。

在液压系统中增设冷却器可显著降低系统油温。

（4）加强维护。

从使用维护的角度来看，防止油温过高应注意以下几个问题。

使用黏度合适的液压油，使用设备制造商推荐的黏度被证明是最好的。使用黏度高的油液，特别在周围环境温度比较低的地区使用，将引起流动摩擦力的增加和过热的产生。

如果系统中有软管，应当将其可靠地夹紧和定位，当变更一根软管使其太靠近车辆的变速箱或者靠近发动机都将引起软管过热，因此会导致通过软管的油液过热，所以应避免使用长度尺寸不够的软管并确信所安装的软管没有突然的急弯，因为这也会增加油液流动的摩擦力，造成结果是油液的温度升高。

保持液压系统外部和内部的清洁，系统外部的污染物起到一个隔绝和阻碍油液正常的冷却的作用，系统内部的污染物会引起磨损导致油液泄漏，两种情况的发生都会引起热量的产生。经常检查油箱的液位，油位过低会造成系统没有足够的油液带走热量。

定期更换过滤器滤芯，避免过滤器堵塞。

回油背压过高也是油温过高的原因之一，应检查背压增加的原因并予以排除。定时检查冷却器和定期对冷却器除垢。

6.5 油箱与管道的应用

6.5.1 油箱及其应用

64 油箱有何功用？

油箱主要作用如下：

（1）储存系统所需的足够油液。

（2）散发油液中的热量。

（3）逸出溶解在油液中的空气。

（4）沉淀油液中的污物。

（5）对中小型液压系统，液压泵装置及一些液压元件安装在油箱顶板上。

65 油箱的结构怎样？

总体式结构：利用设备机体空腔作油箱，散热性不好，维修不方便。

分离式结构：布置灵活，维修保养方便。通常用 2.5～5mm 钢板焊接而成，图 6-53 所示为分离式油箱的结构图。

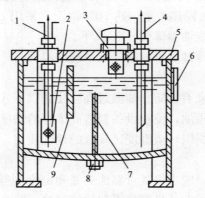

图 6-53　油箱结构图

1—吸油管；2—过滤器；3—空气滤清器；4—回油管；

5—顶盖；6—油位指示器；7、9—隔板；8—放油塞

通常取液压泵每分钟流量 q 的 3～8 倍估算油箱容积 V。低压系统 $V=(2～4)q$，中压系统 $V=(5～7)q$，高压系统 $V=(6～12)q$。

66 设计油箱时应注意什么？

油箱容积主要根据热平衡来确定。为使系统回油不致溢出油箱，油面高度不

超过油箱高度的 0.8。

油箱中应设吸油过滤器，为方便清洗过滤器，油箱结构要考虑拆卸方便。

油箱底部应做成适当斜度，并设置放油塞。油箱箱盖上应安装空气滤清器，其通气流量不小与泵流量的 1.5 倍。大油箱还应在侧面设计清洗窗口。

油箱侧壁要安装油位指示计，以指示最高、最低油位。新油箱要作防锈、防凝水处理。

吸油管与回油管要用隔板分开，增加油液循环的距离，使油液有足够的时间分离气泡，沉淀杂质。隔板高度一般取油面高度的 3/4。吸油管距油箱底面距离 $H \geqslant 2D$，距箱壁不小于 $3D$。回油管应插入油面以下，为防止回油带入空气，回油管距油箱底 $h \geqslant 2d$，且排油口切成 45°角，以增大通流面积。泄油管则应在油面以上。

大、中型油箱应设起吊钩或起吊孔。

6.5.2　液压管及管接头的应用

管件是用来连接液压元件、输送液压油液的连接件。它应保证有足够的强度，没有泄漏，密封性能好，压力损失小，拆装方便。它包括油管和管接头。

钢管能承受高压，价格低廉，耐油，抗腐蚀，刚性好，但装配时不能任意弯曲。常用于装拆方便处的压力管道（中、高压用无缝管，低压用焊接管）中。

67　怎样选择管材？

应根据系统压力及使用场合来选择管材。选择液压油管必须有足够的强度，管径和壁厚要符合图纸要求，管内壁必须光滑、清洁、无砂、无锈蚀、无氧化粒等缺陷。若发现下列情况不能使用：管子内外壁已严重锈蚀。管体划痕深度为壁厚的 10% 以上；管体表面凹入达管径的 20% 以上；管断面壁厚不均、椭圆度比较明显等。

对长期存放的管子，考虑其腐蚀的影响，在使用前必须进行酸洗，洗后要检查是否耐用（油管质量差主要表现为管壁厚薄不均匀或钢丝层拉力不足、拉织不紧而使承压能力降低）。

中、高压系统配管一般采用无缝钢管，因其具有强度高、价格低、易于实现无泄漏连接等优点，在液压系统中被广泛使用。

普通液压系统常采用冷拔低碳钢 10、15、20 号无缝管，此钢号配管时能可靠地与各种标准管件焊接。

液压伺服系统及航空液压系统常采用普通不锈钢管，具有耐腐蚀、内外表面光洁、尺寸精确的优点，但价格较高。

低压系统可采用紫铜管、铝管、尼龙管等管材，因其易弯曲给配管带来了方便。

各类液压管的特点如表 6-5 所示。

表 6-5 各类液压管的特点

硬管	钢管	能承受高压，价格低廉，耐油，抗腐蚀，刚性好，但装配时不能任意弯曲；常在拆装方便处用作压力管道，中、高压用无缝管，低压用焊接管
	纯铜管	易弯曲成各种形状，但承压能力一般不超 6.5～10MPa，抗振能力较弱，又易使油液氧化；通常用在液压装置内配接不便之处
软管	尼龙管	乳白色半透明，加热后可以随意弯曲成形或扩口，冷却后又能定形不变，承压能力因材质而异，自 2.5～8MPa 不等
	塑料管	质轻耐油，价格便宜，装配方便，但承压能力低，长期使用会变质老化，只宜用作压力低于 0.5MPa 的回油管、泄油管等
	橡胶管	高压管由耐油橡胶夹几层钢丝编织网制成，钢丝网层数越多，耐压越高；但价格高，用作中、高压系统中两个相对运动件之间的压力管道。低压管由耐油橡胶夹帆布制成，可用作回油管道

68 怎样加工液压管？

管子的加工包括切割、打坡口、弯管等内容。管子的加工好坏对管道系统参数影响较大，并关系到液压系统能否可靠运行。因此，必须采用科学、合理的加工方法，才能保证加工质量。

(1) 管子的切割。管子的切割原则上采用机械方法切割，如切割机、锯床或专用机床等，严禁用手工电焊、氧气切割方法，无条件时允许用手工锯切割。切割后的管子端面与轴向中心线应尽量保持垂直，误差控制在 90°±0.5°。切割后需将锐边倒钝，并清除铁屑。

(2) 管子的弯曲。管子的弯曲加工最好在机械或液压弯管机上进行。用弯管机在冷状态下弯管，可避免产生氧化皮而影响管子质量。如无冷弯设备时可采用热弯曲方法，热弯时容易产生变形、管壁减薄及产生氧化皮等现象。热弯前需将管内注实干燥河沙，用木塞封闭管口，用气焊或高频感应加热法对需弯曲部位加热，加热长度取决于管径和弯曲角度。直径为 28mm 的管子弯成 30°、45°、60° 和 90°时，加热长度分别为 60、100、120mm 和 160mm；弯曲直径为 34、42mm 的管子时，加热长度需比上述尺寸分别增加 25～35mm。热弯后的管子需进行清沙并采用化学酸洗方法处理，清除氧化皮。弯曲管子应考虑弯曲半径。当弯曲半径过小时，会导致管路应力集中，降低管路强度。

表 6-6 给出钢管最小弯曲半径。

表 6-6 钢管最小弯曲半径 mm

钢管外径 D		14	18	22	28	34	42	50	63	76	89	102
最小弯曲半径 R	冷弯	70	100	135	150	200	250	300	360	450	540	700
	热弯	35	50	65	75	100	130	150	180	230	270	350

69　怎样敷设安装管路？

　　管路敷设前，应认真熟悉配管图，明确各管路排列顺序、间距与走向，在现场对照配管图，确定阀门、接头、法兰及管夹的位置并画线、定位。管夹一般固定在预埋件上，管夹之间距离应适当，过小会造成浪费，过大将发生振动。推荐的管夹距离如表6－7所示。

表6－7　　　　　　　　　　　推荐管夹间距离　　　　　　　　　　　mm

管子外径 D	14	18	22	28	34	42	50	63
管夹间最大距离 L	450	500	600	700	800	850	900	1000

　　管路敷设一般遵循的原则如下：

　　（1）大口径的管子或靠近配管支架里侧的管子，应考虑优先敷设。

　　（2）管子尽量呈水平或垂直两种排列，注意整齐一致，避免管路交叉。

　　（3）管路敷设位置或管件安装位置应便于管子的连接和检修，管路应靠近设备，便于固定管夹。

　　（4）敷设一组管线时，在转弯处一般采用90°及45°两种方式。

　　（5）两条平行或交叉管的管壁之间，必须保持一定距离。当管径≤ϕ42mm时，最小管距离应≥35mm；当管径≤ϕ75mm时，最小管壁距离应≥45mm；当管径≤ϕ127mm时，最小管壁距离应≥55mm。

　　（6）管子规格不允许小于图纸要求。

　　（7）整个管线要求尽量短，转弯处少，平滑过渡，减少上下弯曲，保证管路的伸缩变形，管路的长度应能保证接头及辅件的自由拆装，又不影响其他管路。

　　（8）管路不允许在有弧度部分内连接或安装法兰。法兰及接头焊接时，必须与管子中心线垂直。

　　（9）管路敷设后，不应对支撑及固定部件产生除重力之外的力。

　　（10）在安装过程中，因安装需要，油管必须切断时，断面与轴线方向垂直度为90°±1/2°。同时锐边需倒钝并清除铁屑。

　　（11）安装管道时，如果管子最大允许弯曲度为10％，弯管半径大于三倍管外径，要考虑管线最短，转弯要少，管子支撑距离不能过大，支撑不得有松动。

　　（12）管路的最高点必须设有排气装置，以便启动时放掉管路中的空气。

　　（13）安装吸油管时，不得漏气，以免吸入空气，引起工作爬行；吸油管阻力也不应太高，否则会引起气蚀。

　　（14）回油管要伸到油箱油面以下，以防止飞溅引起气泡，用作溢流阀的回油管一定要通过油箱，不得和泵的入口相通，否则，引起油温升高过快。

70　怎样焊接管路？

　　管路的焊接一般分以下三步进行。

（1）管子端部开坡口。

管道在焊接前，必须对管子端部开坡口，当焊缝坡口过小时，会引起管壁未焊透，造成管路焊接强度不够；当焊缝坡口过大时，又会引起裂缝、夹渣及焊缝不齐等缺陷。坡口角度应根据国标要求中最利于焊接的种类执行。坡口的加工最好采用坡口机，采用机械切削方法加工坡口既经济又效率高，不仅操作简单，还能保证加工质量。

（2）焊接。

焊接方法的选择是关系到管路施工质量最关键的一环，必须引起高度重视。目前广泛使用氧气-乙炔焰焊接、手工电弧焊接、氩气保护电弧焊接三种。其中，最适合液压管路焊接的方法是氩弧焊接，具有焊口质量好、焊缝表面光滑美观、没有焊渣、焊口不氧化、焊接效率高等优点。另两种焊接方法易造成焊渣进入管内，或在焊口内壁产生大量氧化铁皮，难以清除。实践证明：一旦造成上述后果，无论如何处理，也很难达到系统清洁度指标，所以不要轻易采用。如遇工期短、氩弧焊工少时，可考虑采用氩弧焊焊第一层（打底），第二层开始用电焊的方法，这样既保证质量，又可提高施工效率。

系统用配管用不锈钢无缝钢管时，焊接常采用充氩气保护的氩弧焊工艺。焊接时要求除焊口外两侧管端均封死，对接管内充满氩气，并对焊口进行氩弧打底手弧填满。在不锈钢管进行焊接时一定要注意对接管内必须充满氩气，否则将无法保证焊接质量。若未按焊接工艺要求施工，切开焊口区域，可发现焊口呈多孔海绵体状极不规则。这种状态的焊口根本不能保证焊接强度，极易发生泄漏。而充满氩气的焊口比较圆滑致密。焊接时电流不宜过大，否则会造成滴瘤，影响油液在管道内的流动状态从而引起不必要的压力损失。

系统法兰焊接是配管制作中的难点。如果焊接工艺不对，很容易发生法兰变形凸起的情况。焊接时环境温度过低、焊接区与非焊接区及焊层间温差大会造成法兰壁应力分布不均，引起焊接质量差。采取相应措施（如感应加热等）保证焊接区与非焊接区间温差不大，焊层间温差保持不超过 200℃，可有效地解决法兰变形问题。

（3）焊缝质量检查。

管路焊接后要进行焊缝质量检查。检查项目包括：焊缝周围有无裂纹、夹杂物、气孔及过大咬肉、飞溅等现象；焊道是否整齐、有无错位、内外表面是否突起、外表面在加工过程中有无损伤或削弱管壁强度的部位等。对高压或超高压管路，利用探伤来检查焊口质量是一种常用方法。常用探伤的方法有 X 射线探伤、超声波探伤等，但都有一定的局限性。例如，X 射线探伤对于管径小于 65A 及壁厚大于 18mm 的焊口就不能准确判定；超声波探伤不仅存在相似的问题，而且超声波探伤不能对焊口的缺陷定量分析。采用两种探伤方式相结合，有利于检查出不合格焊口。

71　**管接头有哪些类型？**

管接头是油管与油管、油管与液压件之间的可拆式连接件。它应具有装拆方便、连接牢固、密封可靠、外形尺寸小、通流能力大等特点。液压系统中常用管接头如图 6-54 所示。

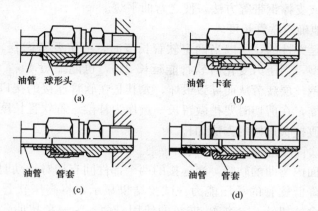

图 6-54　管接头
(a) 焊接式；(b) 卡套式；(c) 扩口式；(d) 扣压式

图 6-54（a）为焊接式管接头：特点是连接牢固，利用球面进行密封，简单可靠。但厚壁钢管，装拆不便且必须保证焊接质量。

图 6-54（b）为卡套式管接头：特点是利用卡套卡住油管进行密封，轴向尺寸要求不严，装拆方便。对油管的径向尺寸精度要求较高，为此要选用冷拔无缝钢管。

图 6-54（c）为扩口式管接头：利用油管管端的扩口在管套压紧下进行密封，结构简单。适用于铜管、薄壁钢管、尼龙管和塑料管等低压管道的连接。

图 6-54（d）为扣压式管接头：用于连接高压软管，适用于中、低压系统。

6.5.3　液压软管的应用

高压橡胶管是由耐油橡胶夹钢丝层编织制成的，钢丝网层数越多，耐压越高，价格越高。常用于中、高压系统中有相对运动的压力管道。低压橡胶管由耐油橡胶夹帆布制成，可用于回油管道。

液压系统的管路设计上大量地采用了软管。与金属管不同，软管是柔性的，因此它主要用于允许软管两端连接的部件之间有相对运动的场合，并能够简化布管和安装。布置一根软管绕过或者穿越一系列的障碍比弯曲、安装一根硬管要简单得多。构建一个硬管系统常常比构建一个软管系统成本更高，而且更花时间。

72　**使用软管应注意什么？**

（1）确定适当的弯曲半径。

虽然目前很多软管生产厂商能够提供可以被弯曲到比颁布的工业标准规定的

半径更小的软管，但是应该避免软管的弯曲曲率小于推荐使用的最小曲率半径，以免缩短使用寿命。因此，布管首先要提供充足的弯曲半径。软管安装后的弯曲半径应不小于软管外径的 8～10 倍，软管两端接头的根部不允许有弯曲，应保留一定的直线区段，其长度不小于软管外径的 6 倍。为避免急剧弯曲，可采取在软管外部绕弹簧或支撑钢带等方法，使之弯曲平缓。

（2）正确地确定软管长度。

因为软管是柔性的，所以当确定软管长度时，一定要考虑到软管的伸缩性。根据软管的类型，当压力变化时软管能延长 2%，也能缩短 4%。这个长度的变化能使软管的钢丝层疲劳从而导致毁坏，尤其是在软管连接的接口处。因此，考虑到软管的收缩，在剪切时要稍微留长一点作为补偿。若软管长度不够，可用两根软管通过过渡接头连接的方法加长。

（3）避免软管被扭转。

在同一平面内弯曲的软管，当连接的两个部件间有相对运动时，要避免扭转软管，不然会降低软管的承压能力。试验结果显示，将高压软管扭转 5° 会缩短 70% 的使用寿命，扭转 7° 能缩短 90% 的使用寿命。为避免扭曲，可在装配前用粉笔在软管上画一条与中心线平行的直线，以便于检查安装后的软管是否拧扭。

（4）软管需要在多平面内弯曲的处理方法。

软管的布置通常在设计工作的后期进行，因此找出理想的路径是有困难的。多平面弯曲常常可以通过将软管重新定向得以避免。如果这样也行不通，那么应该在两个弯曲之间安装一个软管管夹，在软管管夹的两边提供足够的长度以释放软管钢丝层的张力。这个长度取决于软管的质量、弯曲的程度和软管的钢丝层，所以必须针对不同的对象单独进行设计。

另一个可选择的方法是每个平面内的弯曲使用一段单独的软管，在两个弯曲之间安装一个软管管接头和软管管夹。但因为这种方法不但成本高、安装时间长，而且在软管连接处增加了潜在的泄漏可能性，所以采用较少。

（5）提供保护。

现在软管生产厂商提供多种带有耐磨外壳的产品。通过分析发现大约 80% 的软管失效是由于外部的物理损坏，磨损被证明是主要的原因。磨损主要是软管重复地和设备表面或软管间彼此摩擦。为了避免磨损，应使用管夹将软管固定并且使软管不与毗连的表面发生摩擦。管夹的松紧应适当以避免软管移动，但如果太紧了反而会压迫损伤软管。管夹两边的软管应留出合适的余量以补偿软管的伸缩。进一步的保护可由套管提供，类似弹簧的金属套管保护软管免于被挤压。软套管可使软管不被磨损，有些套管必须从软管不连接的一端开始沿软管滑动安装。沿长度方向带有开口的套管安装时，则不用断开软管两端的连接。这两种类型的套管都能将多根软管捆扎在一起。应尽量避免软管与机器接触和摩擦，以防止外胶层与钢丝编织层发生磨损。在可能与外界发生机械摩擦的区段，应包缠帆布带或套橡胶管加以保护。

（6）适应运动。

除了扭转和磨损，对软管而言如果不能恰当地适应工作装置的运动，那么也会使其很快损坏。例如，当连接到可摆动的液压缸时，软管的长度和布置一定要适当以避免发生纠结或弯曲超过推荐的最小半径。当多个软管彼此靠近排列在一起，而其中一部分将会发生线性运动时，应采用软管输送器使软管保持整齐，避免缠结、扭转和彼此摩擦。有些特别类型的软管输送器还能将诸如落下的物体、摩擦、化学药品或高温等外部可能出现的情况隔离开。

（7）其他需要考虑的问题。

大多数软管是采用钢丝加强的，这使软管成为一个导体，因为机械可能在电力线路旁边使用或者软管非常接近能被放出的静电点燃的可燃溶液。所以生产厂商可提供非导电软管。静电有时可能经过管壁向周围放电。其后果是定位燃烧，这使软管壁变薄，甚至在管壁上产生针孔。在这种情况下，带有导电性的软管需要设计成通过软管端头的配件而不是经过软管放电。

高温和扭转一样能逐渐地缩短软管寿命。外部的热源，例如工程机械上的排气管，能很快地从管壁外面软化软管。因此，使软管远离外部的热源是很重要的。如果无法远离，则应采用防护套管来隔离向软管传输的热。

来自油液自身的热源也能缩短软管的寿命。系统油温仅仅超过软管允许的最高温度大约 $10℃$，就能使软管的预期寿命缩短 $1/2$。使这一个问题变得更为严重的是机械的操作员通常不知道油温可能超过软管生产厂商的推荐值，尤其是当高温间歇地发生时。

软管的布置应尽量整洁，这不仅能够避免软管的缠结、扭转、摩擦，而且有助于系统的维护保养。谨慎地使用过渡接头，因为它们会使一个总成中的部件数增加，增加装配的时间、费用和潜在的泄漏点。然而，如果应用得当，在软管两端使用弯管过渡接头（如 $90°$ 接头）能简化软管总成。在这些总成中，管端的接头一定要注意安装方向以免在安装时扭转软管。

73　**怎样解决软管在两个平面中被弯曲问题？**

图 6-55 中的软管布置违背了相关的设计推荐，在泵口和连接件之间，软管在两个平面中被弯曲。软管设计准则推荐软管不能在多于一个平面中弯曲，这样会导致软管里的钢丝张力分布不均匀。当液压系统中发生压力脉动时，超载的钢丝遭受额外的张应力，在连续循环之后，过应力的钢丝会由于疲劳而失效，最后引起软管破裂。如果没有任何

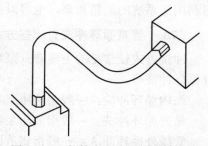

图 6-55　软管在两个平面中被弯曲

征兆就发生软管破裂是很严危险的。

也许因为部件的位置，无法避免在两个平面中弯曲软管。在这种情况下，在弯曲的软管之间布置一段被管夹固定的直软管作为一个允许钢丝层放松的过渡区域。图6-55中的软管在两个弯曲之间有一个直管段，但很明显它没有被管夹或壁面固定。除非系统的最高压力远比软管的压力等级低，不然软管最后将会破裂（如果系统压力远低于软管的压力等级，那就是花更多的钱购买了没必要的高压软管）。

一个简单的解决方法是在泵口安装45°管接头。管接头可以解决一个平面里的弯曲，这样软管只需在另一个平面中弯曲，减少弯曲可以改善流动。另外，采用45°管接头可以减小软管的长度。

74 怎样避免软管布置和定位混乱？

一些地方软管布置和定位混乱，软管的布置没有事先的计划，有些软管相互间或与周围的部件产生摩擦。由于持续循环弯曲的部分将会擦伤软管保护层，一旦发生这种情况，泄漏就开始产生，且随着时间推移而增加。

为了避免布管混乱，设计者应该在安装第一根软管之前，就估计到每条管路需要的软管，设计一个布管计划，构建一个整洁的管路。如果可能，应该使软管相互平行排列，然后在适当的位置用管夹夹紧使它们彼此不能摩擦。好的布管设计不但能使系统整洁、干净，而且通过避免磨损能改善机械的可靠性。这也使维护更容易，因为维修人员不用在一堆杂乱的软管周围工作或者必须拆下软管才能维修机械。

6.5.4 液压管系在线冲洗与清洗

管路用油进行循环冲洗，是管路施工中又一重要环节。液压系统在组装完毕后需进行全面的冲洗与清洗，其目的是为了清除管内在酸洗及安装过程中以及液压元件在制造过程中遗落的机械杂质或其他微粒，达到液压系统正常运行时所需要的清洁度，保证主机设备的可靠运行，延长系统中液压元件的使用寿命。

管路循环冲洗必须在管路酸洗和二次安装完毕后的较短时间内进行。冲洗时可利用该系统的油箱和泵，也可以采用专用的冲洗泵站。

75 管系循环冲洗有哪些方式？

冲洗方式较常见的主要有（泵）站内循环冲洗、（泵）站外循环冲洗、管线外循环冲洗等。

站内循环冲洗：一般指液压泵站在制造厂加工完成后所需进行的循环冲洗。

站外循环冲洗：一般指液压泵站到主机间的管线所需进行的循环冲洗。

管线外循环冲洗：一般指将液压系统的某些管路或集成块，拿到另一处组成回路，进行循环冲洗。冲洗合格后，再装回系统中。

为便于施工，通常采用站外循环冲洗方式。也可根据实际情况将后两种冲洗方式混合使用，达到提高冲洗效果、缩短冲洗周期的目的。

76 怎样选定冲洗回路？

泵外循环冲洗回路可分为两种类型，即串联式冲洗回路和并联式冲洗回路。串联式冲洗回路如图 6 - 56 所示，其优点是回路连接简便、方便检查、效果可靠；缺点是回路长度较长。并联式冲洗回路如图 6 - 57 所示，其优点是循环冲洗距离较短、管路口径相近、容易掌握、效果较好；缺点是回路连接繁琐，不易检查确定每一条管路的冲洗效果，冲洗泵源较大。为克服并联式冲洗回路的缺点，也可在原回路的基础上变为串联式冲洗回路，方法如图 6 - 58 所示。但要求串联的管径相近，否则将影响冲洗效果。

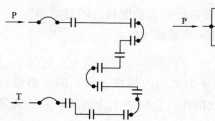

图 6 - 56　串联式冲洗回路

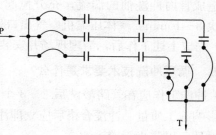

图 6 - 57　并联式冲洗回路

在选择冲洗回路时，应尽可能使回路的流动阻力处于最小状态。冲洗时应避免脏油通过已冲洗干净的管道。对于较复杂的系统，可选择回路先从支路冲洗到主管道，然后将支路与主管道隔开来，再冲洗主管道。冲洗回路组成后，冲洗泵源应接在管径较粗一端的回路上，从总回油管向压力油管方向冲洗，使管内杂物能顺利冲出。

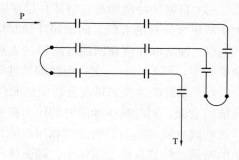

图 6 - 58　串联式冲洗回路

77 循环冲洗主要工艺流程及参数是什么？

液压系统的冲洗，可按下述步骤进行：

（1）在未安装敏感元件（如伺服阀等）之前，将管道及对污染物不敏感元件先装配起来，并将管子端部密封严实。

（2）用跨接线代替敏感元件，将液压回路连接起来，并充液加压，进行冲洗，达到规定的清洁度标准为止。

（3）冲洗流量。视管径大小、回路形式进行计算，保证管路中油流成紊流状态，管内油流的流速应在 3m/s 以上。

（4）冲洗压力。冲洗时，压力为 0.3～0.5MPa，每间隔 2h 升压一次，压力为 1.5～2MPa，运行 15～30min，再恢复低压冲洗状态，从而加强冲洗效果。

（5）冲洗温度。用加热器将油箱内油温加热至 40～60℃，冬季施工油温可提高到 80℃，通过升高冲洗温度能够缩短循环冲洗时间。

（6）振动。为彻底清除黏附在管壁上的氧化铁皮、焊接和杂质，在冲洗过程中每间隔 3～4h 用木锤、铜锤、橡胶锤或使用震动器沿管线从头至尾进行一次敲打振动。重点敲打焊口、法兰、变径、弯头及三通等部位。敲打时要环绕管四周均匀敲打，不得伤害管子外表面。震动器的频率为 50～60Hz、振幅为 1.5～3mm 为宜。

（7）充气。为了进一步加强冲洗效果，可向管内充入 0.4～0.5MPa 的压缩空气，造成管内冲洗油的湍流，充分搅起杂质，增强冲洗效果。每班可充气两次，每次 8～10min。气体压缩机空气出口处要装精度较高的过滤器。

（8）完成上述工作后，清理现场并安装敏感元件。

78 循环冲洗技术要求是什么？

（1）冲洗工作应在管路酸洗后 2～3 个星期内尽快进行，防止造成管内新的锈蚀，影响施工质量。冲洗合格后应立即注入合格的工作油液，每三天需启动设备进行循环，以防止管道锈蚀。

（2）循环冲洗要连续进行，要三班连续作业，无特殊原因不得停止。

（3）自制的冲洗油箱应清洁并尽量密封，并设有空气过滤装置，油箱容量应大于液压泵流量的五倍。向油箱注油时应采用滤油小车对油液进行过滤。

（4）冲洗取样应在回油过滤器的上游取样检查。取样时间：冲洗开始阶段，杂质较多，可 6～8h 一次；当油的精度等级接近要求时，可每 2～4h 取样一次。

（5）系统的冲洗安排在安装敏感元件之前，是为了避免污染物损伤这些元件光洁的表面，同时减少冲洗时的压力损失。选择的清洗回路应跳过敏感元件，并尽可能减少流动阻力。清洗时利用流体相对于管壁的高速流动来清除附着在管壁上的杂质，使其悬浮于流体中，随流体一起向前流动，直至由冲洗过滤器将其滤掉为止。在冲洗回路中应尽量避免流体携带污染物颗粒杂质流经铅垂向上的管道。

（6）为使管中的流速处于高速紊流状态，在系统本身动力源不能满足此要求时，可外接供油回路，以获得大的流量。可采用专门的清洗油车供油，也可采用黏度低的冲洗液或将冲洗液加热，以降低冲洗液的黏度，增大雷诺数，使之成为紊流。

（7）在冲洗回路的回油路上，装设过滤器或滤网。大规格管路式回油过滤器的滤芯精度可在不同冲洗阶段根据油液清洁情况进行更换，可在 100、50、20、10、5μm 等滤芯规格中选择。冲洗初期由于污染杂质较多，一般采用 80 目滤网，清洗后期改用 150 目以上的滤网。

（8）为了提高冲洗效果，在冲洗过程中液压泵以间歇运动为佳，其间歇时间一般为 10～30mim，可在这一间歇时间内检测清洗效果。为了有利于管内壁上附着物的脱落，在清洗过程中，可用木棍或橡皮锤等非金属棒锤轻轻敲击管道，可连续或间歇地敲击。

（9）冲洗用油一般选用黏度较低的 10 号机械油。如管道处理较好，一般普通液压系统可使用工作油进行循环冲洗。对于使用特殊的磷酸酯、水乙二醇、乳化液等工作介质的系统，选择冲洗油要慎重，必须证明冲洗油与工作油不发生化学反应后方可使用。实践证明：采用乳化液为介质的系统，可用 10 号机械油进行冲洗。禁止使用煤油、汽油、酒精和蒸汽之类的对管路有害的油品作为冲洗液，以防腐蚀液压元件、管道、油箱及密封件等。

（10）冲洗液的用量一般以油箱工作容量的 60%～70% 为宜，冲洗时间不宜过长，一般为 2～4h，在特殊情况下不超过 10h。冲洗效果以回路过滤网上无污染杂质或达到要求的清洁度为标准。冲洗后的液压油需经质量检验才能确定能否继续使用。液压系统油液允许污染度等级如表 6-8 所示。

（11）由于油箱中的液流速度低，很难将杂质清洗干净，放油后还需手工清洗，禁止用棉纱或易燃的纤维品擦抹。

表 6-8　　　　　　　　**液压系统油液允许污染度等级**

液压系统类型 ＼ NAS1638 计数法等级	3	4	5	6	7	8	9	10	11	12	13
精密电液伺服系统	←										
伺服系统（应装有 10μm 以下过滤器）				←							
电液比例系统						←					
高压液压系统						←					
中压液压系统								←			
普通机床液压系统								←			

第**7**章

液压控制回路及其使用与维修

任何液压系统都是由一些基本回路组成的。所谓液压基本回路是指能实现某种规定功能的液压元件的组合。基本回路按在液压系统中的功能可分：压力控制回路——控制整个系统或局部油路的工作压力；速度控制回路——控制和调节执行元件的速度；方向控制回路——控制执行元件运动方向的变换和锁停；多执行元件控制回路——控制几个执行元件间的工作循环。

🔧 7.1 压力控制回路及其使用与维修

压力控制回路是利用压力控制阀来控制整个系统或局部支路的压力，以满足执行元件对力和转矩的要求。压力控制回路包括调压回路、卸载回路、减压回路、增压回路、平衡回路、保压回路和泄压回路。

7.1.1 调压回路及其使用与维修

调压回路用于调定和限制液压系统的最高工作压力，或者使执行机构在工作过程不同阶段实现多级压力变换。一般用溢流阀来实现这一功能。

1 单级调压回路有何特点？

单级调压回路只能调出一个压力。

图7-1所示为有节流阀的单级调压回路。由于系统有节流阀，当执行元件工作时溢流阀始终开启，使系统压力稳定在调定压力附近，溢流阀作定压阀用。

图7-2所示为无节流阀的单级调压回路。当系统工作压力达到或超过溢流

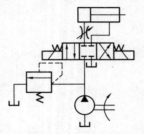

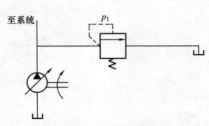

图7-1 溢流阀作定压阀用的调压回路　　图7-2 溢流阀作安全阀用的调压回路

阀调定压力时，溢流阀才开启，对系统起安全保护作用。

图 7-3 所示为远程单级调压回路。此处利用先导型溢流阀遥控口远程调压，主溢流阀的调定压力必须大于远程调压阀的调定压力。

2 远程调压回路有何故障，怎样排除？

（1）在远程调压回路中，出现溢流阀的最低调压值增加，同时产生动作迟滞的故障。产生这一故障的原因是由于从主溢流阀到遥控先导溢流阀之间的配管过长（例如超过 10m），遥控管内的压力损失过大所致。所以遥控管路一般不能超过 5m。

（2）在远程调压回路中，出现遥控配管及遥控先导溢流阀的振动。故障原因基本同上，可在遥控配管图 7-4 所示的 a 处装入一小流量节流阀并进行适当调节，故障便可排除。

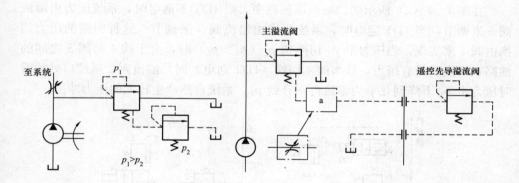

图 7-3 利用先导型溢流阀远程
　　　　调压的调压回路

图 7-4 远程调压回路故障的排除

3 多级调压回路与无级调压回路有何特点？

多级调压回路可调出两个以上的压力。如图 7-5 所示，这种回路由先导型溢流阀、远程调压阀和电磁换向阀组成。

换向阀 2 电磁铁不得电，由溢流阀本身先导阀调压；

换向阀 2 电磁铁 a 得电，由远程调压阀 3 调压；

换向阀 2 电磁铁 b 得电，由远程调压阀 4 调压。

无级调压回路能任意调定系统压力。如图 7-6 所示，通过电液比例溢流阀与 PLC 来实现压力调节。改变 PLC 控制信号（电流）就能改变系统压力，这种回路结构简单，控制灵活。

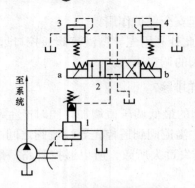 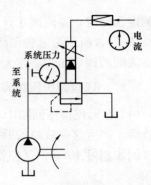

图 7-5 多级调压回路　　　　　　　图 7-6 无级调压回路
1—先导型溢流阀；2—换向阀；3、4—远程调压阀

4 **什么是二级调压回路的压力冲击，如何排除？**

在图 7-7（a）所示的二级调压回路中，当 1DT 不通电时，系统压力由溢流阀 2 来调节，当 1DT 通电时，系统压力由溢流阀 3 来调节。这种回路的压力切换由阀 4 来实现，当压力由 p_1 切换到 p_2（$p_1 > p_2$）时，由于阀 4 与阀 3 之间的油路在切换前没有压力，故当阀 4 切换（1DT 通电）时，溢流阀 2 遥控口处的瞬时压力由 p_1 下降到几乎为零后再回升到 p_2，系统自然产生较大的压力冲击。

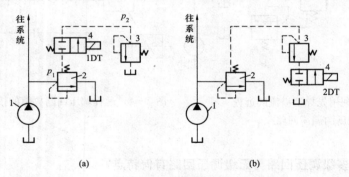

图 7-7 二级调压回路
(a) 控制油路先经过换向阀；(b) 控制油路先经过先导阀
1—泵；2—溢流阀；3—先导阀；4—换向阀

排除方法：如图 7-7（b）所示，将阀 4 接在阀 3 的出油口处，即阀 4 与阀 3 的位置互换，由于从阀 2 的遥控口到阀 4 油路里充满压力油，阀 4 切换时系统压力从 p_1 下降到 p_2 不会产生过大的压力冲击。

5 **二级调压回路升压时间过长该怎么办？**

在图 7-8 所示的二级调压回路中，当遥控管路较长，而由系统卸荷（阀 3 处于中位）状态处于升压状态（阀 3 处于左位或右位）时，由于遥控管通油池，压力油要先填充遥控管路后才能升压，所以升压时间长。

解决办法：尽量缩短遥控管路，并且在图 7 - 8 所示遥控管路回油处增设一背压阀（或单向阀）5，使之有一定的压力，这样升压时间即可缩短。

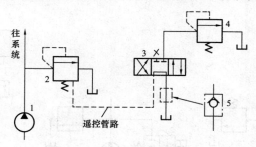

图 7 - 8　二级调压回路

1—泵；2—溢流阀；3—换向阀；4—先导阀；5—背压阀

7.1.2　卸载回路及其使用与维修

卸载回路用于在液压系统执行元件短时间不工作时，不需频繁启动原动机而使泵在很小的输出功率下运转。卸载方式包括压力卸载与流量卸载（仅适用于变量泵）。

6　**用换向阀中位机能的卸载回路有何特点？**

用换向阀中位机能的卸载回路如图 7 - 9 所示。在此回路，液压泵借助 M 型、H 型或 K 型换向阀中位机能来实现降压卸载。

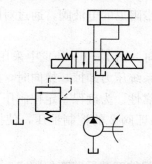

图 7 - 9　用换向阀中位机能的卸载回路

7　**采用换向阀的卸荷回路有何故障，怎样排除？**

（1）不卸荷。图 7 - 10（a）可能是因为二位二通电磁阀阀芯卡死在通电位置，或者是弹簧力不够或折断及漏装，不能使阀芯复位；图 7 - 10（b）则可能是因电路故障，1DT 未能通电的缘故，应分别酌情予以处理。

（2）不能彻底卸荷。产生这一故障原因是阀 2 的规格（公称流量、通径）选择过小；如阀 2 为手动阀则可能是因定位不准，换向不到位，使 P→O 的油液不能彻底畅通无阻，背压大。可酌情处理。

（3）需要卸荷时有压，需要有压时卸荷。产生原因是在图 7 - 10（a）、（b）

中，当拆修时，阀2的阀芯装倒一头，此时可重新将二位二通阀拆开，将阀芯调头装配。

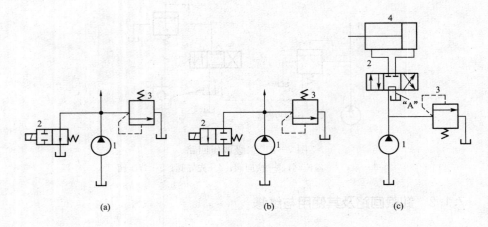

图7-10　卸荷回路
(a) 电磁阀不通电时卸荷；(b) 电磁阀通电时卸荷；
(c) 三位阀中位时卸荷（M、K、H型等）
1—泵；2—换向阀；3—溢流阀；4—液压缸

（4）产生冲击。图7-10（c）所示的三位四通阀用在大流量高压系统中，容易产生冲击。一般阀2采用带阻尼的电液阀，通过对阻尼的调节减慢换向阀速度可减少冲击。

（5）影响执行元件的换向。图7-10（c）中采用M型电液换向阀，利用中位卸荷的回路，由于中位时系统压力卸掉，换向时，会因控制压力油压不够而影响电液动换向阀2的换向可靠性。为确保一定控制压力，可在图7-10（c）中的"A"处加装一背压阀，以保证阀2的控制油压，使换向可靠。也可直接采用带预装单向阀的电液换向阀。

8　采用先导型溢流阀的卸载回路有何特点？

用先导型溢流阀的卸载回路如图7-11所示，此回路采用二位二通电磁阀控制先导型溢流阀的遥控口来实现卸载，油路简单。

9　为何要避免先导型溢流阀卸载回路换向阀泄漏量偏大？

先导型溢流阀卸载回路如图7-12（a）所示，当液压泵启动后，再使二位四通电磁阀的电磁铁带电，系统压力应升高到设定压力（如14MPa），如二位四通电磁阀A泄漏量大，则达不到设定压力，只能达到较低压力（如12MPa）。

若将A阀换成如图7-12（b）所示的泄漏量小的B阀，系统压力就能升高到设定压力。

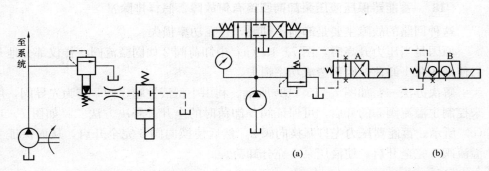

图 7-11 用先导型溢流阀的卸载回路　　图 7-12 使用遥控卸荷溢流阀的卸荷回路

（a）差；（b）好

10 限压式变量泵的卸载回路有何特点？

限压式变量泵的卸载回路如图 7-13 所示，这种回路为零流量卸载，当泵的压力升高到压力调节螺钉调定的极限值时，泵的流量减小到只补充缸或阀的泄漏，回路实现保压卸载。

11 利用多路阀的卸载回路有何特点？

多路阀设有卸载通道，利用多路阀的卸载回路如图 7-14 所示。各换向阀处于中位时液压泵处于卸荷状态，任一换向阀切换都可切断卸荷通道，建立压力。此类阀结构简单，工作可靠，多用于工程机械等行走液压系统。

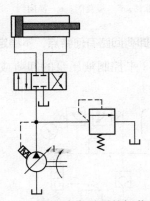

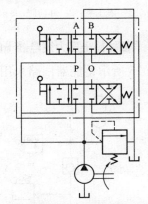

图 7-13 限压式变量泵的卸载回路　　图 7-14 利用多路阀的卸荷回路

12 蓄能器保压液压泵卸荷回路有何特点？

蓄能器保压液压泵卸荷回路如图 7-15（a）所示。在此回路中，当蓄能器 4 的压力上升到卸荷阀（液控顺序阀）2 的调定压力时，阀 2 开启，液压泵 1 卸荷，单向阀 3 关闭，系统维持压力（保压）；当系统压力低于阀 2 的调定压力时，阀 2 关闭，液压泵 1 重新对系统提供压力油。溢流阀 5 此时起安全阀的作用。

13 **蓄能器保压液压泵卸荷回路有何故障，怎样排除？**

这种回路的故障主要是卸荷不彻底，存在功率损失。

原因是当压力升高时，图7-15（a）中卸荷阀2如同溢流阀一样仅部分地开启使液压泵1卸荷，因而造成功率损失。

解决办法一：如图7-15（b）所示。利用小型液控顺序阀2作为先导阀，用来控制主溢流阀5的开启，可保证阀5卸荷时的全开。解决方法二：如图7-15（c）所示。蓄能器压力先打开换向阀2，然后使换向阀6完全开启，从而保证主溢流阀5完全开启，使液压泵1充分卸荷。

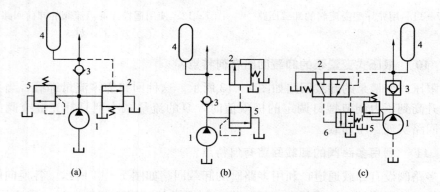

图7-15　蓄能器保压油泵卸荷的回路
（a）回路；（b）解决办法一；（c）解决办法二
1—液压泵；2—卸荷阀；3—单向阀；4—蓄能器；5—溢流阀；6—换向阀

14 **"蓄能器＋压力继电器＋电磁溢流阀"卸荷回路有何特点，不稳定怎么办？**

图7-16所示蓄能器回路采用压力继电器3来控制液压泵的卸荷或工作。

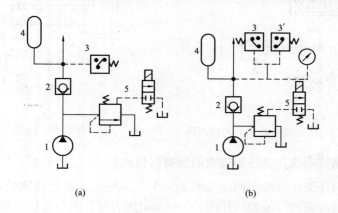

图7-16　采用压力继电器控制液压泵的卸荷或工作的蓄能器回路
1—泵；2—单向阀；3、3′—压力继电器；4—蓄能器；5—换向阀

这种回路中出现的主要故障是系统压力在压力继电器 3 的调定压力值附近
（返回区间）来回波动，液压泵频繁地"卸荷—工作"交替，不稳定。

解决办法是采用图 7-16（b）所示双压力继电器的差压控制。压力继电器 3
与 3′ 分别调节为高、低压两个调定值，液压泵的卸荷由高压调定值控制，而液压
泵的重新工作却由低压调定值控制，这样当液压泵卸荷后，蓄能器继续放油直至
压力逐渐降低到低于低压调定值时液压泵才重新工作，其间有一段间隔，因此防
止了频繁切换现象。

15 **双泵供油的卸荷回路有何特点，有何故障，怎样排除？**

双泵供油的卸荷回路如图 7-17 所示，系统的执行元件快速行程时由两泵共
同供油，工作行程时低压大流量泵 2 卸荷，高压小流量泵 1 供油。

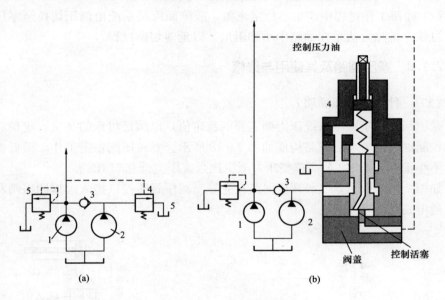

图 7-17　双泵供油卸荷回路
1—小泵；2—大泵；3—单向阀；4—卸荷阀；5—溢流阀

采用这种供油回路的液压设备产生下述故障：

（1）电动机严重发热甚至烧坏。原因主要是在工作时（由高压小流量泵 1 供
油时），单向阀 3 因各种原因未能很好关闭，造成泵 1 出口高压油反灌到泵 2 出
油口，导致 2 负载增大（虽然卸荷），加大了电动机功率（泵 1、2 常共用一台
电动机）。解决办法是修复单向阀 3，使泵 1 供油时能可靠关闭。

在采用先导式卸荷阀的回路中，主阀芯上的阻尼孔被堵也会出现上述现象，
只要疏通阻尼孔即可解决。

（2）系统压力不能上升到最高工作压力。卸荷阀 4 的控制活塞与阀盖相配孔

因严重磨损或其他原因，导致配合间隙大，系统来的压力控制油通过此间隙漏往主阀芯下端，再通过阀芯上的阻尼孔、弹簧腔以及回油口泄往油箱［见图7-17(b)］，使系统局部卸压，压力升不到最高调定压力。一般更换控制活塞，保证配合间隙便可排除。

16　卸载回路有何其他故障，怎样排除？

（1）从卸荷状态转为调压状态所经历的时间较长，主要取决于系统压力阀的压力回升滞后情况，即压力阀阀芯从卸荷（全开）位置位移到调压状态的时间（即阀芯行程S与主阀芯关闭的速度快慢，取决于主阀芯阻尼孔的流量和阀的有关参数）。排除方法是采用性能符合要求的压力阀；或在压力阀主阀复位弹簧端增加垫片，增大弹簧预缩量，可缩短调压时间。

（2）卸荷工作过程中产生不稳定现象。故障原因是系统由调压切换至零压的速度过快。排除方法是在油路中增加阻尼，以延缓切换过程。

7.1.3　减压回路及其使用与维修

17　什么是减压回路？

减压回路用于减小系统压力到需要的稳定值，以满足机床的夹紧、定位、润滑及控制油路的要求。回路构成如图7-18所示。要减压阀稳定工作，最低调整压力不小于0.5MPa，最高调整压力至少比系统压力低0.5MPa。

如图7-19所示，二级减压回路在先导型减压阀遥控口接入远程调压阀和二位二通电磁阀。

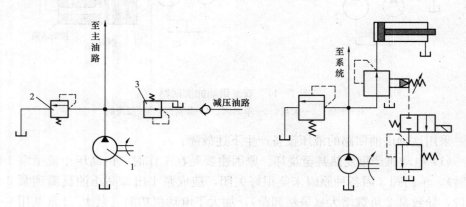

图7-18　减压回路　　　　　图7-19　二级减压回路

1—液压泵；2—溢流阀；3—减压阀

18　减压回路二次压力为什么会逐渐升高，怎样排除？

如图7-20所示，减压阀3后的支路（液压缸2）的压力要比主缸1支路的油液压力要低，称为减压回路。这种回路可能的故障是当缸 2 停歇时间较长时，减压阀 3 后的二次压力逐渐升高。

这是由于缸 2 停歇时间较长时，有少量油液通过阀芯间隙经先导阀排出，保持该阀处于工作状态。

由于阀内泄漏的原因使得通过先导阀的流量加大，减压阀的二次压力（出口压力）增大。为防止这一故障，可在减压回路中加接图 7 - 20 所示虚线的油路，并在 b 处装设一安全阀，确保减压阀出口压力不超过其调节值。

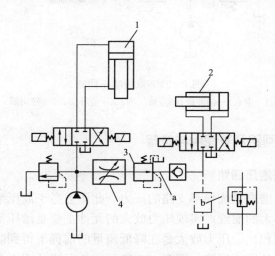

图 7 - 20　减压回路

1、2—液压缸；3—减压阀；4—节流阀

19 　减压回路中为何液压缸速度调节失灵或速度不稳定，怎样排除？

图 7 - 20 所示减压回路减压阀 3 泄漏大会引起液压缸速度调节失灵或速度不稳定。将节流阀 4 从图中位置处改为串联在减压阀之后的 a 处，可以避免减压阀泄漏对液压缸 2 速度的影响。

减压阀与单向节流阀叠加时，也要保证单向节流阀与执行元件"相邻"，以避免执行元件的速度不均匀故障的发生。

20 　双级减压回路在压力转换时为何产生冲击？

图 7 - 21 所示的双级减压回路是在先导型减压阀 3 遥控油路上接入调压阀 4 使减压回路获得两种预定的压力。

如果将换向阀 5 接在调压阀 4 前，两级压力转换（电磁铁得电，阀 3、阀 4 调压）时会产生压力冲击现象。原因是阀 5 电磁铁得电，调压阀 4 突然接入系统引起振荡。

如图 7 - 21 所示，阀 5 接在阀 4 之后，电磁铁得电前阀 4 与系统油压有联系，就不会在切换过程中引起冲击。

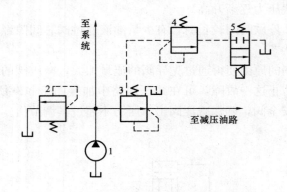

图 7 - 21　双级减压回路

1—泵；2—溢流阀；3—减压阀；4—先导阀；5—换向阀

7.1.4　增压回路及其使用与维修

21　什么是增压回路？

增压回路用于增高系统局部支路的压力（此压力高于液压泵提供的压力）且供应此支路流量不大的油液。实现压力放大的元件主要是增压器，其增压比为增压器大小活塞的面积比。压力放大是在降低流量的前提下得到的。

单作用增压器的增压回路如图 7 - 22 所示，此回路适用于单向作用力大、行程小、作业时间短的场合。

双作用增压器的增压回路如图 7 - 23 所示，此回路能连续输出高压油，适用于增压行程要求较长的场合。

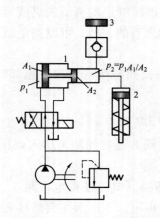

图 7 - 22　单作用增压器的增压回路

1—增压器；2—液压缸；3—油箱

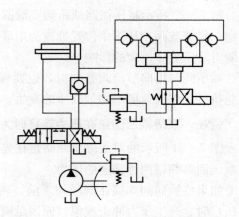

图 7 - 23　双作用增压器的增压回路

22 **增压回路有哪些故障，怎样排除？**

增压回路如图 7-24 所示。

当 1DT 通电时，泵 1 来油经阀 3 左位→阀 4→工作液压缸 9 右腔→增压缸 8 左腔，推动缸 9 活塞左移，缸 9 左腔回油经阀 3 左位流往油箱。

当缸 9 活塞左移到位，压力升高，顺序阀 6 打开，缸 8 活塞左移，使缸 9 右腔增压，此时阀 5、阀 4 关闭，实现增压动作。

当 2DT 通电时，缸 8、缸 9 作返回动作。

调节减压阀 7，可调节增压压力的大小。

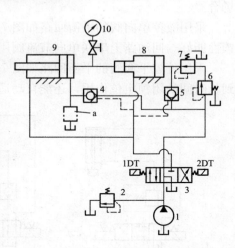

图 7-24　增压回路

这种增压回路出现的故障与排除方法有：

（1）不增压，或者达不到所调增压力。

1）增压缸 8 故障：缸 8 活塞严重卡死，不能移动；缸 8 活塞密封严重破损，增压缸高、低压腔串腔。通过拆修与更换密封予以排除。

2）液控单向阀 4 故障：由于阀芯卡死等原因，导致增压时阀 4 未能关闭。此时应拆修液控单向阀 4。

不能调节增压压力的大小，是由减压阀 7 故障引起的。

（2）增压后，压力缓慢下降。

阀 4 的阀芯与阀座密合不良，密合面之间有污物粘住，可拆开清洗研合。

缸 9 与缸 8 活塞密封轻度破损时，可更换密封。

（3）缸 9 无返回动作。

产生原因有：因断线等原因，2DT 未能通电；阀 4 的阀芯卡死在关闭位置；增压后缸 9 右腔的增压力未卸掉，阀 4 打不开；油源无压力油等。

可在图 7-24a 处增加卸荷回路，先卸荷。

7.1.5　平衡回路及其使用与维修

23 **什么是平衡回路？**

平衡回路用于使立式液压缸的回油路保持一定背压，以防止运动部件在悬空停止期间因自重而自行下落，或下行运动时因自重超速失控。

采用单向顺序阀的平衡回路如图 7-25 所示。顺序阀压力调定后，若工作负载变小，系统功率损失将增大。由于滑阀结构的顺序阀和换向阀存在泄漏，活塞不可能长时间停在任意位置。该回路适用于工作负载固定且活塞闭锁要求不高的场合。

采用液控单向阀的平衡回路如图7-26所示。液控单向阀是锥面密封，故闭锁性能好。回油路上串联单向节流阀用于保证活塞下行的平稳。

采用外控平衡阀的平衡回路如图7-27所示。它不但具有很好的密封性，起到长时间的闭锁定位作用，还能自动适应不同负载对背压的要求。

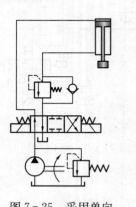 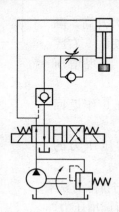 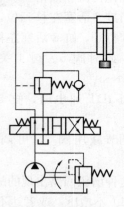

图7-25 采用单向顺序阀的平衡回路　图7-26 采用液控单向阀的平衡回路　图7-27 采用外控平衡阀的平衡回路

24 采用单向顺序阀的平衡回路有何故障？

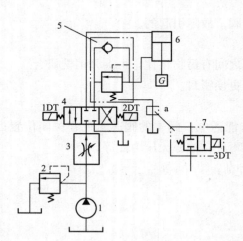

图7-28 采用单向顺序阀的平衡回路
1—泵；2—溢流阀；3—流量阀；
4、7—换向阀；5—单向顺序阀；6—液压缸

图7-28所示单向顺序阀5的调整压力稍大于工作部件的自重G在液压缸6下腔中形成的压力。工作部件在静止时，单向顺序阀5关闭，缸6不会自行下滑；工作时（下行），阀5开启，缸6下腔产生的背压力能平衡自重，不会产生下行时的超速现象。由于有背压必须提高液压缸上腔进油压力，要损失一部分功率。

（1）停位位置点不准确。

换向阀处于中位时，液压缸6活塞可停留在任意位置，而实际上当限位开关或按钮发出停位信号后，缸6活塞要下滑一段距离后才能停止，即出现停位位置点不准确的故障。产生这一故障的原因是：停位电信号传递时间太长，受压力冲击与惯性力的影响。

采用交流电磁铁可缩短时间，增设电磁阀 7 可提高定位精度。

（2）缸停止（或停机）后缓慢下滑。

主要由液压缸活塞杆密封的外泄漏、单向顺序阀 5 及换向阀 4 的内泄漏较大所致。解决泄漏便可排除此故障。将阀 5 改成液控单向阀，对防止缓慢下滑有益。

（3）由缸下行过程中发生高频振动或低频振动。

实现重物 W 的提升、下降，并要求平稳的升降速度及重物在任何位置上可靠地停住。可采用图 7 - 29（a）所示的采用液控单向阀的平衡回路。实际使用中，这种回路在重物下降时，可能出现两种振动：一是高频小振幅振动，并伴有很大的尖叫声；二是低频大振幅振动。前者是液控单向阀自身的共振现象，后者则是包含液控单向阀在内整个液压系统的共振现象。

1）高频振动。如图 7 - 29（b）所示位置，液控单向阀控制压力上升，控制活塞顶开（向左）单向阀，液压缸下腔开始有油液流回油池，但由于背压和冲击压力的影响，单向阀回油腔压力瞬时上升。又由于液控单向阀为内泄式，当此上升压力（作用在控制活塞左端）比作用在控制活塞右端的控制压力大时推回（向右）控制活塞，使单向阀关闭。单向阀一关闭，回油腔的油流停止，压力下降控制活塞又推开单向阀。这种频繁的重复导致高频振动，并伴随尖叫声。

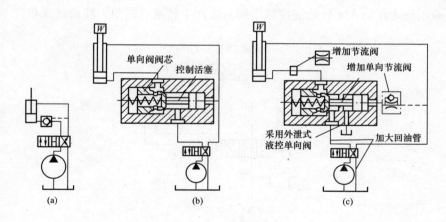

图 7 - 29　平衡回路

2）低频振动。当液压缸活塞在重物 W 的作用下下降时，由于液控单向阀全开，下腔又没有背压，很可能接近自由落体。重物下降很快，使泵来不及填充液压缸上腔，导致液压缸上腔压力降低，甚至产生真空。液控单向阀控制压力下降而关闭单向阀，单向阀关闭后，控制压力再一次上升，单向阀又被打开，既而液缸活塞又开始下降。通常这种现象为缓慢的低频振动。

3）解决高频振动和低频振动故障的措施。可按图7-29（c）中所示的方法采取下述各种措施：

① 将内泄式液控单向阀改为外泄式，则控制活塞承受背压和换向冲击压力的面积（左端）大大减小，而控制压力油作用在控制活塞右端的面积没有变化，这样大大减小控制活塞上向右的力，确保液控单向阀开启可靠性，避免了高频振动。

② 加粗并减短回油配管，减少管路的沿程损失和局部损失，减小背压对控制活塞的作用力，对避免高频振动效果也很显著。并且尽可能在回油管路上不使用流量调节阀，万一要使用，开度要调得比较大。

③ 在液压缸和液控单向阀之间增设一流量调节阀。通过调节，防止液压缸因下降过快而使液压缸上腔压力下降到低于液控单向阀的必要控制压力；另一方面也可防止液控单向阀的回油腔背压冲击压力的增大，有利于提高控制活塞动作的稳定性，对消除上述两种振动均有利。要注意的是，当负载变化较大时，最好使用调速阀，并且要调节好。

④ 在液控单向阀的控制油管路上增设一单向节流阀，可防止由于单向阀的急速开闭产生的冲击压力。

25 **液压马达为何产生超速运动，怎样解决？**

由于受被起吊重物的负载、外界干扰及换向冲击压力等的影响，图7-30所示的液压马达在加入a处的液控顺序阀前常产生超速（超限）转动的现象。

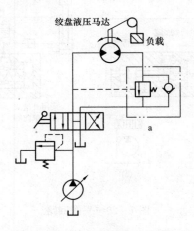

图7-30 液压马达控制回路

当回路中加入液控顺序阀（平衡阀）后，即使由于外界扰动的影响出现液压马达超速转动现象，平衡阀的控制压力下降，平衡阀关小液压马达的回油，起出口节流作用，从而避免了液压马达的超速转动。

26　平衡回路怎样避免执行机构负载突变导致冲击？

图 7-31 (a) 所示为一平衡回路，当液压缸 1 带动负载往复运动过程中负载力 $F>0$，但当负载越过中线向下摆动时，出现负值负载，即 $F<0$ 时，液压缸间歇动作，产生强烈的振动和冲击。要解决此问题可在外控顺序阀 2 和 3 的出油管路上设置节流阀 4 和 5，如图 7-31 (b) 所示。

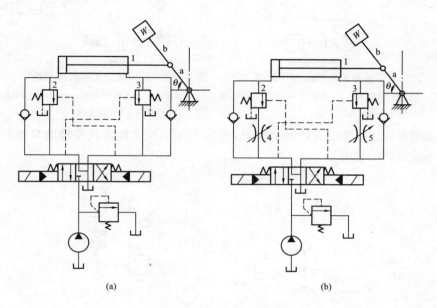

(a)　　　　　　　　　　　(b)

图 7-31　平衡回路
1—液压缸；2、3—外控顺序阀；4、5—节流阀

7.1.6　保压回路及其使用与维修

27　什么是保压回路？

保压回路使系统在缸不动或因工件变形而产生微小位移的工况保持稳定不变的压力。保压性能有两个指标：保压时间和压力稳定性。

采用液控单向阀的保压回路如图 7-32 所示，适用于保压时间短、对保压稳定性要求不高的场合。液压泵自动补油的保压回路采用液控单向阀、电接触式压力表发讯使泵自动补油。

采用辅助泵的保压回路如图 7-33 所示。当液压缸加压完毕要求保压时，由压力继电器 4 发讯，主泵卸载，由辅助泵供油维持系统压力稳定。由于辅助泵只需补偿系统泄漏，可选小流量泵，功率损失小，压力稳定性取决于溢流阀 7 的稳压性能。

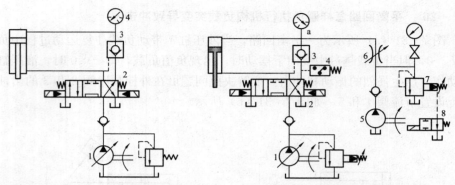

图 7-32　采用液控单向阀的保压回路　　图 7-33　采用辅助泵的保压回路

1—泵；2—换向阀；3—液控单向阀；　　1—泵；2—换向阀；3—液控单向阀；4—压力继电器；

4—电接点压力表　　　　　　　　　5—泵；6—节流阀；7—溢流阀；8—换向阀

采用蓄能器补油的保压回路如图 7-34 所示。用蓄能器代替辅助泵亦可达到补偿系统泄漏的目的。

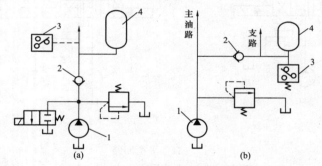

图 7-34　利用蓄能器保压回路

（a）单个执行元件；（b）多个执行元件

1—液压泵；2—单向阀；3—继电器；4—蓄能器

28 保压回路为何在保压期间内压力严重下降，怎样延长保压时间？

在保压时间内，液压缸的工作压力逐渐下降，保不住压的主要原因是：液压缸和控制阀的泄漏。

解决的最基本措施是减少泄漏，在要求保时间长和压力保持稳定的保压场合，必须采用补油（补充泄漏）的方法。

（1）液压缸的内、外泄漏，造成不保压。

液压缸两腔之间的内泄漏取决于活塞密封装置的可靠性，一般按可靠性从大到小分：软质密封圈＞硬质的铸铁活塞环密封＞间隙密封。

提高液压缸缸孔、活塞及活塞杆的制造精度和配合精度，利于减少内、外泄漏造成的保压不好的故障。

（2）各控制阀的泄漏，特别是与液压缸紧靠的换向阀的泄漏量较大，造成不保压。

液压阀的泄漏取决于阀的结构形式和制造精度。

1）采用锥阀（如液控单向阀）保压，比滑阀保压效果好许多；另外，要保证阀芯与阀孔的加工精度和配合精度。

2）减少泄漏点。在回路设计上，必须考虑封闭油路的控制阀的数量和接管数量尽量最少，以减少泄漏点。

（3）采用补油的方法，在保压过程中不断地补偿系统的泄漏，这类方法对保压时间需要较长时尤为适宜。

29 常用的补油方法有哪些?

常用的补油方法有：

（1）采用图 7-35 所示的系统，工作时两台泵一起系统供油。保压时，左边大流量泵靠电磁溢流阀卸荷，仅右边小流量泵（保压泵）单独提供压力油以补偿系统泄漏，实现保压。采用液压泵继续供油的保压方法可使液压缸的工作压力始终保持稳定不变。

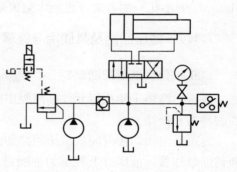

（2）用蓄能器补油实现保压油路，如图 7-36 所示。蓄能器的高压油与液压缸相通，补偿液压缸系统的漏油。蓄

图 7-35 保压回路

能器出口的单向节流阀用于防止换向阀切换时，蓄能器突然泄压而造成冲击。一般用小型皮囊式蓄能器。这种方法保压 24h，压力下降可不超过 0.1~0.2MPa。将电接点压力表、蓄能器、液控单向阀、主换向阀等结合使用，节能效果会更好。

（3）采用液控单向阀的保压回路，如图 7-37 所示。

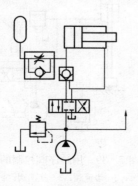

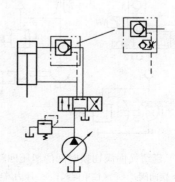

图 7-36 用蓄能器补油实现保压　　　图 7-37 采用液控单向阀的保压回路

但图 7-37 所示的采用液控单向阀的保压回路用于大型液压机会出现振动、冲击和噪声。

原因：在保压过程中，油的压缩、管道的膨胀、机器的弹性变形储存有能量，在保压终了返回过程中，上腔压力及储存的能量未泄完，液压缸下腔压力已升高，这样，液控单向阀的卸荷阀和主阀芯同时被顶开，引起液压缸上腔突然放油，由于大流量，泄压又过快，导致液压系统的冲击、振动和噪声。

解决办法：控制液控单向阀的泄压速度，即延长泄压时间，控制液控单向阀流量以降低控制活塞的运动速度。可在液控单向阀的油路上设置一单向节流阀（见图 7-37），使液控口的通过流量得以控制。这样，既能满足系统的泄压要求，又保证控制活塞的回程速度不受影响。

对于用蓄能器补油实现保压的回路，采用在蓄能器出口处加固定阻尼（$\phi1.2\sim\phi1.5$mm 的小孔）的方法，也能大幅度减小噪声。

7.1.7 泄压回路及其使用与维修

30 什么是泄压回路？

泄压回路用于使执行元件高压腔中的压力缓慢地释放，以免泄压过快引起剧烈的冲击和振动。

延缓换向阀切换时间的泄压回路如图 7-38 所示。换向阀处于中位时，主泵和辅助泵卸载，液压缸上腔压力油通过节流阀 6 和溢流阀 7 泄压，节流阀 6 在卸载时起缓冲作用。泄压时间由时间继电器控制。

用顺序阀控制的泄压回路如图 7-39 所示。回路采用带卸载小阀芯的液控单向阀 4 实现保压和泄压，泄压压力和回程压力均由顺序阀控制。

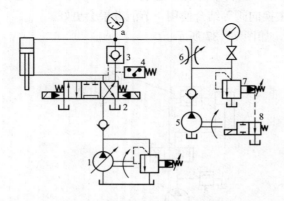

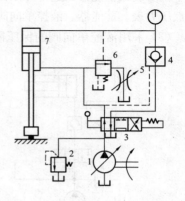

图 7-38　延缓换向阀切换时间的泄压回路
1、5—泵；2—换向阀；3—液控单向阀；4—压力继电器；6—节流阀；7—溢流阀；8—换向阀

图 7-39　用顺序阀控制的泄压回路
1—泵；2—溢流阀；3—换向阀；4—液控单向阀；5—节流阀；6—顺序阀；7—液压缸

31 泄压回路有哪些故障？

泄压回路的故障主要是：1）不泄压；2）泄压不彻底，仍有冲击、振动与噪声。

对于延缓换向阀切换时间的泄压回路（见图 7-38），故障原因主要是液控单向阀 3 卸荷小阀芯失效，不能先于主阀开启。

对于用顺序阀控制的泄压回路（见图 7-39），故障原因主要是液控单向阀 4 卸荷小阀芯失效（不能先于主阀开启）或顺序阀 6 失效（卡死）。

🔧 7.2 速度控制回路及其使用与维修

速度控制回路包括调速回路、快速回路、速度换接回路。

调速回路调节执行元件运动速度的回路，包括定量泵供油系统的节流调速回路、变量泵（变量马达）的容积调速回路、容积节流调速回路。

液压缸的速度为 $v=q/A$，液压马达的转速为 $n=q/v_m$。

调节执行元件的工作速度，可以改变输入执行元件的流量或由执行元件输出的流量，或改变执行元件的几何参数。

对于定量泵供油系统，可以用流量控制阀来调速——节流调速回路；按流量控制阀安放位置的不同分为进油节流调速回路、回油节流调速回路和旁路节流调速回路。

对于变量泵（马达）供油系统，可以改变液压泵（马达）的排量来调速——容积调速回路；变量泵-定量马达闭式调速回路、变量泵-变量马达闭式调速回路同时调节泵的排量和流量控制阀来调速——容积节流调速回路（限压式变量泵和调速阀的调速回路、差压式变量泵和节流阀的调速回路）。

快速回路用于加快执行元件运动速度，速度换接回路用于切换执行元件速度。

7.2.1 定量泵节流调速回路及其使用与维修

32 节流调速回路由哪些液压元件组成，怎样分类？

回路组成包括定量泵、流量控制阀（如节流阀、调速阀等）、溢流阀和执行元件。其中流量控制阀起流量调节作用，溢流阀起压力补偿或安全作用。

按流量控制阀安放位置的不同分为进油节流调速回路（将流量控制阀串联在液压泵与液压缸之间）、回油节流调速回路（将流量控制阀串联在液压缸与油箱之间）和旁路节流调速回路（将流量控制阀安装在液压缸并联的支路上）。

33 进油节流调速回路有何特点？

进油节流调速回路如图 7-40 所示，其速度负载特性曲线如图 7-41 所示。

流量连续性方程为

$$q_p = q_1 + \Delta q$$

活塞受力平衡方程为

$$p_1 A_1 = F$$

节流阀压力流量方程为

$$q_1 = KA_T \Delta p^{1/2} = KA_T(p_p - F/A_1)^{1/2}$$

速度负载特性方程为

$$V = q_1/A_1 = KA_T(p_p - F/A_1)^{1/2}/A_1$$

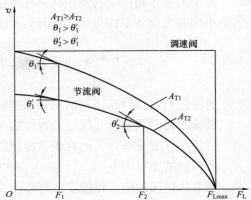

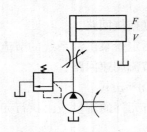

图 7-40　进油节流调速回路　　　图 7-41　进回油节流调速回路的速度负载特性

34 回油节流调速回路有何特点？

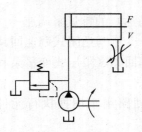

图 7-42　回油节流调速回路

回油节流调速回路如图 7-42 所示，其速度负载特性曲线如图 7-41 所示。

流量连续性方程为

$$q_p = q_1 + \Delta q$$

活塞受力平衡方程为

$$p_p A_1 = p_2 A_2 + F$$

节流阀压力流量方程为

$$q_2 = KA_T p_2^{1/2} = KA_T(p_p A_1/A_2 - F/A_2)^{1/2}$$

速度负载特性方程为

$$V = q_2/A_2 = KA_T(p_p A_1/A_2 - F/A_2)^{1/2}/A_2$$

35 什么是进、回油节流调速回路的速度负载特性及功率特性？

调节节流阀通流面积 A_T 可无级调节液压缸活塞速度，v 与 A_T 成正比。

当 A_T 一定时，速度随负载的增加而下降。当 $v=0$ 时，最大承载能力 $F_{max} = p_s A_1$。

速度负载特性表示速度随负载变化而变化的程度，表现为速度负载特性曲线的斜率不同，常用速度刚性 K_v 来评价。

$$K_v = -dF/dv = -1/\tan\theta = 2(p_s A_1 - F_L)/v$$

它表示负载变化时回路阻抗速度变化的能力。液压缸在高速和大负载时，速度受负载变化的影响大，即回路的速度刚性差。

回路的输出功率与回路的输入功率之比定义成回路效率。

$$\eta = (P_p - \Delta P)/P_p = p_L q_L / p_s q_p$$

进、回油节流调速回路既有溢流损失，又有节流损失，回路效率较低。当实际负载偏离最佳设计负载时效率更低。

这种回路适用于低速、小负载、负载变化不大和对速度稳定性要求不高的小功率场合。

36 **进、回油节流调速回路有何区别？**

回油节流调速回路回油腔有一定背压，故液压缸能承受负值负载，且运动速度比较平稳。

进油节流调速回路容易实现压力控制。工作部件运动碰到死挡铁后，液压缸进油腔压力上升至溢流阀调定压力，压力继电器发出信号，可控制下一步动作。

回油节流调速回路中，油液经节流阀发热后回油箱冷却，对系统泄漏影响小。

在组成元件相同的条件下，进油节流调速回路在同样的低速时节流阀不易堵塞。

回油节流调速回路回油腔压力较高，特别是负载接近零时，压力更高，这对回油管的安全、密封及寿命均有影响。

37 **旁路节流调速回路有何特点？**

旁路节流调速回路如图 7 - 43 所示，旁路节流调速回路液压缸速度如下式：

$$v = \frac{q_{V1}}{A_1} = \frac{q_{Vp} - KA_T(F/A_1)^m}{A_1}$$

（1）开大节流阀开口，活塞运动速度减小；关小节流阀开口，活塞运动速度增大。

（2）节流阀调定后（A_T 不变），负载增加时活塞运动速度减小。从图 7 - 44 所示的速度负载特性曲线可以看出，其刚性比进、回油调节调速回路更差。

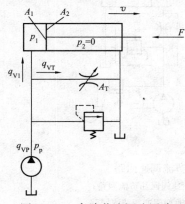

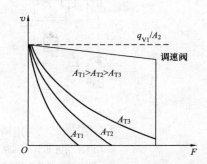

图 7 - 43　旁路节流调速回路　　　图 7 - 44　旁路节流调速回路特性曲线

（3）当节流阀通流截面较大（工作机构运动速度较低）时，所能承受的最大载荷较小。同时，当载荷较大、节流开口较小时，速度受载荷的影响小，所以旁路节流调速回路适用于高速大载荷的情况。

（4）液压泵输出油液的压力随负载的变化而变化，同时回路中只有节流功率损失，而无溢流损失。因此，该回路的效率较高、发热量小。

由于旁路节流调速回路负载特性很软，低速承载能力又差，故应用比前两种回路少，只用在负载变化小、对运动平稳性要求低的高速大功率场合。

38 **怎样改善节流调速负载特性？**

在节流阀调速回路中，当负载变化时，因节流阀前后压力差变化，通过节流阀的流量均变化，故回路的速度负载特性比较差。若用调速阀代替节流阀，回路的负载特性将大为提高。

如图 7-45 所示，调速阀可以装在回路的进油、回油或旁路上。负载变化引起调速阀前后压差变化时，由于定差减压阀的作用，通过调速阀的流量基本稳定。

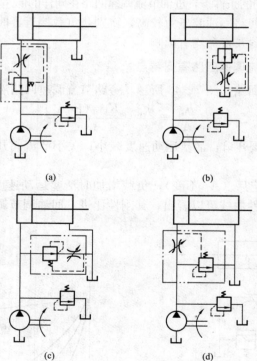

(a)　　　　　　　　　(b)

(c)　　　　　　　　　(d)

图 7-45　采用调速阀的节流调速回路

(a) 调速阀进油节流回路；(b) 调速阀回油节流回路；

(c) 调速阀旁路节流回路；(d) 旁通型调速阀节流回路

旁路节流调速回路的最大承载能力不因 A_T 增大而减小。

由于增加了定差减压阀的压力损失，回路功率损失较节流阀调速回路大。调速阀正常工作必须保持 $0.5\sim1\text{MPa}$ 的压差。

旁通型调速阀只能用于进油节流调速回路中。

39　节流调速回路有何故障，怎样排除？

（1）液压缸易发热，缸内的泄漏增加。

进油节流调速回路中，通过节流阀产生节流损失而发热的油直接进入液压缸，使液压缸易发热和增加泄漏。而回油节流调速回路和旁路节流调速回路中通过节流阀发热的油正好流回油箱，容易散热。

（2）不能承受负值负载，在负值负载下失控前冲，速度稳定性差。

进油节流调速回路和旁路节流调速回路若不在回油路上加背压阀就会产生这一故障，而回油节流调速回路由于回油路上节流阀的"阻尼"作用（阻尼力与速度成正比），能承受负值负载，不会因此而造成失控前冲，运动较平稳；前者加上背压后，也能大大改善承受负值负载的能力和使运动平稳，但必须相应调高溢流阀的调节压力，因而功率损失增大。

（3）停车后工作部件再启动时冲击大。

在回油节流调速回路中，停车时液压缸回油腔内常因泄漏而形成空隙，再启动时的瞬间泵的全部流量 Q_p 输入液压缸工作腔（无杆腔），推动活塞快速前进，产生启动冲击，直至消除回油腔内的空隙建立起背压力后，才转入正常。这种启动冲击有可能损坏刀具工件，造成事故。旁路节流调速回路也有此类故障。而采用进油节流调速回路，只要在开车时关小节流阀，进入液压缸的油液流量总是受到其限制，就避免了启动冲击。另外，停车时，不使液压缸回油腔接通油池也可减少启动冲击。

（4）压力继电器不能可靠发讯或者不能发讯。

在回油节流调速回路中，若将压力继电器安装在液压缸进油路中，不能发讯。而在进油节流调速回路或旁路节流调速回路中，压力继电器安装在液压缸进油路中，可以可靠发讯。在回油节流调速回路中只能将压力继电器装在液压缸回油口处并采用失压发讯才行，此时控制电路较复杂。

（5）密封容易损坏。

这一故障常发生在回油节流调节回路中。因为回油节流调速有杆腔的压力往往高于无杆腔压力，这就加大了密封摩擦力，缩短了密封寿命，甚至损坏密封，加大泄漏。而采用进油节流调速回路或旁路节流调速回路要好些。

（6）难以实现更低的最低速度，调速范围窄。

在同样的速度要求下，回油节流调速回路中节流阀的通流面积要调得比进油节流调速回路的要小，因此低速时前者的节流阀比较容易堵塞，也就是说进油节流调速回路可获得更低的最低速度。

（7）速度高、负载大时刚性差。

进油节流和回油节流方式在速度高负载大时刚性差，而旁路节流方式在速度高负载大时刚性要好些。

（8）系统功率损失大，容易发热。

进油节流和回油节流方式不但存在节流损失，还存在溢流损失，所以功率损失大，发热量相对较大。而旁路节流方式只存在节流损失，无溢流损失，且液压泵的工作压力与负载存在一定程度的匹配关系，所以功率损失相对较小，发热量小些。但进油节流方式和旁路节流方式还需考虑背压的影响。

（9）爬行现象。

进油节流和旁路节流方式在某种低速区域内易产生爬行，回油节流方式防爬行性能要好些。

"进油节流＋固定背压"方式在背压较小（0.5～0.8MPa）时，还有可能爬行，抗负值负载的能力也差。只有再提高背压值，但效率低，可采用自调背压的方式（设置自调背压阀）解决。

40 什么是泵的启动冲击，怎样排除？

三种节流调速方式如果在负载下启动以及溢流阀动作不灵，均产生泵启动冲击。只有在空载启动条件和选用动作灵敏超调压力小的溢流阀才可得以避免。

（1）快进转工进的冲击——前冲。

快进转工进时，液压缸等运动部件从高速突然转换到低速，由于惯性力的作用，运动部件要前冲一段距离后，才按所调的工进速度低速运动，这种现象称为前冲。

1）产生原因如下：

① 流速变化太快，流量突变引起泵的输出压力突然升高，产生冲击。对回油节流系统，泵压力的突升使液压缸进油腔的压力突升，更加大了出油腔压力的突升，冲击较大。

② 速度突变引起压力突变，造成冲击。对回油节流系统，后腔压力突然升高；对进油节流系统，前腔压力突降，甚至变为负压。

③ 回油节流时，调速阀中的定差减压阀来不及起到稳定节流阀前后压差的作用，瞬时节流阀前后的压差大，导致瞬时通过调速阀的流量大，造成前冲。

2）排除方法如下：

① 采用正确的速度转换方法：a. 电磁阀的转换方式，冲击较大，转换精度较低，可靠性较差，但控制灵活性大。b. 电液换向阀转换方式：使用带阻尼的电液阀通过调节阻尼大小，使速度转换的速度减慢，可在一定程度上减少

前冲。c. 用行程阀转换：冲击较小。经验证明，如将行程挡铁做成两个角度，用 30°斜面压下行程阀的滑阀开口量的 2/3，用 10°斜面压下剩余的 1/3 开口，效果更好。或在行程阀芯的过渡口处开 1～2mm 长的小三角槽，也可缓和快进转工进的冲击。行程阀的转换精度高，可靠性好，但控制灵活性小，管路较复杂，工进过程中越程动作实现困难。d. 采用"电磁阀＋蓄能器"回路，利用蓄能器可吸收冲击压力。但在工进时需切断蓄能器油路，要另外加装电磁阀。

② 在双泵供油回路快进时，用电磁阀使大流量泵提前卸载，减速后再转工进。

③ 在回油节流时，提高调速阀中定差减压阀的灵敏性，或者拆修该阀并采取去毛刺、清洗等措施，使定压差减压阀灵活运动自如。

（2）工进转快退的冲击。

1）产生原因如下：

① 由于此时产生压力突减，产生不太大的冲击现象。

② 由于采用 H 型换向阀（如导轨磨床）或采用多个阀控制时，动作时间不一致，使前后腔能量释放不均衡或造成短时差动状态。

2）排除方法如下：

① 调节带阻尼的电液换向阀的阻尼，加快其换向速度。

② 不采用 H 型换向阀，而改用其他类型。

③ 尽量用一个阀控制动作的转换。

（3）快退转停止的冲击——后座冲击。

这一故障的产生原因与行程终点的控制方式以及换向阀的主阀芯的机能有关，选用不当造成速度突减使液压缸后腔压力突升，流量的突减使液压泵压力突升。另外，空气的进入也会造成后座冲击。排除方法有：采用带阻尼可调慢换向速度的电液换向阀进行控制；采用动作灵敏的溢流阀，停止时马上能溢流；采用合适的换向阀中位职能，如 Y 型、J 型为好，M 型也可；采取防止空气进入系统的措施。

7.2.2　容积调速回路及其使用与维修

容积调速回路通过改变液压泵和液压马达的排量来调节执行元件的速度。由于没有节流损失和溢流损失，回路效率高，系统温升小，适用于高速、大功率调速系统。

41　**变量泵-定量马达闭式调速回路有何特点？**

变量泵-定量马达闭式调速回路如图 7 - 46 所示。在回路中，安全阀 4 防止回路过载，辅助泵 1 补充主泵和马达的泄漏，改善主泵的吸油条件，置换部分发热油液以降低系统温升。泵的转速 n_p 和马达排量 V_M 视为常数，改变泵的排量 V_p 可使马达转速 n_M 和输出功率 P_M 随之成比例的变化。马达的输出转矩 T_M 和回路的工作压力 Δp 取决于负载转矩，不会因调速而发生变化，所以这种回路常称为恒转矩调速回路。

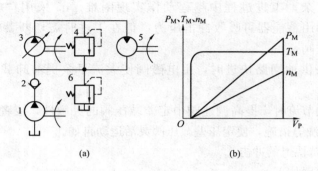

(a)　　　　　　　　　　(b)

图 7-46　变量泵-定量马达闭式调速回路

(a) 回路；(b) 特性曲线

1—补油泵；2—单向阀；3—主泵；4—安全阀；5—液压马达；6—补油泵溢流阀

回路的速度刚性受负载变化的影响，随着负载增加，泵和马达的泄漏增加，致使马达输出转速下降。

42　变量泵-变量马达闭式调速回路有何特点？

变量泵-变量马达闭式调速回路如图 7-47 所示。回路中元件对称布置，变换泵的供油方向，即可实现马达正反向旋转。单向阀 6、8 用于辅助泵 4 双向补油，单向阀 7、9 使溢流阀 3 在两个方向都起过载保护作用。

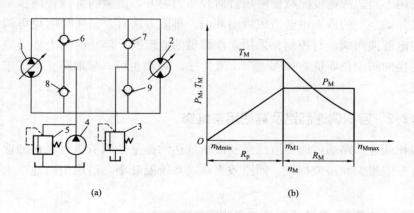

(a)　　　　　　　　　　(b)

图 7-47　变量泵-变量马达闭式调速回路

1—主泵；2—液压马达；3—安全阀；4—补油泵；5—溢流阀；6~9—单向阀

在低速段，先将马达排量调至最大，用变量泵调速，当泵的排量由小变大，直至最大时，马达转速随之升高，输出功率也随之线性增加。此时因马达排量最大，马达能获得最大输出转矩，且处于恒转矩状态（恒转矩调节）。

在高速段，泵为最大排量，用变量马达调速，将马达排量由大调小，马达转速继续升高，输出转矩随之降低。此时由于泵处于最大输出功率状态不变，故马达处于恒功率状态（恒功率调节）。

由于泵和马达的排量都可调，扩大了回路的调速范围。

43　限压式变量泵-调速阀容积节流调速回路有何特点？

容积节流调速回路用压力补偿泵供油，用流量控制阀调定进入或流出液压缸的流量来调节液压缸的速度，并使变量泵的供油量始终随流量控制阀调定流量作相应的变化。这种回路无溢流损失，效率较高，速度稳定性比容积调速回路好。

图 7-48 所示容积节流调速回路由限压式变量泵、调速阀和背压阀组成。

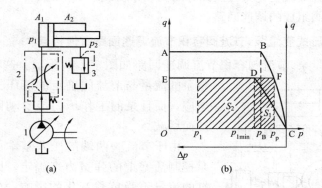

图 7-48　容积节流调速回路

曲线 ABC 是限压式变量泵的压力-流量特性，曲线 CDE 是调速阀在某一开度时的压差-流量特性曲线，点 F 是泵的工作点。这种回路无溢流损失，但有节流损失，其大小与液压缸的工作压力有关。

回路效率为

$$\eta = p_1 q_1 / p_p q_p = p_1 / p_p$$

44　限压式变量泵-调速阀容积节流调速回路有何故障，怎样排除？

（1）液压缸活塞运动速度不稳定。

产生原因主要是限压式变量泵的限压螺钉调节得不合理所致。

如果限压螺钉调节得合理，在不计管路损失的情况下，使调速阀保持最小稳定压差，一般为 0.5MPa，此时不仅能使活塞的运动速度不随负载变化，而且经过调速阀的功率损失最小，这种情况说明变量泵的限压值调得最合理。曲线调好后，液压缸的工作压力一般不超过拐点。若由于负载增大，缸的工作压力大于拐点时，则调速阀中的减压阀不能正常工作（即减压阀阀芯被推向一边，减压阀阀口全部打开，不起反馈减压作用），这时调速阀形同一般节流阀，调速阀的输出流量随液压缸工作压力的升高而下降，使活塞运动速度不稳定。

所以出现这种情况要重新调节好液压泵的限压调节螺钉，使调速阀保持稳定压差。

（2）油液发热，功率损失大。

产生原因是泵的限压螺钉调得过大，多余的压力将损失在调速阀的减压阀中，增加系统发热。特别是当液压缸的负载变化大，且大部分时间在小负载下工作时，因为泵的供油压力高，而液压缸的工作压力低，损失在减压阀的压降和液压泵的泄漏上的能量很大，油液温升也高。

同上述情况相似，供油压力一般比液压缸最大工作压力大 0.5~0.6MPa 为好。对于液压缸负载变化大且大部分时间在小负载下工作的场合，宜采用差压式变量泵和节流阀组成的调速回路。

45 差压式变量泵-节流阀容积节流调速回路有何特点？

差压式变量泵-节流阀容积节流调速回路如图 7-49 所示。这种回路不但变量泵的流量与节流阀确定的液压缸所需流量相适应，而且泵的工作压力能自动跟随负载的增减而增减。

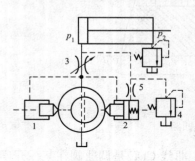

图 7-49 差压式变量泵-节流阀
容积节流调速回路
1、2—控制活塞；3—节流阀；
4—压力阀；5—阻尼孔

由于节流阀两端的压差基本由作用在变量泵控制活塞上的弹簧力来确定，因此输入液压缸的流量不受负载变化的影响。此外回路能补偿负载变化引起泵的泄漏变化，故回路具有良好的稳速性能。泵的输出油量始终与节流阀的调节流量相适应，因此无溢流损失。

回路效率为

$$\eta = p_1 q_1 / p_p q_p = p_1 / (p_1 + F_t / A_0)$$

式中：A_0、F_t 为变量泵控制活塞的作用面积和弹簧力。

这种回路故障多半出在液压泵和液压缸或节流阀。

7.2.3 快速运动回路及其使用与维修

快速运动回路使执行元件获得尽可能大的工作速度，以提高生产效率或充分利用功率。

46　液压缸差动连接快速运动回路有何特点？

液压缸差动连接快速运动回路如图 7-50 所示。

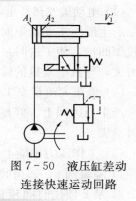

图 7-50　液压缸差动连接快速运动回路

回路将液压缸有杆腔回油和液压泵供油合在一起进入液压缸无杆腔，活塞将快速向右运动，差动连接与非差动连接的速度之比为 $v_1'/v_1=A_1/(A_1-A_2)$。

在差动回路中，液压泵的流量和液压缸的有杆腔排出的流量合在一起流过的阀和管道应按合成流量来选择规格，否则会导致压力损失过大，液压泵空载时供油压力过高。

47　双泵供油快速运动回路有何特点？

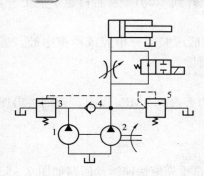

图 7-51　双泵供油快速运动回路
1—大泵；2—小泵；3—卸荷阀；
4—单向阀；5—溢流阀

双泵供油快速运动回路如图 7-51 所示。外控顺序阀 3（卸载阀）和溢流阀 5 分别设定为双泵供油和小流量泵 2 供油时系统的最高工作压力。当系统压力低于阀 3 调定压力时，两台泵同时向系统供油，活塞快速向右运动；当系统压力达到或超过阀 3 调定压力时，大流量泵 1 通过阀 3 卸载，单向阀 4 自动关闭，只有小流量泵向系统供油，活塞慢速向右运动。

卸载阀 3 的调定压力至少应比溢流阀 5 的调定压力低 10%～20%。大流量泵卸载减少了动力消耗，回路效率较高。

这种回路常用在执行元件快进和工进速度相差较大的场合。

48　双泵供油快速运动回路有何故障，怎样排除？

图 7-52 中，泵 2 为高压小流量泵，流量按最大工作进给速度选择，工作压力由溢流阀 6 调节。泵 1 为低压大流量泵，两泵流量加在一起按快进时所需的流量来选择。

快进时，泵 1 输出的油经单向阀 3 和泵 2 输出的油汇合共同向系统供油；工进时，系统压力升高，阀 7（卸荷阀）打开卸荷，单向阀 3 关闭，系统单独由泵 2 供油。

阀 7 调节压力比快速运动所需压力大，但比阀 5 调节工进时的最大工作压力要低。

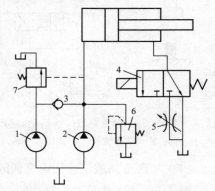

图 7-52　大小泵组合快速运动回路

双泵供油快速回路的故障分析及排除如下。

(1) 电动机发热严重，甚至烧坏电动机。

产生原因主要是单向阀 3 卡死在较大开度位置或者阀 3 的阀芯锥面磨损或拉有较深凹槽，使工进时泵 2 输出的高压油反灌到泵 1 的出油口，使泵 1 的输出负载增大，导致电动机的输出功率增加而过载发热，甚至烧坏。

(2) 低压大流量泵 1 经常产生泵轴断裂现象。

产生原因同上。修复单向阀 3，使之运动灵活，阀芯与阀座密合，上述两故障可消失。

(3) 工作压力不能上升到最高。

1) 溢流阀 6、卸荷阀 7 故障，导致系统压力上不去。

2) 泵 2 使用时间较长，内泄漏较大，容积效率严重下降，泵的有效流量比新泵小很多，此时一般 21MPa 的系统，压力上升到 10MPa 左右再也不能上升，修复泵或更换新泵故障立即排除。

3) 液压缸的活塞密封破损，造成液压缸高低压腔部分串腔或严重串腔，造成压力上不去，可更换液压缸密封使故障得以排除。

(4) 低压大流量泵 1 工进时不卸荷。

溢流阀 6 的调节压力比卸荷阀 7 的调节压力要高 0.5MPa 以上，否则将出现不卸荷的现象。

49 自重充液快速运动回路有何特点？

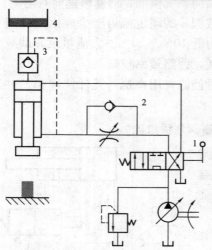

自重充液快速运动回路如图 7-53 所示，回路用于垂直运动部件质量较大的液压机系统。

活塞向下运动时，由于运动部件的自重，活塞快速下降，由单向节流阀控制下降速度。此时因液压泵供油不足，液压缸上腔出现负压，充液油箱 4 通过液控单向阀 3（充液阀）向液压缸的上腔补油；当运动部件接触工件负载增加时，液压缸的上腔压力升高，阀 3 关闭，此时只靠液压泵供油，活塞运动速度降低。

回程时，液压缸上腔一部分回油通过阀 3 进入充液油箱，一部分回油直接回油箱。

图 7-53　自重充液快速运动回路
1—换向阀；2—单向节流阀；3—液控单向阀；4—油箱

50 自重充液快速回路有何故障，怎样排除？

图 7-54 所示回路是靠悬挂的重量（如滑块、活塞及活塞杆）克服摩擦力和回

油背压，迅速将液压缸下腔的油液经换向阀压回油箱，实现快速下降（空行程）的回路。此时并不需要全部由液压泵供油填满液压缸上腔，液压缸上腔由液压泵填不满的部分，形成一定程度真空，大气压将充液油箱内的油液经充液阀 3 压入液压缸上腔，进行填补。当滑块接触工件后，负载阻力增大，液压缸上腔压力增加，阀 3 自动关闭，快速下滑停止，单独由液压泵供油给液压缸上腔，完成工作行程。

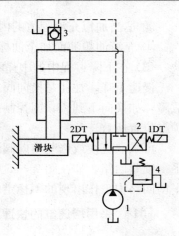

图 7-54 靠滑块（活塞活塞杆）
自重下降的快速回路
1—泵；2—换向阀；
3—液控单向阀；4—溢流阀

当 2DT 通电时，液压泵供给液压缸下腔压力油，因悬挂物较重，油压较高，控制油打开阀 3，上腔回油可经阀 3 和阀 2 两条回油路流回油箱。

这种靠自重实现快速下降的快速回路故障与排除方法如下。

（1）无快速下降空行程或下降空程速度慢。

产生原因如下：

① 活塞、活塞杆及滑块的重量轻。

② 液压缸密封及滑块导轨的阻力太大，缸体内孔、活塞杆、活塞、缸盖孔拉毛或不同心。

③ 液压缸下腔的回油阻力（背压）太大。

排除办法如下：

① 加大活塞、活塞杆及滑块的重量，但一般设计时就已定好，难以变更。

② 检查滑块导轨是否别劲，活塞及活塞杆密封是否压缩余量过大，活塞与活塞杆、缸孔及缸盖孔是否加工同心与安装同心，是否活塞与缸盖上的密封槽加工偏心装上密封后单边有很大偏心摩擦负载，是否有污物或毛刺卡住活塞与活塞杆（或柱塞）等，根据情况一一予以排除。

③ 采取减少回油阻力等措施，如加大回油管径减少弯曲部位，适当调大背压阀减少背压值等措施。

（2）快进（空行程）转工进时的速度换接时间长。

当充液阀 3 的通径过小，弹簧较硬以及充液管道尺寸偏小，充液油箱油面太低等原因，造成油缸下降空行程时充液不充分，还可能存在轻微的真空度（气隙）。

当进入工作行程时，油泵来油须先经一定时间填满油缸上腔后才能升压转入工作行程，造成快进转工进时的速度换接时间长，这在热加工机床是不容许的，时间过长造成毛坯温度下降而模具温度上升。

排除办法如下：

① 加大充液阀通径，设计计算时要留有充分的余地。

② 对用户自行设计的充液阀，可适当降低阀内单向阀弹簧的刚性。

③ 适当加粗充液管道的内径尺寸，疏通管道，推荐流速为3～4m/s。

④ 充液油箱油面加至油标规定位置。

（3）在下降过程中的中途不能停住，继续慢慢或仍快速下落。

慢速下降，往往是换向阀或油缸的泄漏较大所致；快速下降是由于换向阀有故障，如换向不到位，因控制电路或阀2两端复位弹簧不能使换向阀2回到中位锁缸位置所致。

可采取更换或修复换向阀的方法予以排除，也可在油缸下腔的回油路上加设平衡锁紧回路，如在图7-55中油缸下腔出油管处装设液控单向阀，此时要注意平衡回路中工作出现的不稳定的影响。

51 采用增速缸的快速运动回路有何特点？

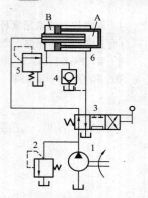

图7-55 采用增速缸的快速运动回路
1—泵；2—溢流阀；3—换向阀；
4—液控单向阀；5—顺序阀；6—液压缸

采用增速缸的快速运动回路如图7-55所示。增速缸由活塞缸与柱塞缸复合而成。

换向阀3处于左位，压力油经柱塞孔进入增速缸小腔A，推动活塞快速向右移动，大腔B所需油液由充液阀4从油箱吸入，活塞缸右腔油液经换向阀回油箱。

当执行元件接触工件时，工作压力升高，顺序阀5开启，高压油关闭充液阀4，并同时进入增速缸的大小腔A、B，活塞转换成慢速运动，且推力增大。

当换向阀处于右位时，压力油进入活塞缸右腔，同时打开充液阀4，大腔回油排回油箱，活塞快速向左退回。

52 采用辅助缸的快速运动回路有何特点？

采用辅助缸的快速运动回路如图7-56所示。

当泵向成对设置的辅助缸6供油时，带动主缸5的活塞快速向左运动，主缸5右腔由充液阀7从充液油箱8补油，直至压板触及工件，油压上升，压力油经顺序阀4进入主缸，转为慢速左移，此时主缸和辅助缸同时对工件加压，主缸左腔油液经换向阀回油箱。

回程时压力油进入主缸左腔，主缸右腔油液通过充液阀7排回充液油箱8。

这种回路常用于冶金机械。

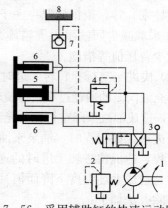

图7-56 采用辅助缸的快速运动回路
1—泵；2—溢流阀；3—换向阀；4—顺序阀；
5—主缸；6—辅助缸；7—液控单向阀；8—油箱

53 用蓄能器的快速回路有何故障，怎样排除？

用蓄能器的快速回路如图 7-57 所示。当换向阀 4 处于中间位置时，液压泵向蓄能器供油储能。如果这一充油时间太短暂，则蓄能器充油不充分，转入快进时能提供的压力流量也就不充分，所以一定要确保足够时间（阀 4 中位时）给蓄能器充液。

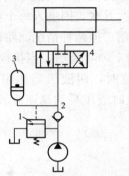

图 7-57　用蓄能器的快速回路
1—卸荷阀；2—单向阀；3—蓄能器；4—换向阀

蓄能器 3 本身的充气压力偏高，这种情况下蓄能器无法蓄能。此时可检测蓄能器的充气压力并适当放气至规定值即可。

7.2.4　速度换接回路及其使用与维修

速度换接回路用于切换执行元件的速度。换接过程要求平稳，换接精度要求高。按切换前后速度的不同，有快速—慢速、慢速—慢速的换接。

54 快慢速换接回路有何特点？

用行程阀的速度换接回路如图 7-58 所示。

当换向阀 2 处于右位时，液压缸活塞快进到预定位置，活塞杆上挡块压下行程阀 4，行程阀关闭，缸右腔油液必须经过节流阀 5 才能回油箱，活塞转为慢速工进。

当换向阀 2 处于左位时，压力油经单向阀 6 进入缸右腔，活塞快速向左返回。

这类回路速度切换过程比较平稳，换接点位置准确。但行程阀安装位置不能任意布置，管路连接较为复杂。

将行程阀改用电磁阀，通过挡块压下电气行程开关来操作，也可实现快慢速换接。虽然阀的安装灵活，但速度换接的平稳性、可靠性和换接精度相

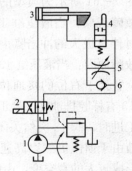

图 7-58　用行程阀的
速度换接回路
1—液压泵；2—换向阀；3—液压缸；
4—行程阀；5—节流阀；6—单向阀

对较差。

55 什么是液压马达串并联双速换接回路？

这类回路中两液压马达的主轴刚性连接在一起（一般为同轴双排柱塞马达）。

液压马达并联回路如图7-59所示。

当换向阀5处于左位时，压力油只驱动液压马达3，液压马达4空转；当换向阀5处于右位时，两液压马达并联，因进入每个液压马达的流量减少一半，转速相应降低一半，转矩增加一倍。但两种情况回路输出功率相同。

液压马达串并联回路如图7-60所示。当换向阀4处于上位时，两液压马达并联；当换向阀4处于下位时，两液压马达串联。并联时液压马达低速旋转，输出转矩相应增加，串联时液压马达高速旋转。但两种情况回路输出功率相同。

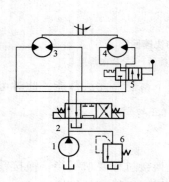

图7-59 液压马达并联回路

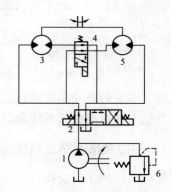

图7-60 液压马达串并联回路

56 快进-工进速度换接回路有何故障，怎样排除？

图7-61所示为典型的快进-工进速度换接回路。

故障现象：当液压缸13向左快速前进转换成工作进给时，往往产生冲击，并同时伴有极大的冲击噪声。

故障原因：当液压缸13作快进时，1DT通电，二位二通阀12阀芯处于左位，工作位置处于右位的接通位置，双泵供油来油（此时2DT通电，阀9处于左位）和缸13有杆腔排油在a处汇合，大量油液以高速流过阀12进入缸13无杆腔。快进转工进时，阀12突然关闭（1DT断电），不能由此继续供油，但阀12出口管道的油液由于惯性仍然以高速在管道中向缸13流动，这样就使得阀12后的油液排空，形成较大的真空度，由此可能产生气穴现象。然后前面油路中压力较高的油液（由节流阀10出口而来）又压向阀12后的真空处，形成很大的压力冲击和噪声。

排除方法：

（1）在二位二通电磁阀12后（图7-61中b处）安装一个小容量的蓄能器，

其作用是在阀 12 切断时不让阀后管道里压力接近真空，从而显著减少压力冲击。可在蓄能器前增加一个二位二通电磁阀 16（见图 7 - 62）。实践证明，冲击压力的高峰发生在快进转工进这一过渡过程开始后 0.03～0.04s 时间内，增装此二位二通电磁阀，就使蓄能器只在过渡过程开始后约 0.04s 时间内起作用，以后便由二位二通电磁阀切断蓄能器通路，扬长避短，不会再产生缸 13 工进时由于蓄能器引起的前冲、速度不稳定和爬行，在 0.04s 内也大大减少了冲击。

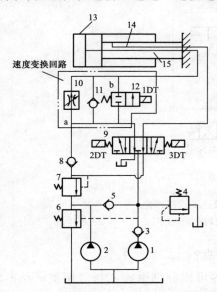

图 7 - 61　快进-工进速度换接回路图

1、2—泵；3、5、8、11—单向阀；4—溢流阀；

6—卸荷阀；7—调压阀；9、12—换向阀；

10—节流阀；13—液压缸；14、15—油路

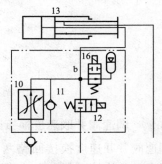

图 7 - 62　蓄能器前增加一两位两通电磁阀

11—单向阀；12—换向阀；

13—液压缸；16—电磁换向阀

（2）采用二位二通电液换向阀。将图 7 - 61 中的二位二通阀 12 换成带阻尼的二位二通电液换向阀，调节两端的节流阻尼。可使主阀芯的切换动作减慢，即延长换向时间，逐渐关小阀口，而不像非液动的阀 12 那样使阀口突然关闭，避免高速油液的惯性而形成的真空，也就消除了产生冲击和噪声的根源。

（3）采用行程阀。采用行程换向阀替代阀 12 降噪声防冲击效果较好。并且推荐行程阀的挡块工作面做成 10°和 30°两个角度较好，挡块的前段工作面，使行程阀阀芯开始以较快速度移动，关小窗口，以加速过渡过程的进行。当阀口已经关闭较小时，再由挡块后段工作面使阀芯缓慢移动，缓慢切断阀口通道，以减少冲击。但行程阀必须安装在运动部件附近，以至于管路要接得很长，压力损失便较大。

57　两种不同慢速的速度换接回路有何特点？

调速阀串联速度换接回路如图 7 - 63 所示，只能用于第二进给速度小于第一进给速度的场合，故调速阀 2 的开口小于调速阀 1。该回路速度换接平稳性好。

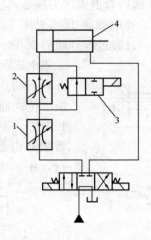

图7-63　调速阀串联速度换接回路

1、2—调速阀；3—换向阀；4—液压缸

58 **调速阀并联速度换接回路有何特点？**

　　调速阀并联速度换接回路两个进给速度可以分别由阀1与2调整，互不影响。但在速度换接瞬间，会造成进给部件突然前冲。不宜用在同一行程两次进给速度的转换上，只可用在速度预选的场合。

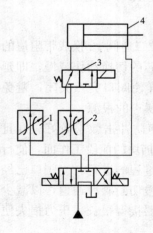

图7-64　并联调速阀的
二次工作进给回路

1、2—调速阀；3—换向阀；
4—液压缸

　　图7-64所示为并联调速阀的二次工作进给回路，其速度可单独调节，两个调速阀工作的先后顺序和开口大小均不受限制。图示状态，压力油经调速阀1和二位三通电磁阀进入液压缸左腔，实现第一次进给。此时，调速阀2的通路被二位三通电磁阀切断，不起作用。当电磁阀通电时，阀1的通路被切断，压力油经阀2和二位三通电磁阀进入液压缸，实现二次进给。

　　这种回路在两种进给速度的换接过程中，容易产生突然前冲一段距离。故障原因：在阀1工作时，阀2的油路被封闭，因此阀2前后二点的压力相等，此时，阀2中的定差减压阀不起减压作用，阀口全开。当转入第二种进给时，阀2下游的压力突然下降，在减压阀阀口还未关小前，阀2中节流阀前后的压力差较大，节流阀开度较大，瞬时流量增加，造成液压缸短时快速前冲。当定压差作用建立后，方转入第二种工进，同样，当阀1由断开接入工作时，亦会出现前冲。

7.3　方向控制回路及其使用与维修

通过控制进入执行元件液流的通、断或变向，来实现执行元件的启动、停止或改变运动方向的回路称为方向控制回路。

常用的方向控制回路有换向回路、锁紧回路、制动回路。

7.3.1　换向回路及其使用与维修

59　采用换向阀的换向回路有何特点？

采用二位四通换向阀、三位四通换向阀都可以使双作用执行元件换向。二位阀只能使执行元件正、反向运动；三位阀有中位，不同中位机能可使系统获得不同性能。

图 7 - 65 所示为手动换向阀作先导阀而以液动换向阀为主阀的换向回路。

单作用液压缸可用二位三通阀使其换向，如图 7 - 66 所示。

采用电磁换向阀和电液换向阀可以方便地实现自动往复运动，但对换向平稳性和换向精度要求较高的场合，显然不能满足要求。

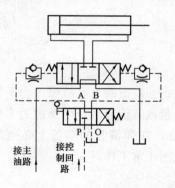

图 7 - 65　换向回路

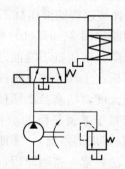

图 7 - 66　单作用缸换向回路

60　单作用液压缸换向回路有何故障，怎样排除？

单作用液压缸换向回路故障一般分为以下两类：

（1）靠重量回程的回路不能上升、下降。

液压回路如图 7 - 67（a）所示。

故障现象：换向阀 3 不能换向处于左端位置（阀芯在右位）时，液压缸 4 不能上升。

原因分析：柱塞与缸盖密封摩擦阻力大。

故障现象：液压缸 4 不能下降。

原因分析：①柱塞与缸盖密封摩擦阻力大；②阀 3 不能换向处于右端工作位

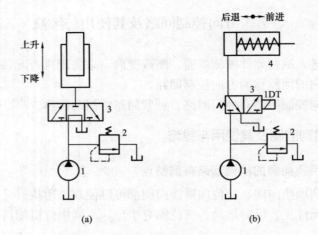

图 7－67　单作用液压缸换向回路

(a) 靠重量回程的回路；(b) 靠弹簧返程的液压缸

1—泵；2—溢流阀；3—换向阀；4—液压缸

置；③运动部件（柱塞）重量太轻。

排除方法：可根据情况予以排除。

(2) 靠弹簧返程的液压缸不能前进。

液压回路如图 7－67 (b) 所示。

故障现象：液压缸不能前进。

原因分析：①阀 3 的电磁铁未能通电；②溢流阀 2 有故障压力上不去；③液压缸 4 弹簧太硬，活塞及活塞杆因密封过紧或其他原因产生摩擦力太大；④液压缸别劲；⑤对于弹簧复位的单作用液压缸，在弹簧腔的端盖上必须设有排气孔（排气孔处最好加消声器），才能确保系统的正常工作。

排除方法：逐一查明原因，予以排除。

61 双作用液压缸方向控制回路有何故障，怎样排除？

双作用液压缸方向控制回路故障有以下几类：

(1) 液压缸不换向或换向不良的故障。

故障原因：有泵方面的原因，有阀方面的原因，有回路方面的原因，也有液压缸方面的原因。有关故障产生的详细原因和排除方法可参阅相关液压元件的故障原因与排除方法。

(2) 三位换向阀的中位机能（含两位阀的过渡位置机能）有可能出现的故障。

换向阀的中位机能不仅在换向阀阀芯处于中位时对液压系统的工作状态有影响，而且在由一个工作位置向另一个工作位置转换时对液压系统的工作性能亦有影响。例如：

1）不能保压的故障。当通向液压泵的通口 P 能被中位机能断开时（如 O 型），系统可保压，这时液压泵能用于多液压缸液压系统而不会产生干涉；当通口 P 与通油箱的通口 O 接通而又不太畅通时（如 X 型），系统能维持某一较低的一定压力，供控制油使用；当通口 P 与通口 O 畅通（如 H 型 M 型）时，系统根本不能保压。

2）系统卸荷问题。当换向阀选择中位机能为通口 P 与通口 O 畅通的阀（例如 H、M、K 型）时，液压泵系统卸荷。此时便不能用于多液压缸系统，否则其他液压缸便会产生不能动作的故障。

3）换向平稳性和换向精度问题。当选用中位机能使通口 A 和 B 各自封闭的阀时，液压缸换向时易产生液压冲击，换向平稳性差，但换向精度高。反之，当通口 A 与 B 都与通口 O 接通时，换向过程中，液压缸不易迅速制动，换向精度低，但换向平稳性好，液压冲击也小。

4）启动平稳性问题。换向阀在中位时，液压缸某腔（或 A 腔或 B 腔）如接通油箱停机时间较长时，该腔油液流回油箱出现空腔，则启动时该腔内因无油液起缓冲作用而不能保证平稳的启动。

5）液压缸在任意位置的停止（可准停）和"浮动"的问题。当通口 A 和 B 接通时，卧式液压缸处于"浮动"状态，可以通过某些机械装置（如齿轮齿条机构），改变工作台的位置（如外圆磨床），但它却使立式液缸因自重而不能停在任意位置上。当通口 A 和 B 与通口 P 连接（P 型）时，液压缸可实现差动连接者外，都能在任意位置上停止。

当选用中位机能为 H 型的三位换向阀时，如果换向阀的复位弹簧折断或修理时漏装，此时虽然阀两端的电磁铁都断电，阀芯不能回复到中位，由这种阀控制的液压缸不能在任意位。

（3）液压缸返回行程时噪声、振动大，经常烧坏交流电磁铁的故障。

液压回路如图 7 - 68 所示。

如果电磁换向阀 1 的规格选得太小或者连接阀 1 与缸 2 无杆腔的管路通径选得小，就会在缸 2 做返回动作出现大的噪声和振动。在高压系统，这种故障现象是很严重的。

原因分析：在图 7 - 68 中，当 2DT 通电、活塞杆退回时，由于 A_1 与 A_2 两

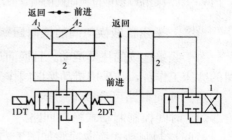

图 7 - 68　方向控制回路

侧面积不等，液压缸活塞无杆侧流回的油液比进入有杆侧的流量要大许多（例如 $A_1=2A_2$，当 $Q_1=Q_p$，则 $Q_2=2Q_p$）；如果只按泵流量选用阀 1 的规格，不但压力损失大增，而且阀芯上所受的液动力大增，可能远大于电磁铁的有效吸力而影响换向，导致交流电磁铁经常烧坏。

另一方面，当控制环节存在间隙（如阀芯间隙）时，会引起系统振动，并且产生大的噪声。如果与无杆腔相连的管道直径只按泵供油量 Q_b 选定，则液压缸活塞返回行程时，该段管内流速将远远大于允许的最大流速，而管内沿程损失与流速的平方成正比。压力损失的增加，导致压力急降以及管内液流流态变差（紊流），出现振动和噪声。

（4）液压缸产生微动的故障。

换向阀处于中间位置时，虽采用如 O 型机能之类的阀，液压缸仍然产生微动。

微动故障：按液压缸出厂试验技术指标的规定，液压缸内泄漏量允许值是以 0.5mm/5min 的沉降量（移动量）来计算的，大于此值，称之为产生微动故障。

1）故障原因如下：

① 因液压缸本身内外泄漏量大产生的微动。

② 与液压缸进、出油口紧相连的阀的内泄漏。例如，滑阀式换向阀因阀芯与阀体孔有间隙，则内泄漏是不可避免的，即使是 O 型换向阀中位油口关闭的情况也不可避免。当内泄漏大时，会出现朝活塞杆前进方向微动。

2）排除办法如下：

① 消除液压缸本身的内泄漏；

② 采用图 7-69、图 7-70 所示的锁紧回路。

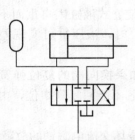

图 7-69 采用 O 型中位换向阀的锁紧回路

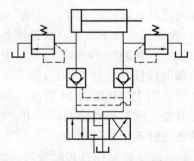

图 7-70 采用液控单向阀的锁紧回路

62 **采用机液换向阀的换向回路有何特点？**

对于频繁连续的往复运动，且换向过程要求平稳，换向精度高，换向端点能停留的磨床工作台，常采用机动换向阀作先导阀、液动换向阀作主阀的换向回路。

这类换向回路可分以下两类。

（1）时间控制制动式换向回路。

时间控制制动式换向回路如图 7-71 所示。这类回路可以通过调节 J1、J2 来控制工作台的制动时间，以便减小换向冲击或提高工作效率。主要用于工作部件运动速度较大、换向频率高、换向精度要求不高的场合。

（2）行程控制制动式换向回路。

行程控制制动式换向回路如图 7-72 所示。在回路中，工作台预先制动到低速后才开始换向，换向精度高，冲出量较小。常用于工作部件运动速度不大但换

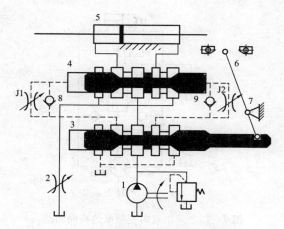

图 7-71　时间控制制动式回路

1—泵；2—节流阀；3—先导阀；4—主阀；5—液压缸；6—撞杆；7—支点；8、9—单向阀

向精度要求较高的场合。

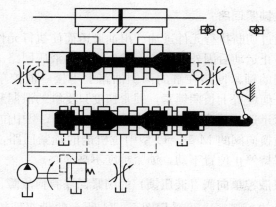

图 7-72　行程控制制动式换向回路

63　采用双向变量泵的换向回路有何特点？

在闭式回路中可用双向变量泵变更供油方向来实现执行元件换向。

采用双向变量泵的换向回路如图 7-73 所示。这种回路适用于压力较高、流量较大的场合。

执行元件是单杆双作用液压缸，活塞向右运动时，其进油流量大于排油流量，双向变量泵 1 吸油侧流量不足，由辅助泵 3 通过单向阀 4 来补充；变更泵的供油方向，活塞向左运动，排油流量大于进油流量，泵 1 吸油侧多余的油液通过阀 10、9 排回油箱。溢流阀 9 和 2 即使泵的吸油侧有一定的吸油压力，又使活塞运动平稳。溢流阀 6 是防止系统过载的安全阀。

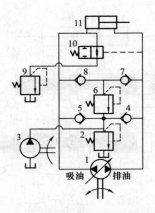

图 7-73 采用双向变量泵的换向回路

1—双向变量泵；2、6、9—溢流阀；3—辅助泵；4、5、7、8—单向阀；10—换向阀；11—液压缸

7.3.2 锁紧回路及其使用与维修

64 什么是锁紧回路？

锁紧回路是通过切断执行元件进油、出油通道而使执行元件准确地停在确定的位置，并防止停止运动后因外界因素而发生窜动的液压回路。

用液控单向阀的锁紧回路在缸的两侧油路上串接一液控单向阀（液压锁），活塞可在行程的任何位置上长期锁紧，锁紧精度只受缸的泄漏和油液压缩性的影响。为了保证锁紧迅速、准确，换向阀应采用 H 型或 Y 型中位机能。

利用三位四通换向阀的 M 型、O 型中位机能的锁紧回路，由于滑阀的泄漏活塞不能长时间保持停止位置不动，锁紧精度不高。

65 采用双液控单向阀（液压锁）的锁紧回路有何故障，怎样排除？

为了更可靠地进行锁紧，可采用图 7-74 所示的带双液控单向阀的锁紧回路。由于阀座式液控单向阀基本上无内泄漏，因而本回路的锁紧精度只受液压缸内少量的内泄漏所影响，锁紧精度高，起吊重物的液压设备常常用到本回路。

这种回路可能产生的故障和排除方法有：

（1）管路及缸内会产生异常高压，导致管路及缸损伤的故障。

当异常突发性外力作用时，由于缸内油液封闭及油液的不可压缩性，管路及缸内会产生异常高压，导致管路及缸损伤。

排除办法：在图 7-74 中液压缸两侧增加安全阀。

（2）锁紧精度差的故障。

液控单向阀不能迅速关闭，液压缸需经过一段时间后才能停住，锁紧精度差。

排除办法：液控单向阀本身动作迟滞（如阀芯移动不灵活、控制活塞别劲等），则要排除液控单向阀有关故障。

换向阀的中位机能选择不对，图 7-74 中的换向阀中位机能应该使液控单向阀的控制油快速卸压而立即关闭，液压缸才能立即停住，例如采用 O 型、M 型等中位机能的换向阀。当换向阀处于中位时，由于液控单向阀的控制压力油被闭死而不能使其立即关闭，直至由于单向阀的内泄漏使控制腔泄压后，液控单向阀才能关闭，自然而然便影响了锁紧精度。

所以在锁紧回路中，对于双向需要锁紧的，三位换向阀的中位机能应选用 H 型、Y 型。

（3）液压缸产生增压事故。

在图 7-75 所示的回路中，如果液压缸 1 左腔与右腔的作用面积之比 $S_1 : S_2$ 大于液控单向阀 3 的控制活塞作用面积与单向阀阀芯上部作用面积之比 $S_3 : S_4$（DFY 型液控单向阀 $S_3 : S_4 = 3.3 \sim 2.5 : 1$，IY 型液控单向阀 $S_3 : S_4 = 6.25 \sim 4.69 : 1$），而 $S_1 : S_2 \geqslant 4 : 1$（对 DFY 型）或者 $S_1 : S_2 = 7 : 1$（对 IY 型），则液控单向阀将永远打不开，此时液压缸 1 将如同一个增压器一样，缸 1 左腔将严重增压，其缸 1 左腔压力相应为右腔压力的 4 倍（对 DFY 型）或者 7 倍（对 IY 型），造成液压缸下腔增压事故。

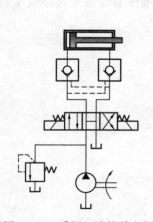

图 7-74　采用双液控单向阀 　　　　图 7-75　单向阀回路
　（液压锁）的锁紧回路　　　1—液压缸；2—换向阀；3—液控单向阀；5—流量阀；6—泵

解决办法：液压缸 1 在设计时，应合理选择上下腔的工作面积，即应 $S_3 : S_4 > S_1 : S_2$。

66　怎样减少锁紧回路的泄漏？

减少锁紧回路泄漏的措施有以下三方面：

（1）减少液压元件内泄漏。由于液压元件内泄漏不可避免，只能设法使其减少以提高锁紧效果。

（2）装设蓄能器补充油液。但液压油的弹性模量很大，因此很小的容积变化就会带来很大的压力变化。

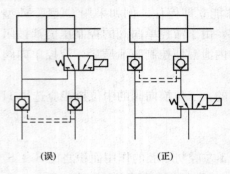

（误）　　　　（正）

图 7-76　锁紧回路方案对比

（3）优化回路设计。锁紧回路是靠将液压缸两腔的液压油密封住来保持液压缸不动的。但是如果锁紧回路中的液控单向阀和液压缸之间还有其他可能发生泄漏的液压元件，那么就可能因为这些元件的轻微泄漏，导致锁紧失效。

正确的做法应该是双向液控单向阀和液压缸之间不设置任何其他与液压缸两腔有关联的液压元件，以保证锁紧回路的正常工作。图 7-76 所示为锁紧回路方案对比。

67　用制动器的液压马达锁紧回路有何特点？

用制动器的液压马达锁紧回路如图 7-77 所示。切断液压马达进、出口后，液压马达理应停转，但因液压马达还有一泄油口直接通回油箱，液压马达在重力负载力矩的作用下变成泵工况，其出口油液将经泄油口流回油箱，马达出现滑转。因此，在切断液压马达进、出口的同时，需通过液压制动器来保证液压马达可靠地停转。

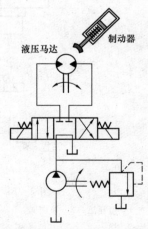

图 7-77　用制动器的液压马达锁紧回路

68　采用三位换向阀的锁紧回路为何锁紧不可靠？

采用 O 型或 M 型中位机能的三位换向阀，当阀芯处于中位时，液压缸的进、出口都被封闭，可以将液压缸活塞锁紧不动。

滑阀是间隙密封，不能完全避免泄漏。这种回路不能可靠锁紧而且液压缸仍然产生微动的原因主要是滑阀式换向阀的内泄漏大。少数情况是阀芯不能严守中位所致。

7.3.3　制动回路及其使用与维修

制动回路用于使液压执行元件平稳地由运动状态转换为静止状态，制动快，冲击小，制动过程中油路出现的异常高压和负压能自动有效地被控制。

69 　什么是用溢流阀的液压缸制动回路？

用溢流阀的液压缸制动回路如图 7-78 所示，回路在液压缸两侧油路上设置有反应灵敏的小型直动型溢流阀 3 和 4，换向阀切换时，液压缸在溢流阀 3 和 4 调定压力之下实现制动。如液压缸向右运动换向阀突然切换，右腔油液压力由于运动部件的惯性而突然升高，当压力超过阀 4 的调定压力时，阀 4 打开溢流，缓和管路中的液压冲击，同时液压缸的左腔通过单向阀 1 补油。

液压缸向左旋转运动，由溢流阀 3 和单向阀 2 起缓冲和补油作用。

溢流阀 3 和 4 的调定压力一般比系统溢流阀调定压力高 5%～10%。

70 　什么是采用溢流阀的液压马达制动回路，有何故障？

采用溢流阀的液压马达制动回路如图 7-79 所示，在液压马达的回油路上串联一溢流阀 6。换向阀 3 得电时，液压马达由液压泵供油旋转，液压马达排油通过背压阀 4 回油箱。背压阀调定压力一般为 0.3～0.7MPa。

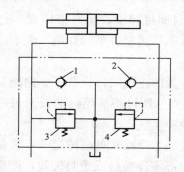

图 7-78　用溢流阀的液压缸制动回路

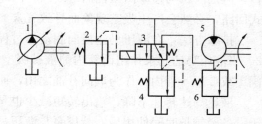

图 7-79　采用溢流阀的液压马达制动回路

当电磁铁失电时，切断液压马达回油，液压马达制动。由于惯性负载作用，液压马达将继续旋转为泵工况，液压马达的最大出口压力由溢流阀 6 限定，即出口压力超过阀 6 的调定压力时，阀 6 开启溢流，缓和管路中的液压冲击。

液压泵在阀 4 调定压力下低压卸载，并在液压马达制动时实现有压补油，不致吸空。溢流阀 6 的调定压力一般等于系统额定工作压力。溢流阀 2 为系统安全阀。

对于这类回路，如果制动效果不理想，主要原因是溢流阀 6 压力调节不当。

71 　液压马达为何不能迅速停住，怎样解决？

液压马达不能迅速停住的原因：为使旋转着的液压马达停止转动，即便停止液压泵向液压马达供油或切断供油通道，但由于液压马达回转件的惯性和负载的惯性使液压马达不能迅速停住。

解决办法：在液压马达的回油路中安装一溢流阀，例如图7-80中的阀5、图7-81中的阀6，使液压马达回油受到溢流阀所调节的压力（背压）产生制动力而被迅速制动。当制动背压超出所调压力时，溢流阀打开，又可起到保护作用。

所以当液压马达需要准停时，应设置溢流阀制动的回路。图7-80中通过安装单向阀3与4，加上溢流阀5，可实现液压马达双向制动。

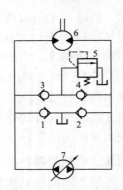
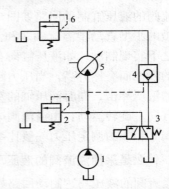

图7-80 液压马达闭式控制回路　　图7-81 液压马达开式控制回路

72　液压马达为何产生气穴，怎样排除？

如图7-80所示的回路中，液压马达6在制动过程中，虽然液压泵7已停转，但是液压马达6因惯性而继续回转。此时液压马达起着泵的作用，由于是闭式回路，必然会产生吸空现象而导致气穴。

排除方法：在液压马达换向制动等过程中，为防止气穴，设置了单向阀1与2。当液压马达起泵作用而管内油液被吸空时，大气压可将油箱内油液通过单向阀1或2压入管内，作为取向补油之用，而避免产生气穴。

液压马达转速下降，输出转矩减少也是液压马达回路常见故障之一，这是由于设备经较长时间使用后，液压泵与液压马达内部零件磨损或密封失效，产生泵输出流量不够和液压马达内泄漏增大所致。

🔧 7.4　多执行元件控制回路及其使用与维修

如果一个油源给多个执行元件供油，各执行元件因回路中压力、流量的相互影响而在动作上受到牵制。可以通过压力、流量、行程控制来实现多执行元件预定动作的要求。

多执行元件控制回路包括顺序动作回路、同步回路、互不干扰回路、多路换向阀控制回路。

7.4.1 顺序动作回路及其使用与维修

顺序动作回路使几个执行元件严格按照预定顺序动作。按控制方式不同，顺序动作回路分为压力控制和行程控制两种方式。

73 什么是压力控制顺序动作回路？

利用液压系统工作过程中的压力变化来使执行元件按顺序先后动作。

（1）用顺序阀控制的顺序动作回路，如图 7－82 所示。

图 7－82 所示液压系统的动作顺序为：缸 1 右进—缸 2 右进—缸 2 退回—缸 1 退回。

当换向阀 5 处于左位时，缸 1 向右运动，活塞碰到死挡铁后回路压力升高到顺序阀 3 的调定压力，顺序阀 3 开启，缸 2 活塞才向右运动。

当换向阀 5 处于右位时，缸 2 活塞先退到左端点，回路压力升高，打开顺序阀 4，再使缸 1 活塞退回原位。

产生顺序动作错乱的原因和排除方法有：

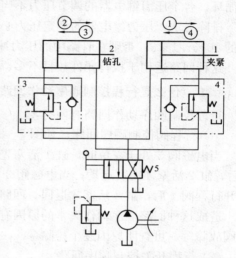

图 7－82 用单向顺序阀控制的顺序动作回路

1）压力调节不当。正确的调整方法是阀 6 的调节压力应比缸 4 的工作压力调高 0.8～1MPa；阀 3 的调节压力应比缸 5 后退动作③的工作压力调高 0.8～1MPa，以免系统中的工作压力波动使顺序阀出现误动作。

2）顺序阀 3、4 本身的故障。应根据具体情况予以处理。

（2）用压力继电器控制的顺序回路。

图 7－83 所示用压力继电器控制的顺序回路的动作顺序为：

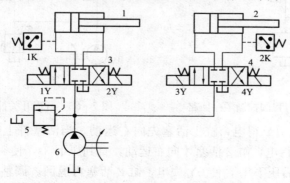

图 7－83 用压力继电器控制的顺序回路

按启动按钮，电磁铁 1Y 得电，缸 1 活塞前进到右端点后，回路压力升高，压力继电器 1K 动作，使电磁铁 3Y 得电，缸 2 活塞前进。按返回按钮，电磁铁 1Y、3Y 失电，电磁铁 4Y 得电，缸 2 活塞先退回原位后，回路压力升高，压力继电器 2K 动作，使电磁铁 2Y 得电，缸 1 活塞后退。

顺序动作错乱的现象、原因和排除方法：

现象与原因：顺序动作错乱，即不按动作①→动作②→动作③→动作④的方式循环。各个压力继电器的调节压力不当或者在使用过程中因某些原因而变化。

排除方法：压力继电器的调定压力必须大于前一动作执行元件的最高工作压力的 10%～15%，否则在管路中的压力冲击或波动下会造成误动作。

这种回路适用于执行元件数目不多、负载变化不大的场合。

74 **什么是行程控制顺序动作回路？**

行程控制顺序动作回路有两类：

（1）行程阀控制顺序回路，如图 7-84 所示。

当电磁阀 3 处于左位时，缸 1 活塞先向右运动，当活塞杆上挡块压下行程阀 4 后，缸 2 活塞才向右运动；当电磁阀 3 处于右位时，缸 1 活塞先退回，其挡块离开行程阀 4 后，缸 2 活塞才退回。回路动作可靠，但改变动作顺序难。

造成这种回路顺序动作失常的原因有：撞块松动、行程阀压下后不复位、换向阀故障等，可查明原因逐个排除。

（2）行程开关控制顺序回路

行程开关控制顺序回路如图 7-85 所示。

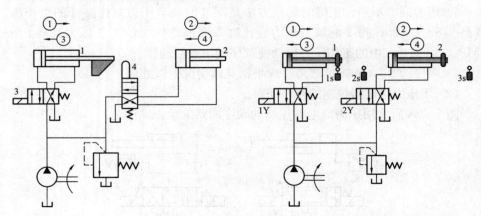

图 7-84　行程阀控制顺序回路　　　图 7-85　行程开关控制顺序回路

按启动按钮，1Y 得电，缸 1 活塞先向右运动，当活塞杆上挡块压下行程开关 2s 后，使 2Y 得电，缸 2 活塞才向右运动，直到压下 3s，使 1Y 失电，缸 1 活塞向左退回，而后压下 1s，使 2Y 失电，缸 2 活塞再退回。调整挡块可调整缸的行程，通过电控系统可改变动作顺序。

这类顺序动作失常的原因和排除方法有：

1）行程开关方面：如因行程开关安装不牢靠、因多次碰撞松动、行程开关本身的质量等原因造成行程开关不能可靠地准确发讯，导致不顺序动作，可查明原因予以排除。

2）电路故障：如接线错误，电磁铁接线不牢靠或断线，以及其他电器元件的故障等，造成顺序动作紊乱或不顺序动作，查明原因予以排除。

3）活塞杆上挡块因磨损或松动不能可靠压下行程开关，或挡块安装紧固位置不对，使行程开关不能可靠准确发讯，造成顺序动作失常，可针对原因逐一排除。

7.4.2 同步回路及其使用与维修

同步回路能保证系统中两个或多个执行元件克服负载、摩擦阻力、泄漏、制造质量和结构变形上的差异，在运动中以相同的位移或相同的速度运动，前者为位置同步，后者为速度同步。严格地做到每一瞬间速度同步，则可保持位置同步。实际上同步回路多采用速度同步。

按控制方式分为等流量控制、等容积控制。

75 什么是机械连接同步回路？

机械连接同步回路是指用机械连接的方法实现同步运动的回路。如图 7 - 86 所示，这种采用机械联动强制多缸同步的方法，简单可靠，同步精度高。

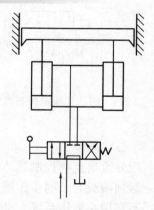

影响同步精度（不同步）原因：

（1）滑块上的偏心负载较大，且负载不均衡。

（2）导轨间隙过大或过小。

（3）机身与滑块的刚性差，产生结构变形。

（4）中间轴的扭转刚性差等。

解决机械强制式同步装置不同步故障的措施有：

图 7 - 86 机械强制式同步回路

（1）尽力减少偏心负载和不均衡负载，注意装配精度，调整好各种间隙，各液压缸尽量靠近，且保证平行放置。

（2）增强机身与滑块的刚性。

（3）当导轨跨距大和偏心负载大又不能减少时，可适当加长导轨长度 h，必要时增设辅助导轨。例如在滑块的中部设刚性导柱，在上横梁的中央辅助导轨内滑动，可大大加长导向距离，增加了导向精度，导轨作用力和比压降低。

（4）液压缸与滑块的连接采用球头连接，可减少偏心负载对同步精度的影响。

（5）合理选择滑动导轨的配合间隙。

76 用流量控制阀的同步回路有何特点？

用流量控制阀的同步回路如图 7 - 87 所示，仔细调整两个调速阀的开口大小，控制进入或流出液压缸的流量，可使它们在一个方向上实现速度同步。

回路特点是结构简单，调整麻烦，同步精度不高。

77 用分流集流阀的同步回路有何特点？

用分流集流阀的同步回路如图 7 - 88 所示。

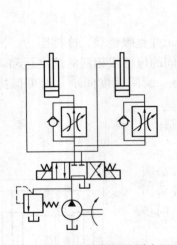

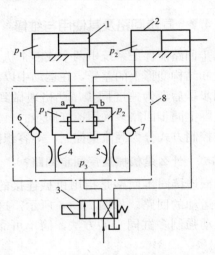

图 7 - 87　用流量控制阀的同步回路　　图 7 - 88　用分流集流阀的同步回路

1、2—液压缸；3—电磁换向阀；

4、5—固定节流口；6、7—单向阀；8—分流阀

用分流集流阀控制进入或流出液压缸的流量，实现两缸两个方向的速度同步。遇到偏载时，同步作用靠分流集流阀自动调整，使用方便。此回路压力损失大，不宜用在低压系统。

78 用串联液压缸的同步回路有何特点？

用串联液压缸的同步回路如图 7 - 89 所示，特点是有效工作面积相等的两个液压缸串联起来的同步回路。这种回路允许较大偏载，因偏载造成的压差不影响流量的改变，只导致微量的压缩和泄漏，因此同步精度较高，回路效率也较高。此种情况，泵的供油压力至少是两缸工作压力之和。

造成不同步原因如下：

（1）两液压缸的制造误差。

（2）空气混入，封闭在液压缸两腔中的油液呈弹性压缩以及受热膨胀，引起油液体积不同的变化；两液压缸的负载不等且变化不同。

（3）液压缸的内部泄漏不一，特别是当液压缸活塞往复多次后，泄漏在两缸连通腔内造成的容积变化的累积误差，会导致两液压缸动作的严重失调，即严重影响到两液压缸不同步。

排除办法如下：

（1）尽力减少两液压缸的制造误差，提高液压缸的装配精度，各紧固件精密封件的松紧程度力求一致。

（2）松开管接头，一边向缸内充油，一边排气，待油液清亮后再拧紧管接头，并加强管路和液压缸的密封，防止空气进入液压缸和系统内。

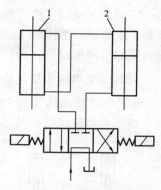

图 7-89　用串联液压缸的同步回路

79　带位置补偿的串联缸同步回路有何特点？

带位置补偿的串联缸同步回路如图 7-90 所示。

当两缸同时下行时，若缸 5 活塞先到行程端点，则挡块压下行程开关 1s，3Y 得电，阀 3 左位接入系统，压力油经阀 3、阀 4 进入缸 6 上腔，进行补油，使其活塞继续下行到达行程端点。若缸 6 活塞先到行程端点，行程开关 2s 使 4Y 得电，压力油进入阀 4 控制腔，打开阀 4，缸 5 下腔与油箱接通使其活塞继续下行到达行程端点，从而消除积累误差。

80　采用同步缸的同步回路有何特点？

采用同步缸的同步回路如图 7-91 所示。

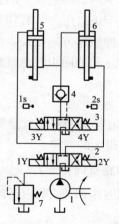
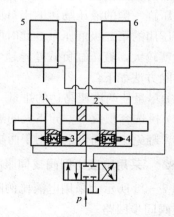

图 7-90　带位置补偿的串联缸的同步回路　图 7-91　采用同步缸的同步回路

图 7-91 所示同步缸的同步回路用尺寸相同、共用一活塞杆的两个同步缸 1 与缸 2，向两个工作腔供给同流量的油液，从而保证缸 5 与缸 6 运动同步的回路，同步精度可达 1%。

不同步（或同步精度差）的原因：同步缸的制造误差、工作液压缸的制造误差和系统泄漏、工作液压缸行程太长及高压下负载又不均匀时，会产生一个缸先行到底的不同步现象。

81 采用同步马达的同步回路有何特点？

图 7 - 92 所示为用两个同轴等排量双向液压马达作配流环节，输出相同流量的油液也可实现两缸双向同步。节流阀 4 用于行程端点消除两缸位置误差。

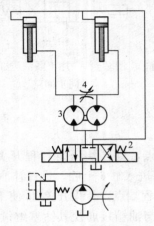

图 7 - 92　采用等排量油
马达的同步回路

这种回路的同步精度比采用流量控制阀的同步精度高，但专用的配流元件使系统复杂、制造成本高。

不同步的原因如下：

（1）液压马达的排量差异。

（2）两液压马达容积效率的差异。

（3）两液压缸负载的差异，即负载不均，引起两液压马达排量的变化，是不同步的关键。两液压马达进口压力是一样的，由于通过共同轴转动相互传递扭矩，所以其压力按平均负载确定。当液压缸的负载相等时，出口压力也相同，两液压马达的前后压差相同，故其内泄漏量很相近，两液压马达同步旋转时输出的流量就很接近。但是当两液压缸负载不相等时，出口油压便不同，两液压马达的前后压差就不相同了，不仅压差大小不同，而且压差的方向也异，负载重的液压缸一侧的液压马达的出口压力可能高于进口压力，其作用实际上已变成一台升压用的第二级液压泵。此时两液压马达的压差方向相反，所以它们的内泄漏差别就较大，液压缸负载差异越大，液压缸运动的同步性也就越差。

排除方法如下：

（1）尽量使两液压马达的排量一致。

（2）挑选容积效率差异不大的液压马达，并排除两液压缸泄漏故障。

（3）避免这种同步系统用于两缸负载相差很大的回路。

82 采用电液比例阀或伺服阀的同步回路有何特点？

图 7 - 93 所示为采用电液比例阀或伺服阀同步回路。图 7 - 94 所示为采用电液伺服阀同步回路。

伺服阀 A 根据两个位移传感器 B、C 的反馈信号，持续不断地调整阀口开度，控制两个液压缸的输入或输出流量，使它们获得双向同步运动。

回路特点：同步精度高。当液压系统要求很高的同步精度时，必须采用电液比例阀或伺服阀的同步回路。

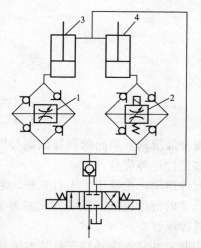

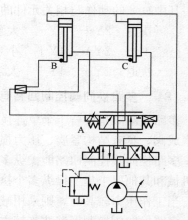

图 7 - 93　采用电液比例阀的同步回路 　　　图 7 - 94　采用电液伺服阀的同步回路
1—调速阀；2—电液比例调速阀；3、4—液压缸

7.4.3　互不干扰回路与多路阀控制回路

83　什么是互不干扰回路?

互不干扰回路是系统中几个执行元件在完成各自工作循环时彼此互不影响。

图 7 - 95 所示为通过双泵供油实现多缸快慢速互不干扰的回路。

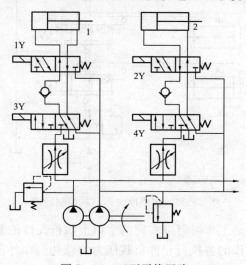

图 7 - 95　互不干扰回路

其中缸 1 的动作与相关元件的协同为:

快进　1Y＋　3Y－　大泵供油

工进　1Y－　3Y＋　小泵供油

快退　1Y＋　3Y＋　大泵供油

其中缸2的动作与相关元件的协同为：

快进　2Y＋　4Y－　大泵供油

工进　2Y－　4Y＋　小泵供油

快退　2Y＋　4Y＋　大泵供油

84　多路换向阀控制回路有何特点？

多路换向阀是由若干个单连换向阀、安全溢流阀、单向阀和补油阀等组合成的集成阀，具有结构紧凑、压力损失小、多位性能等优点。

多路换向阀控制回路能操纵多个执行元件运动，主要用于工程机械、起重运输机械和其他要求集中操纵多个执行元件运动的行走机械。操纵方式多为手动操纵，当工作压力较高时，则采用减压阀先导操纵。

多路换向阀控制回路按连接方式分为串联、并联、串并联三种基本油路。

85　什么是多路换向阀串联控制回路？

多路换向阀串联控制回路如图7－96所示，是由多路换向阀内第一连滑阀的回油为下一连的进油，依次下去直到最后一连滑阀。

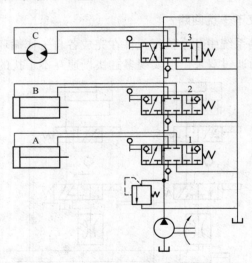

图7－96　多路换向阀串联控制回路

串联油路的特点是工作时可以实现两个以上执行元件的复合动作，这时泵的工作压力等于同时工作的各执行元件负载压力的总和。在外负载较大时，串联的执行元件很难实现复合动作。

86　什么是多路换向阀并联控制回路？

多路换向阀并联控制回路如图7－97所示，是从多路换向阀进油口来的压力油可直接通到各连滑阀的进油腔，各连滑阀回油腔又都直接与总回油路相连。

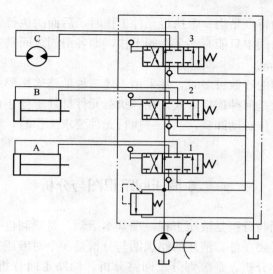

图 7 - 97　多路换向阀并联控制回路

　　并联油路的特点是既可控制执行元件单动，又可实现复合动作。复合动作时，若各执行元件的负载相差很大，则负载小的先动，复合动作成为顺序动作。

87　**什么是多路换向阀串并联控制回路?**

　　多路换向阀串并联控制回路如图 7 - 98 所示，是按串并联油路连接的多路换向阀每一连滑阀的进油腔都与前一连滑阀的中位回油通道相通，每一连滑阀的回油腔则直接与总回油口相连，即各滑阀的进油腔串联，回油腔并联。

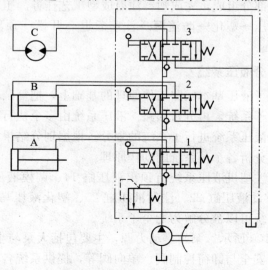

图 7 - 98　多路换向阀串并联控制回路

串并联油路的特点是当一个执行元件工作时，后面的执行元件的进油道被切断。因此多路换向阀中只能有一个滑阀工作，即各滑阀之间具有互锁功能，各执行元件只能实现单动。

当多路换向阀的连数较多时，常采用上述三种油路连接形式的组合，称为复合油路连接。无论是何种连接方式，在各执行元件都处于停止位置时，液压泵可通过各连滑阀的中位自动卸载，当任一执行元件要求工作时，液压泵又立即恢复供应压力能。

7.5 液压回路识图与分析

液压回路识图与分析是液压工程一项基本活动，是顺利进行液压系统设计制造、使用维修的必要条件。液压回路识图与分析是一个对液压系统分析理解的过程，包括初步整体分析、系统划分及回路分析、油路走向分析、液压元件分析、系统技术特点分析及总结等。

在此，以某注塑机液压系统识图分析为例，介绍液压系统识图与分析方法。

88 怎样对液压系统进行整体分析？

初步分析液压系统的目的主要是浏览整个液压系统。明确液压系统的组成回路与元件，初步分析各回路与元件功能及用途，以便根据组成回路与元件对注塑机液压系统进行分解。

某注塑机液压系统如图7-99所示。根据有关技术资料，可知系统由泵站、模运动部分及注射部分组成，完成塑料注射成型工艺任务。工艺流程：闭模→注座前进→注射→保压→塑化→防流涎→注座后退→开模→顶出缸顶出→顶出缸缩回。

89 怎样划分液压系统？

在了解和掌握了液压基本回路工作原理的基础上，把复杂的液压系统分解为由基本回路组成的子系统，再分析回路。液压系统由多个执行元件组成，因此根据执行元件数量对液压系统进行子系统的划分。根据划分结果，绘制各个子系统原理图，以便单独分析各个子系统的动作原理。

图7-99所示注塑机液压系统有顶出液压缸14、调模液压马达16、模运动液压缸19、注座移动液压缸22、注射液压缸25、塑化液压马达27，加上泵站，整个注塑机液压系统可以被分解为七个子系统。

泵站如图7-100所示。泵站是动力源，主要包括大泵与小泵、比例调压阀、比例流量阀、压力安全与卸荷控制阀、单向阀等，提供系统各动作所需的压力与流量。

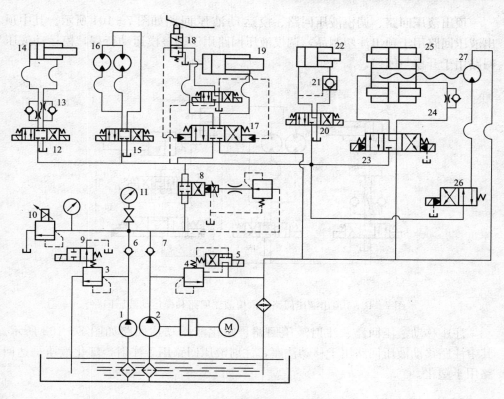

图 7-99　注塑机液压系统

1—小泵；2—大泵；3、4—溢流阀；5、9、12、15、17、20、23、26—换向阀；6、7—单向阀；
8—比例流量阀；10—比例压力阀；11—压力表；13、24—单向节流阀；14—顶出液压缸；
16—调模液压马达；18—行程阀；19—模运动液压缸；21—液控单向阀；
22—注座移动液压缸；25—注射液压缸；27—塑化液压马达

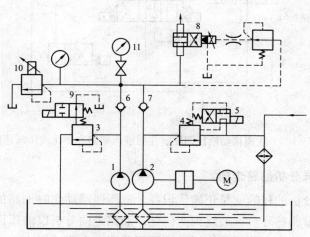

图 7-100　注塑机液压泵站

顶出液压回路、调模液压回路、模运动液压回路如图 7 - 101 所示。其中顶出液压回路用于顶出注塑制品，调模液压回路用于调整模运动行程，模运动液压回路用于开模与闭模。

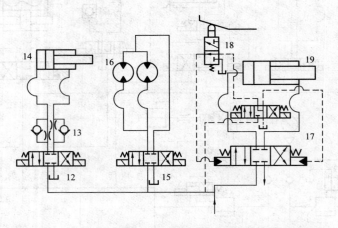

图 7 - 101　顶出液压回路、调模液压回路和模运动液压回路

注座移动液压回路、注射液压回路、塑化液压马达回路如图 7 - 102 所示。其中注座移动液压回路用于移动注座，注射液压回路用于注射，塑化液压马达回路用于塑化。

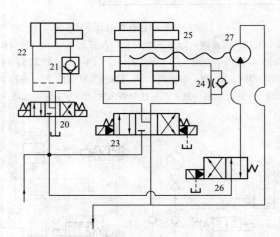

图 7 - 102　注座移动液压回路、注射液压回路和塑化液压马达回路

90 怎样分析油路走向？

油路走向分析的目的就是正确认识各个液压回路动作时油路的走向：油路从何处开始，经过哪些环节，最终到达何处。油路走向分析以液压回路的动作为基本单位进行。油路走向分析的依据是液压回路图、电磁铁通电表、电气资料、相

关操作说明等。

一般情况下，一个液压回路有正、反（进、退，上、下等）两个方向的动作，动作的方向主要由换向阀的位（如左位、右位等）决定。每个动作包括主进油路与主回油路两个油路。同一方向的动作，如果力和速度不同（如快进与工进），油路是有区别的。在有些情况下，一个动作除了主油路，还有先导控制油路（进油路与回油路）。

油路动作还涉及动作的起始信号与结束信号。

例如，注塑机快速闭模时的油路走向如图7-103所示。此时，模运动换向阀17先导阀左侧电磁铁得电，先导阀切换至左位。

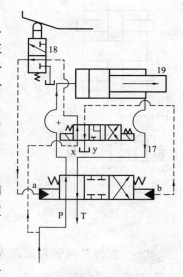

图7-103 闭模时的油路走向

先导控制进油路：（小泵1→单向阀6＋大泵2→单向阀7）→比例流量阀8→阀17先导阀x→行程阀18→阀17主阀左端a处。

先导控制回油路：阀17主阀右端b处→阀17先导阀y→油箱。

此时，主阀切换至左位。

主进油路：（小泵1→单向阀6＋大泵2→单向阀7）→比例流量阀8→阀17主阀P→液压缸19无杆腔。

主回油路：液压缸19有杆腔→阀17主阀T→油箱。

此时，主缸右行，快速闭模。

动作起始信号：按下闭模启动按钮，模运动换向阀17先导阀左侧电磁铁得电。动作结束信号：按下闭模缸到位行程开关，模运动换向阀17先导阀左侧电磁铁断电。

91 怎样分析液压元件的作用？

理解液压元件的作用是对液压回路进一步认识。

首先，区分油路中的动力元件、控制元件、执行元件、辅助元件。对于动力元件中的变量泵，应判别其变量原理并掌握调整方法。对于控制元件，应区分方向阀、压力阀、流量阀，区分阀控制方式及性能特点。

液压元件可能有几个作用。分析回路中的一个液压元件，要知道此元件有哪几个作用，再根据回路特点及此元件在回路中的连接情况判定它具体起什么作用。例如，蓄能器有三个作用：辅助能源、补偿泄漏和吸收脉动。如果用于快速回路，它的作用是辅助能源；如果用于保压回路，它的作用是补偿泄漏；如果接在振源附近，它的作用是吸收脉动。

图7-104所示为注塑机注射回路。回路包括三个元件：三位四通电液换向

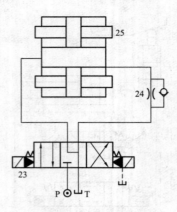

图 7 - 104　注射回路

阀 23、单向节流阀 24、注射液压缸 25。

分析如下：

三位四通电液换向阀 23，Y 型中位，内控外泄式；用于控制注射缸运动。此处选用 Y 型中位，在阀处于中位时，液压缸处于浮动状态，可在外力推动下移动（塑化需要此功能）。此处选用内控外泄式，适合主压力油路压力不高，但主回油路有一定背压的情况。

单向节流阀 24 用于构成液压缸退回（右移）背压，控制塑化过程螺杆退回速度。

注射液压缸 25 是执行机构，采用了双缸并联的形式，有利于注射缸、螺杆及塑化液压马达的布置。

92　怎样总结评判液压系统技术特点？

在对液压系统的回路与元件进行分析后，可对其技术特点进行总结评判：

（1）评判采取的技术措施与达到的技术性能（即采取了何种措施，达到何种性能）。技术措施方面评判其先进性与合理性，技术性能方面评判其精确性、工艺适应性、快速性、操作维修便利性、节能环保性、安全稳定性等。这种评判是将此液压系统与同类其他系统进行比较后得出结论。

（2）评判由设备应用环境及工况所决定的液压系统的特点。如轧钢机液压系统压力高、行程短、精度高，挖掘机液压系统对密封与抗冲击有较高的要求。这种评判是将此液压系统与其他类型的系统进行比较后得出结论。

对于一些定性问题要有恰当的指标，评判指标要包括液压系统所涉及的诸多方面，保证指标的全面性，使其具有多元、多层次的特点。评判资料要全面、正确和可靠。

图 7 - 100 所示注塑机液压系统特点如下：

（1）采用大泵加小泵的叶片泵组合，动力平稳，适合注塑工艺，也有利于节约能源。

（2）采用比例压力阀调压、比例流量阀调速，适合注塑工艺不同阶段控制的需求。

（3）电液换向阀均采用内控外泄式，适合主压力油路压力不高，但主回油路有一定背压的系统。

（4）注座移动液压缸油路采用液控单向阀提高锁紧的可靠性，以保证注射工艺精度。

（5）模运动部分采用液压缸加肘节杆结构，简单可靠。

第 **8** 章

电液伺服与比例控制技术及其应用

🔧 8.1 电液伺服阀及其应用

伺服阀通过改变输入信号，连续、成比例地控制液压系统的流量或压力。电液伺服阀输入信号功率很小（通常仅有几十毫瓦），功率放大系数高；能够对输出流量和压力进行连续双向控制。其突出特点是：体积小、结构紧凑、直线性好、动态响应好、死区小、精度高，符合高精度伺服控制系统的要求。电液伺服阀是现代电液控制系统中的关键部件，它能用于诸如位置控制、速度控制、加速度控制、力控制等各方面。因此，伺服阀在各种工业自动控制系统中得到了越来越多的应用。

8.1.1 伺服阀的工作原理与组成

1 什么是伺服阀基本组成与控制机理？

电液伺服阀是一种自动控制阀，它既是电液转换组件，又是功率放大组件，其功用是将小功率的模拟量电信号输入转换为随电信号大小和极性变化，且快速响应的大功率液压能〔流量（或）和压力〕输出，从而实现对液压执行器位移（或转速）、速度（或角速度）、加速度（或角加速度）和力（或转矩）的控制。电液伺服阀通常是由电气-机械转换器、液压放大器（先导级阀和功率级主阀）和检测反馈机构组成的，如图 8-1 所示。

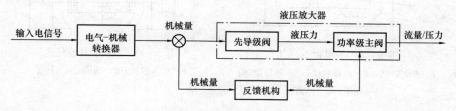

图 8-1　电液伺服阀的组成

2 伺服阀电气-机械转换器有何特点？

电气-机械转换器包括电流-力转换和力-位移转换两个功能。

典型的电气-机械转换器为力马达或力矩马达。力马达是一种直线运动电气-

机械转换器，而力矩马达则是旋转运动的电气-机械转换器。力马达和力矩马达的功用是将输入的控制电流信号转换为与电流成比例的输出力或力矩，再经弹性组件（如弹簧管、弹簧片等）转换为驱动先导级阀运动的直线位移或转角，使先导级阀定位、回零。通常力马达的输入电流为 $150\sim300$mA，输出力为 $3\sim5$N。力矩马达的输入电流为 $10\sim30$mA，输出力矩为 $0.02\sim0.06$N·m。

伺服阀中所用的电气-机械转换器有动圈式和动铁式两种结构。

（1）动圈式电气-机械转换器。

动圈式电气-机械转换器产生运动的部分是控制线圈，故称为"动圈式"。输入电流信号后，产生相应大小和方向的力信号，再通过反馈弹簧（复位弹簧）转化为相应的位移量输出，故简称为动圈式"力马达"（平动式）或"力矩马达"（转动式）。动圈式力马达和力矩马达的工作原理是位于磁场中的载流导体（即动圈）受力作用。

动圈式力马达的结构原理如图 8-2 所示，永久磁铁 1 及内外导磁体 2、3 构成闭合磁路，在环状工作气隙中安放着可移动的控制线圈 4，它通常绕制在线圈架上，以提高结构强度，并采用弹簧 5 悬挂。当线圈中通入控制电流时，按照载流导线在磁场中受力的原理移动并带动阀芯（图中未画出）移动，此力的大小与磁场强度、导线长度及电流大小成比例，力的方向由电流方向及固定磁通方向按电磁学中的左手定则确定。图 8-3 为动圈式力矩马达，与动圈式力马达所不同的是采用扭力弹簧或轴承加盘圈扭力弹簧悬挂控制线圈。当线圈中通入控制电流时，按照载流导线在磁场中受力的原理使转子转动。

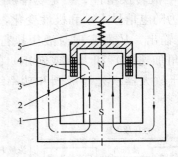

图 8-2　动圈式力马达

1—永久磁铁；2—内导磁体；3—外导磁体；

4—线圈；5—弹簧

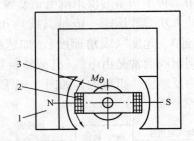

图 8-3　动圈式力矩马达

1—永久磁铁；2—线圈；3—转子

磁场的励磁方式有永磁式和电磁式两种，工程上多采用永磁式结构，其尺寸紧凑。

动圈式力马达和动圈式力矩马达的控制电流较大（可达几百毫安至几安培），输出行程也较大［$\pm(2\sim4)$mm］，而且稳态特性线性度较好，滞环小，故应用较多。但其体积较大，且由于动圈受油的阻尼较大，其动态响应不如动铁式力矩马达快。多用于控制工业伺服阀，也有用于控制高频伺服阀的特殊结构动圈式力马达。

（2）动铁式力矩马达。

动铁式力矩马达输入为电信号，输出为力矩。图 8-4 为动铁式力矩马达的结构原理图。

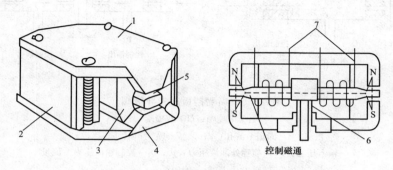

图 8-4　动铁式力矩马达的结构原理图

1—上导磁体；2—永久磁铁；3—线圈；4—下导磁体；5—衔铁；6—弹簧管；7—线圈引出线

它由左右两块永久磁铁 2、上下两块导磁体 1 及 4、带扭轴（弹簧管）6 的衔铁 5 及套在线圈上的两个控制线圈 3 组成，衔铁悬挂在弹簧管上，可以绕弹簧管在四个气隙中摆动。左右两块永久磁铁使上下导磁体的气隙中产生相同方向的极化磁场。没有输入信号时，衔铁与上下导磁体之间的四个气隙距离相等，衔铁受到的电磁力相互抵消而使衔铁处于中间平衡状态。当输入控制电流时，产生相应的控制磁场，它在上下气隙中的方向相反，因此打破了原有的平衡，使衔铁产生与控制电流大小和方向相对应的转矩，并且使衔铁转动，直至电磁力矩与负载力矩和弹簧反力矩等相平衡为止。但转角是很小的，可以看成是微小的直线位移。

动铁式力矩马达输出力矩较小，适合控制喷嘴挡板之类的先导级阀。其优点是自振频率较高，动态响应快，功率、重量比较大，抗加速度零漂性好。缺点是限于气隙的形式，其转角和工作行程很小（通常小于 0.2mm），材料性能及制造精度要求高，价格昂贵；此外，它的控制电流较小（仅几十毫安），故抗干扰能力较差。

3　伺服阀先导级阀有何特点？

伺服阀先导级阀又称前置级，用于接收小功率的电气-机械转换器输入的位移或转角信号，将机械量转换为液压力驱动功率级主阀，犹如一对称四通阀控制的液压缸；主阀多为滑阀，它将先导级阀的液压力转换为流量或压力输出。电液伺服阀先导级主要有喷嘴挡板式和射流管式两种。

（1）喷嘴挡板式先导级阀。

喷嘴挡板式先导级阀的结构及组成原理如图 8-5 所示［图 8-5（a）为单喷

嘴，图8-5（b）为双喷嘴]，它是通过改变喷嘴与挡板之间的相对位移来改变液流通路开度的大小以实现控制的。

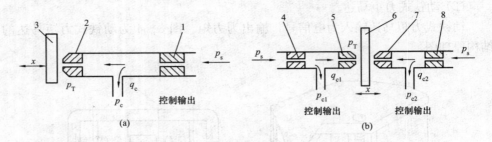

图8-5　喷嘴挡板式先导级阀

（a）单喷嘴；（b）双喷嘴

1、4、8—固定节流孔；2、5、7—喷嘴；3、6—挡板；

p_s—输入压力；p_T—喷嘴处油液压力；p_c、q_c—控制输出压力、流量

喷嘴挡板式的优点：具有体积小、运动部件惯量小、无摩擦、所需驱动力小、灵敏度高等优点，特别适用于小信号工作，因此常用作二级伺服阀的前置放大级。

其缺点主要是中位泄漏量大，负载刚性差，输出流量小，节流孔及喷嘴的间隙小（0.02～0.06mm），易堵塞，抗污染能力差。

（2）射流管式先导级阀。

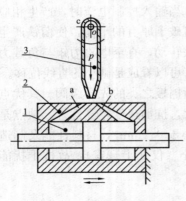

图8-6　射流管阀

1—液压缸；2—接受器；

3—射流管

如图8-6所示，射流管式先导级阀由射流管3、接受器2和液压缸1组成，射流管3由垂直于图面的轴c支撑并可绕轴左右摆动一个不大的角度。接受板上的两个小孔a和b分别和液压缸1的两腔相通。当射流管3处于两个孔道a、b的中间位置时，两个孔道a、b内的油液的压力相等，液压缸1不动；如有输入信号使射流管3向左偏转一个很小的角度，两个孔道a、b内的压力不相等，液压缸1左腔的压力大于右腔的压力，液压缸1向右移动，反之亦然。

射流管式先导级阀的优点：结构简单、加工精度低、抗污染能力强。缺点是惯性大、响应速度低、功率损耗大。因此这种阀只适用于低压及功率较小的伺服系统。

4　伺服阀功率级主阀（滑阀）有何特点？

电液伺服阀中的功率级主阀是靠节流原理进行工作的，即借助阀芯与阀体

（套）的相对运动改变节流口通流面积的大小，对液体流量或压力进行控制。

滑阀的结构及特点如下。

（1）控制边数。

根据控制边数的不同，滑阀有单边控制、双边控制和四边控制三种类型，如图 8-7 所示。

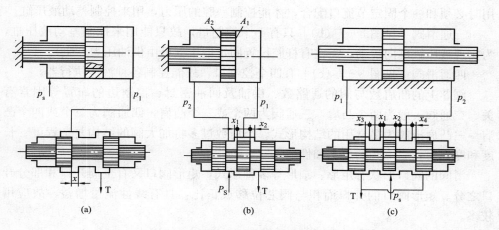

图 8-7　单边控制滑阀、双边控制滑阀和四边控制滑阀

(a) 单边；(b) 双边；(c) 四边

单边控制滑阀仅有一个控制边，控制边的开口量 x 控制了执行器（此处为单杆液压缸）中的压力和流量，从而改变了缸的运动速度和方向。

双边控制滑阀有两个控制边，压力油一路进入单杆液压缸有杆腔，另一路经滑阀控制边 x_1 的开口和无杆腔相通，并经控制边 x_2 的开口流回油箱；当滑阀移动时，x_1 增大，x_2 减小，或相反，从而控制液压缸无杆腔的回油阻力，故改变了液压缸的运动速度和方向。

四边控制滑阀有四个控制边，x_1 和 x_2 是用于控制压力油进入双杆液压缸的左、右腔，x_3 和 x_4 用于控制左、右腔通向油箱；当滑阀移动时，x_3 和 x_4 增大，x_2 和 x_3 减小，或相反，这样控制了进入液压缸左、右腔的油液压力和流量，从而控制了液压缸的运动速度和方向。

单边控制滑阀、双边控制滑阀和四边控制滑阀的控制作用相同。单边控制滑阀和双边控制滑阀用于控制单杆液压缸；四边控制滑阀既可以控制双杆缸，也可以控制单杆缸。

优缺点：四边控制滑阀的控制质量好，双边控制滑阀居中，单边控制滑阀最差。但是，单边控制滑阀无关键性的轴向尺寸，双边控制滑阀有一个关键性的轴向尺寸，而四边控制滑阀有三个关键性的轴向尺寸，所以单边控制滑阀易于制造、成本较低，而四边控制滑阀制造困难、成本较高。通常，单边控制滑阀和双边控制滑阀用于一般控制精度的液压系统，而四边控制滑阀则用于控制精度及稳定性要求较高的液压系统。

（2）通路数、凸肩数与阀口形状。

按通路数滑阀有二通、三通和四通等几种。

二通滑阀（单边阀）[见图8-7（a）] 只有一个可变节流口（可变液阻），使用时必须和一个固定节流口配合，才能控制一腔的压力，用来控制差动液压缸。

三通滑阀 [见图8-7（b）] 只有一个控制口，故只能用来控制差动液压缸，为实现液压缸反向运动，需在有杆腔设置固定偏压（可由供油压力产生）。

四通滑阀 [见图8-7（c）] 有四个控制口，故能控制各种液压执行器。

阀芯上的凸肩数与阀的通路数、供油及回油密封、控制边的布置等因素有关。二通阀一般为两个凸肩，三通阀为两个或三个凸肩，四通阀为三个或四个凸肩。三凸肩滑阀为最常用的结构形式。凸肩数过多将加大阀的结构复杂程度、长度和摩擦力，影响阀的成本和性能。

滑阀的阀口形状有矩形、圆形等多种形式，矩形阀口又有全周开口和部分开口之分。矩形阀口的开口面积与阀芯位移成正比，具有线性流量增益，故应用较多。

（3）零位开口形式。

滑阀在零位（平衡位置）时，有正开口、零开口和负开口三种开口形式，如图8-8所示。

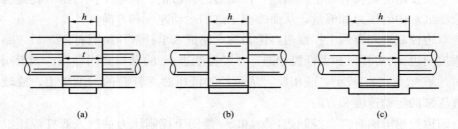

(a)   (b)   (c)

图8-8　滑阀的零位开口形式

(a) 负开口（$t>h$）；(b) 零开口（$t=h$）；(c) 正开口（$t<h$）

对于正开口（又称负重叠）的滑阀，阀芯的凸肩宽度（也称凸肩宽，下同）t 小于阀套（体）的阀口宽度 h。

对于零开口（又称零重叠）的滑阀，阀芯的凸肩宽度 t 与阀套（体）的阀口宽度 h 相等。

对于负开口（又称正重叠）的滑阀，阀芯的凸肩宽度 t 大于阀套（体）的阀口宽度 h。

滑阀的开口形式对其优缺点：零位附近（零区）的特性具有很大影响，零开口滑阀的特性较好，应用最多，但加工比较困难，价格昂贵。

5 伺服阀检测反馈机构有何特点？

常用的伺服阀检测反馈形式有机械反馈（如位移反馈、力反馈）、液压反馈（如压力反馈、微分压力反馈等）和电气反馈。

设在阀内部的检测反馈机构将先导级或主阀控制口的压力、流量或阀芯的位移反馈到先导级阀的输入端或比例放大器的输入端，实现输入输出的比较，解决功率级主阀的定位问题，并获得所需的伺服阀压力-流量性能。

图 8-9 所示为 4WSE2ED 系列伺服阀，图 8-9 中 1 为位移传感器，用于获取主阀芯位移信号。位移信号与给定值进行比较，得出偏差值放大后传到力矩马达，构成闭环控制，提高了伺服阀的动态性能。

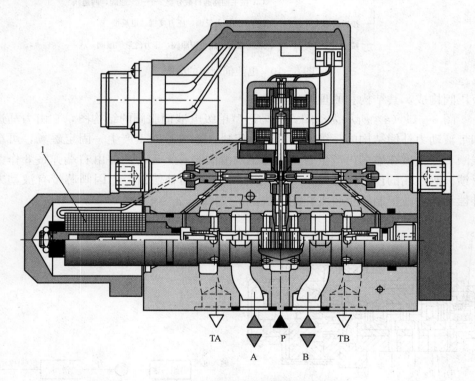

图 8-9 4WSE2ED 系列伺服阀

8.1.2 电液伺服阀的分类与典型结构

6 电液伺服阀怎样分类？

电液伺服阀的分类如图 8-10 所示。

7 动圈式力马达型单级电液伺服阀有何特点？

动圈式力马达型单级电液伺服阀没有先导级阀，由电气-机械转换器和一级

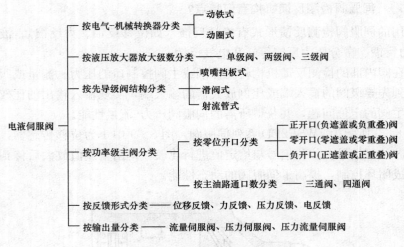

图 8－10 电液伺服阀的分类

液压阀构成，其结构和原理均较简单。

图 8－11（a）所示为动圈式力马达型单级电液伺服阀的结构图，它由力马达和带液动力补偿结构的一级滑阀两部分组成。永久磁铁 1 产生一固定磁场，可动线圈 2 通电后在磁场内产生力，从而驱动滑阀阀芯 4 运动，并由右端弹簧 8 作力反馈。阀左端的位移传感器 5，可提供控制所需的补偿信号。因阀芯带有液动力补偿结构，故控制流量较大，响应快。

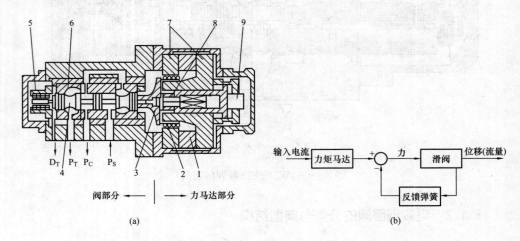

图 8－11 动圈式力马达型单级电液伺服阀结构图与原理框图

（a）结构图；（b）原理框图

1—永久磁铁；2—可动线圈；3—线圈架；4—阀芯（滑阀）；5—位移传感器；
6—阀套；7—导磁体；8—弹簧；9—零位调节螺钉

额定流量为 $90\sim100\mathrm{L/min}$ 的阀在 $\pm40\%$ 输入幅值条件下，对应相位滞后 $90°$ 时，频响为 $200\mathrm{Hz}$，常用于冶金机械的高速大流量控制。

动圈式力马达型单级电液伺服阀的原理框图如图 8-11（b）所示。

8　喷嘴挡板式力反馈型两级电液伺服阀有何特点？

喷嘴挡板式力反馈两级电液伺服阀多用于控制流量较大（$80\sim250\mathrm{L/min}$）的场合。两级电液伺服阀由电气-机械转换器、先导级阀和功率级主阀组成，种类较多。喷嘴挡板式力反馈电液伺服阀是使用量大、适用面广的两级电液伺服阀。

图 8-12（a）所示为电液伺服阀结构，它由力矩马达、喷嘴挡板式液压前置放大级和四边滑阀功率放大级等三部分组成。衔铁 3 与挡板 5 连接在一起，由固定在阀座 11 上的弹簧管 10 支撑着。挡板 5 下端为一球头，嵌放在滑阀 9 的凹槽内，永久磁铁 1 和导磁体 2、4 形成一个固定磁场。

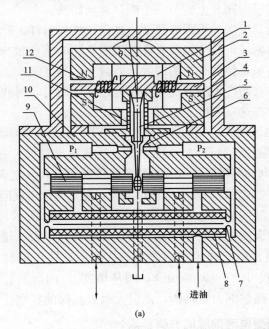

(a)

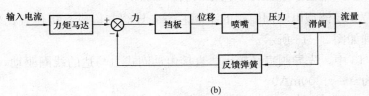

(b)

图 8-12　喷嘴挡板式力反馈电液伺服阀结构图与原理框图

(a) 结构图；(b) 原理框图

1—永久磁铁；2、4—导磁体；3—衔铁；5—挡板；6—喷嘴；7—固定节流孔；
8—过滤器；9—滑阀；10—弹簧管；11—阀体；12—线圈

当线圈 12 中没有电流通过时，导磁体 2、4 和衔铁 3 间四个气隙中的磁通都是 Φ_g，且方向相同，衔铁 3 处于中间位置。

当有控制电流通入线圈 12 时，一组对角方向的气隙中的磁通增加，另一组对角方向的气隙中的磁通减小，于是衔铁 3 就在磁力作用下克服弹簧管 10 的弹性反作用力而偏转一角度，并偏转到磁力所产生的转矩与弹性反作用力所产生的反转矩平衡时为止。同时，挡板 5 因随衔铁 3 偏转而发生挠曲，改变了它与两个喷嘴 6 间的间隙，一个间隙减小，另一个间隙加大。

通入伺服阀的压力油经过滤器 8、两个对称的节流孔 7 和左右喷嘴 6 流出，通向回油路。当挡板 5 挠曲出现上述喷嘴-挡板的两个间隙不相等的情况时，两喷嘴后侧的压力就不相等，它们作用在滑阀 9 的左、右端面上，使滑阀 9 向相应方向移动一段距离，压力油就通过滑阀 9 上的一个阀口输向液压执行机构，由液压执行机构回来的油液则经滑阀 9 上的另一个阀口通向回油。

滑阀 9 移动时，挡板 5 下端球头跟着移动。在衔铁挡板组件上产生了一个转矩，使衔铁 3 向相应方向偏转，并使挡板 5 在两喷嘴 6 间的偏移量减少，这就是反馈作用。反馈作用的结果是使滑阀 9 两端的压差减小。当滑阀 9 上的液压作用力和挡板 5 下端球头因移动而产生的弹性反作用力达到平衡时，滑阀 9 便不再移动，并一直使其阀口保持在这一开度上。

通入线圈 12 的控制电流越大，使衔铁 3 偏转的转矩、挡板 5 挠曲变形、滑阀 9 两端的压差以及滑阀 9 的偏移量就越大，伺服阀输出的流量也越大。由于滑阀 9 的位移、喷嘴 6 与挡板 5 之间的间隙、衔铁 3 的转角都依次和输入电流成正比，因此这种阀的输出流量也和电流成正比。输入电流反向时，输出流量也反向。

喷嘴挡板式力反馈电液伺服阀的原理框图如图 8-12（b）所示。

双喷嘴挡板式电液伺服阀具有线性度好、动态响应快、压力灵敏度高、阀芯基本处于浮动、不易卡阻、温度和压力零漂小等优点；其缺点是抗污染能力差［喷嘴挡板级间隙较小（仅 $0.02\sim0.06$mm），阀易堵塞］，内泄漏较大、功率损失大、效率低，力反馈回路包围力矩马达，流量大时提高阀的频宽受到限制。

9 　**直接位置反馈型电液伺服阀有何特点？**

直接位置反馈型电液伺服阀的主阀芯与先导阀芯构成直接位置比较和反馈，其工作原理如图 8-13 所示。

图 8-13 中，先导阀直径较小，直接由动圈式力马达的线圈驱动，力马达的输入电流为 $0\sim\pm300$mA。

（1）当输入电流 $I=0$ 时，力马达线圈的驱动力 $F_i=0$，先导阀芯位于主阀零位没有运动。

（2）当输入电流逐步增大到 $I=300$mA 时，力马达线圈的驱动力也逐步增大到约为 40N，压缩力马达弹簧后，使先导阀芯产生位移约为 4mm。

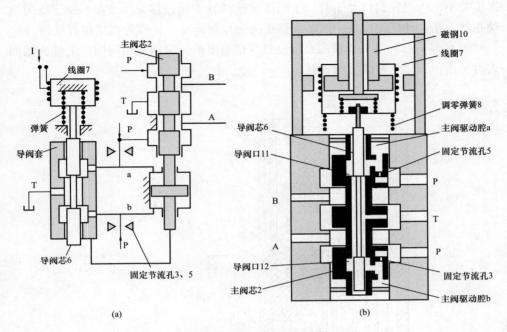

图 8-13　直接位置反馈型电液伺服阀的工作原理图

（a）控制原理图；（b）结构图

（3）当输入电流改变方向有 $I = -300\text{mA}$ 时，力马达线圈的驱动力也变成约 -40N，带动先导阀芯产生反向位移约 -4mm。

上述过程说明先导阀芯的位移 $x_芯$ 与输入电流 I 成比例，运动方向与电流方向保持一致。

先导阀芯直径小，无法控制系统中的大流量；主阀芯的阻力很大，力马达的推力又不足以驱动主阀芯。

解决办法是，首先用力马达比例地驱动直径小的导阀芯，然后用位置随动（直接位置反馈）的办法让主阀芯等量跟随先导阀运动，最后达到用小信号比例地控制系统中的大流量之目的。

主阀芯两端容腔为驱动主阀芯的对称双作用液压缸，该缸由先导阀供油，以控制主阀芯上下运动。由于先导阀芯直径小，加工困难，为了降低加工难度，可将先导阀上用于控制主阀芯上下两腔的进油阀口由两个固定节流孔代替，这样先导阀可看成是由两个带固定节流孔的半桥组成的全桥。为了实现直接位置反馈，将主阀芯、驱动液压缸、先导阀阀套三者做成一体，因此主阀芯位移 x_P（被控位移）反馈到先导阀上，与先导阀套位移 $x_套$ 相等。当先导阀芯在力马达的驱动下向上运动产生位移 $x_芯$ 时，先导阀芯与阀套之间产生开口量 $x_芯 - x_套$，主阀芯上腔的回油口打开，压差驱动主阀芯自下而上运动，同时先导阀口在反馈的作用下逐步关小。当先导阀口关闭时，主阀停止运动且主阀位移 $x_P = x_{套} = x_{芯}$。反向运动亦然。在这种反馈中，主阀芯等量跟随先导阀运动，故称为直接位置反馈。

图 8-14（a）是 DY 系列直接位置反馈型电液伺服阀的结构图。上部为动圈式力马达，下部是两级滑阀装置。

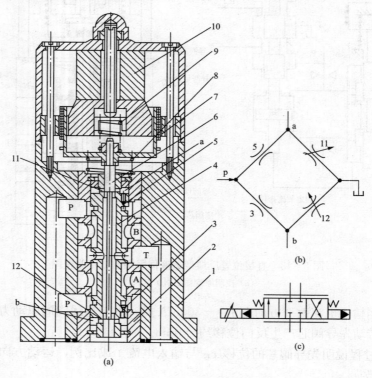

图 8-14　DY 型电液伺服阀

（a）结构图；（b）前置级液压放大器油器；（c）电液伺服阀图形符号

1—阀体；2—阀座；3、5—固定节流口；4—主滑阀；6—先导阀；7—线圈（动圈）；
8—下弹簧；9—上弹簧；10—磁钢（永久磁铁）；11、12—可变节流口

压力油由 P 口进入，A、B 口接执行元件，T 口回油。由动圈 7 带动的小滑阀 6 与空心主滑阀 4 的内孔配合，动圈与先导滑阀固连，并用两个弹簧 8、9 定位对中。小滑阀上的两条控制边与主滑阀上两个横向孔形成两个可变节流口 11、12。P 口来的压力油除经主控油路外，还经过固定节流口 3、5 和可变节流口 11、12，先导阀的环形槽和主滑阀中部的横向孔到了回油口，形成如图 8-13（b）所示的前置液压放大器油路（桥路）。显然，前置级液压放大器是由具有两个可变节流口 11、12 的先导滑阀和两个固定节流口 3、5 组合而成的。桥路中固定节流口与可变节流口连接的节点 a、b 分别与主滑阀上、下两个台肩端面连通，主滑阀可在节点压力作用下运动。平衡位置时，节点 a、b 的压力相同，主滑阀保持

不动。如果先导滑阀在动圈作用下向上运动，节流口 11 加大，节流口 12 减小，a 点压力降低，b 点压力上升，主滑阀随之向上运动。由于主滑阀又兼作先导滑阀的阀套（位置反馈），故当主滑阀向上移动的距离与先导滑阀一致时，停止运动。同样，在先导滑阀向下运动时，主滑阀也随之向下移动相同的距离。故为直接位置反馈系统。这种情况下，动圈只需带动小滑阀，力马达的结构尺寸就不至于太大。

主阀芯凸肩控制棱边与阀体油窗口的相应棱边的轴向尺寸是零开口状态精密配合，在工作过程中，动圈的位移量、先导阀芯的位移量与主阀芯的位移量均相等，而动圈的位移量与输入控制电流成比例，所以输出流量的大小在负载压力恒定的条件下与控制电流的大小成比例，输出流量的方向则取决于控制电流的极性。除控制电流外，在动圈绕组中加入高频小振幅颤振电流，可以克服阀芯的静摩擦，保证伺服阀具有灵敏的控制性能。

动圈滑阀式力马达型两级电液流量伺服阀的优点是力马达结构简单、磁滞小、工作行程大；阀的工作行程大、成本低、零区分辨率高、固定节流孔的尺寸大（直径达 0.8mm）、抗污染能力强；主阀芯两端作用面积大，加大了驱动力，使主阀芯不易被卡阻。该阀价格低廉，工作可靠性高，且便于调整维护。特别适合用于一般工业设备的液压伺服控制。

8.1.3　伺服阀的主要特性与性能参数

10　什么是伺服阀的静态特性？

电液伺服阀的静态特性是指稳定工作条件下，伺服阀的各静态参数（如输出流量、输入电流和负载压力）之间的相互关系。主要包括负载流量特性、空载流量特性和压力特性，并由此可得到一系列静态指标参数。它可以用特性方程、特性曲线和阀系数三种方法表示。

（1）特性方程。

理想零开口四边滑阀如图 8-15 所示，设阀口对称，各阀口流量系数相等，油液是理想液体，不计泄漏和压力损失，供油压力 p_s 恒定不变。当阀芯从零位右移 x_v 时，则流入、流出阀的流量 q_1、q_3 为

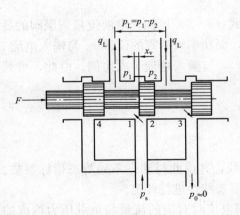

图 8-15　零开口四边滑阀

$$q_1 = C_d W x_v \sqrt{\frac{2}{\rho}(p_s - p_1)} \tag{8-1}$$

$$q_3 = C_\mathrm{d} W x_\mathrm{v} \sqrt{\frac{2}{\rho} p_2} \qquad (8-2)$$

稳态时，$q_1 = q_3 = q_\mathrm{L}$，则可得供油压力 $p_\mathrm{s} = p_1 + p_2$。令负载压力 $p_\mathrm{L} = p_1 - p_2$，则有

$$p_1 = (p_\mathrm{s} + p_\mathrm{L})/2 \qquad (8-3)$$

$$p_2 = (p_\mathrm{s} - p_\mathrm{L})/2 \qquad (8-4)$$

将式（8-3）或式（8-4）代入式（8-1）或式（8-2）可得滑阀的负载流量（压力-流量特性）方程

$$q_\mathrm{L} = C_\mathrm{d} W x_\mathrm{v} \sqrt{\frac{1}{\rho}(p_\mathrm{s} - p_\mathrm{L})} \qquad (8-5)$$

$$W = \pi d$$

式中：q_L 为负载流量；C_d 为流量系数；W 为滑阀的面积梯度（阀口沿圆周方向的宽度）；d 为滑阀阀芯凸肩直径；x_v 为滑阀位移；p_s 为伺服阀供油压力；p_L 为伺服阀负载压力。

对于典型两级力反馈电液伺服流量阀（先导级为双喷嘴挡板阀、功率级为零开口四边滑阀），滑阀位移 $x_\mathrm{v} = K_{xv} i$，所以其负载流量（压力-流量特性）方程为

$$q_\mathrm{L} = C_\mathrm{d} W x_\mathrm{v} \sqrt{\frac{1}{\rho}(p_\mathrm{s} - p_\mathrm{L})} = C_\mathrm{d} W K_{xv} i \sqrt{\frac{1}{\rho}(p_\mathrm{s} - p_\mathrm{L})} \qquad (8-6)$$

式中：K_{xv} 为伺服阀增益（取决于力矩马达结构及几何参数）；i 为力矩马达线圈输入电流。

其余符号意义与式（8-5）相同。由式（8-6）可知，电液流量伺服阀的负载流量 q_L 与功率级滑阀的位移 x_v 成比例，而功率级滑阀的位移 x_v 与输入电流 i 成正比，所以电液流量伺服阀的负载流量 q_L 与输入电流 i 成比例。由此，可列出电液伺服阀负载流量的一般表达式为

$$q_\mathrm{L} = q_\mathrm{L}(x_\mathrm{v}, p_\mathrm{L}) \qquad (8-7)$$

它是一个非线性方程。

（2）特性曲线及静态性能指标。

由特性方程可以绘制出相应的特性曲线，并由此得到一系列静态指标参数。由特性曲线和相应的静态指标可以对阀的静态特性进行评定。

1）负载流量特性曲线。它是输入不同电流时对应的流量与负载压力构成的抛物线簇曲线，如图8-16所示。负载流量特性曲线完全描述了伺服阀的静态特性。要测得这组曲线却相当麻烦，在零位附近很难测出精确的数值，而伺服阀却正好是在此处工作的。所以这些曲线主要用来确定伺服阀的类型和估计伺服阀的规格，以便与所要求的负载流量和负载压力相匹配。

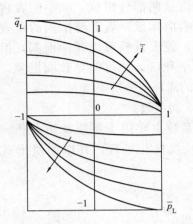

图8-16 电液伺服阀的负载流量特性曲线

注 1. $\bar{p}_L$ 为无量纲压力，$\bar{p}_L = p_L/p_s$，p_L 为负载压力，p_s 为供油压力。2. $\bar{i}$ 为无量纲电流，$\bar{i} = i/i_m$，i 为输入电流，i_m 为额定电流。3. $\bar{q}_L$ 为无量纲流量，$\bar{q}_L = q_L/q_{Lm}$，q_L 为负载流量，q_{Lm} 为最大空载流量。

2）流量特性曲线。它是输出流量与输入电流呈回环状的函数曲线（见图8-17），是在给定的伺服阀压降和零负载压力下，输入电流在正负额定电流之间作一完整的循环，输出流量点形成的完整连续变化曲线（简称流量曲线）。通过流量曲线，可以得出电液伺服阀的额定流量 q_R、流量增益、非线性度、滞环、不对称度、分辨率、零偏等性能指标参数。

3）压力特性曲线。它是输出流量为零（将两个负载口堵死）时，负载压降与输入电流呈回环状的函数曲线，如图8-18所示。在压力特性曲线上某点或某段的斜率称为压力增益，它直接影响伺服系统的承载能力和系统刚度，压力增益大，则系统的承载能力强、系统刚度大、误差小。

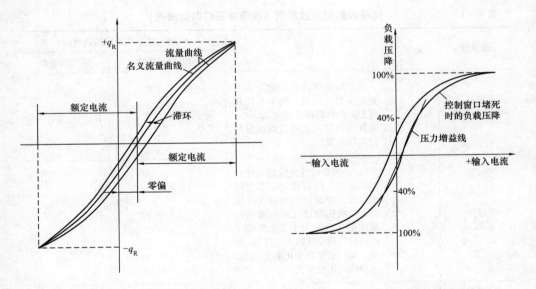

图 8-17 空载流量特性曲线　　　　图 8-18 压力特性曲线

4）静耗流量特性曲线（内泄特性）。输出流量为零时，由回油口流出的内部泄漏量称为静耗流量。静耗流量随输入电流变化，当阀处于零位时，静耗流量最大，如图8-19所示。对于两级伺服阀，静耗流量由先导级的泄漏流量和功率级

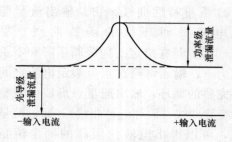

图 8-19 静耗流量特性曲线

的泄漏流量两部分组成，减小前者将影响阀的响应速度；后者与滑阀的重叠情况有关，较大重叠可以减少泄漏，但会使阀产生死区，并可能导致阀淤塞，从而使阀的滞环与分辨率增大。

（3）阀系数。

阀系数主要用于系统动态分析。式（8-7）线性化处理，并以增量形式表示为

$$\Delta q_{L} = \frac{\partial q_{L}}{\partial x_{v}}\Delta x_{v} + \frac{\partial q_{L}}{\partial p_{L}}\Delta p_{L} \tag{8-8}$$

式中各符号意义与式（8-7）相同。

由式（8-8）可定义阀的三个系数，如表 8-1 所示。

作为示例，表 8-1 中依据理想零开口四边滑阀的负载流量方程为

$$q_{L} = C_{d}W x_{v}\sqrt{\frac{1}{\rho}\left(p_{s} - \frac{x_{v}}{|x_{v}|}p_{L}\right)} \tag{8-9}$$

表 8-1　　　　　伺服阀的阀系数示例（理想零开口四边滑阀）

阀系数	定义	意义	示例（理想零开口四边滑阀）	
			阀系数表达式	零位阀系数
流量增益（流量放大系数）K_{q}	$K_{q}=\dfrac{\partial q_{L}}{\partial x_{v}}$	流量特性曲线的斜率，表示负载压力一定时，阀单位位移所引起的负载流量变化的大小。流量增益越大，对负载流量的控制越灵敏	$K_{q}=C_{d}W\sqrt{\dfrac{p_{s}-p_{L}}{\rho}}$	$K_{q0}=C_{d}W\sqrt{\dfrac{p_{sL}}{\rho}}$
流量压力系数 K_{c}	$K_{c}=-\dfrac{\partial q_{L}}{\partial p_{L}}$	压力-流量特性曲线的斜率并冠以负号，使其成为正值。流量压力系数表示阀的开度一定时，负载压降变化所引起的负载流量变化的大小。它反映了阀的抗负载变化能力，即 K_{c} 越小，阀的抗负载变化能力越强，亦即阀的刚性越大	$K_{c}=\dfrac{C_{d}W x_{v}}{2\sqrt{\rho\ (p_{s}-p_{L})}}$	$K_{c0}=0$
压力增益（也称压力灵敏度）K_{p}	$K_{p}=\dfrac{\partial p_{L}}{\partial x_{v}}$	压力特性曲线的斜率。通常，压力增益表示负载流量为零（将控制口关死）时，单位输入位移所引起的负载压降变化的大小。此值大，阀对负载压降的控制灵敏度高	$K_{p}=\dfrac{2(p_{s}-p_{L})}{x_{v}}$	$K_{p0}=\infty$

表 8-1 给出了此阀的三个阀系数表达式。根据阀系数的定义，式（8-8）可表示为

$$\Delta q_L = K_q \Delta x_v - K_c \Delta p_L \tag{8-10}$$

伺服阀通常工作在零位附近，工作点在零位，其参数的增量也就是它的绝对值，因此阀方程式（8-10）也可以写成以下形式：

$$q_L = K_q x_v - K_c p_L \tag{8-11}$$

三个阀系数的具体数值随工作点变化而变化，而最重要的工作点为负载流量特性曲线的原点（$q_L = p_L = x_v = 0$ 处），由于阀经常在原点附近（即零位）工作，此处阀的流量增益最大（即系统的增益最高），但流量压力系数最小（即系统阻尼最小），所以此处稳定性最差。若系统在零位稳定，则在其余工作点也稳定。理想零开口四边滑阀的零位阀系数参见表 8-1。

11　什么是伺服阀的动态特性？

电液伺服阀的动态特性可用频率响应（频域特性）或瞬态响应（时域特性）表示。

（1）频率响应。

频率响应是指输入电流在某一频率范围内作等幅变频正弦变化时，空载流量与输入电流的百分比。频率响应特性用幅值比（分贝）与频率及相位滞后（度）与频率的关系曲线［波德（Bode）图］表示，如图 8-20 所示。输入信号或供油压力不同，动态特性曲线也不同，所以，动态响应总是对应一定的工作条件，伺服阀产品通常给出±10％、±100％两组输入信号试验曲线，而供油压力通常规定为 7MPa。

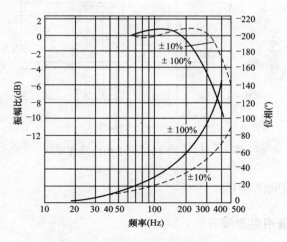

图 8-20　伺服阀的频率响应特性曲线

　　幅值比是指某一特定频率下的输出流量幅值与输入电流之比，除以一指定频率（输入电流基准频率，通常为 5 周/s 或 10 周/s）下的输出流量与同样输入电流幅值之比。相位滞后是指在某一指定频率下所测得的输入电流和与其相对应的输出流量变化之间的相位差。

　　伺服阀的幅值比为 $-3\mathrm{dB}$（即输出流量为基准频率时输出流量的 70.7%）时的频率定义为幅频宽，用 $\omega-3$ 或 $f-3$ 表示；以相位滞后达到 $-90°$ 时的频率定义为相频宽，用 $\omega-90°$ 或 $f-90°$ 表示。由阀的频率特性可以直接查得幅频宽 $\omega-3$ 和相频宽 $\omega-90°$，应取其中较小者作为阀的频宽值。频宽是伺服阀动态响应速度的量度，频宽过低会影响系统的响应速度，过高会使高频传到负载上去。伺服阀的幅值比一般不允许大于 $+2\mathrm{dB}$。通常力矩马达喷嘴挡板式两级电液伺服阀的频宽在 $100\sim130\mathrm{Hz}$ 之间，动圈滑阀式两级电液伺服阀的频宽在 $50\sim100\mathrm{Hz}$ 之间，电反馈高频电液伺服阀的频宽可达 $250\mathrm{Hz}$，甚至更高。

　　（2）瞬态响应。

　　瞬态响应是指电液伺服阀施加一个典型输入信号（通常为阶跃信号）时，阀的输出流量对阶跃输入电流的跟踪过程中表现出的振荡衰减特性，如图 8-21 所示。反映电液伺服阀瞬态响应快速性的时域性能主要指标有超调量、峰值时间、响应时间和过渡过程时间。超调量 M_p 是指响应曲线的最大峰值 $E(t_{\mathrm{pl}})$ 与稳态值 $E(\infty)$ 的差；峰值时间 t_{pl} 是指响应曲线从零上升到第一个峰值点所需要的时间；响应时间 t_r 是指从指令值（或设定值）的 5%～95% 的运动时间；过渡过程时间是指输出振荡减小到规定值（通常为指令值的 5%）所用的时间 (t_s)。

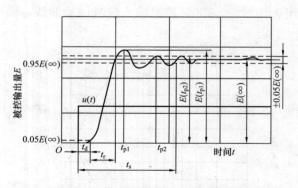

图 8-21　伺服阀的瞬态响应特性曲线

8.1.4　伺服阀的应用

12　**怎样选用电液伺服阀？**

电液伺服阀分为单级、二级和三级。单级电液伺服阀直接由力马达或力矩马达驱动滑阀阀芯，用于压力低于 6.3MPa、流量小于 4L/min 和负载变化小的系统；二级电液伺服阀有两级液压放大器，用于流量小于 200L/mm 的系统：三级电液伺服阀可输出更大的流量和功率。

选用伺服阀要依据伺服阀的特点和系统性能要求。伺服阀最大的弱点是抗污染能力差，过滤器的颗粒粒度必须小于 $3\mu m$。伺服阀侧重应用在动态精度和控制精度高、抗干扰能力强的闭环系统中，对动态精度要求一般的系统可用比例阀。

从响应速度优先的原则考虑，伺服阀的前置级优先选择喷嘴挡板阀，其次是射流管阀，最后是滑阀。从功率考虑，射流管阀压力效率和容积效率在 70% 以上，应首先选择，然后是选择滑阀和喷嘴挡板阀。从抗污染和可靠性方面考虑，射流管阀的通径大，抗污染能力强，可延长系统无故障工作时间。从性能稳定方面考虑，射流管阀的磨蚀是对称的，不会引起零漂，性能稳定，寿命长；滑阀的开口形式一般选择零开口结构；伺服阀规格由系统的功率和流量决定，并留有 15%～30% 的流量裕度；伺服阀的频宽按照伺服系统频宽的五倍选择，以减少对系统响应特性的影响，但不要过宽，否则系统抗干扰能力减小。

13　伺服阀使用注意事项有哪些?

伺服阀在安装时，阀芯应处于水平位置，管路采用钢管连接，安装位置尽可能靠近执行器；伺服阀有两个线圈，接法有单线圈、双线圈，采用串联、并联和差动等方式。

伺服阀若在使用中出现振荡现象，可通过改变管路的长度、连接板或液压执行器的安装形式消除；为了减小和消除伺服阀阀芯与阀套的间隙，防止滑阀卡死或堵塞，在伺服阀输入信号上叠加一个高频低幅值的颤振信号。

（1）特别注意油路的过滤和清洗问题，进入伺服阀前必须安装有过滤精度在 $5\mu m$ 以下的精密过滤器。

（2）在整个液压伺服系统安装完毕后，伺服阀装入系统前必须对油路进行彻底清洗，同时观察滤芯污染情况，系统冲洗 24～36h 后卸下过滤器，清洗或换掉滤芯。

（3）液压管路不允许采用焊接式连接件，建议采用卡套式 24° 锥结构形式的连接件。

（4）在安装伺服阀前，不得随意拨动调零装置。

（5）安装伺服阀的安装面应光滑平直、清洁。

（6）安装伺服阀时，应检查下列各项：安装面是否有污物，进出油口是否接好，O 形圈是否完好，定位销孔是否正确。将伺服阀安装在连接板上时，连接螺钉均匀拧紧。接通电路前，注意检查接线柱，一切正常后进入极性检查。

（7）伺服系统的油箱必须密封并加空气滤清器和磁性过滤器。更换新油必须经过严格的精过滤（过滤精度在 $5\mu m$ 以下）。

（8）液压油定期更换，每半年换油一次，油液尽量保持 $40\sim50℃$ 的范围内工作。

（9）伺服阀应严格按照说明书规定的条件使用。

（10）当系统发生严重的故障时，应首先检查和排除电路和伺服阀以外的环节后，再检查伺服阀。

14 什么是电液伺服阀的故障模式？

喷嘴挡板式结构原理如图 8-22 所示，主要由电磁、液压两部分组成。电磁部分是永磁式力矩马达，由永久磁铁、导磁体、衔铁、控制线圈和弹簧管组成。液压部分是结构对称的二级液压放大器，前置级是双喷嘴挡板阀，功率级是四通滑阀，滑阀通过反馈杆与衔铁挡板组件相连。

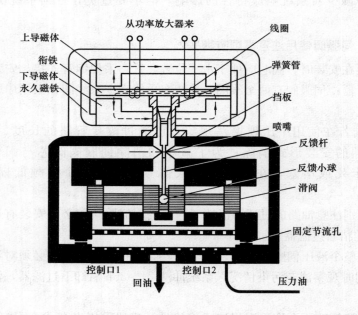

图 8-22 喷嘴挡板式伺服阀原理图

电液伺服阀出现故障时，将导致系统无法正常工作，不能实现自动控制，甚至引起系统剧烈振荡，造成巨大的经济损失。

电液伺服阀常见典型的故障原因及现象如表 8-2 所示。

表 8 - 2　　　　　　　　　**电液伺服阀常见典型的故障原因及现象**

项目	故障模式	故障原因	故障现象	对 EH 系统影响
力矩马达	线圈断线	零件加工粗糙，引线位置太紧凑	阀无动作，驱动电流 $I＝0$	系统不能正常工作
	衔铁卡住或受到限位	工作气隙内有杂物	阀无动作、运动受到限制	系统不能正常工作或执行机构速度受限制
	反馈小球磨损或脱落	磨损	伺服阀滞环增大，零区不稳定	系统迟缓增大，系统不稳定
	磁钢磁性太强或太弱	主要是环境影响	振动、流量太小	系统不稳定，执行机构反应慢
	反馈杆弯曲	疲劳或人为所致	阀不能正常工作	系统失效
喷嘴挡板	喷嘴或节流孔局部堵塞或全部堵塞	油液污染	伺服阀零偏改变或伺服阀无流量输出	系统零偏变化，系统频响大幅度下降，系统不稳定
	滤芯堵塞	油液污染	伺服阀流量减少，逐渐堵塞	引起系统频响有所下降，系统不稳定
滑阀放大器	刃边磨损	磨损	泄漏、流体噪声增大、零偏增大	系统承卸载比变化，油温升高，其他液压元件磨损加剧
	径向阀芯磨损	磨损	泄漏逐渐增大、零偏增大、增益下降	系统承卸载比变化，油温升高，其他液压元件磨损加剧
	滑阀卡滞	污染、变形	滞环增大、卡死	系统频响降低，迟缓增大
密封件	密封件老化、密封件与工作介质不符	寿命已到、油液不适所致	阀不能正常工作，内、外渗油，堵塞	伺服阀不能正常工作，阀门不能参与调节或使油质劣化

🔧 8.2 电液比例阀及其应用

8.2.1　电液比例控制的概念与分类

15　什么是电液比例控制？

　　电液比例控制阀输出的液压量与输入的电信号成比例关系。与手动调节和通断控制的普通液压阀相比，它能显著地简化液压系统，实现复杂程序和运动规律的控制，便于机电一体化，通过电信号实现远距离控制，大大提高液压系统的控制水平；与电液伺服阀相比，尽管其动态、静态性能有些逊色，但是在结构与成本上具有明显优势，能够满足多数对动静态性能指标要求不高的场合。随着电液伺服比例阀的出现，电液比例阀的性能已接近甚至超过了伺服阀。

电液比例阀通常由电气-机械转换器、液压放大器（先导级阀和功率级主阀）和检测反馈机构三部分组成，如图8-23所示。若是单级阀，则无先导级阀。

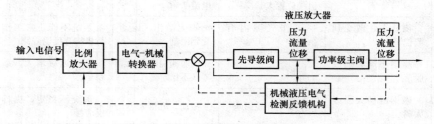

图8-23 电液比例阀的组成

电液比例阀是比例控制系统中的主要功率放大元件，按输入电信号指令连续成比例地控制液压系统的压力、流量等参数。

16 比例阀有何特点？

比例阀显著的优点是抗污染能力强，大大地减少了由污染而造成的故障，提高了液压系统的稳定性和可靠性；另一方面比例阀的成本比伺服阀低，结构简单，获得广泛应用。与伺服控制系统中的伺服阀相比，比例阀在某些方面还有一定的性能差距。比例阀和伺服阀主要性能比较如表8-3所示。

表8-3　　　　　　　　　　　　比例阀和伺服阀主要性能比较

类别 性能	比例阀	伺服阀	开关阀
过滤精度（μm）	25	3	25～50
阀内压降（MPa）	0.5～2	7	0.25～0.5
滞环（%）	1～3	1～3	—
重复精度（%）	0.5～1	0.5～1	—
频宽（Hz/3dB）	25	20～200	—
中位死区	有	无	有
价格比	1	3	0.5

17 电液比例阀怎样分类？

比例阀按主要功能分类，分为压力控制阀、流量控制阀和方向控制阀三大类，每一类又可以分为直接控制和先导控制两种结构形式，直接控制用在小流量小功率系统中，先导控制用在大流量大功率系统中。电液比例阀的分类如图8-24所示。

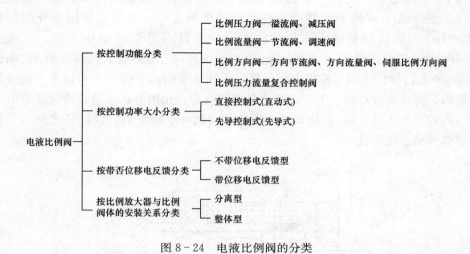

图 8-24　电液比例阀的分类

8.2.2　比例电磁铁

18　**比例电磁铁是怎样工作的?**

常用的比例阀大都采用了比例电磁铁，比例电磁铁根据电磁原理设计，能使其产生的机械量（力或力矩和位移）与输入电信号（电流）的大小成比例，再连续地控制液压阀阀芯的位置，进而实现连续地控制液压系统的压力、方向和流量。比例电磁铁由线圈、衔铁、推杆等组成，当有信号输入线圈时，线圈内磁场对衔铁产生作用力，衔铁在磁场中按信号电流的大小和方向成比例、连续地运动，再通过固连在一起的销钉带动推杆运动，从而控制滑阀阀芯的运动。应用最广泛的比例电磁铁是耐高压直流比例电磁铁。

输入电信号通过比例放大器放大后（通常为直流 24V，800mA 或更大的额定电流）比例电磁铁将其转换为力或位移，以产生驱动先导级阀运动的位移或转角。

比例电磁铁结构简单，成本低廉，输出推力和位移大，对油质要求不高，维护方便。对比例电磁铁的主要技术要求如下：

（1）水平的位移-力特性，即在比例电磁铁有效工作行程内，当线圈电流一定时，其输出力保持恒定，与位移无关。

（2）稳态电流-力特性，具有良好的线性度，较小的死区及滞回。

（3）动态特性阶跃响应快，频响高。

比例电磁铁有单向和双向两种，单向比例电磁铁较常用。

19　**单向比例电磁铁有何特点?**

典型的耐高压单向比例电磁铁结构原理图如图 8-25 所示，它主要由推杆 1、衔铁 7、导向套 10、壳体 11、轭铁 13 等部分组成。导向套 10 前后两段为导磁材料（工业纯铁），导向套前段有特殊设计的锥形盆口。两段之间用非导磁材料（隔磁环 9）焊接成整体。筒状结构的导向套具有足够的耐压强度，可承受 35MPa 的液压力。壳体 11 与导向套 10 之间配置同心螺线管式控制线圈 3。衔铁 7 前端所装的推杆 1 用以输出力或位移，后端所装的调节螺钉 5 和弹簧 6 组成调零机构。衔铁支撑在轴承上，以减小黏滞摩擦力。比例电磁铁通常为湿式直流控制（内腔要充入液压油），使其成为衔铁移动的一个阻尼器，以保证比例组件具有足够的动态稳定性。

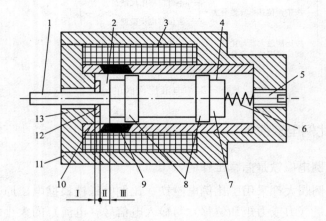

图 8-25 耐高压单向比例电磁铁结构原理图

1—推杆；2—工作气隙；3—线圈；4—非工作气隙；5—调节螺钉；6—弹簧；7—衔铁；
8—轴承环；9—隔磁环；10—导向套；11—壳体；12—限位片；13—轭铁

工作时，线圈通电后形成的磁路经壳体、导向套、衔铁后分为两路，一路由导向套前端到轭铁而产生斜面吸力，另一路直接由衔铁断面到轭铁而产生表面吸力，二者的合成力即为比例电磁铁的输出力，如图 8-26 所示。由图 8-26 可以看到，比例电磁铁在整个行程区内，可以分为吸合区 Ⅰ、有效行程区 Ⅱ 和空行程区 Ⅲ，三个区段：在吸合区 Ⅰ，工作气隙接近于零，输出力急剧上升，由于这一区段不能正常工作，因此结构上用加不导磁的限位片（图 8-25 中的 12）的方法将其排除，使衔铁不能移动到该区段内；在空行程区 Ⅲ，工作气隙较大，电磁铁输出力明显下降，这一区段虽然不能正常工作，但有时是需要的，例如用于直接控制式比例方向阀的两个比例电磁铁中，当通电的比例电磁铁工作在工作行程区时，另一端不通电的比例电磁铁则处于空行程区 Ⅲ；在有效行程区（工作行程区）Ⅱ，比例电磁铁具有基本水平的位移动特性，工作区的长度与电磁铁的类型等有关。

比例电磁铁具有与位移无关的水平的位移-力特性，一定的控制电流对应一定的输出力,即输出力与输入电流成比例(见图8-27),改变电流即可成比例改变输出力。

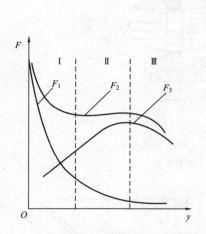 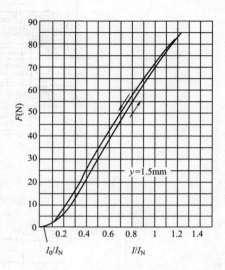

图 8-26 单向比例电磁铁的位移-吸力特性曲线   图 8-27 比例电磁间的电流-力特性曲线
y—行程;F_1—表面力;F_2—合成力;F_3—斜面力   I—工作电流;I_N—额定电流;F—吸力;y—行程

由图 8-27 可看到,当电磁铁输入电流往复变化时,相同电流对应的吸力不同,一般将相同电流对应的往复输入电流差的最大值与额定电流的百分比称为滞环。引起滞环的主要原因有电磁铁中软磁材料的磁化特性及摩擦力等因素。为了提高比例阀等比例组件的稳态性能,比例电磁铁的滞环越小越好,还希望比例电磁铁的零位死区(比例电磁铁输出力为零时的最大输入电流 I 与额定电流的百分比)小且线性度(直线性)好。

20 双向比例电磁铁有何特点?

图 8-28 为耐高压双向极化式比例电磁铁的结构原理图。这种比例电磁铁采用了左、右对称的平头-盆口形动铁式结构。左、右线圈中各有一个励磁线圈 1 和控制线圈 2。当励磁线圈 1 通以恒定的励磁电流 I_j 后,在左右两侧产生极化磁场。仅有励磁电流时,由于电磁铁左右结构及线圈的对称性,左右两端吸力相等、方向相反时,衔铁处于平衡状态,输出力为零。当控制线圈通入差动控制电流后,左右两端总磁通分别发生变化,衔铁两端受力不相等而产生与控制电流数值相对应的输出力。

该比例电磁铁把极化原理与合理的平头-盆口动铁式结构结合起来,使其具有良好的位移-力水平特性以及良好的电流-输出力比例特性(见图 8-29),且无零位死区、线性度好、滞环小,动态响应特性好。

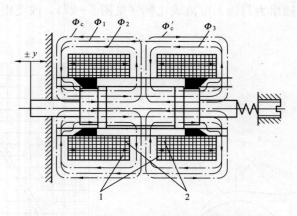

图 8 - 28　耐高压双向极化式比例电磁铁结构原理图

1—励磁线圈；2—控制线圈

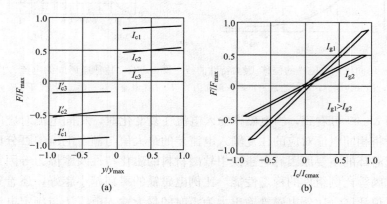

图 8 - 29　双向极化式比例电磁铁的控制特性曲线

（a）位移-力特性曲线；（b）控制电流-力特性曲线

21　典型比例电磁铁产品有哪些技术参数？

表 8 - 4 列出了德国 SCHULTZ 公司的几种比例电磁铁产品的技术参数。

表 8 - 4　　　　　SCHULTZ 公司几种比例电磁铁产品的技术参数

参数名称	型号			参数名称	型号		
	035	045	060		035	045	060
衔铁质量（kg）	0.03	0.06	0.14	空行程（mm）	2	3	4
电磁铁质量（kg）	0.43	0.75	1.75	额定电磁输出力（N）	50	60	145
总行程（mm）	4±0.3	6±0.3	8±0.4	静态输出力滞环（%）	−1.2	~1.7	~1.9
有效行程（mm）	2	3	4	动态输出力滞环（%）	~2	~3	~3.5
理想工作行程范围（mm）	0.5~1.5	0.5~2.5	0.5~3.5	额定电流滞环（%）	<2.5	<2.5	<4

续表

参数名称	型号			参数名称	型号		
	035	045	060		035	045	060
非线性度误差（%）	2	2	2	线性段起始电流（A）	0.14	0.15	0.15
额定线圈电阻（Ω）	24.6	21	16.7	始动电流（A）	0.05	0.02	0.05
额定电流（A）	0.68	0.81	1.11	额定功率（W）	11.4	13.8	21
最大限制电流（A）	0.68	0.81	1.11				

8.2.3　液压放大器及检测反馈机构

22　比例阀先导级阀有何特点？

电液比例阀的先导级阀用于接收小功率的电气-机械转换器输入的位移或转角信号，将机械量转换为液压力驱动主阀。先导级阀主要有锥阀式、滑阀式、喷嘴挡板式等结构形式，而大多采用锥阀及滑阀。在比例压力控制阀中，大多采用锥阀作先导级。

锥阀如图 8-30（a）所示，其优点是加工方便，关闭时密封性好，效率高，抗污染能力强。为了改善锥阀阀芯的导向性和阻尼特性或降低噪声等，有时增加圆柱导向阻尼［见图 8-30（b）］或减振活塞［见图 8-30（c）］部分。

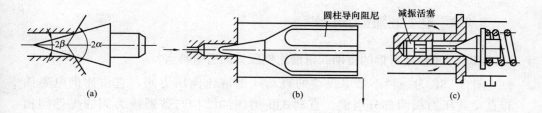

图 8-30　锥阀式先导阀
（a）针式锥阀；（b）圆柱导向阻尼式锥阀；（c）带减振活塞的锥阀

23　功率级主阀与反馈检测机构有何特点？

电液比例阀的功率级主阀用于将先导级阀的液压力转换为流量或压力输出。主阀通常是滑阀式、锥阀式或插装式，其结构与普通液压阀的滑阀、锥阀或插装阀结构类同。

反馈检测机构设在阀内部的机械、液压及电气式检测反馈机构，将主阀控制口或先导级阀口的压力、流量或阀芯的位移反馈到先导级阀的输入端或比例放大器，实现输入输出的平衡。

图 8-31 所示为 FES 系列比例流量阀。

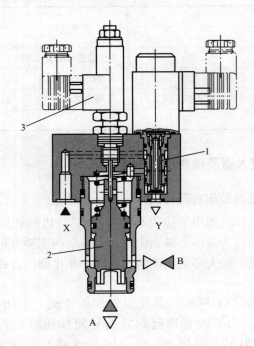

图 8-31　FES 系列比例流量阀
1—先导阀；2—功率级主阀；3—位移传感器

8.2.4　电液比例压力阀

24　不带电反馈的直动式电液比例压力阀有何特点？

图 8-32 为一种不带电反馈的直动式电液比例压力阀，它由比例电磁铁和直动式压力阀两部分组成。直动式压力阀的结构与普通压力阀的先导阀相似，所不同的是阀的调压弹簧换为传力弹簧 3，手动调节螺钉部分换装为比例电磁铁。锥阀芯 4 与阀座 6 间的弹簧 5 主要用于防止阀芯的振动撞击。阀体 7 为方向阀式阀体。当比例电磁铁输入控制电流时，衔铁推杆 2 输出的推力通过传力弹簧 3 作用在锥阀芯 4 上，与作用在锥芯上的液压力相平衡，决定了锥阀芯 4 与阀座 6 之间的开口量。由于开口量变化微小，故传力弹簧 3 变形量的变化也很小，若忽略液动力的影响，则可认为在平衡条件下，所控制的压力与比例电磁铁的输出电磁力成正比，从而与输入比例电磁铁的控制电流近似成正比。

不带电反馈的直动式电液比例压力阀的特点：这种压力阀除了在小流量场合作为调压组件单独使用外，更多的作为先导阀与普通溢流阀、减压阀的主阀组合，构成不带电反馈的先导式电液比例溢流阀、先导式电液比例减压阀，改变输入电流大小，即可改变电磁力，从而改变先导阀前腔（即主阀上腔）压力，实现对主阀的进口或出口压力的控制。

25 **位移电反馈型直动式电液比例压力阀有何特点？**

图 8 - 33（a）为位移电反馈型直动式电液比例压力阀的结构图，它与图 8 - 32所示的压力阀所不同的是，此处的比例电磁铁带有位移传感器1，其详细图形符号如图 8 - 33（b）所示。

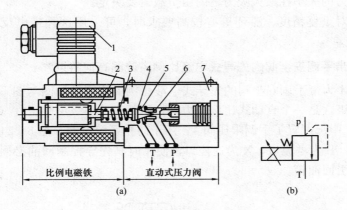

图 8 - 32　不带电反馈的直动式电液比例压力阀结构图与图形符号

（a）结构图；（b）图形符号

1—插头；2—衔铁推杆；3—传力弹簧；4—锥阀芯；5—防振弹簧；6—阀座；7—阀体

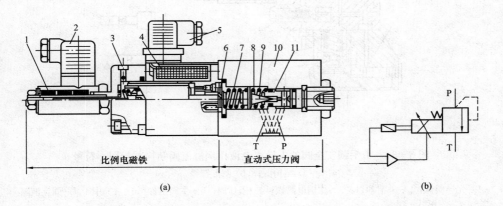

图 8 - 33　位移电反馈型直动式电液比例压力阀结构图与图形符号

（a）结构图；（b）图形符号

1—位移传感器；2—传感器插头；3—放气螺钉；4—线圈；5—线圈插头；6—弹簧座；

7—传力弹簧；8—防振弹簧；9—锥阀芯；10—阀体；11—阀座

位移电反馈型直动式电液比例压力阀的特点：工作时，给定设定值电压，比例放大器输出相应控制电流，比例电磁铁推杆输出与设定值成比例的电磁力，通过传力弹簧7作用在锥阀芯9上；同时，电感式位移传感器1检测电磁铁衔铁推杆的实际位置（即弹簧座6的位置），并反馈至比例放大器，利用反馈电压与设定电压比较的误差信号去控制衔铁的位移，即在阀内形成衔铁位置闭环控制。利用位移闭环控制可以消除摩擦力等干扰的影响，保证弹簧座6能有一个与输入信号成正比的确定位置，得到一个精确的弹簧压缩量，从而得到精确的压力阀控制压力。电磁力的大小在最大吸力之内由负载需要决定。

当系统对重复精度、滞环等有较高要求时，可采用这种带电反馈的比例压力阀。

26 带手调安全阀的先导式电液比例溢流阀有何特点？

图8-34为带手调安全阀的先导式电液比例溢流阀结构图与图形符号。阀的上部为先导级，是一个直动式比例压力阀，下部为功率级主阀组件（带锥度的锥阀结构）5，中部配置了手调限压阀4，用于防止系统过载。图8-34（a）中，A为压力油口，B为溢流口，X为遥控口，使用时其先导控制回油必须单独从外泄油口2无压引回油箱。

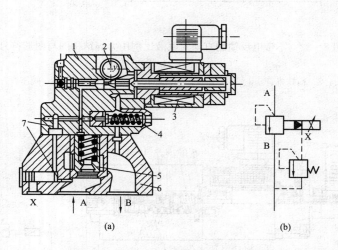

图8-34 带手调安全阀的先导式电液比例溢流阀结构图与图形符号

(a) 结构图；(b) 图形符号

1—先导阀体；2—外泄油口；3—比例电磁铁；4—限压阀；5—主阀组件；6—主阀体；7—固定液阻

带手调安全阀的先导式电液比例溢流阀的特点：该阀的工作原理，除先导级采用比例压力阀之外与普通先导式溢流阀基本相同。手调限压阀与主阀一起构成一个普通的先导式溢流阀，当电气或液压系统发生意外故障时，它能立即开启使系统卸压，以保证液压系统的安全。

27 比例减压阀有何特点？

图 8-35 所示为力士乐单向比例减压阀。

单向比例减压阀与普通单向减压阀相比，比例减压阀用比例电磁铁取代了调压螺栓。

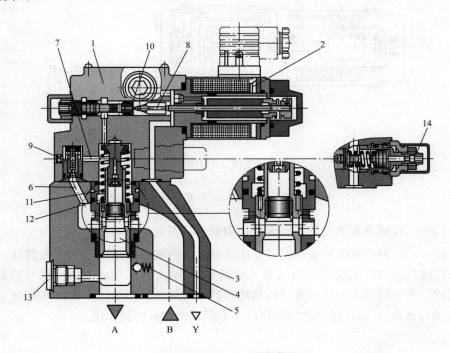

图 8-35　比例减压阀

1—先导阀座；2—比例电磁铁；3—主阀座；5—单向阀；6、7—二级压力通道；8—先导阀；
9、13—堵头；10—先导阀座；11—弹簧；12—主阀芯；14—安全阀

8.2.5　电液比例流量阀

28 直动式电液比例节流阀有何特点？

图 8-36 为一种直动式电液比例节流阀结构图与图形符号，力控制型比例电磁铁 1 直接驱动节流阀阀芯（滑阀）3，阀芯相对于阀体 4 的轴向位移（即阀口轴向开度）与比例电磁铁的输入电信号成比例。

直动式电液比例节流阀的特点：此种阀结构简单、价廉，滑阀机能除了图 8-36（a)所示常闭式外，还有常开式；但由于没有压力或其他检测补偿措施，工作时受摩擦力及液动力的影响，故控制精度不高，适宜低压小流量液压系统采用。

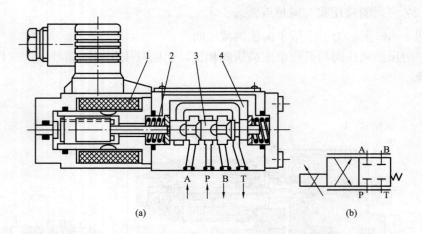

(a)   (b)

图 8 - 36 普通型直动式电液比例节流阀结构图与图形符号

(a) 结构图；(b) 图形符号

1—比例电磁铁；2—弹簧；3—节流阀阀芯；4—阀体

29 **位移电反馈型直动式电液比例调速阀有何特点？**

图 8 - 37 为一种位移电反馈型直动式电液比例调速阀结构图与图形符号。它由节流阀、定差减压阀（作为压力补偿器）4、单向阀 5 和电感式位移传感器 6 等组成。节流阀芯 3 的位置通过位移传感器 6 检测并反馈至比例放大器。当液流从 B 油口流向 A 油口时，单向阀开启，不起比例流量控制作用。

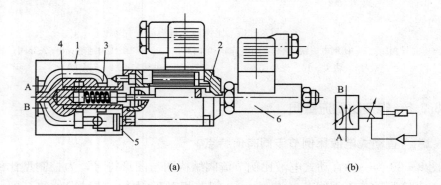

(a)   (b)

图 8 - 37 位移电反馈型直动式电液比例调速阀结构图与图形符号

(a) 结构图；(b) 图形符号

1—阀体；2—比例电磁铁；3—节流阀阀芯；4—定差减压阀（作为压力补偿器）；

5—单向阀；6—电感式位移传感器

位移电反馈型直动式电液比例调速阀的特点：这种比例调速阀可以克服干扰力的影响，静态、动态特性较好，主要用于较小流量的系统。

8.2.6 比例-压力流量复合阀

30 什么是 P-Q 阀的稳态特性？

电液比例-压力流量复合阀（简称 P-Q 阀）是一种新型的节能型复合阀，它能够对执行元件（液压缸或液压马达）的不同工作状态进行速度和输出力或力矩进行比例控制，既能实现具有确定增益系统的开环控制，又能实现自调整的闭环控制，因此能够满足特殊工艺的应用要求。

P-Q 阀是多参数控制阀，由先导式比例溢流阀与比例流量阀组成，用两路电信号分别控制液压系统的压力和流量。由于节流阀流量的比例调节和负载的压力变化，使节流阀出口存在流量的不稳定。在工程上复合阀通常采用具有压力补偿作用的定差溢流阀来保证节流阀进、出阀口保持恒定压力差 Δp，其流量方程为

$$q_v = C_d A(x) \sqrt{2\Delta p/\rho}$$

式中：C_d 为流量系数；$A(x)$ 为阀口开口面积，$A(x) = \pi d x$，其中 d 为滑阀直径；ρ 为流体密度；Δp 为节流阀压力差。

在阀芯通径一定的情况下，通过的流量取决于开口量 x，直接取决于比例电磁铁的推杆位移，故建立如下比例电磁铁数学模型：

$$u_i(t) = L\frac{di}{dt} + (R_c + r_p)i + K_e\frac{dx}{dt} \tag{8-12}$$

式中：u_i、i 分别为线圈电压和电流；L、K_e 分别为线圈电感和感应反电动势系数；x 为比例电磁铁位移。令 $R_c + r_p = K_p$，对式（8-12）进行拉普拉斯变换可得

$$U_i(s) = LsI(s) + K_pI(s) + K_esX(s) \tag{8-13}$$

不考虑液压力、干扰力影响，得到位移方程：

$$M\frac{d^2x}{dt^2} + B\frac{dx}{dt} + K_sx = F_m \tag{8-14}$$

式中：M 为衔铁组件的质量；B 为阻尼系数；K_s 为衔铁组件的弹簧刚度。在工作区域中，电磁铁推力的近似线性表达式为

$$F_m = K_i i - K_y x \tag{8-15}$$

式中：K_i 为比例电磁铁的电磁力系数；K_y 为位移力系数和调零弹簧刚度之和。

整理（8-14）、式（8-15）可得二阶系统位移与电流的传递函数：

$$\frac{X(s)}{I(s)} = \frac{K_y}{s^2 + \dfrac{B}{M}s + \dfrac{K_s + K_y}{M}} \tag{8-16}$$

直流比例电磁铁组件无因次阻尼系数：$\xi_m = \dfrac{B}{2\sqrt{(K_s + K_y)M}}$，衔铁组件弹

簧质量系统固有频率 $\omega_m = \sqrt{(K_s + K_y)/M}$，对式（8-14）、式（8-15）进行拉普拉斯变换，并整理式（8-12）～式（8-15）可得

$$\frac{X(s)}{U(s)} = \frac{K_i}{K_1 s^3 + K_2 s^2 + K_3 s + K_4}$$

式中：$K_1 = LM$，$K_2 = LB + K_p M$，$K_3 = [L(K_s + K_y) + K_p B + K_i K_e]$，$K_4 = K_p (K_s + K_p)$。

P-Q 阀的电-机械转换元件将电信号转换成阀芯的运动，通过阀芯的运动去控制流体的压力与流量，完成电-机-液的比例转换。

由于比例电磁铁线圈存在较大的电感，因此需延迟电流上升时间。为了提高其动态性能，可串接电阻或采用较高的启动电压。P-Q 阀的稳态控制特性曲线如图 8-38 和图 8-39 所示。

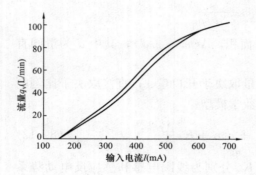

图 8-38　输入电流-流量特性曲线

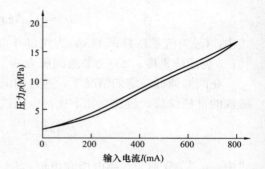

图 8-39　输入电流-压力特性曲线

由于直流比例电磁铁有明显滞环（由电磁滞迟和摩擦形成），因此应在正常工作的稳态电流的基础上，叠加一定频率和幅值的颤振信号。

31　P-Q 阀构成的液压系统有何特点？

图 8-40 所示系统中双点画线所框部分为 P-Q 阀原理图，采用的 P-Q 阀型号为 PQ-E06B-100。P-Q 阀本身所具有的流量系统的滞环小于等于 5%，压力系统的滞环小于等于 3%。实际系统有一定的非线性误差，且存在较大的滞环和死区，而微机则可以利用丰富的软件功能来实现滞环和死区的补偿。动态控制时既可采用闭环控制，也可采用开环控制。闭环控制（见图 8-41）时，可对电液比例阀的压力或流量进行控制，根据控制量的不同而选用压力或流量传感器作为检测元件，以软件算法实现 PID 调节器的控制作用。开环控制时，其动态过程无法控制，为保证快速响应且无振荡和冲击，可用软件算法形成多种曲线，使压力或流量按控制要求变化，通过软件进行配置以达到快速和稳定控制的目的。

图 8-40 所示可控液压单元的设计采用常规的液压系统设计方法，定量泵的型号依据 P-Q 阀可调的稳定的压力和流量最大值选定，系统中的溢流阀 2 起到系统安全阀的双重作用。元件 3 为常通式二位二通电磁换向阀，将液压执行部分、电液换向阀、P-Q 阀组成为一个单元，在考察 P-Q 阀的特性时，可在 P-Q 阀与电液换向阀 1 之间采用快换接头的形式（在进行 P-Q 阀的特性参数测试时，回油管可直接连接到油箱）。

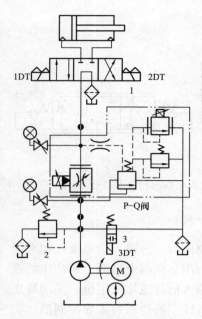

图 8-40 可控液压系统单元原理图

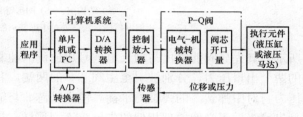

图 8-41 闭环控制系统原理图

8.2.7 电液比例方向阀

32 电液比例方向阀是怎样工作的？

电液比例方向控制阀能按输入电信号的极性和幅值大小，同时对液压系统液流方向和流量进行控制，从而实现对执行器运动方向和速度的控制。在压差恒定条件下，通过电液比例方向阀的流量与输入电信号的幅值成比例，而流动方向取决于比例电磁铁是否受到激励。

普通型直动式电液比例方向节流阀的结构原理如图 8-42（a）所示，它主要由两个比例磁铁 1 和 6、阀体 3、阀芯（四边滑阀）4、对中弹簧 2 和 5 组成。当比例电磁铁 1 通电时，阀芯右移，油口 P 与 B 通、油口 A 与 T 通，而阀口的开度与比例电磁铁 1 的输入电流成比例；当比例电磁铁 6 通电时，阀芯左移，油口 P 与 A 通、油口 B 与 T 通，阀口开度与比例电磁铁 6 的输入电流成比例。与伺服阀不同的是，这种阀的四个控制边有较大的遮盖量，对中弹簧具有一定的安装预压缩量。阀的稳态控制特性有较大的中位死区。另外，由于受摩擦力及阀口液动力等干扰的影响，这种直动式电液比例方向节流阀的阀芯定位精度不高，尤其是在高压大流量工况下，稳态液动力的影响更加突出。为了提高电液比例方向节流阀的控制精度，可以采用位移电反馈型直动式电液比例方向节流阀。

减压型先导级＋主阀弹簧定位型电液比例方向节流阀的结构原理如图 8-43

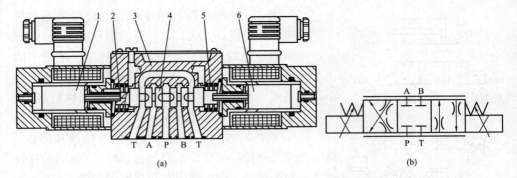

(a)

(b)

图 8-42　普通型直动式电液比例方向节流阀结构图与图形符号

（a）结构图；（b）图形符号

1、6—比例电磁铁；2、5—对中弹簧；3—阀体；4—阀芯

所示。其先导阀能输出与输入电信号成比例的控制压力，与输入信号极性相对应的两个出口压力，分别被引至主阀芯 2 的两端，利用它在两个端面上所产生的液压力与对中弹簧 3 的弹簧力平衡，使主阀芯 2 与输入信号成比例定位。采用减压型先导级后不必像原理相似的先导溢流型那样，持续不断地耗费先导控制油。先导控制油既可内供，也可外供。如果先导控制油压力超过规定值，可用先导减压阀块将先导压力降下来。主阀采用单弹簧对中形式，弹簧有预压缩量，当先导阀无输入信号时，主阀芯对中。单弹簧既简化阀的结构，又使阀的对称性好。

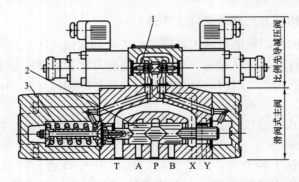

图 8-43　减压型先导级＋主阀弹簧定位型电液比例方向节流阀

1—先导减压阀芯；2—主阀芯；3—对中弹簧

33　什么是比例方向控制回路的压力补偿？

通过比例阀的流量可由下列公式得出：

$$Q = C_d A \sqrt{\frac{2\Delta p}{\rho}}$$

式中：Q 为通过阀的流量；C_d 为流量系数；A 为孔口面积；ρ 为油液密度；Δp 为阀前后压差。

在面积 A 一定，即比例阀给定电信号为一定值时，通过阀的流量与 Δp 有关，只有负载压力波动不大或几乎不波动时，节流阀才能起到流量控制作用。

二通压力补偿器油路实例如图 8-44 所示，其油路原理如图 8-45 所示。如图 8-45 所示，二通压力补偿器的阀芯左边作用着比例阀进口压力 p，右边作用着比例阀后压力 p_2 及弹簧力。当略去液动力、阀芯处于平衡位置时可知：

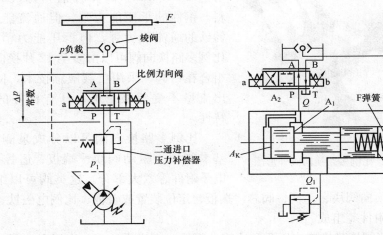

图 8-44 二通压力补偿器油路实例   图 8-45 二通压力补偿器原理图

$$p \times A_K = p_2 \times A_K + F_F$$

则有

$$\Delta p = p - p_2 = F_F / A_K \approx 常数$$

当弹簧较软、调节位移又比较小时，压力差近似为常数。只要 $p - p_2$ 大于 F_F/A_K，弹簧即被压缩，比例阀可起到流量调节作用。

8.2.8　比例多路换向阀

34　比例多路换向阀有何特点？

比例多路换向阀是指以两个以上的换向阀为主体，集安全阀、单向阀、过载阀、补油阀、分流阀、制动阀等于一体的多功能组合阀。

比例多路换向阀特点：它具有结构紧凑、管路简单、压力损失小、工作可靠和安装简便等优点。多路阀有整体式和组合式两种。整体式多路阀结构紧凑，但对阀体铸造要求较高，比较适合于相对稳定的液压设备上使用。组合式多路阀可按不同的使用要求组装，通用性较强。

多路换向阀特别适合在工程机械中应用，挖掘机（如单斗挖掘机和斗轮挖掘机）、铲土运输机械（如推土机、装载机、铲运机、自行式平地机）和工程起重机（如汽车起重机、轮胎起重机、履带起重机等）都广泛地采用了多路阀控制的液压传动系统。随着加工工艺水平的提高和比例技术及电子技术的引入，多路换向阀有了长足的发展，出现了比例多路换向阀。

35 比例多路换向阀由哪些部分组成？

图 8-46 比例多路换向阀外形图

比例多路换向阀的外形如图 8-46 所示，它的压力最高可达 42MPa，最大流量可达 300L/min。阀体有钢和铸铁两种材料，钢件的承压能力强，但通流能力差；铸铁的通流能力强，但承压能力稍低些。比例多路换向阀可以由多至 12 片换向阀块组合在一起，采用负载敏感技术，使其输出流量不受负载影响，具有良好的比例特性。

比例多路换向阀可以分成泵侧阀块、基本阀块、驱动阀块、端板、遥控单元、电子附件等六大部分。这类阀可以细化由泵侧阀块、换向阀块、手柄、阀芯、端板、定位装置或盖板、比例电磁铁、遥控单元、电子附件等组成。

（1）泵侧阀块是连接液压泵和油箱的阀块，由进出油口、内置溢流阀、压力表接口、三通负载敏感流量控制阀、限压阀、卸荷阀等组成。有定量泵开式回路、变量泵闭式回路、恒压回路等形式供选择。

（2）基本阀块是比例多路换向阀的主体部分，由 A 油口、B 油口、换向阀块、可互换的阀芯、二通负载敏感流量控制阀、缓冲阀、补油阀、负载敏感限压阀等组成。

（3）驱动阀块是比例多路换向阀的驱动部分和定位装置或盖板，有开关电驱动、比例电磁铁驱动、液压驱动、手动驱动、电驱动＋手动驱动、液压驱动＋手动驱动等多种形式供选择。

（4）端板是比例多路换向阀最靠边的基本阀块的终端块，把最靠边的基本阀块的叠加油口堵住或相互导通，有的带有附加的 LS 进口和回油接口。

（5）遥控单元是远端控制比例多路换向阀的电操作手柄或液控操作手柄，操作力小，一般装在驾驶室或控制室里。电操作手柄的形式有很多种，一个手柄可以控制多个阀，可以是开关的，也可以是比例的。液控操作手柄品种较少，有单联的和双联的，最多可以控制两个阀。

（6）电子附件有流量调节单元、斜波发生器、速度控制单元、闭环速度控制单元、警报逻辑电路、闭环位置控制单元等供选择。

36 **什么是负载敏感流量控制阀的结构与原理？**

　　比例多路换向阀使用了负载敏感技术，在泵侧阀块中使用了三通负载敏感流量控制阀，保证泵的供油随负载变化而变化；在基本阀块中使用了二通负载敏感流量控制阀，保证比例多路换向阀的出油口的流量不随负载变化而变化。

　　三通负载敏感流量控制阀的结构图如图 8-47 所示，其原理图如图 8-48 所示，进油口 1 接泵出口，出油口 2 接油箱，控制油口 3 接执行机构的负载反馈压力 L_s，阀芯的受力公式为 $F_{1口} = F_{3口} + F_{弹簧}$。

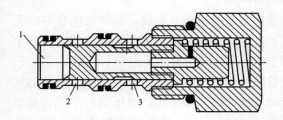

图 8-47　三通负载敏感流量控制阀结构图　　图 8-48　三通负载敏感流量控制阀原理图
1—进油口；2—出油口；3—控制油口　　　　　　1—出油口；2—进油口；3—控制油口

　　进油口 1 到出油口 2 的液压油流量随控制油口 3 的压力升高而减小，随控制油口 3 的压力降低而增大，保证泵的供油随负载变化而变化。当执行机构停止工作时，主阀芯右移打开阀口，泵则通过该阀卸压，可以防止系统发热。

　　二通负载敏感流量控制阀的结构图如图 8-49 所示，其原理图如图 8-50 所示，进油口 2 接泵出口，出油口 1 接比例多路换向阀的进油口，控制油口 3 经过外部节流口 4（是比例多路换向阀的阀口阻尼）后接到出油口 1 处，阀芯的受力公式为 $F_{1口} = F_{3口} + F_{弹簧}$。

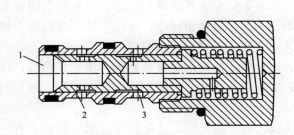

图 8-49　二通负载敏感流量控制阀结构图
1—出油口；2—进油口；3—控制油口

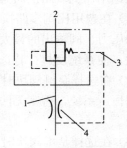

图 8-50　二通负载敏感流量
控制阀原理图
1—进油口；2—出油口；
3—控制油口；4—外部节流口

当进油口 2 没有油液通过时，阀芯在弹簧的作用下左移，阀口全部打开；当进油口 2 有油液通过时，阀芯在压力油的作用下右移，阀开口趋于关闭，直至达到新的力平衡为止；当进油口 2 处压力增大时，出油口 1 处的压力也增大，阀芯右移，阀开口减小；当进油口 2 处压力减小时，出油口 1 处的压力也减小，阀芯左移，阀开口增大。当出油口 1 处的压力增大时，控制油口 3 处的压力也增大，阀芯左移，阀开口增大；当出油口 1 处的压力减小时，控制油口 3 处的压力也减小，阀芯右移，阀开口减小。由于压力补偿器不断地起补偿作用，使流量保持恒定，不随负载变化而变化。

37 比例多路换向阀有哪些优点与缺点？

比例多路换向阀的优点：能够实现比例的无级调速控制，调节性能良好；采用二通负载敏感流量控制阀，使执行元件的速度与负载变化无关；能够满足多个执行机构同时工作，最多有 12 组执行机构，一般不超过 8 组执行机构；采用三通负载敏感流量控制阀，泵的输出流量随负载变化而变化，提高了液压系统的效率，减少了系统发热；具有减振削峰的功能，换向冲击小，系统运行平稳；高集成性，体积小，重量轻，适合于行走工程机械；组合方便，调整方便，可靠性高；操作形式有多种选择，既可以用电控制，又可以保留手动控制，也可以使用液动；电子元件、附件齐全，可以轻松实现速度开环比例控制、位置开环比例控制、闭环速度比例控制和闭环位置比例控制；引入了比例技术、GPS 定位技术和 CAN 总线技术，可以实现工程机械的远程计算机控制或网络控制，使工程机械实现无人驾驶成为现实。

比例多路换向阀的缺点：选型复杂，常常需要专业技术人员才能正确选型；价格较为昂贵。

38 比例多路换向阀选型应注意哪些问题？

在选用比例多路换向阀时，要注意以下几点：

（1）在选用比例多路换向阀时，一定要看清其流量和压力，如允许泵的最大流量和压力、阀输出的最大流量和压力等。若选型过小，往往会造成系统压力损失太大，使系统发热；若选型过大，则会造成经济上的浪费。

（2）在选择泵侧阀块时，一定要先确认是采用定量泵系统、变量泵系统，还是采用恒压系统，否则无法选型，有三通负载敏感流量控制阀、限压阀、卸荷阀等选项。

（3）在选择基本阀块时，要认真核对滑阀机能，确定选择的附加功能，有二通负载敏感流量控制阀、缓冲阀、补油阀、负载敏感限压阀等选项。

（4）在选择驱动阀块时，可以选择一种驱动方式，也可以选择两种驱动方式。电驱动有开关电驱动和比例电驱动之分，比例电驱动有中等性能、高性能和极高性能之分，电压有直流 12V 和直流 24V 之分，手动操作有摩擦定位和弹簧复位之分，还有液控、气控和防爆系列比例电磁铁可供选择，要根据系统的需要作出选择。

（5）在选择端板时，可以根据系统的要求选择油口堵住或相互导通、LS 进口和回油接口的数量和接口形式。

（6）在选择遥控单元时，要注意哪些动作有连锁关系、哪几个动作要放到一个手柄上来控制和所控制阀的电压值等。

（7）在选择电子附件时，要根据控制要求来进行选用，并要注意匹配。

（8）出口的连接形式有螺纹连接和法兰连接。

（9）可以把不同通径的比例多路换向阀组合在一起，需要用过渡连接板进行连接。

8.2.9　伺服比例阀

39　什么是伺服比例阀？

电液伺服阀首先出现在飞机的控制系统上。因伺服阀的高成本、对流体介质清洁度的要求苛刻及维护困难，不易推广。

电液伺服比例阀是比例技术和伺服技术结合的产物，早期的伺服比例阀由于关键的电气-机械转换器是最大控制电流仅几十毫安的力马达或力矩马达，仍属于伺服阀的范畴，也称之为工业伺服阀。随着伺服比例技术的不断发展和创新，以及和电子、计算机技术的紧密结合，伺服比例阀已可以和伺服阀相媲美，在工业领域广泛使用。

电液伺服比例阀是一种性能和价格介于伺服阀和普通比例阀之间的控制阀。它具有传统比例阀的特征，采用比例电磁铁作为电气-机械转换器，其具有可靠、耐用、使用维护成本低的优点；同时，它又采用伺服阀的加工工艺、零遮盖阀口，其阀芯与阀套之间的配合精度与伺服阀相当，无零位死区，频率响应比一般比例阀高，而可靠性高于一般伺服阀。该阀还有一个的特性：当阀的电源失效、电磁铁失电时，由于弹簧的作用，能使阀芯处于一个确定的位置，从而使其四个通口具有固定的通断形式。普通伺服阀不易实现。

电液比例伺服方向阀对油液的清洁度要求低于电液伺服阀，而它的控制性能已与普通电液伺服阀相当，特别适用于各种工业领域的闭环控制系统。

40　比例技术与伺服技术的主要区别是什么？

比例技术和伺服技术的主要区别是液压控制系统中采用的控制元件不同。

电液比例控制系统（含开环控制和闭环控制）采用的控制元件为比例阀和比例泵，液压伺服控制系统（只含闭环控制）采用的控制元件为伺服阀。主要区别表现在以下几个方面：

（1）控制元件采用的驱动装置（电气-机械转换器）不同。

比例控制元件采用的驱动装置为比例电磁铁（动铁式电气-机械转换器），它的输入电信号通常为几十毫安到几千毫安，且为了提高工作可靠性和输出力，还有采用大电流的趋势，衔铁输出的电磁力大小为几十牛顿至几百牛顿。比例电磁铁的特点是感性负载大，电阻小，电流大，驱动力大，但响应低。

伺服控制元件采用的驱动装置为力矩马达（动圈式电气-机械转换器），其输入电信号一般为10mA到几百毫安。相对于比例阀而言，其电气-机械转换器的输出功率较小，感抗小，驱动力小，但响应快。

不同的驱动装置配用的电放大器采用不同的称呼：驱动比例电磁铁的控制装置称为比例放大器，驱动力矩马达的控制装置称为伺服放大器。二者的信号调整部分是相似的，主要是功率级输出的电流大小不同。伺服放大器功率级输出的电流为10mA到几百毫安，比例放大器功率级输出的电流为几十毫安到数千毫安。

（2）控制元件的性能参数不同。

比例阀与伺服阀的性能比较如表8-5所示。

表8-5　　　　　　　　　　　比例阀与伺服阀的性能比较

特性 \ 类别	伺服阀	比例阀		
		伺服比例阀	无电反馈比例阀	带电反馈比例阀
滞环（%）	0.1～0.5	0.2～0.5	3～7	0.3～1
中位死区（%）	理论上为零	理论上为零	5～20	
频宽（Hz）	100～500	50～150	10～50	10～70
过滤精度（ISO 4406）	13/9～15/11	16/13～18/14	16/13～18/14	16/13～18/14
应用场合	闭环控制系统	开环控制系统及闭环速度控制系统		

电液伺服阀：性能最优，几乎没有零位死区，通常工作在零位附近，零位特性只应用在闭环控制系统［含位置控制系统、速度控制系统、力（或压力）控制系统］。这类系统对控制精度和响应要求特别高，应用在如军事装备等对系统快速性有特别高要求的场合。

伺服比例阀：阀的静态特性与伺服阀基本相同，但响应偏低（介于普通比例阀和伺服阀之间），基本没有零位死区，既可以在零位附近工作，也可以在大开口（大流量工况）下运行。因此，要考虑整个阀芯工作行程内的特性。主要用于对性能要求通常不是特别高的闭环控制系统。

普通的比例阀：阀（含无电反馈比例阀和带电反馈比例阀）的死区大，滞环大，动态响应低。对零位特性没有特殊要求，它主要工作于开环系统中时，必须在比例放大器中采用快速越过死区的措施来减小死区的影响，并使之工作在大开口状态。

（3）阀芯结构及加工精度不同。

普通比例阀：阀芯采用阀芯＋阀体的结构，阀体兼作阀套。由于死区大，阀芯与阀体允许的配合间隙较大，阀口台阶之间的尺寸公差也比较大，一般具有互换性。

伺服阀和伺服比例阀：采用阀芯＋阀体的结构，或者配做成组件，加工精度要求极高，不具备互换性。

比例阀与伺服比例阀在结构和加工精度的区别，直接导致价格上的差异，也是对油液过滤精度要求不同的原因。而过滤精度的不同，导致系统维护的难易程度和维护成本不同。

41 **BOSCH 伺服比例阀有何特点？**

伺服比例阀是采用比例电磁铁作为电气-机械转换器，而功率级滑阀又采用伺服阀的加工工艺，是比例技术和伺服技术紧密结合的结果。伺服比例阀阀芯采用伺服阀的结构和加工工艺（零遮盖阀口，阀芯与阀套之间的配合精度与伺服阀相当），解决了闭环控制要求死区小的问题。它的性能介于伺服阀和普通比例阀之间，但它对油的清洁度要求低于电液伺服阀，特别适用于各种工业的闭环控制。

BOSCH 公司生产的伺服比例阀有四个工位，如图 8-51 所示（从右到左分别是第一工位到第四工位）。线圈不励磁时处于第四工位，第四工位是保护位。根据伺服比例阀的输入输出特性，伺服比例阀功放板接收±10V 的控制信号，经其放大后输出相应的电流信号，电流信号在伺服比例阀线圈中产生的磁场驱动比例电磁铁移动相应的位移量，从而带动伺服比例阀的阀芯移动，输出相应的流量，输出流量与输入控制信号成比例线性关系。阀芯移动的同时，内置差动变压器式位移传感器检测阀芯位置，并将其信号反馈到比例放大器，与比例电磁铁形成闭环位置控制。

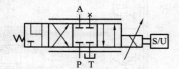

图 8-51　伺服比例阀原理图

伺服比例阀的主要特点是：

1）动态响应好，阶跃信号的调节时间＜25ms，－3dB 频宽为 40～70Hz。

2）静态精度高，其滞环，重复精度为 0.1%～0.2%。

3）采用强电流信号控制，功率大，提高了伺服比例阀的操作力，加上结构简单，无阻尼孔，因此抗油污能力强，提高了伺服比例阀工作的可靠性。

4）精确制造的硬质阀芯和硬质阀套。其轴向配合精度达到 0.002mm，保证了其液压功率级达到伺服阀所要求的零开口工作状态，以及陡峭的压力增益特性和平直的流量增益特性。

5）零位耗油量小，公称流量为 100L/min。在 10MPa 压力下泄漏量小于 2L/min。温漂小，当 $\Delta T=40℃$ 时，其输出变化＜1%。

6）内置差动变压器式位移传感器检测阀芯位置，并将其信号反馈到比例放大器，与比例电磁铁形成闭环位置控制系统，大大提高了比例电磁铁的动态特性。

7）DC/DC 位置检测方式，提高了差动变压器的响应特性和抗干扰能力。

8）与之配套的比例放大器采用桥式双控高频脉宽调制驱动电路，配合小电感电磁线圈，提高了伺服比例阀的响应速度，并且使电磁线圈中电流升高和降低的延时基本相同，在电路上为提高伺服比例阀的频响提供了条件。比例放大器设置具有PID调节功能的电流和位置两个闭环控制回路，使伺服比例阀达到了最佳特性。

42　D633 系列直动伺服比例控制阀有何特点？

D633 系列直动伺服比例控制阀是由穆格公司按照欧共体（EC）标准要求的电磁兼容性（EMC）进行生产制作的。目前 D633 系列伺服控制阀广泛应用于压铸机械、冶金设备、重工业设备、造纸业和木材加工业及其他产业。

D633 系列阀主要由带放大器和电阻零位调节的集成电路板（Integrated electronics）、线性位置传感器（Position transducer）、电阻调零螺母（Null adjust cover plug）、信号线插头（Valve connector）、阀芯（Spool）、阀腔（Bushing）、线性力马达（Linear force motor）、对中弹簧（Centering spring）等组成，如图 8-52 所示。

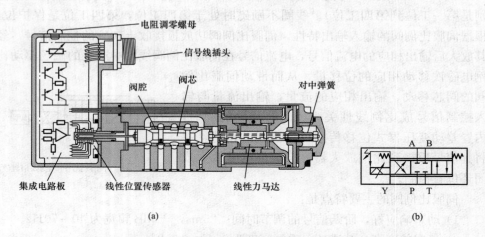

(a)

(b)

图 8-52　D633 系列直动伺服控制阀结构图与图形符号
(a) 结构图；(b) 图形符号

D633 系列阀按照节流阀原理进行流量控制，三位四通 O 型中位机能，当力矩马达旋转时，通过类似外六角的传动杆将力矩传递到阀芯，阀芯与检测连杆固连在一起，通过连杆在螺纹中的转动，带动阀芯动作，连杆的另一头与线性传感器连接，复位对中弹簧始终给一个与力矩马达的力方向相反的力，利用胡克定律和力矩的力平衡关系实现阀芯正负两个方向的任意位置的设定。D633 系列阀适用于电液位置、速度、压力和受力控制系统。

　　线性力马达（Linear force motor）实际上是个力矩马达，只是实现的动作为线性动作，因而在此处也可称为力马达。力马达是一个永久磁铁的电磁线圈驱动装置，这种马达能驱使阀芯从它的初始中心位置正负两个方向动作，电磁线圈闭环控制的线性力马达（DDV）的电磁铁是一种连续比例电磁铁，它的力矩的大小成线性变化，从而能实现力马达任意转动角度的调整功能。

　　D633 系列阀允许阀的直线动作控制（例如一个机械控制）没有附带的电气控制信号干扰；永久磁铁力马达的驱动具有高水平动力性能，永久磁铁提供所需要的磁力；没有向导控制油路要求；压力不受外力变化；直线马达所需要的电流是更低的比例电磁阀所需要的电流，低的磁滞和低极限，接近液压系统零位时低电流消耗；直动马达有一个原始中位，在中位位置可以实现正反方向动作，根据电流的大小正反力成比例变化。

　　线性位置传感器（Position transducer）带有灵敏的信号动态检测反馈装置，检测反馈装置是通过螺纹旋转带动线性位置传感器进行动作，从而实现检测和反馈信号的功能。与阀芯的位置相一致的电气信号是应用到集成电路板和产生对应调制脉宽（PWM）电流，从而驱动直线马达线圈，所得到的驱动力将驱使阀芯动作。振荡器刺激位置传感器，产生一个与阀的位置成比例的电信号。解调阀芯位置的电信号与命令信号和得到的阀的实际位置进行比较。比较的误差值将产生一个电流驱动马达线圈动作，直到阀芯移动到命令信号所要求的位置，阀芯的误差是逐渐减少到零。阀芯位置与命令信号成比例。

　　集成电路板（Integrated electronics）是一种信号输入输出和处理装置，它包括阀芯位置的闭环检查信号的放大处理和驱动的宽频脉冲调制解调器的电流调质处理，并将处理后的信号与命令信号进行对比，从而发讯给线性力马达驱动阀芯达到所要求的位置，阀的集成电路技术是具有发展潜力的脉宽调制解调电流输出和提供直流 24V 电压的 SMD 新技术。带控制线圈和力马达的阀芯位置控制的磁力线圈是集成在一个闭环控制的集成电路板上，从而产生一个所希望达到的位置电信号宽频脉宽调整电流波，这个电流波直接驱动力马达运转。一个振荡器激活线圈位置传感器产生一个与阀芯位置成比例的电信号。集成电路板具有低的残余电波的标准化的阀芯位置监控信号；电动的零位调整装置；具有较低的电压供给，配有继电器、急停按钮，阀芯返回到中位不用加载外力动作。

　　高弹力和附加对中力（例如由于污染引起的流量阻力和摩擦力）必须在动力输出期间被克服。在中位复位时，对中弹簧弹力增加到直动马达上和提供格外的阀芯复位驱动力，从而尽量减小污染敏感影响。在弹簧的中心位置，直动马达只需要小电流保持。

　　比例电磁阀系统需要两个电磁线圈。一个用于单独使用，反抗弹簧力。万一电流低于电磁线圈要求的电流，这时弹簧力驱动阀芯到底位而全开阀，这将导致无控制动作。

液压系统曲线特性如图 8-53～图 8-57 所示。

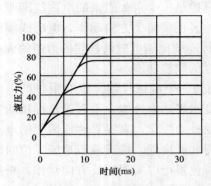

图 8-53　瞬态特性曲线

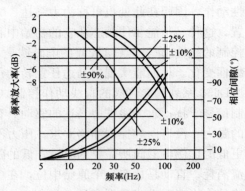

图 8-54　频率响应曲线

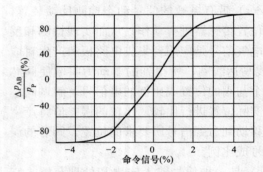

图 8-55　压力信号特性曲线

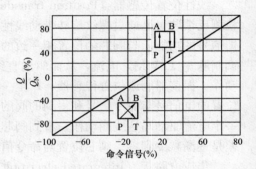

图 8-56　流量信号特性曲线

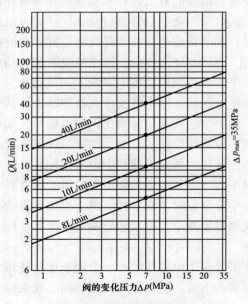

图 8-57　阀的流量-压力曲线

操作最高压力为 35MPa，回油口压力为 5MPa。温度范围：环境温度为
-20～60℃；液流温度为-20～80℃。系统过滤器：高压过滤器（没有旁通，带
有污染报警）位于向阀供压力油的主管路上，液压油的清洁度特别影响系统性能
（包括阀芯位置，高灵敏度）和伺服系统的动作（检测压力、泄漏）；推荐清洁度
等级：正常生产 $\beta_{10} \geqslant 75$（微粒直径最大 $10 \mu m$），比较久的生产 $\beta 6 \geqslant 75$（微粒直
径最大 $6 \mu m$）。振动：$30g$，3 轴。保护级别：EN60524（IP65 带交换连接器包好
带油封交货）。推荐流速：15～100mm/s，允许使用流速：5～400mm/s。流量控
制（通过阀）通过 A、B 口，如果回油管路压力 $p_T > 5MPa$ 时，Y 口将使用，当
应用三通时可关闭多余的 A 口或 B 口。阀芯的轴线加工误差：1.5％ ～3％或
10％。阀的流量计算：$Q = Q_N \sqrt{\dfrac{\Delta P}{\Delta P_N}}$，P/A/B/T 平均流速不小于 30m/s。电压
DC24V，最小 DC19V，最大 DC32V；消耗电流，$I_{Amax} = 2A$。所用的信号线，包
括所有的外用传感器、接线箱、动力电等屏蔽线连接地；必须的发讯器：
EN55011，1998＋A1，1999（等级 B）和抗干扰：EN61000 - 6 - 2，1999；导线
的最小界面大于 $0.75mm^2$。

8.2.10　比例控制放大器及其应用

比例控制放大器是一种用来对比例电磁铁提供特定性能电流，并对电液比例
阀或电液比例控制系统进行开环或闭环调节的电子装置。它是电液比例控制元件
或系统的重要组成单元。

43　比例控制放大器有哪些作用？

一个完整的电液比例系统是由比例阀和比例放大器共同组成的。

比例放大器的作用是对比例阀进行控制。它的主要功能是产生放大器所需的
电信号，并对电信号进行综合、比较、校正和放大。为了使用方便，往往还包括
放大器所需的稳压电源、颤振信号发生器等，此外，还有带传感器的测量放大器
等。其中校正和放大对电液比例系统的性能影响最大。

44　比例控制系统对比例放大器有哪些要求？

比例放大器是一个能够对弱电的控制信号进行整形、运算和功率放大的电子
控制装置，对比例放大器的基本要求是能及时地产生正确有效的控制信号。

比例放大器有产生信号的装置，还必须有正确无误的逻辑控制与信号处理装
置。产生信号的幅值和波形都应该满足比例阀的要求，与电气-机械转换装置
（比例电磁铁）相匹配。

比例放大器应具有幅值可调的初始电流功能，可减小比例元件零位死区的影
响；比例放大器的输出电流中应含有一定频率和幅值的颤振电流，为减小滞环的
影响；以减小系统启动和制动时的冲击，对阶跃输入信号能自动生成可调的斜坡

输入信号。同时，由于控制系统中用于处理的电信号为弱电信号，而比例电磁铁的控制功率相对较高，所以必须用功率放大器进行放大。

在比例控制系统中，对比例控制放大器一般要求：良好的稳态控制特性；动态响应快，频带宽；功率放大级的功耗小；抗干扰能力强，有很好的稳定性和可靠性；较强的控制功能；标准化，规范化。

45 **比例控制放大器的典型构成由哪几部分组成？**

根据电气-机械转换器的类型和受控对象的不同技术要求，比例控制放大器的原理、构成和参数各不相同。随着电子技术的发展，放大器的元件、线路以及结构也不断改善。图8-58所示是比例控制放大器的典型构成。它一般由电源、输入接口、信号处理、调节器、前置放大级、功率放大级、测量放大电路等部分组成。

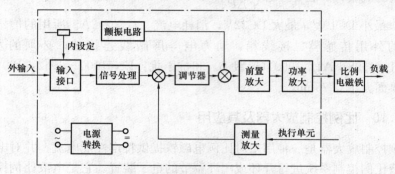

图8-58　比例控制放大器的典型构成

图8-59所示是双路电反馈比例控制放大器的结构框图。当然，其他类型的比例控制放大器在结构上与图8-58有一定差别，尤其是信号处理单元，常需要根据系统要求进行专门设计；另外，根据使用要求，也常省略某些单元，以简化结构，降低成本，提高可靠性。

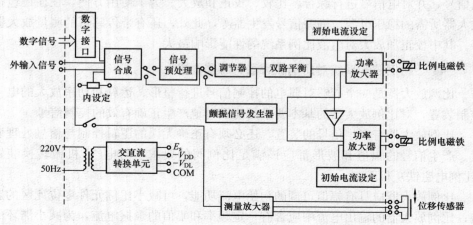

图8-59　双路电反馈比例控制放大器结构框图

46 **比例控制放大器的电源有哪些要求?**

　　一般地，比例控制放大器既能使用 220V、50Hz 交流电源（配置图 8-60 所示的电源供给装置等），也能使用过程控制及工业仪表电气控制柜内的公用标准 24V 全波整流单极性直流电源。对车辆等行走机械中使用的比例控制放大器，一般采用 12V 蓄电池直流电源。

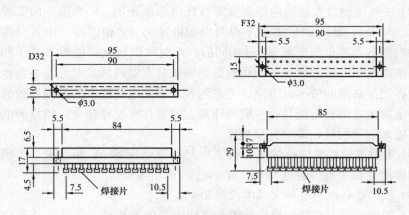

图 8-60　D32 和 F32 型插座

47 **比例控制放大器的规格及连接插座有哪些形式?**

　　比例控制放大器按其结构形式分为板式、盒式、插头式和集成式四种类型。

　　板式比例控制放大器主要应用于工业电控系统中，其特点是性能好、控制参数可调，但需要安装机箱。其印制电路板的幅面已标准化。EURO（欧罗卡）印制电路板幅面规格为 160mm×100mm，配用符合德国工业标准 DIN41612 的 D32 型插座或 F32 型插座（见图 8-60）和相应的电路板保持架。由于比例阀功能相差很大，因此与 D32/F32 型插座相配的放大器插头各引脚的含义随放大器功能的不同而变化。在接线时必须按样本或其他技术资料查明各引脚的含义。

　　盒式比例控制放大器主要应用于行走机械，有保护外壳，可防水、防尘，其控制参数可通过电位器调整。

　　插头式比例控制放大器结构紧凑，但功能较弱。一般不带位移控制，可调整参数少。

　　集成式比例控制放大器是与比例阀做成一体化的，主要用于工业控制系统，其控制参数在出厂时均已根据阀的特性调整完毕，用户一般不能调整。

48 **比例控制放大器的输入信号有哪些要求?**

　　工业仪表和过程控制中信号传输主要采用电压传输和电流传输两种。同样，比例控制放大器一般能接收控制源的标准电压及电流控制信号。常用的标准信号有：$0\sim\pm5V$、$0\sim\pm10V$ 和 $0\sim20mA$，$4\sim20mA$ 等。当然，比例控制放大器可引用其内部的参考电压（如 $\pm9V$、$\pm10V$ 等）作为输入电压控制信号。

49 比例控制放大器的接线与安装有哪些要求？

比例控制放大器在接线与安装时应注意以下几点：

（1）只能在断电时拔插头。

（2）一些比例放大器的内部测量零点比电源电压的 $0V$ 高出一内部参考电压（例如 $+9V$ 等），此时测量零点不得与电源电压的 $0V$ 相连接。而另一些比例放大器的内部参考零点与电源 $0V$ 是相同的，此时可以将设定值输入端子的负相端直接与电源地相连接。因此，使用前必须确认放大器内部参考地与电源地线是否共地。即使是共地的情况，也应该考虑到放大器供电线路上的压损导致放大器参考地与电源地之间有可能具有一定的压差。如果存在这种现象，信号源的地线与设定值输入端子的负相端应直接相连。

（3）电感式位移传感器的接地端不得与电源电压的 $0V$ 相连接，传感器的电缆必须屏蔽且长度不得超过 $60m$（就 $100pF/m$ 电缆而言）。

（4）放大器必须离各种无线电设备 $1m$ 以上。

（5）如果附近有扩散电信号装置和感应电压的可能性，则输入信号应采用屏蔽电缆。

（6）电磁铁导线不应靠近动力线敷设。印制电路板不应直接装在功率继电器旁，否则感应电压的峰值可能引起集成电路损坏。

（7）只能用电流 $<1mA$ 的触点进行设定值的切换。

（8）放大器滤波电容如果受空间位置所限，不能装在印制电路板上，则必须尽可能靠近印制电路板安装（$\leqslant0.5m$）。

（9）诸如直流 $24V$ 的电源，电容器（滤波电容）及连到比例电磁铁的功率输送线的截面积必须大于等于 $0.75mm^2$。

50 怎样调整比例放大器？

比例控制放大器在安装后一般进行如下现场调整。

（1）初始检查。按电路图检查接线，确保电源电压在容许的范围内，且输出级已被接通。

（2）零位调整。由于大多数放大器存在一调节死区，就是说当输入信号在调节死区范围内时，输出电流信号始终为零。因此，当输入信号为零时，调节零位电位器是没有效果的。正确的方法是由 $0V$ 开始逐渐增加输入信号，观测比例电磁铁两端电压，当其产生跳变时说明输入信号已越过零位调节死区，此时保持输入信号不变调节零位电位器，直到比例阀所控制的物理量（如压力、流量或执行器速度）达到所需的最小值即可。对压力阀用放大器，调节零位电位器，直到压力发生变化并得到所需的最小压力。对节流、流量阀用放大器，调节调零电位器，直到执行机构有明显的运动，然后反向旋转电位器，直到执行机构刚好停止为止。对方向阀用放大器，通过调整零位电位器，使控制机构在两个操纵方向的运动对称。

（3）灵敏度调整。在零位调整完毕以后，将比例放大器的输入设置值信号增加至信号源所能提供的最大值（一般是±10V 或 20mA），然后调节灵敏度电位器，使比例阀所控制的物理量（如压力、流量或执行器速度）达到所需要的最大值即可。对控制比例压力阀的放大器，通过调整灵敏度电位器，可使阀建立所需的最大压力。对比例节流阀、流量阀和比例方向阀而言，可调定所需的阀最大控制开度，即执行机构的最大速度。

（4）斜坡。通过调整斜坡信号发生器电位器，调节斜坡时间，即压力或流量的变化率，直到达到所要求的平稳度为止。

通常，对比例控制放大器而言，除零位（初始设定值）、灵敏度（p_{max}，q_{max}）和斜坡时间可在现场进行必要的调整外，其他诸如颤振信号幅值、频率、调节器参数等在出厂时均已调整好，不应在现场再次调整，以免引起故障。

8.2.11　比例阀的维修

51　什么是比例阀的功率域（工作极限）问题？

电液比例节流阀的压降与流量的乘积（即功率的面积）称为功率域或工作极限。

对于直动式电液比例节流阀，由于作用在阀芯上的液动力与通过阀口的流量及流速（压力）成正比，因此，当电液比例节流阀的工况超出其压降与流量的乘积时［见图 8-61（a）］，作用在阀芯上的液动力可增大到与电磁力相当的程度，使阀芯不可控。

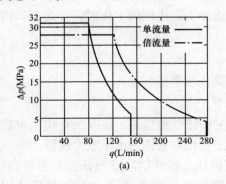

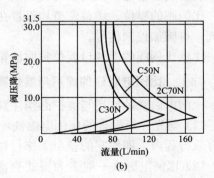

图 8-61　电液比例阀的功率域（工作极限）

（a）比例节流阀；（b）比例方向阀

直动式电液比例方向阀也有功率域问题。当电液比例方向阀的阀口上的压降增加时，流过阀口的流量增加，与比例电磁铁的电磁力作用方向相反的液动力也相应增加。当阀口的开度及压降达到一定值后，随着阀口压降的增加，液动力的影响将超过电磁力，从而造成阀口的开度减小，最终使得阀口的流量不但没有增加反而减少，最后稳定在一定的数值上，此即为电液比例方向阀的功率域的概念，如图 8-61（b）所示。

综上所述，在选择比例节流阀或比例方向阀时，不能超过电液比例节流阀或比例方向阀的功率域。

52 比例阀运行对污染控制有何要求？

比例阀对油液的污染度通常要求为 NAS1638 的 7～9 级（ISO 的 16/13、17/14、18/15 级），决定这一指标的主要环节是先导级。

虽然电液比例阀较伺服阀的抗污染能力强，但是不能因此对油液污染掉以轻心，因为电液比例控制系统的很多故障也是由油液污染所引起的。

53 比例阀调整应注意哪些问题？

控制加速度和减速度的传统方法有换向阀切换时间迟延、液压缸缸内端位缓冲、电子控制流量阀和变量泵等。用比例方向阀和斜坡信号发生器可以提供很好的解决方案，这样就可以提高机器的循环速度并防止惯性冲击。

安装比例阀前应仔细阅读生产厂家的产品样本等技术资料，详细了解使用安装条件和注意事项。

比例阀应正确安装在连接底板上，注意不要损坏或漏装密封件，连接板平整、光洁，固定螺栓时用力均匀。

放大器与比例阀配套使用，放大器接线要仔细，不要误接。

油液进入比例阀前，必须经过滤精度 $20\mu m$ 以下的过滤器过滤，油箱必须密封并加空气滤清器，使用前对比例系统要经过充分清洗、过滤。

比例阀的零位、增益调节均设置在放大器上。比例阀工作时，要先启动液压系统，再施加控制信号。

注意比例阀的泄油口要单独回油箱。

54 比例电磁铁的使用与维护有哪些注意事项？

比例电磁铁的使用与维护必须注意以下几点：

（1）与先导级配合的比例电磁铁，其工作行程相当小，应限制在比例电磁铁的有效行程内，即使它的整个工作行程处于比例电磁铁的水平吸力区段。

（2）比例电磁铁一般多为湿式直流电磁铁，要特别注意衔铁腔是否耐高压，耐多少压力。不耐高压的比例电磁铁一般只能承受溢流阀、方向阀等的回油压力。

（3）对配用两个比例电磁铁的比例方向阀，衔铁总行程包括工作行程和空行程。当其中一个工作在工作区时，另一个运行于非工作区（空行程区）。一般情况下，工作行程和空行程相等，各为衔铁总行程的二分之一。如衔铁行程为 3mm＋3mm，表示工作行程 3mm，空行程 3mm，即以电磁铁推杆全部推出位置为起始点，将推杆向里推 3mm 为水平吸力的工作区，再向里推 3mm 为非工作区。

（4）端头有放气螺钉的比例电磁铁，在液压系统启动之后到正常运行之前，应给电磁铁放气。否则，滞留在电磁铁中的空气会影响比例阀的可靠运行。

（5）为了保证静压平衡，衔铁前后腔有通道沟通，此通道断面大小要适当，在保证快速性的前提下，要有一定阻尼。对位置调节型比例电磁铁，可取消液压阻尼，以提高其快速性。

（6）调零弹簧对比例电磁铁的稳态特性曲线有明显影响，其刚度和预压缩量应选择适当。没有调零弹簧的比例电磁铁，一般有刚度很小的复位弹簧，以保证未通电时，电磁铁衔铁处于确定位置。

（7）位置调节型比例电磁铁中的位移传感器电感线圈与检测连杆间的相对位置由生产厂家调整好后，不能随意变动。

（8）电磁铁衔铁腔受污染后，应进行清洗。对于图 8－62 所示线圈可拆卸式比例电磁铁，其拆卸的步骤如图 8－63 所示。

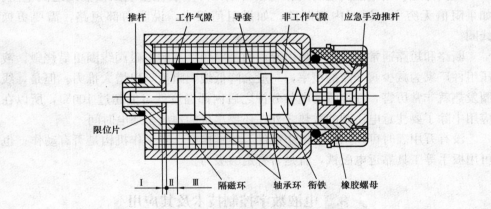

图 8－62 线圈可拆卸式比例电磁铁

图 8－63 比例电磁铁拆卸步骤

清洗各部件后重新装配。在拆卸电磁铁时，一般不需将线圈部分拆开，以免擦伤线圈，弄断导线。

经内部分解后又重新装配的比例电磁铁，应随比例阀一起在实验台上进行重新调试，以确保其零点和增益符合比例阀控制特性的要求。

（9）比例电磁铁的手动应急机构用来断电或比例控制放大器故障时手动操作系统，系统布置应留出手动操作空间。

（10）通过比例放大器调整颤振信号，应在保证比例阀的稳定性和小电流信号的良好稳态特性的前提下，使滞环尽可能小。一般由生产厂家根据比例阀的控制要求调整好，用户不要随意调整。

（11）通过调节比例电磁铁调零弹簧，可调整比例阀先导级的零位及比例阀的死区，以获得满意的比例阀控制特性。

（12）国内外生产比例电磁铁的厂家很多，不同厂家的比例电磁铁结构性能有差别。即使是同一规格的比例电磁铁，由于生产厂家不同，也不能相互简单替代。

55　电磁铁有哪些故障，怎样检测？

电磁铁主要故障有电磁阀没有动作、线圈发热、电磁阀线圈烧毁。

原因：潮湿、液压阀卡滞、控制电流异常等是电磁铁损坏的重要原因。电磁阀无动作还可能是电气和液压方面的其他原因，如线圈位置不正确、活动铁芯平面不太平整、异物的影响等。

检测方法：当电磁阀没有动作时，可以用万用表测量线圈接插线之间电阻。如果阻值无穷大，说明内部断路；如果阻值很小，说明内部短路，需要更换线圈。

断路和短路通常由线圈发热引起，通断电频率高的电磁阀线圈更易烧毁。液压组件厂家为减少阀卡滞的概率，一般会降低线圈阻值，以增大推力。但是，线圈发热就非常厉害，在连续通电数分钟之后内部温度就可能超过100℃，所以在应用中除了要注意电磁阀的散热之外，还要尽可能地减小通电时间。

没有万用表时可以用铁丝或小螺丝刀等推推杆，看工作机构是否有动作；也可用扳手等工具靠近电磁铁，看是否有足够吸力。

🔧 8.3 电液数字控制技术及其应用

随着传感器检测技术、电子技术与计算机技术在电液控制系统中的广泛应用，电液元件向数字化方向发展已成为趋势。

8.3.1　电液数字控制技术的特点与控制方法

56　电液数字控制技术有哪些优点？

采用传统的比例阀或伺服阀等模拟信号控制元件构成的系统，一般通过D/A接口实现数字控制，这是目前国内外液压与气动数字控制流行的方法。这种方法存在如下缺点：

（1）由于控制器中存在着模拟电路，易于产生温漂和零漂，这不仅使得系统易受温度变化的影响；也使得控制器对阀本身的非线性因素如死区、滞环等难以实现彻底补偿。

（2）增加了 D/A 接口电路。

（3）驱动比例阀和伺服阀的比例电磁铁和力矩马达存在着固有的磁滞现象，导致阀的外控制特性表现出 2%～8% 的滞环，控制特性较差。

（4）比例电磁铁的磁路一般由整体式磁性材料构成，在高频信号作用下，由铁损而引起的温升较为严重。

采用电液数字控制技术有以下优点：

（1）数字液压元件与计算机连接不需要 D/A 转换器，省去了模拟量控制要求各环节间的线性和连续性。

（2）与伺服阀、比例阀相比，数字液压元件具有结构简单、工艺性好、价格低廉、抗污染能力强、可在恶劣的环境下工作等优势。

（3）数字元件的输出量可由脉冲频率或宽度进行高可靠性调节控制，具备抗干扰能力强、较高开环控制精度等特点。

57 什么是电液间接数字控制技术？

间接数字控制技术采用传统的比例阀或伺服阀等模拟信号控制元件构成系统一般通过接口实现数字控制。

这种方法存在缺点：由于控制器中存在着模拟电路易于产生温漂和零漂，这不仅使得系统易受温度变化的影响，同时也使得控制器对阀本身的非线性因素的如死区、滞环等难以实现彻底补偿，增加了接口电路用于驱动比例阀和伺服阀的比例电磁铁和力矩马达存在着固有的磁滞现象，导致阀的外滞环控制特性较差。采用阀芯位置检测和反馈等闭环控制的方法可以基本消除比例阀的滞环，但却使阀的造价大大增加。由于结构特点所决定比例电磁铁的磁路一般只能由整体式磁性材料构成，在高频信号作用下由铁损而引起的温升较为严重。

间接数字控制技术的上述缺点，人们采用直接数字控制技术来消除。

58 什么是电液直接数字控制技术？

电液直接控制技术主要有高速开关阀的 PWM 控制和步进电动机直接数字控制两种方法。步进电动机的类型又有三相步进电动机和直线步进电动机之分，二者在实现对数字阀的控制上有所不同，前者需要配合适当的传动机构，后者则可直接进行直线控制。

（1）对高速开关阀的 PWM 控制。通过控制开关元件的通断时间比，以获得在某一段时间内流量的平均值，进而实现对下一级执行机构的控制。该控制方式具有不堵塞、抗污染能力强及结构简单的优点。但是也存在以下不足：一方面，高速开关阀的 PWM 控制最终表现为一种机械信号的调制，易于诱发管路中的压力脉冲和冲击，从而影响元件自身和系统的寿命及工作的可靠性；另一方面，元件的输入与输出之间没有严格的比例关系，一般不用于开环控制。除此之外，控制特性受机械调制频率不易提高的限制。

（2）步进电动机直接数字控制。这种方法利用数字执行元件步进电动机（或者加适当的旋转-直线运动转换机构）驱动阀芯实现直接数字控制。由于这类数字控制元件一般按步进方式工作，因而常称为步进式数字阀。

59　什么是数字式电气-机械转换元件？

电液控制元件主要分为电液比例/伺服控制元件和数字控制元件两大类。前者的输出信号与输入信号之间成连续的比例关系；后者接收方波信号或脉冲信号控制，其输出信号为开关状态或与输入的脉冲数成离散比例关系。因而数字元件又可分为高速开关元件和离散式比例控制元件。离散式比例控制元件一般又分为阀组式和步进式两种。

8.3.2　增量式数字阀

增量式数字阀是采用由脉冲数字调制演变而成的增量控制方式，以步进电动机作为电气-机械转换器，驱动液压阀芯工作，因此又称步进式数字阀。

60　什么是增量式数字阀的控制原理？

增量式数字阀控制系统工作原理方块图如图 8-64 所示。微型计算机（以下简称微机）发出脉冲序列经驱动器放大后使步进电动机工作。步进电动机是一个数字元件，根据增量控制方式工作。增量控制方式是由脉冲数字调制法演变而成的一种数字控制方法。是在脉冲数字信号的基础上，使每个采样周期的步数在前一采样周期的步数上增加或减少一些步数，从而达到需要的幅值。步进电动机转角与输入的脉冲数成比例，步进电动机每得到一个脉冲信号，步进电动机的转子便沿给定方向转动一固定的步距角，再通过机械转换器（丝杆-螺母副或凸轮机构）使转角转换为轴向位移，使阀口获得一相应开度，从而获得与输入脉冲数成比例的压力、流量。有时，阀中还设置用以提高阀重复精度的零位传感器和用以显示被控量的显示装置。

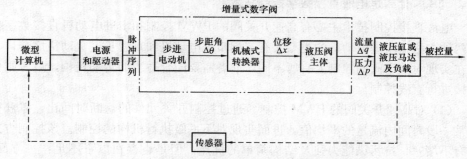

图 8-64　增量式数字阀控制系统工作原理框图

　　增量式数字阀的输入和输出信号波形如图 8 - 65 所示。由图 8 - 65 可见，阀的输出量与输入脉冲数成正比，输出响应速度与输入脉冲频率成正比。对应于步进电动机的步距角，阀的输出量有一定的分辨率，它直接决定了阀的最高控制精度。

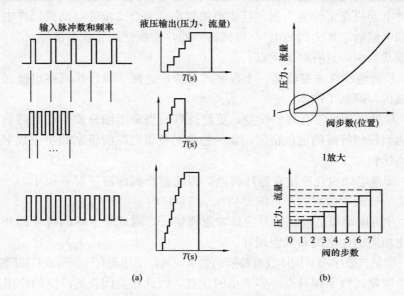

图 8 - 65　增量式数字间的输入和输出信号波形图
(a) 脉冲速率与液压输出的关系；(b) 输入输出特性

　　步进电动机是电液数字阀的重要组成部分，它是一种数字式的回转运动电气-机械转换器，利用电磁作用原理工作，它将电脉冲信号转换成相应的角位移。步进电动机由专用的驱动电源（控制器）供给电脉冲，每输入一个脉冲，电动机输出轴就转动一个步距角（常见的步距角有 0.75″、0.9″、1.5″、1.8″、3″等），实现步进式运动。表 8 - 6 是某公司生产的增量式数字阀的规格系列。

表 8 - 6　　　　　　　　　　　　　某公司生产的增量式数字阀

形式	系列	固定流量（L/min）	额定压力（MPa）	步进数
数字压力控制阀	02 03 06 10	1 80 200 400	0.6～7.0 0.8～14.0 1.0～21.0	100
数字流量控制阀	02 03 06	65/130 125/250 250/500	21.0	100
数字方向流量控制阀	02 04 06 10	70 130 250 500	21.0	126（±63）

按工作原理不同，步进电动机有反应式（转子为软磁材料）、永磁式（转子材料为永久磁铁）和混合式（转子中既有永久磁铁又有软磁体）等。其中反应式步进电动机结构简单，应用普遍；永磁式步进电动机步距角大，不适宜控制；混合式步进电动机自定位能力强，且步距角较小。混合式步进电动机用作电液数字流量阀和电液数字压力阀的电气-机械转换器，控制性能和效果良好。

增量式数字阀具有以下优点：

（1）步进电动机本身就是一个数字式元件，这便于与计算机接口连接，简化了阀的结构，降低了成本。

（2）步进电动机没有累积误差，重复性好。当采用细分式驱动电路后，理论上可以达到任何等级的定位精度，如一些公司及研究院所研制的步进数字阀的定位精度均达到0.1%。

（3）步进电动机几乎没有滞环误差，因此整个阀的滞环误差很小，一些公司及研究院所研制的数字阀滞环误差均在0.5%以内。

（4）步进电动机的控制信号为脉冲逻辑信号，因此整个阀的可靠性和抗干扰能力都比相应的比例阀和伺服阀好。

（5）增量式数字阀对阀体没有特别的要求，可以沿用现有比例阀或常规阀的阀体。由于增量式数字阀具有许多突出的优点，因此这类阀获得广泛的应用。

注意事项如下：

（1）应根据实际使用要求的负载力矩、运行频率、控制精度等依据制造商的产品型录（或样本）及使用指南提供的运行参数和矩频特性曲线选择合适的步进电动机型号及其配套的驱动电源。

（2）步进电动机在使用中应注意合理确定运行频率，否则将导致带载能力降低而产生丢步甚至停转现象，使步进电动机工作失常。

61 增量式数字阀结构形式有何特点？

（1）增量式数字流量阀如图8-66所示。

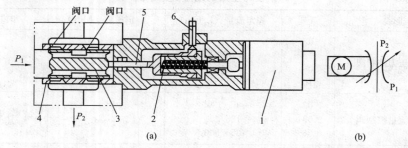

图8-66 步进电动机直接驱动的增量式数字流量阀

(a) 结构图；(b) 图形符号

1—步进电动机；2—滚珠丝杆；3—节流阀阀芯；4—阀套；5—连杆；6—零位移传感器

　　步进电动机的转动通过滚珠丝杆 2 转化为轴向位移，带动节流阀阀芯 3 移动，控制阀口的开度，从而实现流量调节。该阀的阀口由相对运动的阀芯 3 和阀套 4 组成，阀套上有两个通流孔口，左边为全周开口，右边为非全周开口，阀芯移动时先打开右边的节流口，得到较小的控制流量；阀芯继续移动，则打开左边阀口，流量增大，这种结构使阀的控制流量可达 3600L/min。阀的液流流入方向为轴向，流出方向与轴线垂直，这样可抵消一部分阀开口流量引起的液动力，并使结构紧凑。连杆 5 的热膨胀可起温度补偿作用，减小温度变化引起的流量不稳定。阀上的零位移传感器 6 用于在每个控制周期终了时使控制阀芯回到零位，以保证每个工作周期有相同的起始位置，提高阀的重复精度。

　　（2）先导型增量式数字溢流阀如图 8 - 67 所示。

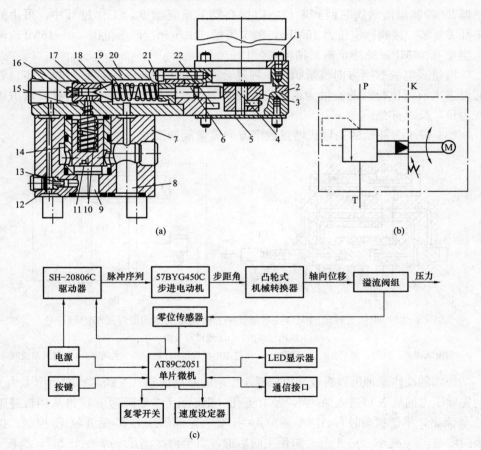

图 8 - 67　先导型增量式数字溢流阀

（a）结构图；（b）图形符号；（c）控制原理框图

1—步进电动机；2—支架；3—凸轮；4—电动机轴；5—盖板；6—调节杆；7—阀体；8—出油口 T；
9—进油口 P；10—复位弹簧；11—主阀芯；12—遥控口 K；13、15、16—阻尼；14—阀套；
17—先导阀座；18—先导阀芯；19—调节弹簧；20—阀盖；21—弹簧座；22—零位传感器

液压部分由两节同心式主阀、锥阀式导阀组成，阀中采用了三阻尼器（13、15、16）液阻网络，在实现压力控制功能的同时，有利于提高主阀的稳定性；该阀的电气-机械转换器为混合式步进电动机（57BYG450C 型，驱动电压 DC36V，相电流 1.5A，脉冲速率 0.1kHz，步距角 0.9°），步距角小，转矩-频率特性好并可断电自定位；采用凸轮机构作为阀的机械转换器。

结合图 8-67（a）、（c）对其工作原理简要说明如下：单片微型计算机（AT89C2051）发出需要的脉冲序列，经驱动器放大后使步进电动机工作，每个脉冲使步进电动机沿给定方向转动一个固定的步距角，再通过凸轮 3 和调节杆 6 使转角转换为轴向位移，使先导阀中调节弹簧 19 获得一压缩量，从而实现压力调节和控制。被控压力由 LED 显示器显示。每次控制开始及结束时，由零位传感器 22 控制溢流阀阀芯回到零位，以提高阀的重复精度，工作过程中，可由复零开关复零。该阀额定压力 16MPa，额定流量 63L/min，调压范围 0.5～16MPa,调压当量 0.16MPa/脉冲，重复精度 <0.1%。

增量式电液数字方向流量阀是一种复合阀，其方向与流量控制融为一体。若假设进入液压执行器的流量为正、流出流量为负，则执行器换向意味着流量由正变为负，反之亦然。

（3）带压力补偿的先导式增量数字方向流量阀如图 8-68 所示。

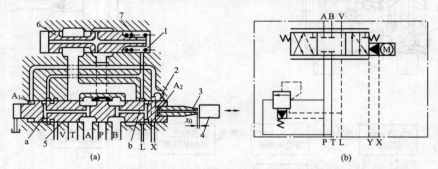

(a)   (b)

图 8-68　带压力补偿的先导式增量数字方向流量阀结构原理图与图形符号
（a）结构原理图；（b）图形符号图
1—溢流阀弹簧；2、7—阻尼孔；3—喷嘴；4—步进电动机驱动的挡板；5—主阀芯；6—定差溢流阀

该阀的动作原理可以看成是由挡板 4 控制的差动活塞（主阀芯）缸。压力为 p 的先导压力油从 X 口进入 A_1 腔，经节流孔（阻尼孔）2 后降为 p_c，再从挡板缝隙 x_0 处流出，平衡状态时有 $A_1/A_2=p/p_c=1/2$。A_2 腔的压力 p_c 受缝隙 x_0 控制，挡板向前时，x_0 减小，p_c 上升，迫使主阀后退，直至再次满足 $p/p_c=1/2$ 时，挡板 4 与喷嘴的恢复为平衡状态时的 x_0，反之亦然。可见该阀的动作原理可以看成是由挡板阀控制主阀的位置伺服系统，执行元件为主阀芯。主阀芯跟随移动时切换控制油口的油路，使压力油从 P 口进入，流进 A 或 B 口，而 A 或 B 口的油液就从 T 口排走。由于步进电动机驱动的挡板单个脉冲的位移可以很小（10^{-2}mm 级），因此

主阀芯的位移可以以这一微小增量变化，实现对流量的微小调节。

为了使阀芯节流口前后压差不受负载影响，保持恒定，阀的内部可以设有定差减压阀或定差溢流阀。图 8-68 为没有定差溢流阀的结构，该阀是一个先导式定差溢流阀，弹簧腔通过阀芯的内部通道，分别接通 A 口或 B 口，实现双向进口节流压力补偿。例如，挡板向左移动时，主阀芯亦向左随动，油路切换成 P 口与 B 口相通、A 口与 T 口相通，这时主阀芯内的油道 b 使 B 口与溢流阀的弹簧控制腔相通，使 P 口与 B 口间的压力差维持在弹簧所确定的水平内，超出这个范围时，阀芯右移，使 P 口与 T 口接通，供油压力下降，以保持节流阀芯两侧压差维持不变，补偿负载变化时引起的流量变化。阀芯的内部通道 a 与 b，使能在两个方向上选择正确的压力进行反馈，保证补偿器正常起作用。

62 增量式数字阀技术性能怎样？

增量式数字阀的静态特性（控制特性）曲线如图 8-69 所示。由图同样可得到阀的死区、线性度、滞环及额定值等静态指标。选用步距角较小的步进电动机或采取分频等措施可提高阀的分辨率，从而提高阀的控制精度。

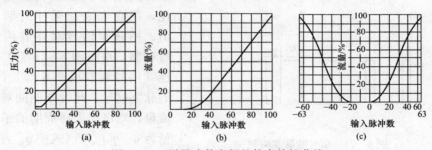

图 8-69 增量式数字阀的静态特性曲线
（a）压力阀特性曲线；（b）流量阀特性曲线；（c）方向流量阀特性曲线

增量式数字阀的动态特性与输入信号的控制规律密切相关。增量式数字压力阀的阶跃特性曲线如图 8-70 所示，可见用程序优化控制时可得到良好的动态性能。

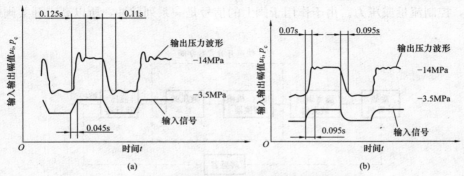

图 8-70 增量式数字压力阀的阶跃特性曲线
（a）接触控制；（b）程序控制

8.3.3　高速开关式数字阀

63　什么是高速开关阀控制原理？

高速开关元件的 PWM（脉宽调制式）控制的思想源于电动机的 PWM 控制，即通过改变占空比，使一个周期时间内输出的平均值与相应时刻采样得到的信号成比例。如果周期是固定不变的，通过改变导通时间来改变占空比的控制方式。

在流体动力系统中，通过控制开关阀的通断时间比，可以获得在某一段时间内流量的平均值，进而实现对下一级执行机构的控制。脉宽调制信号是具有恒频率、不同开启时间 t 比率的信号，如图 8-71 所示，脉宽时间 t_p 对采样周期 T 的比值为脉宽占空比，用它来表征采样周期的幅值。用脉宽信号对连续信号进行调制，可将图 8-71（a）中的连续信号调制成图 8-71（b）中的脉宽信号。此处调制的对象是流量，则每个采样周期的平均流量为 $q = q_N t_p / T$（式中 q_N 为调制对象的额定流量），与连续信号处的流量相对应。

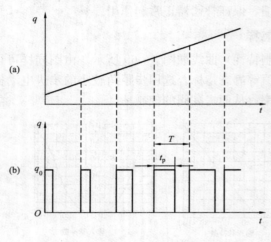

图 8-71　信号的脉宽调制
（a）连续信号；（b）脉宽信号

脉宽调制型高速数字开关阀的控制系统框图如图 8-72 所示。由微型计算机产生脉宽调制的脉冲序列，经脉宽调制放大器放大后驱动数字阀，即高速开关阀，控制流量或压力。由于作用于阀上的信号是一系列脉冲，所以高速开关阀也

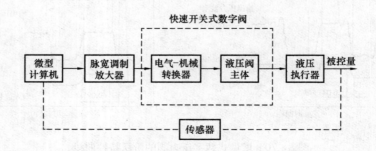

图 8-72　脉宽调制型高速数字开关阀的控制系统工作原理框图

只有与之对应的快速切换的"开"和"关"两种状态，而以开启时间的长短来控制流量。在闭环系统中，由传感器检测输出信号反馈到计算机中形成闭环控制。如果信号是确定的周期信号或其他给定信号，可预先编程存在计算机内，由计算机完成信号发生功能。如果信号是随机信号，则信号源经 A/D 转换后输入计算机内，由计算机完成脉宽调制后输出。在需要做两个方向运动的系统中，要用两个数字阀分别控制不同方向的运动。与增量式数字阀控制系统相同，该系统的性能与计算机、放大器、数字阀有关，三者相互关联。使用时必须有这些配套的装置。

此种控制方式具有不堵塞、抗污染能力强及结构简单的优点。系统可以是开环控制，也可以是闭环控制。开环控制不存在稳定性问题，控制比较简单。

闭环控制精度较高，但控制比较复杂，传感器及 A/D 转换器等价格比较昂贵。而且其应用范围受以下缺点的限制：

（1）由于高速开关阀的 PWM 控制最终表现为一种机械信号的调制，噪声大，易于产生压力脉动和冲击，影响元件自身和系统的寿命及工作可靠性。

（2）控制特性受机械调制频率不易提高的限制。

64 什么是高速开关阀的驱动器？

高速开关阀之所以有很高的响应速度，是因为驱动阀芯运动的驱动器响应速度极高。根据所用驱动器的不同，高速开关阀可分为高速电磁阀、磁致伸缩式高速开关阀、电流变液式高速开关阀、压电式高速开关阀。

（1）电磁式高速开关阀。

高速电磁阀是以高频电磁铁为驱动元件，电磁阀的电磁部件由固定铁芯、动铁芯、线圈等部件组成；阀体部分由滑阀芯、滑阀套、弹簧底座等组成。电磁线圈被直接安装在阀体上，阀体被封闭在密封管中，构成一个简洁、紧凑的组合。电磁铁由 PWM 信号控制，输入高电平时线圈通电，衔铁与阀芯连成一体，带动阀芯动作；输入低电平时，阀芯的运转将导致通过阀体的流体被切断，此时将通过弹簧复位。对于电磁铁来说就是带电和失电，而对于所控制的阀门来说就是开和关。

高频开关电磁铁功率小，体积小，结构简单，工作频率很高。目前国内外开发的一些高速开关阀，大多仍采用电磁铁作为驱动器，但阀的切换速度慢。

（2）磁致伸缩式高速开关阀。

超磁致伸缩材料（Giant magnetostrictive material）有别于传统的磁致伸缩材料（如 Fe、Co、Ni 等），典型商品牌号为 Terfenol-D，代表成分为 Tb0.27、Dy0.75、Fe1.93。与压电材料（PZT）及传统的磁致伸缩材料 Ni、Co 等相比，超磁致伸缩材料具有以下独特的性能：

1）室温磁致伸缩应变量大，伸缩量可达 0.15％ 以上，是镍的 40～50 倍，是压电陶瓷的 5～8 倍；转换效率高，机电耦合系数可达到 0.75；居里温度高达 380℃，工作温度可达 200℃。

2）用超磁致伸缩材料制备的器件驱动电压低，工作时需低电压驱动；而压电陶瓷则需几千伏的高压驱动。

3）超磁致伸缩应用器件体积大大减小，并对磁化和应力几乎即时响应（达到微秒级），可用于快速执行器件。

4）超磁致伸缩材料可承受高达 200～700MPa 的压力，适于高压力的执行器、大功率的声换能器等。当外加磁场为 80kA/m 时，产生应力在 29.4MPa 以上，而压电陶瓷无法承受较大的压力。

5）不存在压电陶瓷中失极化引起的失效问题，同时不存在老化、疲劳问题，因而具有很高的可靠性。

6）超磁致伸缩材料特别适用于低频区工作，在 0～5kHz 范围内能量转换效率优于压电陶瓷材料。

利用超磁致伸缩材料制作的超磁致伸缩制动器不仅能克服传统电致伸缩制动器反应速度慢、消耗功率大的缺点，而且其电动机转换效率具有其他材料无法比拟的优势，如在精密阀门、精密流体控制、数控机床、精密机床的进给系统方面，用精密制动器，位移精确度可达到纳米级，响应速度快，输出功率大，设计相对简单。超磁制伸缩制动器与传统制动器相比具有以下优点：

① 伸缩范围（冲程）大，对于 100mm 长的致动元件，伸长量很容易达到 100μm 以上。

② 响应速度快，小于 1μs。

③ 输出力大，对于直径为 12mm、长度为 100mm 的致动元件，输出力大于 1700N。

④ 抗压强度高，该制动元件抗压强度大于 700MPa。

⑤ 工作电压低，几伏到几十伏。

⑥ 可靠性好，无疲劳老化。

⑦ 使用温度范围宽，一般为 0～70℃。

（3）电流变液式高速开关阀。

电流变液体是一类悬浮体，其在强电场作用下的流变性质（如表现黏度、剪切应力等）增加几个数量级，响应快而且可逆。将电流变液应用于液压控制系统，直接用电量来改变其黏度，可用于没有机械运动部件的流体控制阀，阀的流量和压降可直接由电场信号来调节。利用电流变液效应代替传统的电磁铁，其性能（如速度响应等）要比电磁铁优异。

电流变液控制系统与传统的电液控制系统相比较的一个明显优点是消耗的电能极少。这是因为控制系统在工作时尽管电压较高，但是电流十分微弱，是典型的"信号"控制。

电流变技术被公认为具有巨大的工程应用前景，一旦被突破，将在汽车、机电、液压技术和机器人等行业中引起技术革命。

（4）压电式（电致伸缩）高速开关阀

压电效应的原理包括两方面：一方面，压电陶瓷在机械力作用下产生变形，引起表面带电的现象，而且其表面电荷密度与应力成正比，这称为正压电效应。另一方面，在压电陶瓷上施加电场，会产生机械变形，而且其应变与电场强度成正比，这称为逆压电效应。如果施加的是交变电场，材料将随着交变电场的频率作伸缩振动。施加的电场强度越强，振动的幅度越大。正压电效应和逆压电效应统称为压电效应。

压电陶瓷驱动器是利用压电陶瓷的逆压电效应，将电能转变为机械能或机械运动。压电陶瓷制动器具有体积小、位移分辨率极高、响应速度快、输出力大、换能效率高、不发热、可采用相对简单的电压控制方式等特点。但其本身固有的一些特性会影响到输出的精度和线性度。压电陶瓷在电场的作用下有两种效应：逆压电效应和电致伸缩效应。在开关阀中利用其电致伸缩效应，实现阀芯的移动。虽然压电陶瓷驱动器提高了切换速度和频率，但所需电压高，消耗功率大。

65 高速开关阀结构形式有何特点？

高速开关式数字阀有二位二通和二位三通两种，两者又各有常开和常闭两类。为了减少泄漏和升高压力，其阀芯一般采用球阀或锥阀结构，但也有采用喷嘴挡板阀的。

图 8－73 所示为二位三通电磁锥阀型高速开关式数字阀，当线圈 4 通电时，衔铁 2 上移，使与其连接的锥阀芯 1 开启，压力油从 P 口经阀体流入 A 口。为防止开启时阀因稳态液力而关闭和减小控制电磁力，该阀通过射流对铁芯的作用来补偿液动力。断电时，弹簧 3 使锥阀关闭。阀套 6 上有一阻尼孔 5，用以补偿液动力。该阀的行程为 0.3mm，动作时间为 3ms，控制电流为 0.7A，额定流量为 12L/min。

图 8－74 所示为力矩马达－球阀型二位三通高速开关式数字阀，其驱动部分为力矩马达，根据线圈通电方向不同，衔铁 2 沿顺时针或逆时针方向摆动，输出力矩和转角。液压部分有先导级球阀 4、7 和功率级球阀 5、6。若脉冲信号使力矩马达通电，衔铁顺时针偏转，先级球阀 4 向下运动，关闭压力油口 P，L_2 腔与回油腔 T 接通，功率级球阀 5 在液压力作用下向上运动，工作腔 A 与 P 相通。与此同时，球阀 7 受 P 作用于上位，L_1 腔与 P 腔相通，球阀 6 向下关闭，断开 P

腔与 T 腔通路。反之，力矩马达逆时针偏转时，情况正好相反，工作腔 A 则与 T 腔相通。这种阀的额定流量仅 1.21L/min，工作压力可达 20MPa，最短切换时间为 0.8ms。

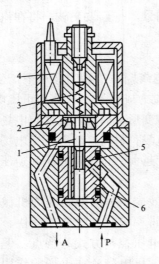
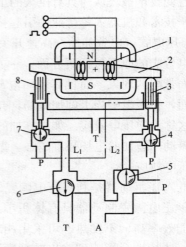

图 8－73　二位三通电磁锥阀型
高速开关式数字阀

图 8－74　力矩马达-球阀型二位三通高速
开关式数字阀

1—锥阀芯；2—衔铁；3—弹簧；4—线圈；
5—阻尼孔；6—阀套

1—线圈锥阀芯；2—衔铁；3、8—推杆；
4、7—先导级球阀；5、6—功率级球阀

66　高速开关有何技术特性？

（1）脉宽调制式数字阀的静态特性。

脉宽调制式数字阀的静态特性（控制特性）曲线如图 8－75 所示。由图可见，控制信号太小时不足以驱动阀芯，太大时又使阀始终处于吸合状态，因而有起始脉宽和终止脉宽限制。起始脉宽对应死区，终止脉宽对应饱和区，两者决定了数字阀实际的工作区域；必要时可以用控制软件或放大器的硬件结构消除死区或饱和区。当采样周期较小时，最大可控流量小，相当于分辨率提高。

（2）脉宽调制式数字阀的动态特性。

脉宽调制式数字阀的动态特性可用切换时间来衡量。由于阀芯的位移较难测量，可用控制电流波形的转折点得到阀芯的切换时间。图 8－76 所示为脉宽调制式数字阀的响应曲线，其动态指标是最小开启时间 T_{on} 和最小关闭时间 T_{off}，一般通过调整复位弹簧使两者相等。当阀芯完全开启或完全关闭时，电流波形产生一个拐点，由此可判定阀芯是否到达全开或全关位置，从而得到其切换时间。不同脉宽信号控制时，动态指标也不同。

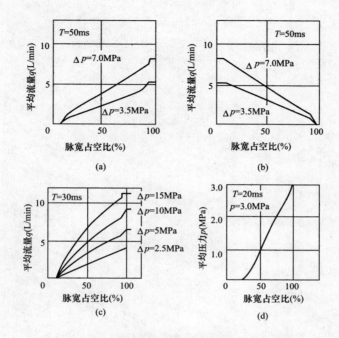

图 8-75 脉宽调制式数字阀的静态特性曲线

（a）二位二通常闭型流量特性曲线；（b）二位二通常开型流量特性曲线；
（c）二位三通型流量特性曲线；（d）二位三通型压力特性曲线

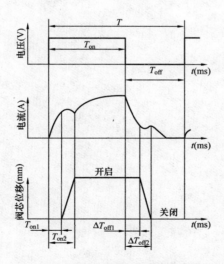

图 8-76 脉宽调制式数字阀的响应曲线